生活 ✚ 醫館 113

賀爾蒙調理聖經

哈佛醫師的全方位賀爾蒙療癒法，
西方醫學✕漢方草藥，
告別老化、肥胖、憂鬱，有效平衡身心

莎拉‧加特弗萊德醫師 Sara Gottfried, MD ｜著

蔣慶慧｜譯

高寶書版集團

讓加特弗萊德療程幫助妳
減輕體重、找回平衡、睡眠和性慾，
以自然的方式感受專注、活力與精力。

緬懷我的外公，

H. C. 托布納將軍（GENERAL H. C. TEUBNER, 1912-2012）

一個與我志趣相投的偉人，由於他對大自然的好奇，
以及對教育的狂熱，讓他得以白手起家，
成為一位優秀的麻省理工學院工程師，
以及二次大戰時英勇的 B29 轟炸機飛行員。

外公生前雖然沒有練瑜珈，
但他深信善加管理生活方式就是最佳的根本預防，
他也早在四十多年前就告訴我魚油和維生素 E 的益處。
他了解我，那對我意義重大。

第一部　教育與啟發：了解關於賀爾蒙的新觀點

CONTENTS

CONTENTS

CONTENTS

重新找回年輕時的樂觀和活力

文｜克莉絲蒂·諾索普醫師（Christiane Northrup, MD）

　　我第一次「見到」莎拉·加特弗萊德醫師，是在我收到《瑜珈女人》（Yoga Women）的時候。這是一部美麗的紀錄片，內容關於瑜珈對健康的驚人益處。而她就在片中、在螢幕上展現一位認證婦科醫師兼知名瑜珈教師的美麗與健康。影片中，她將東西雙方的精華展現無遺，同時也談論了瑜珈能夠療癒心靈、身體和精神的驚人力量。莎拉·加特弗萊德可以說是當代的療癒大師兼女神，而她恰巧也是哈佛醫學院畢業的高材生和醫師科學家。後來我才得知，在她就讀醫學院以及在婦產科實習的期間，我在婦女健康方面的研究對她影響重大。很高興看到她也踏上了我多年前曾經煞費苦心走過的路，而且還拓寬了這條道路，讓後人能夠更容易追隨。

　　和我一樣，加特弗萊德醫師從小身邊就有不少楷模，她們打破了我們在醫學院和後來行醫時經常視為「常態」的中年婦女和老化的典型常規。她的外曾祖母茉德，不僅在她婚禮上翩翩起舞，甚至一直到九十幾歲都還充滿健康活力，而那一般是在較年輕的女性身上才會看見的特質。我自己的母親和她最要好的朋友，安妮，比茉德還大三歲，也在七十多歲的時候完成了阿帕拉契山徑健行，不久後又攀登了新英格蘭最高的百岳。而我母親則在八十四歲高齡健行了一百英里抵達聖母峰的基地營，沒有攜帶氧氣筒，儘管在那樣的海拔高度氧氣含量只有平地的百分之五十，她的氧氣飽和度仍保持在正常狀態，見證了她的健康和體能。

　　顯然，加特弗萊德醫師和我可以說是同路人。如果妳在閱讀這本書，那麼妳很可能也是！我們從一開始就不認同醫學院那套把老化看成是「前景黯

淡」的老生常談。我們知道最美好的人生是從五十歲左右才開始，我們也知道人到中年不一定就會無可避免地陷入病痛和殘疾，最後只能痛苦、病入膏肓地死去。我們兩人都對所有女性進入中年後的前景充滿希望。但除非我們確切知道該如何平衡賀爾蒙、維持健康體重，並且抑制細胞發炎以免導致慢性退化性疾病，否則女性理當擁有的喜悅、活力和歡愉是不會實現的。

現代主流醫學著重於病理學、藥物和手術，所以主要是使用藥物來掩蓋症狀。但憂鬱症並不是因為體內缺乏「百憂解」，而頭痛也不是因為體內缺乏阿斯匹靈。服用掩蓋症狀的藥物就像是關閉汽車儀表板上的指示燈，告訴自己說一切都沒事。更明智的方法其實是打開引擎蓋，看看裡面究竟出了什麼問題。信不信由妳，但大多數的問題，包括賀爾蒙失調，光是藉由改變生活方式就可以得到緩解。

令人欣慰的是，和十年前相比，現在有更多更先進的方法可以辨識並檢查賀爾蒙和能量失調。心理神經免疫學和表觀遺傳學的科學在很短時間內已經有了極大的進展。而加特弗萊德醫師正是這方面的先鋒。她所從事的是所謂的「功能」或整合醫學，其目的是優化身體分分刻刻的過程和功能，以預防可診斷的疾病發生。由於大多數的症狀都是因為細胞發炎多年卻未加以控制所造成的，現在我們有辦法可以在發病初期就阻斷大多數的慢性退化性疾病，或是避免其發生。

可以確定的是，本書所說的這種醫學，也是未來醫學的走向。在加特弗萊德醫師的療法中，妳必須積極參與自己的健康醫療。她並不建議使用那種應急、仙丹式的療法。那是不長久的。身為資深的瑜珈教師和婦科醫師，加特弗萊德醫師對身心方面都十分了解，持續並謹慎地配合自己身體的智慧，獲得了令人滿意的成果，而她也會幫助妳達到目標。

如果妳想要重新找回年輕時的樂觀和活力，或是獲得前所未有的樂觀和活力，妳的答案就在這裡。如果妳只是想要盡可能長久地保持青春活力，妳的答案也在這裡。在《更年期智慧》（The Wisdom of Menopause，Bantam 出版社二〇一二年出版）一書中，我曾把更年期前期稱為一場大覺醒，是女性

人生的一個十字路口。將所有不再適用的方法拋之腦後吧！一條路指向「死亡」；另一條路則指向「成長」，在本書中，加特弗萊德醫師將會牽著妳的手，確切告訴妳如何邁向那條通往「成長」的道路！

以自然的方式找回賀爾蒙平衡

現在女性所面臨的賀爾蒙失調可謂是一種未公開承認的流行病。永無止息的壓力、神力女超人般的期望，加上對賀爾蒙的錯誤資訊，導致了這場爆發性的危機。在過去，我們能選擇的只有節食減肥、安眠藥，或是焦慮症藥物。在美國平均每四位女性就有一位因為心理健康因素而服用處方藥物，其中大多數都是四十歲或以上的婦女。醫師讓女性相信人老了就是免不了要如此。他們說，感到疲勞、充滿焦慮、覺得自己不性感、肥胖和情緒暴躁，都是正常的。

才不是這樣，這不是正常的。

如果妳在閱讀這本書，那麼妳很可能和這些女性一樣在受苦。或許妳正在為自己的喜怒無常、難以專注、失眠、腦霧、過胖，或是逐漸衰退的性慾所苦惱。又或許，妳覺得自己和過去不大一樣了。妳要知道，其實生活可以過得很不一樣：妳可以覺得自己很性感、充滿活力，而且真心知足。本書就是要告訴妳，妳可以過著不凡的生活，妳可以活得很美好，無論妳幾歲，即使這聽起來難以置信。

我幫助過許多女性，使用簡單而有效的方法來改善賀爾蒙問題。好消息是：重新平衡賀爾蒙要比活在賀爾蒙失調的悲慘中容易多了。事實上，人到中年還能擁有像二十幾歲時那種賀爾蒙完美無缺的美好感覺，完全是有可能的。我會引導妳。妳無須再對醫療體系感到失望，也不需要妥協，無論是中年之前、期間，或是之後，都能感到生龍活虎、充滿喜悅。

不信嗎？我先舉一個實例。我第一次在整合醫療診所見到四十六歲的黛安時，她不僅過胖，而且每天晚上都得喝上兩杯紅酒才能面對壓力破表的情緒、過度奔放的賀爾蒙系統，以及不幸福的婚姻。她在過去六個月

胖了二十磅（九公斤）。她告訴我，她以前一直有跑步的習慣，而今她只要跑完就會覺得筋疲力盡，而不是像過去那樣充滿令人心情愉悅的安多酚（endorphin）。她經常覺得冷，頭髮也一撮一撮地掉落，而且覺得煩躁易怒。性慾方面？從一到十分計算（十是那種夢幻／飄飄欲仙的體驗），她給自己的評分是一。

「我覺得彷彿自己的身體被某個東西占據了。」黛安傾訴道，撫平了一下她那遮住發胖肚子和大腿的長裙，又補充道：「我時常和自己對話，檢討自己所有的缺點；我不性感，我身材不好，我不是個好母親，我不再風趣了。」她曾向她的男性婦科醫師求助，但對方只叫她少吃多運動。我一邊聊著，一邊了解她的症狀和整體生活方式。我的直覺告訴我，黛安的問題是皮質醇（cortisol）過高。我們檢查了她的這項壓力賀爾蒙，果然證實了黛安沒有瘋。她不需要接受這些新的「常態」，認為自己的性生活就這樣結束了，或是自己腰間的游泳圈永遠不會消失，或是每天晚餐後就只能癱倒在床上。

她和我一起規劃出一套生活方式和營養補充的計畫，以便能夠快速啟動新陳代謝、提升個人魅力，並幫助她能夠按下「暫停」鍵。採行加特弗萊德療程，也就是我的循序漸進邁向賀爾蒙平衡的整合法後，黛安開始了全新的飲食方式（三個月不攝取麥麩或糖）和針對性的運動，讓她的皮質醇能夠下降而非上升（研究顯示跑步會提高皮質醇）。她每天都花十五分鐘有意識地透過放鬆瑜珈減壓，然後還使用三種營養補充品來修復賀爾蒙：魚油、磷脂絲胺酸（PS），以及紅景天。

三個月後我再次見到黛安，她的改變十分顯著，她精神抖擻而專注，雙眼炯炯有神。她告訴我她輕輕鬆鬆就甩掉了二十磅（九公斤），而她的身體也再次變得舒適。然後，她用那種向閨密說悄悄話的方式，興致勃勃地描述了她如何找回性慾、再度對男性感興趣，尤其是那個和她結婚十年的男人。

妳的問題或許不盡然和黛安的一樣，也就是說，妳的症狀和情況或許不同，但最終的目標是一樣的。重整妳的賀爾蒙，重新找回令人滿足、完全令人陶醉的人生，是絕對有可能的。不僅是身為人，同時也是身為女人，而且

完全無須仰賴合成藥物或昂貴的療程。妳走過人生的各個階段，尤其是停經前期（premenopause，無不適症狀）和更年期前期（perimenopause，開始出現不適症狀），其實都不需要經歷漫長痛苦的賀爾蒙地獄。藉由自然的方式平衡賀爾蒙，這些階段也可以過得充滿樂趣、朝氣勃勃，而且性趣無窮。妳的身體應該也需要獲得賀爾蒙的平衡，這是一種均衡的狀態。

　　妳需要知道的是如何達成這個目標，並且下定決心選擇走一條不同的路。有時候只需稍作調整；有時候想要找回體內平衡則需要極大的改變。但妳必須先明白根本原因。我的療法是針對造成失衡的因素，然後進行系統性的修復。我寫這本書的目的就是希望妳能夠在邁向健康的道路上，成為有意識的消費者和夥伴，能夠和妳的醫師合作（有時候甚至引導），創造出正面的改變。我將會帶領並鼓勵妳，以及教導妳如何將最強力有效的方法融入妳的生活中，這些都是我行醫二十多年來的精華，如此一來，妳自身的健康才能有所轉變。

　　我從小就想要幫助女性。當我還是小女孩時，我的外曾祖母茉德（這是我們家人給她的暱稱，是德語「母親」的簡稱，大家叫熟了就改不了了）經常從加州到馬里蘭州來看我們。我們是一個典型的一九七〇年代美國家庭，住在郊區，看電視影集《霹靂嬌娃》，偶爾會吃果醬餡餅和女童軍餅乾。

　　但茉德可不是這樣過日子的。她每次到我們家來，不像我好朋友的祖母會帶一盒糖果，反而是帶全顆粒的小麥、魚油、角豆片、小麥胚芽，還有檸檬。不用想也知道，當時的我覺得她是個怪胎。

　　但我很快就對她感到好奇。茉德看起來比她那些七十多歲的同齡友人年輕了二十五歲。個性堅毅坦率的她，走起路來就像個女王一樣直挺，有著一口完美的牙齒，總是拿她豐富的情史來娛樂我們。茉德的手中總是少不了一杯溫水和新鮮檸檬，她舉手投足間的活力和優雅是她這個年齡的人很少見的。她的皮膚散發出光采。早在歐普拉（Oprah Winfrey）引領「拒吃白色食物」風潮之前，她就已經好幾十年都不吃糖了。她睡的床幾乎就是一張木板。早在瑜珈名師莉莉雅思・福蘭（Lilias Folan）、熱瑜珈和瑜珈褲

（Lululemon）流行之前，茉德就已經在練瑜珈了，而且能夠輕而易舉地把腳放到頭後面。吃晚餐時，她總是會告訴我們：「我喜歡酒，可惜酒不喜歡我。」

我對我那個行為古怪的外曾祖母著迷不已。在她言行的啟發下，我逐漸了解到，透過營養和生活方式，就能達到預防、療癒和修復的境界；解決健康問題的答案不光是一瓶處方藥，攝取全天然的營養食物是身強體健的基礎，定期運動和沉思鍛鍊則能夠讓身體保持在精力旺盛的狀態。

我在哈佛醫學院、麻省理工學院，以及加州大學舊金山分校接受優秀教授指導的期間——總共長達十二年的訓練，讓我成為一位認證婦科醫師——茉德的健康觀念依然深深影響著我想要行醫的方式。因為她，我開始練瑜珈，這幫助我紓解醫學院的壓力，並讓我質疑為何在這麼多年的醫學教育中，只學習過三十分鐘的營養學。我畢生的事業就是從茉德種下的種子萌芽成長出來的。我的決心也隨著嚴格的主流醫學訓練愈加堅定，鼓勵我創意思考，並且對教條產生質疑。

茉德九十六歲的時候，在我的婚禮上翩翩起舞。她的四任丈夫都比她早逝，還在舞池上和我三十幾歲的男同事打情罵俏。當時的我還是實習醫師，醫療體系也是以疾病為導向，老年人都只能到醫院去，毫無尊嚴地死去。相對地，茉德以九十七歲高齡，安詳地在睡夢中離世，當時的她依然獨立生活，依然能夠把腳抬到靠近頭部的地方。

我雖然是在主流醫療體系中受訓，但我發覺有件事實在錯得離譜。一方面來說，美國的醫療在創新和科學進展上都是無人能及的；但另一方面，美國也是全世界肥胖率最高的國家。百分之三十六的人口都屬於肥胖（另外有百分之三十四則屬於過重），進而導致許多嚴重、昂貴，而且絕大多數都是可以預防的疾病，例如糖尿病、高血壓、膽結石、中風、睡眠呼吸中止症、心臟病，以及癌症。顯然，主流的治療方法無法改善我們的健康。

我的療法沒有合適的名稱

因為茉德，我深知不能單單光看病症，而是要觀察整體的健康，這個觀念非常有效而且重要。然後再運用我在麻省理工學院擔任生物工程師時學到的、以系統為主的研究方法。從這個觀點來研究賀爾蒙失調，我發現往往一個問題不只有一個單獨的原因。確實，有時候賀爾蒙問題是老化所引起，但賀爾蒙失調也可能是生活和飲食方式所引發，或是加劇。

茉德教我要把身體看成一個連貫性的整體，也就是所謂整體健康。然而，那也不是描述我的療法的最佳名詞。安德魯・威爾醫師（Dr. Andrew Weil）、提亞羅娜・洛・多格醫師（Dr. Tieraona Low Dog）、維多莉亞・梅茲醫師（Dr. Victoria Maizes），以及他們在亞利桑那大學的同事們將「整合醫學」這個名詞普及化了。其他人則把我的療法稱為「功能醫學」，這個名詞是營養生物化學學家傑佛瑞・布蘭德博士（Dr. Jeffrey Bland）所創，他也是功能醫學學院（Institute for Functional Medicine）的創辦人。近年來，馬克・海曼醫師（Dr. Mark Hyman）則提出了「4P 醫學」這個名詞，即預測（Predictive）、參與（Participatory）、預防（Preventive），以及個人化（Personalized）。我的療法是受到克莉絲蒂・諾索普醫師的傑出創舉所啟發；有些人將之稱為「整體婦科」，或「自然賀爾蒙平衡」，後者則借用了烏茲・萊斯醫師（Dr. Uzzi Reiss）的稱法。在傳統的大學學院和產業環境之外，我在矽谷的同事將之稱為「生物駭客運動」，或是「DIY 生物學」。曾經有一段時間，我把自己的療法稱為「循證整合」，偶爾也稱作「有機婦科」。但事實是，似乎沒有人真正了解這些名詞所代表的寓意，也沒有任何一個名稱能夠適當地詮釋這種新興、以系統為主的整合性醫療方法。但我們需要一個全新的範式，能夠完成邁向預防、主動、以生活方式為主的量子轉移，並強調個人在日常生活的選擇、習慣，以及長期後果中所扮演的角色和責任。

我是這樣理解的：我和女性合作修復她們受損的賀爾蒙、大腦，以及大

腦化學物質。我評估這位女性是否攝取了足夠的必須組成分子，又稱為前驅物質，以構成她所需的大腦化學物質和賀爾蒙。茉德的觀念是很寶貴的參考架構：妳大多數的感受都取決於妳怎麼吃、怎麼動、如何補充營養，以及如何思考。有一些選擇對妳的生理能夠帶來極大的影響，但不需要是睡在木板上或做凹來扭去的瑜珈動作如此極端。我想要教妳如何根據自己的賀爾蒙弱點，在每天做出最好的選擇。

　　我所提及的那些遠見卓越的醫師都是我的啟蒙老師，而我對他們也抱持著無盡的感激。然而對我而言，這些名詞和相對的療法都不夠完美。一位女性因為賀爾蒙的問題走進我的整合醫療診所，然而卻是因為我們攜手合作，才得以萌生出新芽。我們評估她的賀爾蒙，以及那些賀爾蒙與身體的神經傳導物質及情緒有何相關，然後延伸到她的感情以及對工作的滿意度。我們考量她的飲食、運動、沉思鍛鍊（如果有的話），以及她如何管理壓力（無論有無）。這種夥伴關係所帶來的是截然不同的成果：修復、復原、和諧，以及希望。

改變必須跟隨步調、正念認知、自然而生，才能長久

　　對大多數的人而言，改變是困難的，而這條道路在主流醫療以疾病為導向的模式中並非總是定義得很清楚。我們全都希望有一粒仙丹能夠改善一切或是讓我們返回青春年華。在美國，有很多人會選擇風險極大的手術，例如胃繞道減重手術，而非選擇改變他們的生活方式。更有無數人認為處方藥或醫療程序能夠解決他們的問題，除此之外其他不管做什麼都是浪費時間。也有一些人，像我外曾祖母，不屈不撓地追求全面的健康，同時啟發身邊的人也和他們一樣身體力行。

　　根據我的經驗，大多數人都處於中間地帶。當維持不變（不變的體重、不變的心情、不變的高壓生活）的痛苦大於想像中改變的痛苦時，就會有所

改變。我發現（我的患者也一樣）其實是有方法可以讓這些改變更加安全、可信、有效、簡單，甚至有趣。

　　想要獲得並維持健康的最佳時機就是在妳必須面對那些惱人又帶來不便的問題之前，例如體重增加和情緒起伏，以及更嚴重的健康問題出現之前，例如憂鬱症或乳癌。何不現在就創造持久的改變，以防哪天發現自己生病了，得去看醫師，服用處方藥，甚至面臨更糟的情況，躺在擔架上被推進醫院進行侵入性的手術？

　　我希望這本書能夠說服妳身體力行，找出妳症狀的根源。如果妳做到了，我相信妳會看到顯著、甚至巨大的改善，日子過得更幸福、更有收穫，也能多過好幾十年的壯年生活。優雅地減緩老化的腳步，無須仰賴那些幫助肌膚彈潤的精華液來讓肌膚回春，和妳的身體、飲食和體重也能更和平地相處。記憶力提升，睡眠良好，步伐充滿更多熱情活力，更多生活樂趣。說不定妳也能在妳曾外孫女的婚禮上翩翩起舞呢！

莎拉・加特弗萊德醫師

加州柏克萊

第一部

教育與啟發
了解關於賀爾蒙的新觀點

賀爾蒙的重要性

　　我是一位專門治療女性賀爾蒙的醫師。我用最佳證據來找出賀爾蒙失調的根本原因，然後運用以科學為根據的方法來矯正賀爾蒙平衡。每位女性都有獨特的賀爾蒙需求，而我藉由各種方法來滿足這些需求：營養、草藥、關鍵性的前驅物質（構成大腦化學物質和賀爾蒙的必備成分）像是胺基酸和維生素 B、古老的方法論，以及生物同質性賀爾蒙。我相信體重增加、情緒起伏、疲勞，和性慾低落都不是藉由打針吃藥來「治癒」的疾病。這些問題大多數都無法靠少吃或多運動來永久解決。它們是賀爾蒙的問題，代表身體在試圖告訴我們哪裡出了問題。若有嚴謹的策略——講求方法、可重複使用、並有科學支持——這些問題就能得以解決。

　　那就是為什麼我設計了一套稱為「加特弗萊德療程」的系統，一個按部就班自然調理賀爾蒙的整合法，其中最首要的就是生活方式的設計。它的立論基礎包括數十年的研究、我在哈佛醫學院所受過的教育、我在賀爾蒙失調方面的親身經驗、還有我信任的同行評審且執行良好的隨機試驗支持我的論點，以及我執業二十多年從患者身上學到的經驗。加特弗萊德療程只運用最高層次的科學證據，並且在我診所中多位女性身上都得到實證。

　　我執業一向謹慎不願過度承諾，畢竟我是位醫師、生物工程師和科學家。事實上，我在醫學上挺保守的。不像替代醫學界中大多數探討賀爾蒙的書籍，這本書是以數據為導向的手法來探討整合醫學。同時我也是一位瑜珈教師，加特弗萊德療程結合了新興的大腦科學，其中證實了，古老方法例如正念認知和草藥學，都能提供長遠的改變。除此之外，由於我二十多年來為成千上萬位女性提供照護，細心聆聽她們的故事，並且觀察和持續調整她們對於療程所產生的反應，因此我也累積了這方面的經驗。我有信心，如果妳

能遵循本書中的建議，妳將會感覺良好，重新找回輕盈的步伐，並且如妳所願地綻放光采。

▌不公平的事實

　　許多女性都不知道賀爾蒙失調會讓她們感覺不適。我的患者來找我時都很不安，抱怨著那永無止境的煩躁易怒、疲勞、抗壓力差、經期不規則或疼痛、乾澀的陰道、乏善可陳的性高潮，以及低落的性慾。大多數的女性都覺得身體背叛了她們。在我多年的臨床經驗中，我什麼都見過了，像是寧可去拖地也不想和丈夫做愛的女性；或是因為腦霧而擔心她們無法像過去那樣在工作上表現良好的女性；或是懇求我：「幫我找回當初和我結婚的那個女人吧。」的丈夫；或是疲憊不堪、不快樂，而且長期不堪重負的女性。

　　雖然不公平，但這卻是事實：女性比男性更容易有賀爾蒙失調的問題。功能減退的甲狀腺對女性的影響比男性多出十五倍。根據全美調查顯示，女性所承受的壓力比男性更大：在美國有百分之二十六的女性因為焦慮、憂鬱或感覺自己無法面對生活而服用藥物，而男性只有百分之十五。

　　為什麼會有這樣的性別差異呢？一來是因為女性會生孩子，懷孕會增加內分泌腺的需求，進而釋放像是雌激素、睪丸素、皮質醇、甲狀腺、瘦體素、生長激素，以及胰島素等賀爾蒙。如果妳缺乏足以跟上需求速度的器官貯藏能力，可能就得受罪了；事實上，器官衰退可以在症狀出現之前預見。不只是懷孕，來看診的也有一些是未曾生育過的女性。女性對於賀爾蒙的變化是極為敏感的，而且也極容易受兼顧多職的壓力影響。

　　沒聽過器官貯藏能力嗎？器官貯藏能力是個別器官為了承受需求（如緊張的日程、創傷，及手術）和恢復體內平衡而與生俱來的能力。隨著年齡增長，貯藏能力會下降。健康年輕人的貯藏能力是其需求的十倍，過了三十歲之後，器官貯藏能力每年都會下降一個百分比，因此到了八十五歲，器官貯藏能力和原來的相比就已經是微乎其微了。

器官貯藏能力及其重要性

　　器官貯藏能力指的是一個器官的容量，例如卵巢、甲狀腺，或肝臟，超過基線需求的功能。以腎上腺器官為例，妳可以注射賀爾蒙，看看妳是否能夠在需要時（例如在緊急事件發生時）雙倍或三倍分泌皮質醇，藉以檢查腎上腺（或壓力）貯藏能力。如果妳的腎上腺器官貯藏能力很低，皮質醇可能不會攀升到所需的高度，代表妳的分泌量正在減少而且低於常人。妳也可以針對甲狀腺進行類似的測試。不用擔心注射賀爾蒙這件事，透過本書的 Q&A，我會引導妳做出明智的改變。

　　如果妳的器官貯藏能力在懷孕期間是健全的，妳在產後因賀爾蒙變化而產生的症狀也會比較溫和；隨著年齡增長，身體應變日常生活壓力的恢復狀況也會比較平順。然而，加速老化和器官貯藏能力過低以及賀爾蒙失調都有關聯。

　　總而言之，器官貯藏能力是長壽的一大關鍵，妳越保護並提升妳的功能性容量，妳就越能夠從疾病、環境毒素和損傷等壓力中康復。

賀爾蒙干擾因素

　　食物選擇、環境、態度、老化、壓力、遺傳，甚至衣服和床墊上的化學物質都可能會對賀爾蒙造成影響；另一項重要的影響則是賀爾蒙產生的相互作用。還記得黛安嗎？她的問題是皮質醇過高，過高的皮質醇阻礙了其他重要賀爾蒙的功能，例如甲狀腺，也就是代謝之主，以及黃體素，也就是主要的抗腹脹賀爾蒙，同時也有安撫女性大腦的功效。若妳同時調整好幾個賀爾蒙，例如腎上腺、甲狀腺，和性賀爾蒙，效果會更好。許多女性的根本原因，就像黛安，主要是壓力賀爾蒙皮質醇，卻常被主流醫學所忽略。我發現加速老化最大的原因就是賀爾蒙問題，那些構成肌肉和骨骼的賀爾蒙衰退得比分解組織、提供能量的賀爾蒙還要快的時候，老化就會發生，結果導致細胞經歷更多磨損、更少修復，而我們也會在感覺和外觀上都比實際年齡還

老。最好能夠讓分解和修復的比例適當，或者更好的情況是，讓修復多於分解。

失調的賀爾蒙如果置之不理，會導致嚴重的後果，像是骨質疏鬆症、肥胖，和乳癌。顯然，將身體的賀爾蒙調整到最佳數值，包括個別和彼此之間的關聯，是至關重要的。

▌我的賀爾蒙故事

三十多歲的時候，我任職於一家醫療保健機構，並且正準備創辦一家整合醫療診所。我的丈夫很忙，經常出差（他是一個環保夢想家，創辦了美國和世界綠色建築委員會）。我有兩個年幼的孩子，還有房貸要付。彷彿這樣的壓力還不夠大，每個月的經前症候群更是讓我苦不堪言。在我月經來潮的前一週，我都會在夜間盜汗，干擾我的睡眠。我的經期量多又疼痛，而且每二十二～二十三天就會來一次，再加上經前症候群，我每個月只有一個星期的好日子可過。一整個月我都無精打采、性慾全無，態度也不太陽光。妳可以想見，這真的是很糟的經驗，而且我全家人都跟著受罪。

當時的我還年輕，實在不應該會這麼慘。抗憂鬱症的藥物也不像是正確的解決之道。我不想抑制我的情緒波動，也不想把生活質感消音，我只想要感覺更有活力和衝勁。

我很幸運，因為我受過醫學訓練，知道該怎麼辦。我提出了假設：我的賀爾蒙失調了。在醫學院的時候，我學到測量賀爾蒙值是浪費時間又浪費錢的事，因為賀爾蒙值變化太大了。但我想到女性試圖受孕或是在懷孕的前幾個月，都會追蹤像是雌激素、黃體素、甲狀腺，以及睪丸素這些賀爾蒙，我心想為什麼這些數值在這個情況下對女性健康是重要指標，卻不能運用在其他情況呢？我的賀爾蒙值在孕後難道就不像在孕前一樣，是可靠的健康指標嗎？因此，我抽了一些血，檢查了我的甲狀腺、以及雌激素和黃體素等性賀爾蒙，還有皮質醇這類主要的壓力賀爾蒙等血清值。而我發現了數以百萬計

女性所面臨的同樣問題：賀爾蒙完全失衡了。我是個筋疲力盡的新手媽媽、煩躁的妻子、忙碌的醫師，我的雌激素、黃體素、甲狀腺和皮質醇值全都處於大幅失調的狀態。

儘管在 Preparation H（這是我們給哈佛醫學院取的綽號，Preparation H 是美國知名痔瘡藥品牌）神聖的殿堂中缺乏營養和生活方式方面的教育，我卻學到了如何系統性地解決問題，也學會如何評估證據並且不要相信教條。但我並沒有去掩蓋賀爾蒙失調的症狀，雖然學校是那樣教我的（通常是用避孕藥或抗憂鬱症的藥），我想要找出根本原因。我想要找出哪裡出了問題，以及為什麼賀爾蒙會出問題。我一邊忍受著經前症候群、常態性的壓力、注意力缺乏的問題、不正常的飲食，以及加速老化，一邊慢慢研究出一套循序漸進、按部就班、以生活方式為導向的療法，以自然的方式來治療賀爾蒙失調，換句話說，就是不靠處方藥物。

此外，我對魚油、維生素 D，以及對賀爾蒙和神經傳導物質（包括像是 5-HTP 的胺基酸，血清素的前驅物質，是一種能令人「感覺良好」的神經傳導物質，或大腦化學物質）極為重要的前驅物質篤信不已。這是我人生中第一次真正做到言傳身教，我每天都吃七～九份新鮮蔬菜和水果。我不再過度運動，盲目地想要燃燒熱量，而是更聰明地運動。我開始定期靜思冥想。我減去了二十五磅（十一公斤），我變得更快樂，不再那樣頻繁地對孩子大吼大叫。我能找到我的鑰匙，也變得更有精神，我甚至在性方面變得更開放了。那時我就知道，我挖到寶了。

關於證據的二三事

不久前，《紐約時報》發表了一篇文章，內容是關於女性為了減重而注射孕期賀爾蒙 hCG。身為婦科醫師和女人，我很清楚有人不惜打針，只為了想要瘦身。但看到這種流行演變到狂熱的地步，女性居然願意花費成千上萬美元的代價去打一針孕期賀爾蒙，只為了「治療」一些其實根本就是賀爾蒙

失調、情緒性進食和營養缺口的症狀，這一點實在令我感到震驚。以我在醫學方面的愚見，我認為這實在太荒謬了。

我研讀了關於人類絨毛膜性腺激素（hCG）方面的文獻。自一九五四年以來，有十二份隨機研究都顯示，hCG對減重根本沒有影響。注射hCG減重的益處被證實根本不存在就已經夠糟了，更可怕的是，沒有一份研究保證以這種目的注射hCG的安全性，然而還是有非常多的女性在嘗試。

證據是很重要的。就讀醫學院的時候，教授教我開立倍美安（Prempro，一種治療更年期藥物）給四十歲以上，有熱潮紅、夜間盜汗、失眠、焦慮，以及／或憂鬱症的女性。倍美安結合了兩種含有合成性賀爾蒙的藥物：普力馬林（Premarin）和普維拉錠（Provera）。普力馬林是結合十種雌激素的合成藥品，但沒有一樣和人體所製造的雌激素相似，這些雌激素都是從懷孕的馬尿中所提煉出來的。普維拉錠，一種合成的黃體素，則可能會引發憂鬱症。主流醫學宣稱這是一種用於賀爾蒙補充療法的奇蹟組合，因為它在觀察性研究中證實能夠降低心臟疾病，這些研究包括護士健康研究（Nurses' Health Study）。

但觀察性研究在我看來並不是最理想的證據，因為資料是從那些已經在服用藥物的人身上蒐集而來的，而非隨機選擇的參與者，在一個控制的環境下服用，與另一群人，同樣是隨機選擇，但服用的是安慰劑而非藥物。我認為的最佳證據應該是：隨機、安慰劑控制的試驗，必須經過良好的設計，有足量的樣本來顯示效果（如果有效的話），理想上最好有不只一項試驗顯示出效果（如果有三項隨機試驗顯示同樣的成果，那我就滿意了）。

當倍美安終於在一九九九年進行了隨機、安慰劑控制試驗時，結果顯示倍美安提高了心臟疾病的發生率。在二〇〇二年，另一項大型隨機試驗，婦女健康關懷（Women's Health Initiative），證實了這些研究結果。這是當頭棒喝：長達五十七年的時間，主流醫學界一直都在開立合成賀爾蒙，卻沒有真正了解它們對女性健康所造成的影響。和其他成千上萬的產科醫師、婦科醫師、內科醫師，以及家庭醫師一樣，我也一直在發放錯誤建議。這對我而言

是一個相當巨大的轉捩點：我必須在我對「最佳證據」的認知和事實之間做一個調整，而最佳證據並不是美國大多數醫師所學到或實踐的。事實是，大多數用來解決賀爾蒙問題的處方箋，背後並沒有純科學的撐腰，而最佳證據的標準也沒有平均地被應用。這個經驗告訴我要對賀爾蒙療法抱持著更加質疑的態度，並且在開立任何賀爾蒙之前必須取得最佳證據，同時要先在生活方式上進行改變。在我的診所中，只有萬不得已的時候，才會推薦賀爾蒙療法，但使用的都是最低又最有效的劑量，而且是最短的療程，也就是妳將在第四章到第九章中所看到的。

自二〇〇二年以來，有百分之八十的女性停止了她們的賀爾蒙療法。然而危害已經造成了，女性對賀爾蒙療法以及那些當初勸她們接受的醫師感到害怕和猜疑。這種結果非常令人遺憾，其中幾個原因包括：首先，女性在管理混亂的更年期前期和更年期方面所面臨的選擇更少了；其次，媒體過度簡化並扭曲了研究結果，根本沒有太多空間探討數據的細微差異以及它們如何應用在較年長的女性身上（平均年齡六十六歲和以上）；第三，幾粒老鼠屎（合成賀爾蒙）毀了所有賀爾蒙的名聲，包括合成和天然或生物同質性的賀爾蒙；還有第四點，賀爾蒙成了一個最兩極化的話題。選擇上的限制從來就不是好事，尤其事關那些步入中年，因為睡眠和黃體素不足而感到輕微或中度瘋狂的女性。

簡單地說，隨機、安慰劑控制的試驗能夠產生更好的數據。我有很多的證據，而且都是根據最高品質的科學調查得出的，包括經過驗證的評量表調查和隨機、安慰劑控制的試驗，我等不及想要與妳分享。即使在今天，主流醫學所開立的藥物中，只有百分之十五有這些研究的支持。在我的診所中，百分之八十五的建議背後都有這類試驗的支持，而其餘百分之十五的風險則極低（例如維生素或改變心態），所以不太可能造成任何問題。

█全新範式

主流醫學對於治療斷骨方面成效非凡，在處理具有生命危險的細菌感染或心臟病發的狀況更是宛如奇蹟，但當我們變得越來越科技化、專門化，以及職業化的同時，我們卻也有所損失。在美國，醫師看診的平均時間是七分鐘。七分鐘！但我認為女性的健康問題、生活方式選擇，以及症狀都很複雜，需要花時間才能破解。這也是為什麼在我的診所，看診的時間是五十分鐘，甚至更長。

妳或許已經知道，主流醫學的問題並不是因為經費不夠。美國的醫療成本高達每年二‧五兆美元，而且持續高漲。然而百分之七十的成本都花在診斷程序和治療上，而那都是能夠透過更好的生活方式選擇而避免的。美國有越來越多人賀爾蒙失調而且過重，根本的原因就和我們飲食、活動、缺乏的營養、和年齡相關的改變，以及越來越常接觸那些叫做內分泌干擾素的環境毒素有關。儘管如此，大多數主流醫師並不會提倡也不注重以生活方式為導向的方法，而這是很令人震驚的，因為只要看看科學，妳就會發現生活方式的設計應用在賀爾蒙、情緒、長壽、壓力相關的問題，以及疾病預防方面，是多麼地有效。

大多數的處方藥都不能「治癒」。我認為，大多數接受傳統訓練的醫師根本不知道賀爾蒙會對女性的身體和情緒造成多麼嚴重的損害；這些失調所帶來的影響是他們渾然不知的。他們傾向於開立處方箋，通常都是當下最流行的抗憂鬱症藥物。抗憂鬱症藥物不僅會造成體重增加、中風、性慾低落、早產，以及嬰兒抽搐，近年來的數據也顯示抗憂鬱症藥物和乳癌及卵巢癌有關。除了這些不良反應之外，我沒有看到任何證據顯示處方藥能夠「治癒」心理健康方面的疾病。是的，處方藥確實有其作用和用途，而有些人也迫切需要這類藥物。但我發現心理健康方面的處方藥都給得太快，但根本原因和促成因素，例如神經內分泌失調，卻沒有充分得到探討。治癒代表恢復健康，但大多數的處方藥都沒有治癒的能力，只是掩蓋症狀罷了。當妳正視健康問題和神經內分泌失調的根本原因時，能得到治癒的機會遠遠超過吃完一

瓶昂貴的藥。

　　一定有更好的方法。十年前，我依然任職於艱險的主流醫學領域，在我脫隊開創整合醫療診所之前，我就覺得應該有更好的方法能夠填補我們所面臨的挑戰和主流醫學能夠提供的解決之道之間的缺口。我發現最重要的缺口就是腎上腺功能。腎上腺是位於腎臟上方的微小內分泌腺體，會分泌幾種壓力賀爾蒙，包括皮質醇和去氫皮質酮（DHEA）。在醫學院我學到關於腎上腺腫瘤，以及如果患者的皮質醇分泌過多（庫欣氏症候群）或腎上腺完全衰竭（愛迪生症）該怎麼處理。我所接受的訓練是辨識雜草和枯死的植物，而非去尋找疾病將至的初期細微徵兆。腎上腺很可能就是妳的花園中最重要的植物，需要細心呵護，幫助它成長開花。

　　在主流醫學的領域，我們總是抱持著「不是這樣就是那樣」的思維。不是妳的肝功能良好，就是妳有肝病。不是妳的甲狀腺功能良好，就是妳的甲狀腺機能不全。不是妳的腎上腺功能良好，就是妳有腎上腺衰竭。很少有「中間立場」。事實是，大多數人都活在一個介於這兩個極端之間的寬廣空間，而我稱之為功能障礙或調節異常。我相信，在妳的器官生病之前去進行干預不僅很值得，而且也是妳的責任（在妳信任的臨床醫師協助之下）。對衰竭、機能不全進行干預，經證實對維持長久的健康長壽是很有助益的。

　　主流醫學如何能夠從古老傳統中受惠？主流醫學傾向於著重功能不良的地方，而非功能良好的地方。主流醫師所接受的訓練是去修復身體受損的部位；他們著重於移除壞東西，無論是壞死的闌尾或是癌細胞。但這樣單一著重在「修復壞東西」卻會導致適得其反的循環，讓我們只看得見功能不良的地方。如果我們放寬眼界，也去看看功能良好的地方，就能夠明白如何以最佳的方式呵護好東西，藉此提升良好效益。這種較寬廣的觀點讓我們能夠工作得更聰明，而非更努力。善用妳的優點，而非專注在妳的缺點上，就能夠創造出深遠的改變。有相當多的研究報告也支持這種以優點為導向的方法。

　　帕累托法則（Pareto's Principle）也可應用在賀爾蒙上。我在臨床上觀察到，在校正賀爾蒙平衡方面，百分之八十的成果其實是來自百分之二十的努

力。這就是帕累托法則的應用，又稱為八十／二十法則：基本概念是，百分之二十的努力就能達成百分之八十的成果。在我的診所中，八十／二十法則也帶出一個根本問題：能夠管理妳的資源讓賀爾蒙發揮最大功效的最有效方法是什麼？我們不盲目尋找每一個可能引發神經賀爾蒙問題的原因，而是先辨識出能夠帶來最大影響的小改變。

許多女性來找我看診時，都在尋找她們憑直覺就知道存在，但卻似乎無法在主流醫學的範疇中找到的答案。她們透過各種管道找到我，包括她們困惑的婦科醫師的轉介；因為遵循我的療程而減去三十磅（十四公斤）的朋友；聽到我在電臺上的訪談、演講，或是看到我的部落格 http://www.saragottfriedmd.com；或是在網路上絕望地搜尋如何重新找回性慾的資訊。我們聊過之後，她們經常都會表示自己有所頓悟：她們終於在健康的道路上找到一位良師益友和夥伴，一個會真正聆聽然後為她們提供生氣盎然、安全，並且證實有效的選擇的人。

把這本書當作是妳來找我看診的過程，替妳的賀爾蒙 DNA 解碼，幫助妳由內到外都能散發美麗、大幅預防退化性老化，並且盡情享受中年生活，無論是再過幾年才會邁入還是妳已經步入中年。我們會打造一份專屬於妳的賀爾蒙藍圖。

▌女性迫切地想要尋找答案

不久前，我和一位社會學教授攜手合作，為我的客戶設計出一份定量調查，也就是針對我的女性患者進行意見調查，受試者百分之二十六在四十歲以下，百分之五十七介於四十～五十四歲之間，百分之十七是五十五歲或以上。

我們的調查結果如下：

• 游泳圈？我的客戶中有百分之六十四都有。
• 脫髮問題？唉，百分之四十的人有此困擾。

- 我的客戶中有半數覺得她們經常有做不完的事，像無頭蒼蠅一樣。
- 睡不好？百分之八十至少每週一次有此困擾，百分之二十則是夜夜難眠。
- 一半以上覺得一天的時間都不夠用來完成她們需要完成的事。
- 頭痛？對，百分之四十八，有的是經痛，有的是不定期的。
- 在我的客戶中，百分之四十八的人有皮膚問題，從濕疹到過薄或早衰的皮膚。
- 一半以上覺得她們在過去一週中至少有三天以上覺得提不起勁。
- 陰道乾澀（也就是醫學界那個不人道的名詞：萎縮性陰道炎）？有百分之三十七的人有此經驗。
- 幸虧，只有百分之九的人有高血壓。

這些數據反應的是我的客戶中有多少比例的人迫切在尋找她們無法從主流醫學中找到的結果：百分之九十一的人想要更有精神活力；百分之八十的人想要有更高的性慾；百分之六十九的人希望能擁有更好的心情；而百分之二十六的人則渴望能夠終止熱潮紅和夜間盜汗的症狀。

這些指標顯示，現代女性飽受這種流行病的困擾。女性想要的不僅只是外表的光鮮亮麗，從細胞到靈魂的內在感受也要是美好的。在我行醫的過程中，我發現許多女性起初都相信只要不是處方藥，都是在浪費時間。只要一提到整體（holistic）這個字眼，她們就會逃之夭夭。但我希望妳能夠留下來。到頭來，妳和妳的家人都會很慶幸妳這麼做了。

莎拉醫師的心智圖：賀爾蒙平衡的原則

- 認識身體的固有智慧。自然順序，尤其是應用在控制賀爾蒙代謝方面，是需要平衡的。當我們移除障礙後，就會邁向平衡。平衡經常指的是辨識然後移除障礙，而非開立處方藥。此外，了解妳的障礙是什

麼，以及如何和它們相處，也是療癒過程中極其重要的一個環節。

- **辨識失調的根本原因。**藉由治療根本原因來維持健康成果，而非只是壓抑症狀。
- **在賀爾蒙補充方面必須以系統為導向、主動、明智。**和大腦中的控制系統配合，而非只是一味補充每一個數值低的賀爾蒙。專注在哪些地方功能良好，哪些地方功能不良。
- **不要造成傷害。**使用最佳證據，包括隨機試驗的黃金標準，提供經實證安全有效的治療方案。
- **當一個活躍的夥伴。**確保自己積極進取地追求賀爾蒙的平衡。妳若肯花時間成為妳醫師的共同夥伴並積極參與，就能夠將你們共同創造出來的改變維持得更好。

▍加特弗萊德療程

　　科學已經證實雖然基因掌控了生理，但食用簡單、非藥物、營養豐富的食物，攝取專門針對前驅物質缺口的營養補充品，以及生活方式的改變，都能讓基因永久處於「修復」狀態。即使妳在遺傳上有罹患憂鬱症或癌症的可能，妳飲食的方式、行動，以及營養補充品都能夠改變妳基因密碼的表現。這個新興的表觀遺傳學領域探討了環境因素對基因表現的影響。在人類基因組的揭示催化下，表觀遺傳學是一門令人著迷的學問，它告訴我們基因如何在不更改 DNA 測序的情況下被改造，舉例來說，肥胖的基因，可以藉由食用非澱粉類的蔬菜替代杯子蛋糕來改造。之後妳會閱讀到更多關於如何善用表觀遺傳學來影響遺傳預設傾向的方法。

　　妳的基因只是一個範本。也就是說，妳的身體中有許多修復和療癒的天然機制。當妳滋養擴展這些內建的機制，或許就能預防甚至逆轉疾病。

　　這就是加特弗萊德療程的基礎。無論賀爾蒙問題為何，解決之道都從生活方式設計開始，包括一份營養飲食計畫，辨識並填補適當神經賀爾蒙傳遞

所需的前驅物質缺口，以及針對性的運動。制定一套方法論來評估、支援，並且維持賀爾蒙平衡花了我超過十年的時間。我定義、測試並精煉出一套先進、系統性的方法，不僅方便複製而且經證實有效。

處理我自己的賀爾蒙失調問題時，我的目標是找出根本原因，制定一套客製化且慎密的修復方法，然後追蹤我的進展。我採用許多來源，包括傳統中醫和印度（阿育吠陀）醫學。在加特弗萊德療程中，我則將最新的醫學進展和先進技術，以及經當代研究驗證過的古老療法相結合。

本書中的建議都是以這種證據導向的整合方法為依據。這套三步驟的策略是一個循序漸進的系統，其中包括：

1. 生活方式設計（飲食、保健品，以及針對性的運動）
2. 草藥療法
3. 生物同質性賀爾蒙

我大多數的建議都不需要處方箋。只要認真進行加特弗萊德療程的第一步驟，也就是執行客製化的飲食計畫；填補特定營養補充品包括維生素、礦物質和胺基酸的缺口；以及針對性的運動。絕大部分的賀爾蒙失調症狀就會消失。如果沒有，我們就改用第二步驟，經實證有效的植物療法。在完成第一和第二步驟之後，很少會有女性需要使用生物同質性賀爾蒙（第三步驟），但對於那些需要的人而言，治療的劑量和時間通常都會遠低於如果她們完全跳過第一和第二步驟。

有時候只要做一點小調整，就能帶來巨大的改變。

賀爾蒙療癒法

這本書會讓妳的生活變得更美好。我天生就對很多事都抱持懷疑的態度，但我一再地在我的診所中看到加特弗萊德療程所帶來的益處。身為女性，我們總是習慣於過著賀爾蒙和我們作對的生活，而我想要幫助妳用自然

的方式調整賀爾蒙，讓它們相輔相成。隨著我見證了女性重新恢復賀爾蒙平衡的療癒過程，以及每天生活中所發生的成果和轉變，我也開始相信加特弗萊德療程遠比處方藥物更容易成功，尤其是那種對妳身體而言完全陌生的藥物。

本書分為兩部。第一部：教育與啟發，提供的是基礎元素。第一章中列有幾份評量表，這些清單可以幫助妳辨識妳主要是哪些賀爾蒙失調。在回答了這些問題後，妳就會比較清楚妳在這些特定賀爾蒙方面是偏高還是偏低，然後知道妳應該要先閱讀哪一章。第二章是概略介紹賀爾蒙是什麼、它們的作用，以及它們如何交互作用。第三章描述的是什麼時候會開始出問題：更年期前期，通常是介於三十五～五十歲之間（在美國，更年期一般而言是從五十歲開始）。

第二部：評估、診斷、治療，描述的是關於個別賀爾蒙的須知。根據詳盡的研究和我多年的臨床經驗所得到的結論（外加在一個女性身體內住了四十五年，幾乎每一種賀爾蒙症狀都經歷過），我說明了特定賀爾蒙失調的常見原因，以及應對方法。

第三部：附錄，內容是關於賀爾蒙平衡的重要參考資料。我也收錄了依根本原因分類的加特弗萊德療程摘要、專有名詞解釋、本書中所提及的賀爾蒙及其功能、如何尋找臨床醫師並與其合作、進行居家檢查的化驗所推薦，以及我推薦給患者且自己也會遵循的飲食計畫。

在閱讀每個章節之前，建議妳翻回本書開頭的評量表，以幫助妳評估症狀，或許甚至能夠辨識出一些妳先前不知道和賀爾蒙有關的問題。我在每一章中都會著重在一個特定的賀爾蒙上：皮質醇、雌激素、黃體素、雄激素（包括睪丸素和去氫皮質酮），以及甲狀腺。在過程中，妳也會認識其他賀爾蒙，包括胰島素、孕烯醇酮、維生素 D、瘦體素，以及生長激素。

妳會學到每一種賀爾蒙、它的功能、當它運作良好時妳會有什麼感覺，還有功能不良時的感覺，以及失調可能是什麼原因造成的。在介紹過該種賀爾蒙之後，我會更深入探討是什麼原因造成該賀爾蒙失調背後的科學因素。

對某些患者而言，了解科學是很重要的，而有些患者則不太在乎，只想知道現階段怎麼做才能感覺良好。妳可以決定妳想了解多少科學，也可以跳過這些段落。

一旦定義了妳的賀爾蒙問題後，下一步就是找到應對的策略。加特弗萊德療程在這時候就派上用場了；我們會制定計畫，而非盲目地瞎猜（我會讓妳知道何時該去看醫師）。最後，為了讓妳不覺得孤單，每章中都列舉了我診所中的幾個案例研究，真實患者的故事：她們的症狀、療程，以及成果。

▌理想的賀爾蒙標準典範

想像一下理想中的賀爾蒙標準典範。她的賀爾蒙值完美平衡，一整天都活力充沛、心情平穩，而且不會嘴饞。她有著一頭亮麗的秀髮和無瑕的肌膚。她輕而易舉就能夠維持她的體重和性能量。同事們從來不需要擔心她會在一場大會議中啜泣，或是開始汗流浹背。好心的友人也無須小心建議她：「找個人看一下，或許試試心理醫師？」

這本書則是給我們這些尚未達到理想賀爾蒙標準典範的女性看的，我相信大多數的女性都想要擁有美好的外表和感受，並且更優雅地老去。我們都想要成為理想的賀爾蒙標準典範。

這本書是寫給所有年齡層的女性。關於賀爾蒙的一大迷思就是：在更年期之前妳都不需要擔心。事實上，許多賀爾蒙值，例如雌激素和睪丸素，其實是在妳二十幾歲的時候就開始走下坡了。某些賀爾蒙，例如皮質醇，或許會飆得太高，而擾亂了其他賀爾蒙。三十歲以下的女性或許還未受到老化的影響，但也許她們想要懷孕，或是避免像她們母親一樣被診斷出罹患乳癌。

那些三十多歲的很可能會覺得越來越緊繃和不堪重負，需要更好的策略幫助她們放鬆。她們可能想要避免高血壓、糖尿病前期，以及加速老化，而這些都是長期承受高度壓力的後果。四十多歲和五十多歲的女性可能會想要重拾年輕時的輕盈。或許她們想要一覺醒來感到精力充沛，不會因為睡眠受

到干擾而產生腦霧。六十多歲、七十多歲和八十多歲的女性可能想要提升認知和執行功能，改善她們的思考、記憶，以及競爭力。

這本書出自於我想要幫助女性的熱情，一次修復一個賀爾蒙。我不想要女性活受罪；我不想要她們被醫師忽視、被媒體誤導、倦怠、疲憊，而且感到羞恥。我不是個魔術師，無法讓時光倒流，把妳變回二十五歲，我也不相信那對妳而言會是最好的。我能做到的是把妳失去的還給妳：適當比例的賀爾蒙組織能力，帶給妳清晰、自信，和長壽。

人體有一種與生俱來的能力可以修復和自我調節，但那種能力經常會被長期的壓力源、令人分心的事物，以及現代生活的干擾所磨滅。妳一旦了解身體自我調整邁向平衡的能力，以及整合女性健康的新科學，並且在加特弗萊德療程的協助下，妳就會發現邁向平衡比保持平衡要容易多了。今天就開始呵護妳的賀爾蒙，而這個過程將會有助於妳在未來數十年的心情、體重、活力、性慾、睡眠，以及耐力。

第一章

妳的賀爾蒙平衡嗎？
莎拉醫師的自我評量表

　　如果妳手上拿著這本書，我想妳應該是準備好要來一趟賀爾蒙療癒之旅了。回答一些關鍵問題就是第一步。我設計了好幾份評量表，幫助我的客戶辨識可能會在停經前期、更年期前期，以及更年期中遇到最常見的賀爾蒙問題。回答這些問題後，妳就能找出妳可能有哪些問題。然後我會引導妳進入那些對妳最有助益的章節，幫助妳追求賀爾蒙平衡（請注意，每個人都必須閱讀第一部，無論妳的評量表結果如何）。

追求理想的健康狀況

　　平衡。這是站在平衡木上的頂尖體操選手或是金雞獨立的瑜珈行者的專長；這是營養餐點的基本要素（就是那種我們經常忙到沒時間準備或享用的）；這是工作和生活，自我和家庭；這是注入靈魂的圓餅圖，每一塊都相輔相成，撫慰著我們的靈魂。平衡是手段，也是目的。平衡是人人夢寐以求的聖杯，是我們所有人都渴望追尋的。平衡是穩定和永續的。平衡是健康。而平衡也是難以掌握的。

　　我們知道平衡可以幫助我們在工作、育兒、買菜、照顧家人、出門辦事和忙著處理其他事務的夾擊之下依然保持身心健康。平衡讓我們能夠用較從容不迫、不慌張、不脆弱的方式承擔任務。想當然耳，我們永無止境地追求平衡，這件事本身也會造成壓力。經常，我們會因為自己無法獲得平衡而感到挫折不已。

　　然而，找到平衡之所以如此困難，原因可能不在妳身上，而是因為妳的

賀爾蒙失調了，所以妳才會覺得失衡。當賀爾蒙呈現紊亂狀態時，妳可能會覺得無精打采、煩躁易怒、想哭、脾氣暴躁、被忽視、焦慮、憂鬱。然後妳就更難辦好每天多面夾擊的任務。妳怎麼知道自己的賀爾蒙出問題了？我的評量表可以幫妳評估。

健康是一個複雜的生態系統。人體的生理運作，無論是功能良好還是失調，都會影響我們的心情、心靈，以及生活的方式。所以賀爾蒙對妳的影響可能遠超過妳所想像的。

絕對不要低估壓力的力量，生活中的壓力可以改變身體的生物化學反應，這可不是什麼荒誕不經的迷信；這是醫學事實。壓力是絕大多數人去求醫的主要理由，而且和那些導致死亡的重大疾病息息相關，包括心臟疾病、糖尿病、中風，和癌症。想要進行健全的醫療諮詢，我們就必須考慮所有的變數。如果任何一項沒有考慮到，我們很可能就無法找出賀爾蒙失調的根本原因。

我的評量表大致上是以約翰‧李醫師（Dr. John Lee），一位在賀爾蒙平衡領域的知名醫師所提出的理論為依據。其中提出的問題多年來一直在不斷調整，包括透過我自己的研究，以及我治療女性的經驗，並且和大量證據加以整合。我鼓勵我的患者把通往賀爾蒙平衡的道路看成是一場史無前例的旅程，一場探索的歷程。而每一場壯麗、改變人生的探索都是從一個任務開始的，那就是這些評量表的作用：開啟旅程、測試那些追求平衡的女中豪傑是否已準備就緒。妳對於這些問題的答案會成為這趟旅程剩餘部分的藍圖，妳的工具則是在加特弗萊德療程中所述的治療方案。

追求賀爾蒙平衡的評量表

以下評量表和我在診所中所使用的類似，是設計用來正確辨識妳可能面臨但未曾被診斷出的賀爾蒙問題。

仔細閱讀症狀清單，在任何妳經歷過的項目旁邊打勾，然後把每一組的

勾勾數加起來。請注意，每一部分都要分開回答。妳很可能會有一些症狀是可以歸類到不只一個部分（例如不孕和情緒問題）。也就是說，妳的一些答案可能會重複，但通常還是會有一兩個特別凸顯的地方，那就是妳主要的賀爾蒙問題。別煩惱！最後，我們會一一解釋妳的答案代表什麼意義。

賀爾蒙自我評量表

在過去的六個月中，妳是否曾經有過以下經驗：

PART A

☐ 感覺自己總是忙東忙西？

☐ 感覺緊繃但又疲倦？

☐ 很難在睡前平靜下來，或是突然精神很好，讓妳熬到很晚？

☐ 很難入睡或睡眠受到干擾？

☐ 感到焦慮或緊張，無法停止擔憂？

☐ 很容易生氣或大怒，經常尖叫或大吼大叫？

☐ 健忘或覺得容易分心，尤其是在危急的情況下？

☐ 嗜糖（妳在每餐後都需要「來點什麼」，通常是巧克力類的）？

☐ 腹圍越來越粗，超過三十五吋＼九十公分（可怕的小腹贅肉或游泳圈，不是腹脹）？

☐ 皮膚出狀況，例如溼疹或皮薄（有時是生理上和心理上的）？

☐ 骨質流失（或許妳的醫師用了更嚇人的名詞，例如骨質缺乏症或骨質疏鬆症）？

☐ 高血壓或心跳加快，不過不是因為在商店櫥窗看到一雙美麗的紅鞋？

☐ 高血糖（或許妳的醫師提過糖尿病前期甚至是糖尿病或胰島素阻抗這些字眼）？

☐ 消化不良、潰瘍，或 GERD（胃食道逆流）？

☐ 受傷時復原的能力不比過去好？

☐ 腹部或背上有不明的粉紅色或紫色肥胖紋？

- ☐ 經期不規則？
- ☐ 生育能力下降？

PART B

- ☐ 疲勞或身心耗竭（妳常靠咖啡來提神，或是在閱讀或看電影時睡著）？
- ☐ 沒有元氣，尤其是在下午，兩點到五點之間？
- ☐ 對於某個負面觀點異常執著？
- ☐ 毫無緣由地大哭一場？
- ☐ 解決問題的能力下降？
- ☐ 大多數的時候都覺得壓力很大（一切似乎都比過去更難，而妳無法面對）？抗壓力降低？
- ☐ 失眠或很難保持入睡狀態，尤其是在凌晨一點～四點之間？
- ☐ 低血壓（不一定都是好事，因為血壓會決定該輸送多少量的氧氣到全身，尤其是大腦）？
- ☐ 起立性低血壓（從躺下的姿勢起來的時候會感到頭暈）？
- ☐ 很難抵抗感染（所有接觸到的病毒妳都會感染上，尤其是呼吸道方面的）？很難從疾病、手術或傷口中復原？
- ☐ 氣喘？支氣管炎？慢性咳嗽？過敏？
- ☐ 低血糖或血糖不穩定？
- ☐ 嗜鹽？
- ☐ 多汗？
- ☐ 噁心、嘔吐，或腹瀉？或是一下子軟便一下子又便祕？
- ☐ 肌肉虛弱，尤其是膝蓋部位？肌肉或關節疼痛？
- ☐ 痔瘡或靜脈曲張？
- ☐ 妳似乎很容易瘀血，或是皮膚很容易瘀青？
- ☐ 甲狀腺問題治療後，妳感覺好多了，卻突然又出現心悸或是心跳快速或不規則（低皮質醇／低甲狀腺組合的徵兆）的現象？

PART C

☐ 焦躁或經前症候群？

☐ 週期性頭痛（尤其是經痛或賀爾蒙引發的偏頭痛）？

☐ 疼痛和／或腫脹的乳房？

☐ 經期不規則，或隨著年齡增長月經來得越來越頻繁？

☐ 經血量多或經痛（量多：每兩個小時或以內就得更換一次量多型
衛生棉或棉條；經痛：得吃止痛藥才能做事）？

☐ 腫脹，尤其是腳踝和腹部，和／或水腫，換句話說，妳在月經來
潮前都會增加三～五磅（一～兩公斤）的體重？

☐ 卵巢囊腫、乳房囊腫，或巧克力囊腫（息肉）？

☐ 睡眠很容易被干擾？

☐ 腿部會癢或不寧，尤其是在晚上？

☐ 行動越來越笨拙或協調不良？

☐ 不孕或生育能力低下（妳一直努力想要懷孕，但將近十二個月仍
未能受孕；三十五歲或以上者則為六個月）？

☐ 妊娠第一期流產？

（加油！已經一半了！）

PART D

☐ 腫脹、虛胖，或水腫？

☐ 子宮頸抹片檢查異常？

☐ 經血量大或更年期後出血？

☐ 體重快速增加，尤其是腰圍和臀圍？

☐ 胸部罩杯變大或乳房脹痛？

☐ 子宮肌瘤？

☐ 子宮內膜異位症，或經痛？（子宮內膜異位症是當子宮腔內的黏
膜生長在子宮腔外，例如在卵巢或大腸上，因而造成經痛。）

☐ 心情陰晴不定、經前症候群，或者只是煩躁易怒？

- ☐ 哭哭啼啼，有時會因為很荒謬的事而哭？
- ☐ 小崩潰？焦慮？
- ☐ 偏頭痛或其他頭痛？
- ☐ 失眠？
- ☐ 腦霧？
- ☐ 臉紅紅的（或是被診斷出有玫瑰紅斑）？
- ☐ 膽囊問題（或已移除）？

PART E

- ☐ 記憶差（妳走進房間想做某件事，但進去後就忘了是什麼事，或是話講到一半忘了自己要講什麼）？
- ☐ 情緒脆弱，尤其是和自己十年前的感覺相比？
- ☐ 憂鬱症，或許外加焦慮或無精打采（或者更常見的是輕鬱症：一種程度較輕微的憂鬱症，持續超過兩週以上）？
- ☐ 皺紋（連妳最愛的乳霜也不再有效了）？
- ☐ 夜間盜汗或熱潮紅？
- ☐ 難以入睡，會在半夜醒來？
- ☐ 滴滴答答或膀胱過動？
- ☐ 膀胱感染？
- ☐ 乳房下垂，或是乳房變小？
- ☐ 胸口、臉上和肩膀上的日照傷害更加明顯，甚至可以說是醒目？
- ☐ 關節疼痛（有時候妳真的明顯感受到自己老了）？
- ☐ 最近受過傷，特別是手腕、肩膀、腰部或膝蓋？
- ☐ 對運動失去興致？
- ☐ 骨質流失？
- ☐ 陰道乾澀、不適，或失去了感覺（妳和那種令人欲死欲仙的性高潮之間宛如隔山）？
- ☐ 其他部位缺乏溼潤（眼乾、皮膚乾、陰蒂乾澀）？

□ 性慾低落（走下坡已經好一陣子了，但現在妳發覺比以前要少了
　　一半甚至以上）？

□ 性交疼痛？

PART F

□ 臉上、胸口或手臂上毛髮增生？

□ 痤瘡？

□ 皮膚和／或頭髮油膩？

□ 頭髮變得稀疏（這讓妳覺得更不公平，尤其如果妳身體其他部位
　　有毛髮增生的情形）？

□ 腋下膚色改變（顏色變深而且比妳的正常皮膚要厚）？

□ 皮膚贅瘤，尤其是在頸部和上半身？（皮膚贅瘤是皮膚表面的微
　　小膚色增生，通常大小是幾公釐，而且光滑。它們通常不具癌
　　性，是因為摩擦產生的，例如在胸罩吊帶部位。它們也不會隨著
　　時間而有所改變或增大。）

□ 高血糖或低血糖和／或血糖值不穩定？

□ 反應性和／或煩躁易怒，或過分激進或偶爾有跋扈的表現（亦稱
　　為「類固醇狂躁」）？

□ 憂鬱症？焦慮？

□ 月經週期超過三十五天以上？

□ 卵巢囊腫？

□ 經期中疼痛？

□ 不孕？或生育能力下降？

□ 多囊性卵巢症候群？

PART G

□ 脫髮，包括眉毛外側的三分之一和／或睫毛？

□ 皮膚乾燥？

□ 頭髮乾燥如稻草，很容易打結？

- [ ] 指甲薄脆易斷？
- [ ] 水腫或腳踝腫脹？
- [ ] 體重增加了幾磅，或二十磅（九公斤），而且就是減不掉？
- [ ] 高膽固醇？
- [ ] 排便一天少於一次，或是覺得無法完全排乾淨？
- [ ] 頭痛一直復發？
- [ ] 排汗減少？
- [ ] 肌肉或關節疼痛，或肌肉張力變差（妳在一夜之間變成老太婆了）？
- [ ] 手或腳有微微刺痛感？
- [ ] 手腳冰冷？怕冷？怕熱？
- [ ] 對寒冷敏感（妳比其他人更容易發抖，而且身上總是包裹了好幾層衣物）？
- [ ] 言語遲緩，或許聲音變得沙啞或斷斷續續？
- [ ] 心跳緩慢，或心搏過緩（每分鐘少於六十下，而且並不是因為妳是什麼運動好手）？
- [ ] 無精打采（妳覺得自己常常拖泥帶水）？
- [ ] 疲勞感，尤其是在早上？
- [ ] 大腦緩慢，思緒緩慢？很難專心？
- [ ] 反應遲鈍，反應時間降低，甚至有點漠不關心？
- [ ] 性慾低落，但妳不確定是為什麼？
- [ ] 憂鬱症或心情陰晴不定（這個世界不再像以前那樣美好了）？
- [ ] 服用了最新的抗憂鬱症處方藥，但妳依然覺得哪裡不對勁？
- [ ] 經血量多或其他月經問題？
- [ ] 不孕或流產？早產？
- [ ] 甲狀腺肥大／甲狀腺腫？吞嚥困難？舌頭腫大？
- [ ] 甲狀腺問題的家族病史？

▌評量表解讀

在同一個類別中符合三題或以上的描述？那就意味著妳有賀爾蒙失調的傾向。親愛的讀者，妳並不孤單。我曾見過一些女性在回答完這些問題後興奮得跳躍起來，因為終於有人辨認並且為她們每天的苦難賦予了名稱，而非只是用「瘋狂」或「經前症候群」來形容。援助將至。我設計這份試題就是要把最新的醫學研究精華變成可實行的計畫，讓妳回歸賀爾蒙平衡。每一份評量表的設計都是要反映妳的所思所想、感覺，以及體驗，無論妳年齡為何。我診療過成千上萬位的女性都認為這些評量表有助於她們辨識下一步的行動計畫，以便她們矯正賀爾蒙。

如果妳在一組症狀中勾選了三項以上（例如 PART A 和 PART C），請在閱讀以下資訊後，翻到建議的相關章節。如果妳在一組中有五項以上的症狀，而妳的症狀越來越嚴重，或是妳為此感到相當苦惱（或更糟），那麼妳可能需要和當地妳所信任的醫師一同找出最適合妳的治療方案。這些評量表是指標，是有用的提示，設計用來清楚辨識妳如何能夠以最有效率的方式平衡賀爾蒙。這些評量表只是本書的開端，但絕對不是終點。妳也可以在我的網站上找到最新版本（請上網 http://thehormonecurebook.com/quiz）。無論如何，妳的下一個任務就是要開始尋找答案，而我的療程絕對有所助益。以下就是藍圖。

【PART A：皮質醇過高】

目前為止，這是現代女性賀爾蒙失調最常見的原因。

若有五項或以上的症狀，代表紅色警戒！妳很有可能皮質醇過高。妳需要立刻閱讀第四章，讓妳的皮質醇回到正常值，不能太高也不能太低。

三～四項，代表妳可能需要解決這種賀爾蒙失調問題；少於三項或不確定，我則建議妳請妳的醫師在早上九點以前，檢驗妳血液（血清）中的皮質醇值。在理想的情況下，這個數值應該介於十～十五 mcg ／ dL 之間。妳也可以使用一種叫做晝夜皮質醇檢查的方法，在一天中的四個時間點，自行

在家檢驗唾液皮質醇值。晝夜指的是在白天和夜晚的定期改變，類似花朵在白天開花，在晚上閉合一樣。很多時候，晝夜皮質醇值其實更有幫助，因為妳可以在一天中觀察妳的皮質醇，而不是根據驗血的單一數據點所得出的結果。

欲了解更多詳情，請閱讀第四章中的「PART A：有關皮質醇過高的細節要點」。

【PART R：皮質醇過低】

切記，妳有可能同時皮質醇過高和過低，甚至是在同一天內，在二十四小時中。

有五項或以上的症狀，代表妳很有可能皮質醇過低；少於五項症狀，則要考慮檢查妳的皮質醇值，驗血或唾液都可以。大多數的醫師都不會特別注意腎上腺的逐漸變化，而皮質醇過低正是如此。如 PART A 中所述，妳的皮質醇在早上應該要高於十 mcg／dL，而二十四小時期間的皮質醇值比單一的數據點更有用。請參閱附錄章節了解更多詳情。

無論妳有多少個症狀，請閱讀第四章中的「PART B：有關皮質醇過低的細節要點」。

【PART C：黃體素過低和黃體素阻抗】

過低或緩慢的黃體素是三十五歲以上女性第二常見的賀爾蒙失調問題。

有五項或以上的症狀，代表妳很可能黃體素過低；三～四項，代表妳可能需要解決這種賀爾蒙失調問題；少於三項或不確定，我則建議妳請妳的醫師在妳經期的第二十一天檢驗妳血液（血清）中的黃體素值。在理想的情況下，這個數值應該超過十 ng／mL；最理想的數值是十五～二十五 ng／mL。

接著，請閱讀第五章，「黃體素過低憂鬱和黃體素阻抗」。

【PART D：雌激素過多】

無論妳的雌激素狀況如何，我都建議妳應該多加了解一下本書中所提及關於可能暴露在環境賀爾蒙方面的事。

有五項或以上的症狀，代表可能雌激素過高，三十五歲以上女性有百分之八十都受雌激素過多影響；三項或以上症狀，代表妳極有可能雌激素過多。

請直接翻到第六章，閱讀「雌激素過多」。

【PART E：雌激素過低】

大多數女性都不會注意到雌激素大幅降低的問題，直到四十多歲甚至五十多歲。

有五項或以上的症狀，代表妳很可能雌激素過低；三或四項代表妳雌激素過低的機率很高。

無論如何，最佳的下一步行動方案是閱讀第七章，「雌激素過低」。

【PART F：雄激素過多】

這是不孕女性最常見的內分泌因素。

有五項或以上的症狀，代表妳很可能雄激素過多；三或四項代表妳也許雄激素過多，而我強烈建議妳解決這種賀爾蒙失調問題，因為它會讓妳不孕和大幅增加罹患糖尿病的風險。

若症狀少於三項或不確定，我則建議妳請妳的醫師檢驗妳血液（血清）中的游離型睪固酮值或游離雄激素指標（FAI）。

欲了解更多，請閱讀第八章，「雄激素過多」。

【PART G：甲狀腺過低】

許多醫師都認為那些關心甲狀腺的女性患有輕度歇斯底里。妳要站穩立場，不要讓步！

有五項或以上的症狀，代表妳應該是有甲狀腺問題。我建議妳請妳的醫師檢驗妳的甲狀腺，特別是那些敏感度最高的檢驗，像是測量促甲狀腺激素（TSH）、三碘甲狀腺原氨酸（T3），以及反轉總三碘甲狀腺素（reverse T3）。

　　若是介於三項和五項之間，代表妳可能有問題。

　　下一步請閱讀第九章，「甲狀腺過低」，讓自己成為有意識的消費者。

【不只一個類別有症狀】

　　賀爾蒙彼此密不可分，而且是會相互影響的。雖然我很喜歡把東西分門別類（妳應該看看我放香料的抽屜），但這在人體這個錯綜複雜又相互關聯的系統中是不管用的。有些症狀會掩蓋其他症狀：腎上腺和性賀爾蒙問題可能會掩蓋甲狀腺問題，反之亦然。有時候年齡也會有所影響：甲狀腺所引發的體重上升、情緒低落和疲勞問題較常在三十五歲以後發生，這種現象稱為甲狀更年（thyropause）。偶爾症狀也會隨著時間而有所變化，甚至每個小時都有變化：有些女性在同一天內會經歷皮質醇過高和過低的症狀。如果妳的症狀少於五項，但發現有和其他章節重複的症狀，例如雌激素過多或過高及過低的皮質醇，在第十章中可以讀到關於最常見的賀爾蒙失調組合。在第二和第十章中，我詳盡描述了這些賀爾蒙的連鎖反應，以及該如何應對。

挑選營養補充品

　　很多人都有這樣的經驗。我們到健康食品專賣店，想要買個天然的產品來改善某個症狀。然而，站在放置商品的通道中，我們面對的是一整排琳瑯滿目的選擇、品牌，和劑量，就連行家也會覺得眼花撩亂，身為一個消費者該怎麼辦呢？營養補充品的規範並不多，這表示「買家自己要小心」。一個產品的品質完全要看製造商，所以妳必須謹慎選擇營養補充品，在理想的情況下，最好能有一個在行又沒有利益衝突的醫師協助妳。

順便一提，如果妳的醫師（或其他醫護人員）詢問有關我在加特弗萊德療程中所推薦的營養補充品，請對方閱讀我網站上的科學學術文章（其中包括數百則引證），網址是 http://thehormonecurebook.com/practitioners。

即使沒有太多法規方面的監管，有幾個策略我認為在選擇市面上令人眼花撩亂的營養補充品很有助益，而許多保健品其實根本都是浪費錢和時間。

請謹記，並不是每個人都適合食用營養補充品，但大多數的人邁向中年（四十歲或五十歲，個人觀點不同），都會開始缺乏一些關鍵營養素，例如維生素 B12。然而營養補充品，包括草藥（亦稱為植物）療法，經常缺乏美國食品藥物管理局所要求處方藥必須歷經的科學審查。正因如此，妳更需要成為一個知識淵博的消費者。我從小看著外曾祖母吃魚油，完全沒想到長大後我會花數十年的時間教育自己哪些營養補充品能夠真正對我的患者和我有益，但我很高興我這麼做了，如此一來，我才能把這些辛苦學來的知識與妳分享（請參見「如何看待草藥療法」以了解更多資訊）。以下就是我教患者該如何選擇良好的營養補充品：

1. 從做功課開始

我建議先從美國國家衛生局旗下的補充替代醫學中心（NCCAM）的資料庫開始評估。另外還有兩種管道，都是要付費的，分別是消費者實驗室（Consumer Lab）和自然醫學綜合資料庫（Natural Medicines Comprehensive Database）。三種服務都完善、公正地教育社會大眾。

NCCAM 不偏不倚地列出以證據為基礎的營養補充品清單，其中包括作用、科學上怎麼說、安全性，以及不良反應，網址是 http://nccam.nih.gov/health。不過，和下方的兩種管道相比，它的資料並不是最新的，舉例來說，關於用於經前症候群和不孕的草藥聖潔莓的資訊，最後一次更新是在二〇一〇年七月。

請上網 http://www.consumerlab.com 瀏覽消費者實驗室，這是一家獨立的檢查機構，提供針對超過九百種營養補充品的線上評論。消費者實驗室的會

員會費大約是每個月兩美金，但妳可以訂閱一份免費的新聞快訊。妳可以先找個產品評論看看，包括品質評比和產品比較，然後再看看警語、查看熱門品牌的價格、專家建議，以及被召回的產品等。

最後，可以考慮自然醫學綜合資料庫，它是療效研究學院（Therapeutic Research Faculty）旗下的單位（http://naturaldatabase.therapeuticresearch.com）。該公司主要是由藥劑師負責營運，已經有超過二十五年的歷史，而且因為不受廣告和藥廠影響而廣受尊崇。

2. 尋找證據

盡可能選擇經過隨機試驗證實的營養補充品，通常標籤上會標示出來。有時候妳需要上網查才能找到隨機試驗，例如生物醫學文獻數據庫（Pubmed），一般民眾也可使用，網址是：http://www.ncbi.nlm.nih.gov/pubmed/。

3. 注意產品標籤，因為依規定上面經常不能提及特定診斷

由於美國食品藥物管理局的規定，營養補充品製造商不能在標籤上宣稱產品具有預防或療癒功效。舉例來說，鎂、維生素 B6，以及草藥治療用的聖潔莓（Vitex agnus-castus）都經證實有助於經前症候群（PMS），但標籤上不能宣稱此功效。鎂的標籤上或許會寫「有助於神經和肌肉功能」，但不能提及經前症候群。

4. 尋找第三方單位的驗證

有些營養補充品已通過第三方公正單位驗證，例如國際魚油標準（IFOS），該單位專門檢測並公開魚油產品的含汞量和可能含有的其他毒素。IFOS 使用世界衛生組織（World Health Organization）和可靠營養品協會（Council for Responsible Nutrition）所制定的國際標準進行研究，評估那些已知會影響賀爾蒙值毒素的純度和濃度。另一個第三方認證則是 GMP（優

良製造標準），它能保證商品達到最基本的品質標準、不受汙染，以及標籤內容的正確性。然而，一旦製造過程無誤，GMP 不負責管理成分的安全性（請參考上方提到的消費者實驗室和生物醫學文獻數據庫的資料），或是成分對健康可能造成的影響。提供更嚴格法規審核標準的是澳洲治療藥物管理局（TGA），它被認為是全世界最嚴格的規範單位。美國所生產製造的營養補充品中，只有少數通過 TGA 的認證。

5. 檢查是否符合規定

那些主動向美國食品藥物管理局登記的營養補充品比那些未登記的更加受到規範。同時也看看產品是否標示有「USP」（美國藥典）或「NF」（國家醫藥級），以及批號和有效期限，意味著該營養補充品符合美國藥典品質標準。

6. 清淨嗎？閱讀標籤就知道了

確保妳的營養補充品不含防腐劑、填充物、染色劑、麥麩、酵母，以及其他常見的過敏原。標籤上有寶貴的資訊，可以告訴妳營養補充品中是否含有妳不想要的添加物。如果妳對某些常見食物不耐或是過敏，例如麥麩或乳製品，這點對妳尤其重要。

7. 記住，價格只是其中一項變數

更貴並不代表更高品質。不要誤以為較貴的營養補充品一定就比較好。有時候確實是如此，但有時候妳買的只是包裝或行銷手段。

8. 向專家諮詢

有些（但不是全部）在保健品部門工作的人士對不同品牌和品質瞭若指掌。可以把他們當作資源，向他們請教一些專業問題，或是和採購人員洽詢。然而，員工可能會有利益衝突，所以我認為 NCCAM、消費者實驗室，

和自然醫學綜合資料庫上面的報告在品質和客觀性方面更加一致可靠。

> ◆ 附註：同時也注意一下哪些營養補充品妳應該空腹食用（例如胺基酸），而哪些則需要和食物一起食用（例如維生素和魚油）。

　　請將我的評量表看成是一份改變妳賀爾蒙的邀請函。我明白賀爾蒙很令人畏懼，尤其是如果妳的賀爾蒙正處於失控狀態。當妳有賀爾蒙問題時，一想到要開始做出新的努力，就會覺得難以招架。

如何使用本書

　　我將這本書設計成兩種使用方式：

1. 效率式

　　如果妳想要發揮最大效率，可以從第一章中的評量表直接跳到和妳辨識出的問題相關的章節。如果妳有不只一個賀爾蒙失調問題，請翻閱每一個相關章節，外加閱讀第十章，「常見的賀爾蒙失調組合」。想要更精簡的話，妳可以在每一章閱讀導言部分，跳過科學原理部分，然後直接翻到解決方案，也就是針對該賀爾蒙失調的加特弗萊德療程。

2. 全面式

　　那些想要了解細節的，喜歡學習有關人體奧妙的讀者，或是可能想要查閱引證的醫師們，請閱讀每個相關章節的科學原理部分。妳會找到最佳證據，支持我對每一個賀爾蒙所描述的細節、它如何和其他賀爾蒙相互影響，以及，最重要的，有什麼樣的實證能夠讓妳感覺最良好。我也整理出上百則加特弗萊德療程的引證在本書的網站上，網址是 http://www.thehormonecurebook.com。

在妳和妳的內分泌系統開始對話、進行以證據為基礎的賀爾蒙療法之前，妳應該要先明白一些基礎。畢竟，妳的目的是要體驗最優化的賀爾蒙狀態，而不只是應急之計。我希望妳，就像我在診所中所治療過的許多女性一樣，在接下來的這些章節裡，找到賀爾蒙修復之道，得到最深層的療癒。

妳可以辦到的！讓我們先從這些賀爾蒙的基本知識開始，然後進一步探討如何讓賀爾蒙重新返回平衡狀態，好讓妳重新找回熱情活力。

如何看待草藥療法

根據世界衛生組織的資料顯示，在世界上很多地方，草藥藥方都是健康的第一道防線。在德國，醫師都會開立草藥，並且整合主流醫學和替代醫學，而每三張處方箋中就有一張是草藥。草藥藥方是一種安全有效的方法，能解決許多神經內分泌問題，例如失眠、焦慮和經前症候群等。

然而，就像主流醫學中的處方藥物可能帶來的風險、益處和交互作用，天然療法中也有這些問題。除了我提過在選擇營養補充品方面應該注意的事項之外，我也建議想要嘗試草藥藥方的人遵循以下準則。

1. 先諮詢

先從生活方式設計開始，在妳進行草藥療法之前，先向妳的醫師（或其他醫護人員）及藥劑師諮詢，以便評估任何藥物或草藥或其他保健品的交互作用。我的評量表能幫助評估妳症狀的根本原因，並且提供按部就班的方法來「治癒」根本原因，但若妳能和一位醫師密切合作，這個過程才能發揮最佳功效。最安全的方式就是在食用草藥之前，先取得正確的醫療診斷。在診斷極為正確的情況下，草藥才能發揮最大功效，而醫療診斷是不能光從看一本書得來的，妳需要有完整的醫療史和檢查，才能排除可能導致症狀的其他原因。大多數的主流醫師都不大看好草藥，並且相信除非是處方藥物否則都不值一提，而妳也可以把我的網站告訴他們，指出網站上列舉的功效證明。

2. 一次食用一種草藥，至少一開始是這樣

在選擇草藥療法時，先從一種草藥藥方開始。在加特弗萊德療程中，

我推薦了幾種草藥，先嘗試一種至少六個星期，給該種草藥所需的時間生效。如果有效，它會幫助妳恢復體內平衡，而這個過程通常需要六～十二週的時間。如果沒有效的話，就嘗試下一種。

3. 記錄任何不良反應，並立刻向妳的醫師回報。

4. 僅限成人

我不建議，也沒有接受過這方面的訓練，可以提供草藥療法給孩童。本書中的資訊和教育都只限於沒有懷孕或是哺乳的成年女性。

第二章

賀爾蒙的基本知識
妳需要知道關於賀爾蒙的一切

　　認識賀爾蒙的旅程先從內分泌腺開始，像是腎上腺、腦垂體腺、下視丘、甲狀腺、胰腺，以及卵巢等等。這些腺體藉由釋放賀爾蒙到血液中，前往遙遠的器官和細胞，進而控制重要的生理功能。換句話說，賀爾蒙是化學使者，就像是身體中的郵差，它們會影響行為、情緒、大腦化學物質、免疫系統，以及妳如何將食物轉換成能量。

　　舉例來說，腎上腺會分泌皮質醇，這是最強大的一種壓力賀爾蒙。皮質醇則會指示身體如何在遇到壓力的時候做出回應，這點我們稍後再解釋。卵巢，其主要功能是儲藏卵子，也會分泌許多種賀爾蒙，包括雌激素、黃體素，以及睪丸素。這些都被稱作性賀爾蒙，因為它們會影響像是生育能力、月經、臉部毛髮，以及肌肉量等特徵。胰臟會分泌胰島素，其主要功能是將葡萄糖帶進細胞中，進而降低血液中的葡萄糖。脂肪細胞則是人體內最龐大的內分泌腺，分泌的賀爾蒙包括能調節食欲的瘦體素，以及調整燃燒脂肪方式的脂聯素。

▌賀爾蒙的作用

　　每一個賀爾蒙都有其作用。圖表一顯示的是女性的三大賀爾蒙：雌激素、甲狀腺，和皮質醇——這是影響大腦、身體、壓力，以及體重的主要賀爾蒙。當妳處於急性壓力狀態下時，皮質醇是主要專注力和官能來源，但當妳處於長期壓力狀態時，妳的數值可能會從過高跳到過低。甲狀腺會影響新陳代謝，讓妳保持精力充沛、舒適溫暖，體重也能得以控制。雌激素其實是

一個由六種賀爾蒙組成的群組，負責讓女性在性生活方面保持潤滑、歡愉，和渴望。

賀爾蒙和其相關作用

我已經列舉出妳的三大賀爾蒙最重要的作用，但其實還有更多。舉例來說，雌激素在女性體內有超過三百種作用或生理任務，並且影響著超過九千個身體向外傳送用來調節自身的遺傳訊息。

除了圖表一中的三大賀爾蒙之外，還有幾種賀爾蒙在主導妳的興趣、心情、性慾，和食慾方面，也扮演著舉足輕重的角色。黃體素會藉由協助調節子宮內膜（例如，讓內膜不要變得太厚）、情緒，以及睡眠來平衡雌激素。睪丸素是主掌活力和自信的賀爾蒙，而分泌過多則是導致女性不孕的主因。孕烯醇酮在性賀爾蒙體系中較鮮為人知，它負責維持記憶的流暢，並且讓視覺保持鮮明多彩。瘦體素會控制飢餓感，決定妳何時該運用食物為能量，或是儲藏在妳的腰圍；它會和甲狀腺及大多數賀爾蒙產生交互反應。胰島素則會調節身體如何從食物中運用能量，並且指示肌肉、肝臟，和脂肪細胞從血液中吸收葡萄糖並且儲存它。

有些賀爾蒙能夠從事多項任務。催產素是一種賀爾蒙，也是神經傳導物質，這種大腦化學物質能在神經之間傳送資訊。有些人把催產素稱為「愛的賀爾蒙」，因為男性和女性在性高潮時，血液中的催產素都會升高。催產素也會在子宮頸擴張時釋放，以便助產，而當女性的乳頭受到刺激時，會促進泌乳並增進母親和嬰兒之間的情感。維生素 D 是一種從膽固醇合成以及暴露在陽光下而來的賀爾蒙。它也可以從食物中攝取，但不能算是一種必需維生素，因為所有的哺乳動物只要暴露在陽光下就能產生（所謂「必需膳食維生素」的分子指的是身體有它才能運作，但卻無法製造出足夠的量，因此一定要從食物或是營養補充品中攝取）。

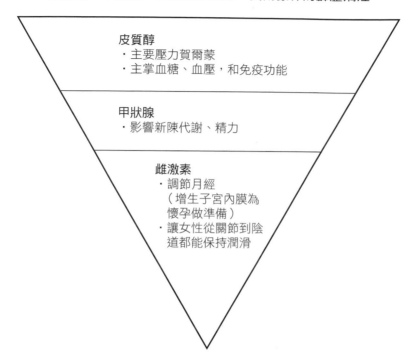

雌激素，甲狀腺，和皮質醇團隊：賀爾蒙界的霹靂嬌娃

皮質醇
・主要壓力賀爾蒙
・主掌血糖、血壓，和免疫功能

甲狀腺
・影響新陳代謝、精力

雌激素
・調節月經
（增生子宮內膜為
懷孕做準備）
・讓女性從關節到陰
道都能保持潤滑

圖表一：妳最重要的賀爾蒙就是皮質醇，它是主要的壓力賀爾蒙，在大多數情況下會從腎上腺分泌，無論是否承受壓力。甲狀腺是第二重要的賀爾蒙，而在三者中，雌激素被認為沒有皮質醇或甲狀腺賀爾蒙重要，因為不排卵也可以活下去。

賀爾蒙控制系統

大腦是一個制握信念的控制點；它負責管理這些賀爾蒙如何以及何時被釋放。妳會在稍後的章節中學到，大腦和賀爾蒙之間的回饋環路之所以會有這樣的處理過程，是為了幫助身體保持平衡。此外，有好幾種賀爾蒙會交聯影響彼此。

細胞永無止境地沉浸在布滿各種賀爾蒙的汁液裡。對女性而言，這種汁液每天都在改變，甚至每分鐘都有變化，取決的因素包括妳是否月經來潮、

距離妳上次月經來潮隔了多久、妳在環境中感受到的壓力有多大、妳都吃些什麼、妳的運動量，以及妳是否懷有身孕。細胞有受體，它們會對特定的賀爾蒙產生回應。受體就像是門上的鎖。賀爾蒙一插進鎖內，門就打開了。舉例來說，當妳遇到危險時，主要的壓力賀爾蒙：皮質醇，和一個細胞裡的鎖結合打開了門，就會產生葡萄糖，讓妳能夠跑得更快，變得更強壯。如果細胞的設計不是為了要和某一種賀爾蒙產生互動，它的受體（門上的鎖）就無法和該賀爾蒙的鎖結合。科學家坎蒂絲‧波特（Candace Pert）適切地把這個過程稱為「分子性愛」。如果鎖壞了，例如胰島素或皮質醇阻抗，同樣地，門也會無法開啟，而血液中的賀爾蒙值也會升高。

賀爾蒙族譜：性賀爾蒙在人體中的製造過程

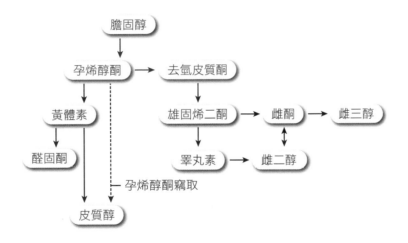

圖表二：在腎上腺和卵巢中（以及懷孕時的胎兒和胎盤中），膽固醇都會被轉化為好幾種賀爾蒙。本圖表中列舉的賀爾蒙被稱為性賀爾蒙，是因為它們是從膽固醇特有的化學結構而來，而且會影響性器官（其他賀爾蒙，例如甲狀腺和胰島素，都不是性類固醇賀爾蒙，而是從其他地方生成的）。性賀爾蒙家族包含：黃體素是礦物性腎上腺皮質素家族中的一員（影響體內的鹽〔礦物質〕和水平衡），而皮質醇則是糖性腎上腺皮質素家族的一員（葡萄糖＋皮質＋類固醇；在腎上腺的皮質部位生成，作用包括與糖性腎上腺皮質素的受體相結合，讓葡萄

糖升高等等）。睪丸素是雄激素家族的成員之一（男性和女性都會分泌；負責頭髮生長、自信，以及性慾）；雌二醇、雌三醇，和雌酮都是雌激素家族的成員（性類固醇賀爾蒙主要由卵巢產生，目的是促進女性特徵，例如乳房發育和月經等）。

大多數的賀爾蒙都是從賀爾蒙前驅物質的內分泌腺製造出來的，又稱為激素元。激素元是身體迅速製造所需賀爾蒙最有效率的方式，無須從零開始。

許多人體中常見的性賀爾蒙都來自於膽固醇，而身體會將它轉化為孕烯醇酮。孕烯醇酮是賀爾蒙之「母」（又稱「激素元」），其他賀爾蒙都是從它製造出來的。在腎上腺處於正常平靜的狀態下，孕烯醇酮會被轉化為黃體素或去氫皮質酮，是另一種壓力賀爾蒙，也是睪丸素的前驅物質。當妳長期處於壓力狀態下時，身體會製造更多皮質醇，而且會從孕烯醇酮那裡竊取，導致其他賀爾蒙值下降，這種過程稱為孕烯醇酮竊取。當然，並非所有的賀爾蒙都是從膽固醇來的（稍後會解釋）。

最常見的賀爾蒙失調

當賀爾蒙處於平衡時，也就是不過高也不過低，妳在外表和感覺上都會是最佳狀態。但如果賀爾蒙失調了，它們就會搖身一變成為高中時代的霸凌惡女，讓妳的人生苦不堪言。不過好消息是，重新調整賀爾蒙比起像個瘋子一樣跑來跑去，為了生活中芝麻蒜皮的小事而筋疲力盡、焦慮不堪要容易多了。

以下就是我在臨床上最常見到的賀爾蒙失調問題：

- 皮質醇過高會讓妳感到疲倦但又神經緊繃，而且會讓身體將能量轉化成脂肪，儲存在容易取用的地方，例如腰間。
- 皮質醇過低（皮質醇過高的長期後果，亦或者，妳可能同時有過高和過低的問題）會讓妳覺得筋疲力竭、疲憊不堪，就像一臺想要往前跑

但已經沒有汽油的汽車。

- 孕烯醇酮過低會導致命名失能症：找不到……那個叫什麼東西來著？噢，想不起來叫什麼名字了。過低的孕烯醇酮也可能造成注意力不足、焦慮、輕微憂鬱症、腦霧、輕鬱症（慢性憂鬱症），以及社交畏懼症。
- 黃體素過低會導致不孕、夜間盜汗、失眠，以及經期不規則。
- 雌激素過多會讓乳房更容易脹痛、出現囊腫、肌瘤、子宮內膜異位症，以及乳癌。
- 雌激素過低會讓妳的心情和性慾下降，讓陰道變得較不潤滑，關節卡卡，心理狀態也較不專注和不活躍。
- 雄激素過多，例如睪丸素，是不孕、下巴和其他部位長出長毛，以及痤瘡的主要原因。
- 甲狀腺過低會導致腦力降低、疲勞、體重增加，以及便祕；長期甲狀腺過低則可能會造成反射延緩，罹患阿茲海默症的風險也會提高。

常見的賀爾蒙失調組合

我的女性患者通常都有超過一種賀爾蒙失調問題。以下就是我在臨床上最常見到的賀爾蒙失調組合。（詳細請閱讀第十章）

- 皮質醇調節異常（過高和／或過低）和甲狀腺功能過低。這裡我對調節異常的定義是，身體對長期壓力的反應調節很差，導致體內的皮質醇無法保持在一個最佳範圍，不是過高就是過低，而且通常是在二十四小時內出現這樣的狀況。
- 皮質醇和性賀爾蒙（雌激素和黃體素）調節異常。
- 三十多歲的女性經常會有黃體素過低和雄激素過多的症狀，甚至面臨難以受孕的問題。

- 更年期前期的女性，也就是從三十五～五十歲之間開始，會出現黃體素過低，然後最後一次月經來潮的那一年，則會出現雌激素過低。黃體素過低會讓她們感到焦慮、睡眠被干擾、夜間盜汗，以及經期縮短，在三更半夜會因為工作和校外教學通知單而煩惱。雌激素過低則可能會導致輕微憂鬱症。
- 更年期的女性經常在白天出現皮質醇過低（導致她們感到疲倦），在夜晚則出現皮質醇過高，讓她們煩東煩西，從股市到自己孩子是否會染上性病或找到夢想中的工作。

除了懷孕之外，最常見，但也最常被忽略的賀爾蒙失調原因包括：
- 老化
- 遺傳
- 營養不良或沒有足夠的「前驅物質」可以製造賀爾蒙
- 接觸到環境中的毒素
- 壓力過大
- 生活方式

▌一切都息息相關

最重要的是：賀爾蒙不是獨立存在的。有些賀爾蒙會大幅影響其他賀爾蒙；分泌過多的情況下會干預另一種賀爾蒙的作用。舉例來說，當妳長期處於壓力狀態下，皮質醇就會上升，而如果升得過高的話，就可能會阻礙能夠讓妳鎮靜下來的黃體素進入細胞。如前所述，賀爾蒙和細胞受體相吻合，就像鑰匙插入鑰匙孔一樣，其過程就是我們之前所提過的分子性愛。如果皮質醇在忙著和黃體素受體進行分子性愛，這個鎖就無法讓其他賀爾蒙插入，而黃體素分子也就無法進入自己的受體中。即使妳血液中的黃體素數值是正常的，妳仍可能會感受到黃體素缺乏，這表示妳可能會無法鎮靜下來或是受

孕。因為這些相互關係，同時治療多種症狀是非常重要的。

　　許多賀爾蒙，包括皮質醇和甲狀腺，都被一個回饋環路所控制，當賀爾蒙值過高的時候，就會阻斷生產。除了彼此之間的相互作用外，賀爾蒙產生相互作用也取決於自然界的晝夜循環。舉例來說，皮質醇值會在太陽升起後上升（早上七點之後），而褪黑激素則會受到抑制。反之，在理想的情況下，隨著皮質醇值下降，身體便會製造更多褪黑激素。

　　這些為什麼重要？當妳明白賀爾蒙如何彼此產生相互作用，就比較容易找到賀爾蒙和諧。當妳同時評估和治療多個賀爾蒙系統，特別是腎上腺、甲狀腺，以及性賀爾蒙，妳就會得到更快、更好的成效。

解決之道是很微妙複雜的

　　特別叮囑一下，賀爾蒙反覆無常的「解決之道」，並非只是強制將一堆賀爾蒙加諸在問題之上這麼簡單，而是很微妙複雜的。原因就是賀爾蒙阻抗（包括皮質醇、黃體素，以及甲狀腺阻抗，這些都會在之後解釋）、遺傳傾向、以及本書中所探討的那些由主要賀爾蒙所製造的下游化學物質本身的複雜性。

　　舉例來說，經前症候群是一個和黃體素有關的問題，但狂抹黃體素乳霜並不會完全幫助所有女性改善症狀。最佳的科學顯示，經前症候群是四種賀爾蒙之間的同步相互作用太差所造成的結果：黃體素、性激素孕酮代謝產物（一種黃體素的衍生物），以及在大腦中的 γ-胺基丁酸（GABA）和血清素的化學反應。這是一種複雜的神經賀爾蒙組合，因而導致黃體素「阻抗」，這也就是為什麼狂補充黃體素可能不是解決之道。妳的身體或許更能接受的「治療」會是解決上游的原因，包括前驅物質，像是可以幫助妳製造血清素的維生素 B6，或者用草藥來改變黃體素的敏感度，像是聖潔莓，以及藉由生活方式的調整來讓大腦鎮靜下來。

賀爾蒙界的霹靂嬌娃

還記得霹靂嬌娃嗎？薩賓娜、吉兒，和凱莉那三個打擊犯罪、修理壞蛋的女性，不但聰明、勇敢，而且行動敏捷。看到她們三人一起上陣不但像詩一樣美，而且給人一種獨立自主的賦能感。賀爾蒙系統也是如此。當賀爾蒙相輔相成時，這個團隊是強大、優雅，而且有效的。

容我用這個比喻來進一步解釋。薩賓娜是皮質醇，她比其他兩個嬌娃更敢頂撞查理，而且也比較不會用她的女性誘惑來玩弄男性。她是個聰明的嬌娃，嚴肅務實，策略思考。正如薩賓娜會解救「落難嬌娃」一樣，在妳血液中流過的皮質醇，遇到威脅會警告妳的神經系統，無論是即將發生的車禍，或是一個幼童正走向牆上的插座。皮質醇會調節其他的賀爾蒙，例如甲狀腺和雌激素，幫助妳應對每日生活歷險中的驚嚇所帶來的影響。

吉兒是甲狀腺，她是個有運動細胞的嬌娃，身段輕柔、擅長運動，並且具冒險精神。甲狀腺讓妳保持精力充沛、苗條，以及快樂；它是賀爾蒙界的吉兒。沒有足夠的甲狀腺，妳會感到疲勞、體重增加，低潮地過日子……那性慾呢？想都別想了。

凱莉是雌激素，她是個敏感的嬌娃，溫柔而且妖媚，但同時又有街頭智慧而且不屈不撓。她可以在前一分鐘表現得很強勢，一切都在掌控之中，但下一分鐘又開始勾引人。雌激素就是這樣，它會讓妳皮膚發紅充滿血清素（一種讓人感覺良好的神經傳導物質）。雌激素讓妳的性高潮欲死欲仙，讓妳的情緒穩定、關節潤滑、睡眠和食慾正常，以及減少臉部皺紋。雌激素讓其他的嬌娃，皮質醇和甲狀腺，保持在平衡的狀態。

至於修理壞蛋（憂鬱症、緩慢的新陳代謝、精神不濟）妳需要妳的賀爾蒙嬌娃同心協力。若妳想要那種一切都正常美好的感覺，這一點是關鍵，讓每一種都保持在適當的比例，妳就會覺得更平衡、更協調。每一種賀爾蒙都有其重要性、實用性，以及必需性，但當它們運用自身最大的能力攜手合作時，那就像魔法一般美好。健康。快樂。活力。甜美的性愛。

警覺中心：「爬行動物」和邊緣大腦

女性賀爾蒙的一大特徵是有時候會較為失控。拿皮質醇來說吧，長期處於壓力過高的狀態，皮質醇會表現得像一列暴走列車。也就是說，當妳忙東忙西的時候，皮質醇值會攀升得更高（就像一列暴走列車，而且越開越快），導致妳對糖或酒產生難以抑制的渴望，在腰間囤積更多脂肪，並且讓妳誤以為自己精力旺盛或恢復了體力。但其實，妳再過六個小時就得起床去上班，然而妳卻如此神經緊繃，根本睡不著。

當這種情況發生時，就表示皮質醇正在橫行霸道壓過其他賀爾蒙。皮質醇是賀爾蒙老大，根本不在乎它和卵巢、甲狀腺的長期關係。所以這時甲狀腺就會插手試圖解決問題，導致甲狀腺產量減少。皮質醇過高還會阻斷黃體素受體，讓黃體素更難從事它的安撫工作。甲狀腺減少會減緩新陳代謝，也就是妳燃燒熱量的速率。現在的妳不僅疲倦、神經緊繃，而且體重也增加了。

遺憾的是，皮質醇主要是由大腦中最古老，同時也是較缺乏彈性的部位所控制。有些人把它稱為爬行動物腦，它的發育比邊緣大腦和腦皮層（「思考」大腦）都要早。這三種腦部位之間的關聯是部分重疊的。在結構上，爬行動物腦位於較下方的部位，包括腦幹和小腦（我比較喜歡把它稱為下腦部，因為這個字眼比較具敘述性，而爬行動物這個字眼則令我毛骨悚然）。這個大腦中固有、深層的部位在生物化學方面所控制的是本能的行為，像是攻擊或支配。它是在古遠以前發育的，在大腦其他部位發育之前，那時的生存之道還停留在以逃跑的方式避開獅子老虎。換句話說，爬行動物腦雖然可靠，但很死板，有時候那是好事。如果有人朝妳的頭扔一顆石頭，下腦部就會要妳快速閃躲開來。

下腦部同時也會和邊緣大腦分攤許多任務，而邊緣大腦是主掌情緒、學習，以及記憶的。邊緣大腦的結構包括杏仁核、下視丘，以及海馬體等等。杏仁核會解讀情緒，包括威脅，進而觸動身體的警報系統。不只是或退或

戰，邊緣大腦還主掌了交配（尤其是排卵和性慾）。有了邊緣大腦的協助，下腦部管理的重要任務包括呼吸、消化、排泄、循環（指的是將更多血液傳送到腿部肌肉，以便讓身體能夠奔跑），以及繁殖。

思考大腦對於飛來的橫禍反應太慢了。然而問題就出在，經常在呼風喚雨的是下腦部和杏仁核，永遠都在注意周遭環境、電子郵件，以及婚姻狀況，尋找潛在威脅，當威脅很模糊或不確定的時候，甚至會腦補細節資料。警報中心的行為很像有街頭智慧的小混混，它們歷經上千年的進化仍屹立不搖，除非妳刻意改變妳應對壓力的態度。要怪就怪那會在壓力下飆升，讓我們直覺反應而非理智面對的皮質醇吧。

讓警報中心鎮靜下來

要讓賀爾蒙恢復平衡，我們必須讓過度活躍的下腦部和邊緣大腦鎮靜下來。如果我們能夠學會如何沉著冷靜面對情緒，而非覺得自己一天到晚都在躲子彈的話，我們的賀爾蒙也會更容易維持平衡。

妳的賀爾蒙是設計用來為妳服務的，而不是和妳作對。大自然的本意是要賀爾蒙和諧，因此要保持平衡比起保持失調要容易多了。但有一個不速之客，下腦部，會一直從中作梗。幸虧，有一些方法可以讓妳鎮靜下來：靜思冥想、瑜珈、運動、在大自然中散步、心理治療，以及性高潮。每個人都需要找到讓自己鎮靜下來的最佳方法。瑜珈、靜思冥想、熱水浴，以及針對性的運動，例如皮拉提斯或和女性朋友一起快步競走（不是跑步，因為那會提高皮質醇），對我是最有效的方法。

晝夜一致

妳的生理時鐘也需要正常運作，和戶外的晝夜節律一致。幾乎每一個賀爾蒙都是根據妳的生理時鐘和醒睡週期而釋放的。有些人習慣早起；有些

人則是夜貓子。當我們在夜間當班時，自然的節律就會被擾亂。但基本原則是，盡可能每天晚上在同一時間上床睡覺，在同一時間醒來，然後到戶外的陽光下去。這樣能有助於調節晝夜一致，進而以自然的方式讓賀爾蒙發揮最佳平衡。

▌數字、數字、數字 VS. 其他優化賀爾蒙的方法

我有很多患者想要去化驗所或在家檢查她們的賀爾蒙值，有時候這樣做確實是有幫助的。然而，我之所以用評量表的方式來辨識妳的賀爾蒙問題，而非立刻化驗血液、尿液或唾液中的數值，是有原因的：

1. 大多數的賀爾蒙在一天中不同時間的測量數值都會不一樣，和白天開花晚上閉合的原理類似。
2. 由於賀爾蒙阻抗的緣故，有時候妳的感覺不一定會反應在血液、尿液，或唾液的賀爾蒙值上。妳的感受和細胞內的賀爾蒙值相關聯，而那也是賀爾蒙和 DNA（遺傳密碼）互動的地方。其實，大多數的賀爾蒙在細胞核上都有受體，如果賀爾蒙受體卡住了，那麼核外或細胞外（血液、尿液，或唾液中）的賀爾蒙值是多少也就無關緊要了。文獻上已記載多種賀爾蒙都會出現賀爾蒙阻抗，例如胰島素、皮質醇、黃體素，以及甲狀腺。

出於這兩個理由，我建議妳先從評量表開始（而不是去檢驗妳的數值，專注在數字上而非妳真正的感覺上），然後去查閱那些解釋妳賀爾蒙問題的章節。一旦妳辨識出妳賀爾蒙症狀的根本原因後，運用相關章節中所列的加特弗萊德療程，從第一步驟生活方式重整開始，讓妳的賀爾蒙再次回歸平衡。

第三章

更年期前期
妳個人的全球暖化危機、過度警覺，
以及變緊的褲腰

　　更年期前期指的是妳最後一次月經來潮的前幾年的賀爾蒙動盪狀態，可能會從妳三十五歲左右或四十幾歲開始。然而，更年期前期是一種身心狀態，而不是按時間順序發生的。它會先從黃體素降低開始，以雌激素降低告終。對某些女性來說，這個時期她們的情緒會變得陰晴不定、體重會攀升，精力也會減弱。另外有一些女性可能會覺得自己擺脫了生育年齡的束縛，對於自己的所想所需開始說真話。妳是屬於哪一類型可能會因妳如何應付這些微妙、時而誇張的賀爾蒙變化而有所不同。

　　重點是，大多數女性都對更年期前期不甚了解，而她們的醫師就更不用說了。大多數女性都不知道，更年期前期其實比更年期本身更加障礙重重而且難熬，因為每個月賀爾蒙都會波動，有時候溫和，有時候劇烈。我在三十五歲左右的時候，以為更年期會是我大概在五十歲時才會遇上的難題，反正是很久以後的事。才怪！妳的身體準備迎接這個難題已經很多年了，了解更年期前期賀爾蒙失調的「完美風暴」對妳的未來將會非常有助益。當時我已經有失調的徵兆了，頻繁的月經、經前症候群、逐漸低落的性慾，以及越來越粗的腰圍都是跡象。妳可能也會發現過去的應對方法（偶爾運動、一週上幾天瑜珈、巧克力、夜晚來杯葡萄酒）似乎都不再那樣管用了。新陳代謝變得更慢，妳可能會覺得壓力更大，睡眠變差了，幾乎每天都會發生杏仁核挾持的現象，意思是「爬行動物」腦和杏仁核會接管，而非理智的大腦，而反應過度很可能會成為家常便飯。有時候妳會覺得自己的配偶或伴侶是敵人。

　　更年期前期並沒有特定的原因，它只是一種賀爾蒙相互依存的表現。換

句話說，妳所經歷的並不是愈發嚴重的神經質傾向，而是主要賀爾蒙在神經內分泌大混亂的時期所產生的相互作用。妳無須把中年這個人生階段看成是邁向死亡；更年期前期只是在生理上一段較為波濤洶湧的海域，但只要有明智的船長掌舵，就能安然度過。那個船長就是妳，加上這本書的幫助，在必要情況下，外加一位值得信任的醫師。

如果妳有以下症狀，那表示妳可能正經歷更年期前期，而非瘋了。

更年期前期評量表

在過去的六個月中，妳是否曾經有過以下經驗：

☐ 和十年前相比，覺得自己對於買菜、洗衣服、洗碗，和煮飯這些事較不起勁？

☐ 寧可不去社交，外加衣著邋遢（妳近來變得內向，出門的時候除了瑜珈褲之外不太想特別費心打扮）？

☐ 因為腰間的贅肉常需要解開褲子鈕扣，而贅肉似乎是一夜之間蹦出來的？

☐ 情緒不穩，這是妳人生中第一次在公司重要會議上爆哭，只因為妳的孩子為了青春期的問題打了電話過來？

☐ 對運動感到缺乏滿足感，因為似乎對妳的體重毫無幫助？

☐ 對生活感到索然無味或想要隱居；妳是否會發現自己盯著時鐘，心想幾點才可以免於從事社交活動上床就寢？

☐ 難以入眠（過度的深思熟慮在三更半夜把妳喚醒）？

☐ 滿身大汗醒來，需要換掉睡衣和床單，或許甚至連妳先生（或伴侶）也需要？

☐ 布滿魚尾紋和永遠皺著眉頭的臉？

☐ 不注意個人儀容（妳真的不在乎自己的容貌）？

☐ 對子女的態度不再熱中，和過去相比顯得更加模稜兩可？

☐ 經期非常不規律，妳不知道自己是少量出血還是大量出血，或是兩種都有的奇怪組合？

□ 健忘（知道自己是因為某個原因而走進房間，但卻得拚命回想到底是什麼）？

□ 不斷懷疑自己的直覺和看法？

□ 更常對家人說「媽媽現在要去小睡片刻」或「媽媽需要休息一下」？

□ 寧可吃巧克力或來杯葡萄酒也不想做愛（性愛對妳來說可能是生活中最不重要的一件事）？

□ 覺得樂復得（Zoloft）或百憂解（Prozac）聽起來越來越吸引人了？

□ 認為藉由放棄糖、酒精和麵粉、食用各種營養補充品，以及調整賀爾蒙來解決妳的情緒問題，好像太麻煩了？

如何自我評估

如果妳大多數的時候都有上述五項或以上的念頭或感覺，無論妳是否已到中年（四十～六十五歲），這就是更年期前期。這表示妳的卵巢已經開始運作得很勉強，不再能夠製造出和過去一樣相同、可靠,一致的性賀爾蒙量（雌激素和黃體素）。更糟的是，大腦對於卵巢依然在製造的賀爾蒙變得較無反應，而像是血清素這種快樂大腦化學物質可能也會減少。有些女性可以無憂無慮地順利走過更年期前期；有些則覺得自己瘋了。兩者都是更年期前期這種中年賀爾蒙變化可能出現的正常反應。

妳可能會說：對！對！我就是這樣！那我該怎麼辦？如果妳處理了第一章的評量表中所辨識的賀爾蒙失調問題，妳就能夠安撫更年期前期的風暴。

當女性邁入四十歲時，經常會對那些劇烈的賀爾蒙變化感到驚訝，因為從記憶力到性生活，一切都被影響了。這些變化並不是在一夜之間悄悄出現的。妳的雌激素、睪丸素,和生長激素會緩慢地走下坡，在妳開始感覺健忘、昏昏欲睡，以及厭倦性愛之前，這種下降的趨勢甚至很可能會長達二十年的時間。妳在二十幾歲時，這些變化經常是難以察覺的，但這是身體邁向

更年期前期的第一步。這個人生階段，通常會維持十年的時間，預示著從規律生理期循環到賀爾蒙完全失控的轉變。

更年期前期最大的改變是，妳的卵巢不再每個月排卵。它們會開始斷斷續續地停工，最終則會完全停止生產卵子。當這件事發生時，許多女性都會覺得自己彷彿墜入了電視影集《二十四小時反恐任務》的劇情中。還記得那部動作劇情片，每一集演的都是一個小時的經過，而且在主角身上會發生很多事情嗎？傑克‧鮑爾被綁架、被女生甩了、變成好人，然後變成壞人，然後又變成好人轉危為安。更年期前期的女性經常都和傑克有同感：每天、每小時，有時候每分鐘都感覺像是一場越來越具挑戰性的生存之戰。

更年期前期背後的科學原理

經期流血是女性從生育年齡到不育年齡及更年期的基本特徵。一般來說，女性每個月會排卵和分泌生育賀爾蒙，即雌二醇和黃體素。更年期這個名詞是從希臘文 pausis（停止）以及字根 men（月）而來的，也就是每月循環的終止。

根據正式的醫學定義，妳應該在最後一次月經來潮的一年之後舉辦妳的更年期派對。這背後的含義是，更年期是發生在某一天的事，而一週年代表妳的卵巢正式退休。但事實上就和現代人退休一樣，並不是完全沒有活動了，在更年期，卵巢依然會製造某些特定的賀爾蒙，例如睪丸素和雌酮，只是不再會製造那麼多和排卵有關的雌二醇和黃體素。

在我從事臨床工作的那些年，我發現許多和更年期前期相關的症狀都是在三十五～四十五歲之間出現的，比經期出現變化的時間要早。那些症狀是賀爾蒙給妳的線索，從卵巢傳出來的信號，告訴妳要進入一個新的人生階段了。一般而言，那些症狀或線索包括妳的心情、睡眠、體重、性慾，以及在生活中配合其他人的意願。

就許多方面而言，更年期和女性開始有生育能力的青春期恰好相反，而

更年期前期和進入青春期前的那幾年是類似的。就像妳第一次月經來潮的前幾年一樣，賀爾蒙值又再次地紊亂無章。在更年期前期，妳需要妳的卵巢、甲狀腺，以及腎上腺保持最佳運作，妳才能感覺最良好，但有好幾個問題卻湊在一塊和妳作對。

首先，妳的卵巢面臨著老化的過程。妳不再每個月排卵，因此月經來潮的頻率會變短，或是變長，或是忽長忽短難以預測。由於妳的身體無法再製造那麼多成熟的卵子，腦下垂體會加速控制賀爾蒙的生成，也就是所謂的濾泡激素（FSH）和黃體促素（LH），來刺激卵巢分泌更多。卵巢則以宣告「半退休」狀態作為回應，而那只會讓控制賀爾蒙運作得更辛苦，FSH值也會上升得更高。在這當中，妳可能會突發奇想，以為再生一個孩子是個好主意（快！再不生就來不及了）。記住，這只是妳的賀爾蒙在說話，而非對現實狀態的理性回應。很快地，妳的FSH值會上升到五十，而熱潮紅和流汗的症狀都出現了，在生理上正式宣告進入更年期，而妳也會選擇養狗而非再生個孩子。

接下來，妳的甲狀腺功能會變差，新陳代謝減緩，體重攀升，即使妳吃得更少、運動得更多。妳開始覺得筋疲力盡，而心情也會變得飄忽不定。

在此同時，腎上腺也會來參一腳。由於所有這些賀爾蒙的變化，妳的壓力反應會變高，妳再也無法像過去那樣兵來將擋、水來土淹。妳無法專心。孩子上床睡覺後，妳再也沒有體力去完成任何事，一眨眼，就已經午夜了。妳上床去睡覺，但妳一直醒來，因為身體發熱，或是想要尿尿，或是妳的丈夫在打鼾。

把這些都加在一起，妳面對的是一場完美的神經內分泌風暴：三個賀爾蒙系統，卵巢、甲狀腺、腎上腺，全都聯手在拆妳的臺。妳的新口頭禪是人生無常。妳過了三天幸福美滿的日子，但接下來當學校打電話給妳說孩子有頭蝨時，妳整個人又完全崩潰。煩躁易怒主掌著妳的生活狀態。性生活需要改善，但和妳的丈夫妥協讓步又覺得太累了，糖、酒精，和巧克力成了每日的慰藉。請耐心聽我解釋，我們會攜手合作，幫助妳重新找回賀爾蒙平衡，

做回從前的自己。

覺得不堪重負嗎？問題很可能出在妳的基因上

好幾種基因都可能在更年期前期聯合起來和妳作對，特別是在最後一年，當雌激素值下降的時候。雌激素過低可能會影響的基因包括血清素、多巴胺，以及腦源性神經滋養因子。雖然妳無法改變妳的基因，明白這些可能發生的風險能幫助妳付出行動，學習如何把自己照顧得更好，考慮調整妳的賀爾蒙值，並且食用經實證有效的營養補充品。

- **血清素運送基因（SLC6A4）**

高達百分之四十的白人，大腦中的血清素在細胞之間的運送方式上具有遺傳變異，導致他們更容易受憂鬱症影響，特別是在壓力之下。通常妳會有兩份長鏈血清素運送基因。那些有一或兩份短鏈血清素運送基因的女性，和那些沒有短鏈基因的女性相比，不但抗壓性較低，會出現皮質醇阻抗（大腦會對主要的壓力賀爾蒙皮質醇感到麻木），而且對於選擇性血清素再吸收抑制劑（SSRI）藥品級別的憂鬱症藥物較無反應。換句話說，那些有短鏈血清素運送體的女性較常出現杏仁核警覺，而當雌激素也開始下降時，情況可能會變得更糟。雖然正常值的雌激素能夠推翻基因的影響力，但在更年期前期，雌激素過低可能會導致有短鏈血清素運送體的女性突然變得壓力過大和憂鬱，幾乎像是在一夜之間發生的。

- **兒茶酚 -O- 甲基轉移酶（COMT）**

COMT 是一種酶，能幫助大腦處理名為兒茶酚胺的大腦化學物質，其中包括多巴胺、腎上腺素，以及去甲腎上腺素。正常的 COMT 基因是「Met ／ Val」基因型，指的是 DNA 中的氨基酸種類。那些有「Met ／ Met」基因變異的女性，在代謝雌激素方面容易出現問題。

- **腦源性神經滋養因子（BDNF）**

BDNF 是一種大腦化學物質，能促進神經細胞的生長和神經可塑性，

尤其是大腦中那些與學習、長期記憶，以及高階思考相關的部位。BDNF值是由 BDNF 基因所控制的。雌激素能提高 BDNF，運動也可以，而皮質醇則會降低 BDNF 的生成。這即是一個賀爾蒙、神經傳導物質，以及基因相互干擾的例子：在更年期前期，當皮質醇上升、雌激素下降的時候，BDNF 則可能會減少。

問題是出在生孩子嗎？

我忍不住猜想自己三十五歲以後那委靡不振的精神是否和我生了兩個孩子有關。每週一二〇小時的醫學院和住院醫師時期我都撐過了，但卻在生產之後的那幾年感到疲憊不堪。那就像一場零和博弈，而我不斷地在為了生活中的某一個層面而犧牲另一個層面。我似乎永遠無法將我的電池充滿電，結果便是生產力和耐心都消耗殆盡。這不只是我個人的經驗；以整體來看，據報導美國人心理狀態最糟的時期是發生在三十五～五十歲之間，大多和愈加嚴重的擔憂及哀傷有關。

問題是出在生孩子嗎？不，而是賀爾蒙。我怎麼知道？因為在我四十多歲的客戶中，有百分之二十是沒有孩子的，而她們依然為同樣的問題所苦。她們長期睡不好覺，擔心自己變胖，心想為什麼自己在感覺上和外表上不像過去那樣充滿活力了。

芳齡四字頭的追尋者

在《瑜珈之樹》（The Tree of Yoga）這本書中，瑜珈大師艾揚格（B. K. S. Iyengar）描述了在印度教 Ashramas 體制下的四大人生階段：梵行期、家居期、林栖期、遁世期。這些和卡爾·榮格以及艾瑞克森所描述的人生階段很像。艾揚格說這個體系讓中年人（林栖期）能夠不受家庭和社會義務的拘束，以便追求瑜珈式的冥想。換句話說，如果妳能夠從大約四十二歲開始，逐漸從外在世界和其中的種種限制中隱退，轉而追求內心的修行，那麼妳就

有機會能夠綻放。

聽起來很不錯，但我花了很長的時間才好不容易把生孩子這件事搞定。現在我四十幾歲了，雖然我真的很想過林栖期的生活，可是我有兩個可愛的孩子（八歲和十三歲）得照顧。我想要百分之百對我的家人負責，卻經常覺得我的大腦和身體寧可冥想，最好還能夠對眼前的問題都置之不理。

有這種感覺的不只是我而已。四十多歲的女性在賀爾蒙的影響下都想放下一切，擺脫家務事的職責束縛，但許多人都比較晚才生孩子。在我們的身體想要進入林栖期的時候，我們卻因家中那些待辦事項而身負重擔，充滿挫折感。

露安・布里森坦醫師（Dr. Louann Brizendine）是加州大學舊金山分校的心理醫師，她研究的是賀爾蒙、女性，以及情緒。她表示，為了成立家庭（包括找到伴侶並且生兒育女），女性在生育年齡的賀爾蒙變化，讓女性變得既包容又慈愛。有些人把這種態度稱為賀爾蒙雲或面紗。然而我們在四十多歲的時候醒來了（八成是在半夜兩點），堅信自己想要離婚。我們厭倦了生活中那些索求無度、自我中心的自戀狂；我們疲倦不堪，而且想要休息。我們蓄勢待發準備就緒，而且在身心上老早就注定了要過林栖期的生活。

其實也不完全那麼糟。記住，更年期前期是一個自然的人生階段，而不是一種疾病。不過一旦過了家居期，妳就會不那麼在乎別人的想法了。妳不再那麼在乎妳的衣著和妝容、母親對妳頭髮的意見，以及冒犯別人。為什麼？妳的卵巢製造的雌激素沒有那麼多了，而雌激素是讓妳想要生寶寶、打扮美麗，和取悅他人的原因。雌激素變少會讓妳不再一味地去配合別人，或許終於能夠說出妳從二十五歲就想要說的真心話。

「危機」這個字眼有兩個意思：危險和機會。更年期前期的女性是危險的，因為我們不再抱著為所有人服務的無私態度。我們會開始說：「沒關係，我不在乎。」不再被我們二十幾歲和三十幾歲時那種「讓我來取悅你」的賀爾蒙面紗所壓迫，我們變得一觸即發、更有智慧、更有創意，並將自己的權力掌握在手中。

相信我，瘋狂的感覺會告一段落。在《更年期的智慧》（The Wisdom of Menopause）一書中，克莉絲蒂·諾索普醫師（Christiane Northrup）提及，在更年期前期，我們是從賀爾蒙動蕩的時期轉換到一個潮水更平穩的人生階段，在更年期過後，我們會再次（就像青春期前期一樣）每天都有相同的賀爾蒙值，意味著妳的人生也會更趨於穩定，我保證。

找到中庸之道

目前有兩種面對更年期前期的方式。一種是主流醫學，女性會去看醫師，而無論她們症狀如何，醫師都是給予相同的治療方式。一般而言，年輕患者會拿到避孕藥，而四十五歲或以上的女性則會得到賀爾蒙療法。或者，在二〇〇二年後，由於大多數的女性對於服用賀爾蒙感到驚嚇過度，於是有更多主流醫師開始開立抗憂鬱症的藥物，給那些感到不適的中年女性患者，不論是焦慮症、強迫症，或者只是感到不堪重負。

不過，妳是否看過處方藥物上的警示標語？抗憂鬱症藥物平均會帶來七十種可能的不良反應，有些甚至還多達五百種。偶爾它們會相互矛盾，例如同一種藥會讓人昏昏欲睡，也會讓人失眠。

另一種人則是拒絕服用藥物，狂熱地相信極端的生活方式就可以幫助女性度過更年期前期。戒酒！只喝過濾水，每天喝六十五盎司（兩公升）！限制熱量攝取！更努力運動！再也不要喝咖啡因或健怡汽水！攝取更多纖維！絕不能吃糖！吃一口巧克力，不過只能在早餐之後！吃亞麻籽！少量多餐！不對，只能吃三餐，不能吃零食，而且晚上七點之後絕對不能進食！每天晚上睡滿八小時！花很多時間和妳的好麻吉鬼混，但也別忽略了老公！事實上，每週最少三天做愛，如果多一點更好，因為那能在三十分鐘內燃燒兩百卡的熱量！這個多做愛的建議是大多數知名男性醫師／作家建議女性面對性慾低落的方式，而這真是大錯特錯、自大狂妄，而且和事實不相符。別告訴一個性慾低落的女性振作起來去多做愛。性慾低落是兩個人的問題，把罪怪

在女性頭上，完全忽略根本原因，而不考慮雙方的感情問題，根本就無法讓女性信服，而且完全搞錯重點。

　　親愛的讀者，光寫這些就讓我覺得疲憊不堪，所有的處方藥和那些好心人士下的禁令，都沒有對症下藥解決根本問題，也就是賀爾蒙障礙。意志力不是解決之道；相對地，解決方法應該是了解並且微調妳的賀爾蒙。

　　我的任務是建議妳重要的生活方式選擇，例如運動、營養豐富的食物、經實證有效的冥想練習，以及保健品，讓妳放鬆、沒有過多緊張或壓力，並且符合妳的賀爾蒙需求。先前所提過的那些選擇——藥物或日常的諸多限制——並不吸引我，我也不曾看過任何女性在長期下來因此受惠。

　　讓我們來定義一下賀爾蒙平衡療法是什麼。這個過程會先從了解妳生理上的變化開始。我們會找出根本原因並做出顯著的改變，而不是黯然接受妳的醫師可能會試圖說服妳服用的那些壓抑症狀的膚淺方法。這是一場旅程，能夠讓妳感受最美好、最真實的自己。妳要試試看嗎？

第二部

評估、診斷、治療
從失調到理想的賀爾蒙標準

第四章

皮質醇過高或過低
高壓人士？沒有咖啡因的人生
不值得活嗎？

　　壓力可以是好事，也可以是壞事。有些人在適度壓力下能夠茁壯成長，有些人則會崩潰瓦解。妳對壓力的反應主要是由糖性腎上腺皮質素進行調節，包括皮質醇，外加遺傳、卵巢和甲狀腺的狀態，以及妳對手上事務的熟練程度。皮質醇，也就是「壓力賀爾蒙」，是我在臨床上見過最複雜，也最被誤解的賀爾蒙。壓力會造成皮質醇過高，但在長期壓力之下，皮質醇可能會同時過高和過低，或是介於中間，有時候甚至是同一天中幾個小時內的變化。這也是為什麼我在本章中列舉了兩種極端，以及經實證能帶來幫助的生活方式管理，無論妳的皮質醇高低。然而，如果壓力沒有被解決或是持續不斷，那麼，製造皮質醇和壓力神經傳導物質腎上腺素和去甲腎上腺素的腎上腺，就無法跟上腳步，而皮質醇也會持續維持在低點。雖然我將複雜的資訊簡化了，但重點是，妳可能會出現好幾種高皮質醇的症狀，外加低皮質醇的症狀。在理想的狀態下，妳會希望擁有的是恰到好處的皮質醇：不太高也不太低。如果妳在第一章的評量表 PART A 和／或 PART B 中辨認出妳的症狀，我力勸妳要竭盡全力地管理好妳的皮質醇，彷彿不管好就會要了妳的命一樣（確實如此），因為大多數的主流醫師都不會去注意腎上腺的逐漸變化，而那是皮質醇過高和過低的特徵。即使妳在 PART A 和 PART B 的症狀少於五項，但兩部分加起來有五項或以上的話，妳最好考慮去檢查一下妳的皮質醇（在附錄 E 中可以找到適當的檢查方式和推薦的化驗所）。在本章中，PART A 討論的是皮質醇過高；PART B 探討的則是皮質醇過低。

皮質醇的基本概念

皮質醇是主掌妳飢餓嘴饞、消化、血壓、醒睡模式、體能活動，以及處理壓力能力的賀爾蒙。它隸屬於糖性腎上腺皮質素家族，這個名稱很花俏，但其實就是那些會讓妳葡萄糖升高的物質。這是皮質醇的主要工作：提升葡萄糖，透過一個叫做糖原貯積的過程，將多餘的儲存在肝臟中。葡萄糖會帶給妳精力，如果細胞獲取不足，妳就會委靡不振。或許妳曾在運動的時候有過那種「撞牆」的經驗。突然間，妳感到頭暈、煩躁，而且血糖整個變低，這些都代表妳已經耗盡妳主要的能量供給。

身為最強而有力的糖性腎上腺皮質素，皮質醇透過三種主要的特性來幫助我們維持生命：

- 提高血糖
- 提高血壓
- 調節發炎

壓力和皮質醇的擺錘

壓力是無可避免、猖獗、容易蔓延的，這是生活中的一部分，如果有人知道如何活得沒有壓力，請立刻打電話給我。壓力本身其實不是什麼壞事，在正常的情況下，身體會短暫激增製造皮質醇（一種在壓力下釋放的賀爾蒙），這是有益又具保護性的，不過不能發生得太頻繁。壓力反應是一種適當的警報；或許一個朋友發生緊急醫療事故，或是妳家被闖空門了。等妳回應並且處理完狀況之後，皮質醇就應該恢復到正常值，類似潮汐起伏。只要妳的皮質醇正常運作按比例釋放，妳的警報系統也會運作正常，反之亦然。

然而，對許多女性而言，這個警報（皮質醇激增的現象）卻從來沒有消失過。那個擺錘原本應該要輕輕搖擺的，結果卻卡在「警報」那邊不動。有太多女性都深受第一章 PART A 中所列出的長期壓力和警覺所苦（例如想吃巧克力、睡眠不佳、小腹脂肪、焦慮）。如果妳正在閱讀本章，妳很可能也

深受源源不斷的壓力荼毒。我也經歷過，而且我知道該怎麼辦。我曾經查閱過大量證據顯示哪些方法有用，而且我會與妳分享。妳可能認為妳無法在生活方式上做出巨大的改變，但我要告訴妳，只要在妳扮演的眾多角色上做出小小的改變，就能幫助妳走向新生之路。

壓力擺錘帶給我的重擊

在我三十多歲時，我是典型受長期壓力迫害的女性，導致我皮質醇過高。我經常為了小事庸人自擾，像是塞車和洗衣服這種事，甚至是幫孩子準備午餐。我會忘記去學校接孩子，或者，我記得，而且原本可以準時到的，真的，如果我能找到鑰匙的話。一杯咖啡就會讓我的心跳像叢林裡的鼓聲那樣震撼響亮。睡前，我會很期待喝杯葡萄酒，但如果一杯變成兩杯，我就會睡不好。

儘管我會運動吃得也很健康，我的血糖卻很高，而且我無法克制對糖類的渴望。我的腰圍變粗了，當全食超市（Whole Foods）的收銀員問我是不是懷孕的時候（當時我並沒有），我差點就抓狂了。我處理壓力的機制是真正的問題所在，換句話說，我所感受到的壓力，大部分都是我自己造成的。每個人都有要求及問題；當我不再把自己的感覺怪罪在外界情況，放開心胸後，一個嶄新、支持賀爾蒙平衡的我就產生了。

女性如何回應壓力：男人動手，女人動口

當男性感到壓力大的時候，通常會有典型的戰鬥或逃跑反應。[1] 男人比女人更容易大打出手或退縮；特別是，男人會使用「避免應對」的方法，例如吸毒。相對於女性，男人對壓力的反應被認為是他們健康不佳以及壽命較短的原因。

關於男性對壓力反應的原始數據是由華特・坎農（Walter Cannon）所蒐

集的，也就是那位最先採用「戰鬥或逃跑」這個說法的醫師。當時認為這個道理也可以同樣運用在女性身上，但更新的數據顯示，壓力在女性身上會引發不同的反應，加州大學洛杉磯分校的教授雪莉・泰勒（Shelley Taylor）稱之為「照料和結盟」。在面臨壓力的情況下，女性會去尋求朋友的慰藉，而大多數的男性卻不會。[2]

我也喜歡在我的抗壓課程中這樣安排。當我和其他媽媽們社交時，我們會閒聊生活中的事，或是處理發生在孩子和丈夫身上的行為難題，我們會組成一個減壓的社交網，讓一群懷有保護心的女性善用催產素，也就是神經傳導物質（大腦化學物質）「愛」的賀爾蒙。正如亞里斯多德的名言，整體的感覺比部分的總和要強太多了，而催產素在我們的血液和大腦中上升時，皮質醇就會下降。

我們過去一直以為男人和女人在面對壓力時會釋放不同量的皮質醇，這也讓大家對女性、皮質醇過高，以及情緒化有諸多揣測。然而，事實似乎是，女性並非只會製造比男性更多的皮質醇，還會製造更多的催產素，作為緩衝壓力的方法。這種強大賀爾蒙會在我們親吻或擁抱、做愛、生產，或是哺乳的時候升高。女性的神經迴路比男性更加仰賴催產素。由於女性的雌激素也比男性高出許多，而雌激素有助於提升催產素的情感聯繫功效，因此女性也比男性更傾向於照料和結盟的反應。當然，如果威脅太嚴重的話，女性也會逃跑，但和男性不同的是，逃跑並不是首要或第一本能。

婚姻、壓力，和皮質醇

在健康方面，婚姻對男性要比對女性來得好。[3] 和女性相比，已婚男性在家的血壓比在工作場合要低。[4] 在有子女的異性已婚夫妻中，女性在為工作擔憂時，無論是她們自己的還是丈夫的，皮質醇都會大幅升高，而男性的皮質醇只有在擔憂他們自己的工作時才會升高。[5]

有時候男性和女性對壓力的反應卻又極為相似。在雙薪、至少有一個五

歲以下孩子的夫妻中，工時過長對男性和女性每日總皮質醇上升的數值是差不多的。[6] 那些下班後還得花時間打掃居家的妻子和丈夫，在夜晚的皮質醇也會升高。而那些下班後只需從事休閒活動的丈夫，夜晚的皮質醇則較低。當丈夫幫忙做家事的時候，妻子在夜晚皮質醇的恢復力也較強。總而言之，夫妻間分工合作能夠改善妳的健康，所以要請妳的伴侶務必幫忙做家事。[7]

▌PART A：有關皮質醇過高的細節要點

壓力和糖性腎上腺皮質素的釋放是密不可分的，而且妳的壓力反應經常是弊多於益。當我們受到驚嚇或威脅時，一個自古相傳的溝通系統就會產生回應，而來自大腦的賀爾蒙會告訴腎上腺釋放更多皮質醇。幾乎所有的皮質醇都是由皮層所分泌的，也就是腎上腺的外層部分或周邊，那些位於兩顆腎臟上方，像蓋子一樣的小內分泌腺體（還有少量是大腦和腸道製造的）。人體的設計本來就會在面對危機，像是老虎突然出現時，釋放大量的皮質醇。這有兩個原因：首先，是要讓葡萄糖進入肌肉，好讓妳能夠戰鬥或逃跑。其次，是要提高血壓，好讓大量的新鮮氧氣進入大腦，讓妳能夠清楚思考。這就是戰鬥或逃跑背後的過程。

壓力的科學名詞是過度反應，這表示身體的警報系統從未關閉。在二○一一年，美國心理協會發現有四分之三的美國人認為，他們所承受的壓力達到了不健康的程度。而當他們感到壓力大時都會做些什麼呢？（有些人給了不只一個回應）百分之三十九會選擇狂吃；百分之二十九會選擇不吃；百分之四十四會晚上睡不著。女性所承受的壓力則高於男性。

誠如家庭醫師兼《紐約時報》五本暢銷書的作者馬克·海曼醫師（Dr. Mark Hyman）所述：「百分之九十五的疾病是由壓力引起，或是因為壓力而惡化的。」[8] 美國壓力協會的報告指出，百分之七十五～九十的人去看病，都和壓力有關。顯然地，我們當前用來處理壓力的方法並不太管用。

皮質醇過高背後的科學原理

　　如果妳對科學背景這方面的內容不感興趣，請直接跳到「PART A：皮質醇過高的加特弗萊德療程」。

　　壓力是透過大腦的某些部位進入身體的，包括下視丘、杏仁核、海馬體，以及其他幾個調節情緒和行為的結構。妳對壓力的反應則是經由一個由賀爾蒙控制的系統，叫做下視丘腦垂體腎上腺（HPA）軸，它會啟動恐懼和回應的連鎖反應。

　　下視丘腦垂體腎上腺軸就像學校的廣播系統一樣。校長（下視丘）告訴副校長（腦下垂體，也就是腎上腺的老闆）透過廣播系統（腎上腺）去向所有的學生（細胞，會和皮質醇以及其他壓力調節者互動）宣布事情。是的，這個老舊、過時的系統會決定妳該如何面對壓力。的確，這樣老套的方法居然是用來調節如此重要的任務，像是消化、免疫功能、性慾、精力使用及儲存，還有妳如何處理情緒和心情，包括妳自己的還有別人的，這實在令人感到驚訝。

A 代表身體調適（Allostasis）

　　這個系統是設計用來幫助妳的身體善加掌控調適的重要過程，也就是透過改變來維持穩定（體內平衡）。按照正常的先後次序，下視丘腦垂體腎上腺會引發腎上腺增加皮質醇的產量，然後，透過回饋環路，增生的皮質醇則會抑制下視丘腦垂體腎上腺，讓它安定下來，直到下一次警報。基本上皮質醇會告訴下視丘腦垂體腎上腺：「別擔心，我們可以安然度過。」所以下視丘腦垂體腎上腺就平靜下來回復正常。但在過度處於壓力的狀態下，皮質醇只顧著在血液中流竄，根本沒有提醒下視丘腦垂體腎上腺要鎮靜下來。結果是，下視丘腦垂體腎上腺不斷發送訊號給腎上腺要它繼續分泌更多的皮質醇。這會導致高血壓、高血糖，以及免疫系統運作不良。如果壓力源減弱，

而妳察覺到自己不再受迫在眉睫的危險所威脅，那麼這些改變都是暫時的。然而，如果這些暫時狀況長期持續下去，很可能會導致高血壓、糖尿病，或許甚至癌症和中風。

缺乏快樂的大腦化學物質

這就好比妳的下視丘腦垂體腎上腺是放羊的孩子，而腎上腺再也不相信這個威脅了。研究人員把這種現象稱為遲鈍回應：妳再也無法適當地面對壓力，因為那些讓妳感覺良好的神經傳導物質，例如血清素、去甲腎上腺素，以及多巴胺，全都消耗殆盡了。親愛的讀者，這是需要被正視的問題。妳已經被壓得透不過氣來。平時帶給妳歡樂的那些事物再也無法讓妳感到開心，頂多只是「還好而已」，妳已經覺得有點倦怠了。

問題是，下視丘腦垂體腎上腺控制著我們對真實、預期，以及感知到的危險所產生的反應。許多人對於長期存在的壓力都已經習以為常，無論是因為加班，或是婚姻出問題，或是索求無度的孩子，所以我們甚至重新訓練大腦如何看待危險，即使它已經不再是個威脅，或者程度很輕微。還記得我幫孩子準備午餐的事嗎？那只不過是午餐罷了，但我的賀爾蒙卻無法辨識出差別。壓力管理不善要付出很高的代價，而在美國至少有百分之七十五的成年人有此問題。

不斷啟動下視丘腦垂體腎上腺會導致它過度活躍，長期下來則會演變成機能低下。這也是可以理解的，因為當妳一旦耗盡了腎上腺貯藏，一度過動的下視丘腦垂體腎上腺就會變得遲緩，就像一個全力以赴的運動員感到後繼無力。妳可以想像接下來的後果會是疲倦、更容易受傳染病感染、性慾下降、低血壓，以及起立性低血壓（當妳站起來的時候，血壓值無法維持正常，而且又想再度躺下）。

皮質醇和老化

　　二十多歲的女性擁有賀爾蒙的黃金標準，在正常情況下，每天會製造少量十五～二十五毫克的皮質醇（同樣年齡的男性每天則會製造二十五～三十五毫克）。我們對皮質醇製造如何隨著年齡改變這方面一直都不是很了解，直到最近才知道，皮質醇值會隨著年老而升高。[9]事實上，在五十～八十九歲之間，男性和女性的皮質醇都會提高百分之二十。[10]其中一個理論是，皮質醇的升高和大多數人中年以後睡眠品質下降有關。[11]

　　還有可能是因為老化的過程，而非壓力，尤其是根據研究顯示，人們一般在五十歲以後對生活的滿意度較高，也感覺比較沒有壓力。十八～五十歲之間的人卻恰好相反。在一項針對超過三十萬美國人所進行的調查中顯示，那些心理健康評分最低的人，年齡都介於三十五～五十歲之間。[12]

　　另一項會隨著年齡改變的是，細胞會對皮質醇產生更多阻抗。皮質醇過高會導致很多疾病，然而，隨著我們年老，我們不再像二十幾歲或三十幾歲的時候那樣將皮質醇吸收到細胞中（更別提皮質醇過高本身就會加速老化）。這表示隨著身體老化，會有更多皮質醇跑到血液中，而非細胞中。這兩種失調（一個是血液，一個是細胞）意味著我們會感到疲倦（皮質醇過低）和神經緊繃（皮質醇過高）。

【皮質醇過高如何加速老化】

　　還記得皮質醇的主要工作是讓血糖值保持正常嗎？當妳製造過多皮質醇時，血糖就會過度升高。這可能導致糖尿病前期（其測量值是空腹血糖值介於一百～一二五 mg ／ dL 之間）或糖尿病（空腹血糖大於一二五）。兩者都是加速老化的常見原因（想要減緩老化過程，我們必須避免讓腎上腺負擔過重，以及持續升高的皮質醇）。更新的數據資料建議，妳應該將空腹血糖值保持在低於八十七 mg ／ dL。

　　下面是一個小測驗：誰老得快，馬拉松跑者還是西藏僧侶？妳猜對了。

馬拉松跑者因為跑步的緣故，所以皮質醇值高出很多、較常受傷，所以老得比較快。

不僅如此，長期皮質醇過高會產生骨牌效應：當腎上腺狂分泌皮質醇時，其他的賀爾蒙則會大幅減低。這是很糟糕的狀況。妳的皮膚會鬆弛，肌肉會下垂。更糟的是，妳的自信和意志力也會瓦解。人生和身體雙方面都不如過去那樣生氣勃勃了。

但最令我擔憂的是：廣泛的研究顯示長期處於皮質醇過高的狀態下，會抑制血液流往大腦。這會對大腦功能帶來負面影響、降低妳的情商，同時加速認知功能的老化。結論是：妳的記憶會開始變差，然後出現失智的症狀。是的，阿茲海默症在症狀出現之前的三十年就有可能發生了。不對壓力加以控管對大腦是很不好的，而過高的皮質醇症是一個警訊。

晝夜循環：別為了睡懶覺而錯失了

人體會根據一天不同的時段分泌不同量的皮質醇。在理想的狀況下，我們會在早上大量分泌，白天稍微少一些，準備睡覺時更少，睡眠時則微乎其微。所謂的晝夜變化——晝夜指的是一般對每日循環的解讀，類似花朵在一天二十四小時的週期中開花和合起——這個過程可以運用在「晝夜皮質醇」的測量方面，介於早上六點到晚上十點之間的四個時間點：也就是當我們一早起床、午飯之前、晚飯之前，以及上床睡覺的時候。隨著一天的經過，這些數值應該呈緩慢下坡的趨勢。

早上的大量皮質醇分泌，通常是介於六～八點之間，被稱為皮質醇覺醒反應（CAR）。在正常情況下，皮質醇覺醒反應會讓妳起床後感到精神煥發，也會幫助妳制定最重要的晝夜節律，這是控制賀爾蒙的另一大關鍵要素。在二十四小時的週期內運作，晝夜節律能制定生物化學和生理波峰和波谷，幾乎就像體內的潮汐反應。皮質醇大約是在午夜的時候降到最低點，細胞會從事最多修復的工作。如果皮質醇在夜晚依然處於高峰狀態，身體就無法從事所需的修復工作。

有時候，當妳應該要放鬆下來時，卻再次感到精力充沛。這不是好事：當妳最需要休息的時候，過高的皮質醇卻讓妳覺得妳不需要，而這只會讓腎上腺消耗得更多，因為腎上腺是在夜晚進行修復的。此外，消耗腎上腺會導致讓妳感覺良好的神經傳導物質也開始變少，包括血清素、多巴胺、去甲腎上腺素，以及腎上腺素。

夜晚也是賀爾蒙彼此之間互相協調重新同步的機會。舉例來說，能幫助妳入睡和保持睡眠的褪黑激素和生長激素，主要是在夜間分泌的。如果妳其中一者或兩者過低的話，皮質醇可能會在夜晚變得過高；長期下來，缺乏睡眠可能會讓妳更難入睡，然後就會變成惡性循環。

古早以前，當太陽下山後，隨著天色漸暗，人就會開始放鬆下來。如今人工光線讓我們能夠利用晚上閱讀電子郵件、聽線上研討會、在孩子的校外教學通知單上簽名，以及訂購一份生日禮物，同時一邊準備晚餐。當夜間的皮質醇過高時，妳自然會無法入睡、保持睡眠，或是熟睡。曾經有上百位女性告訴過我，她們實在不明白為什麼她們睡滿八小時後，早上起來還會覺得累。我只問她們在睡前都做了些什麼。通常，她們都在查電子郵件、看第二天的代辦事項清單，或是補看一齣犯罪影集。就算不是哈佛畢業的婦科醫師也可以理解為什麼這些女性會無法好好睡上一覺了。

大多數感到壓力過大不堪重負的人，早上的皮質醇都過低，夜晚的皮質醇則過高，和應該發生的完全相反。這種倒置的情況是很不好的，最好的情況是依循晝夜變化，讓妳的皮質醇值大幅地從高往低下降。

看看妳的皮質醇是否過高

在主流醫學中，妳很少會碰到有興趣檢查皮質醇值的醫師，除非妳有典型的庫欣症候群（Cushing's Syndrome），一種每五十萬人中僅有一人罹患的罕見皮質醇過高的疾病。患有庫欣症候群的人會有很多症狀，其中有些和我評量表中的相似，但大部分的症狀都比較極端。大多數的醫師會採用尿液皮質醇檢查來進行篩檢，但即使是最好的庫欣症候群篩檢化驗也是見仁見智。

[13] 因為庫欣症候群是很嚴重的健康問題，如果妳被診斷出罹患此症的話，妳應該遵循醫師的指示。

另一個值得妳檢查皮質醇值的理由是一種近年來才開始被主流醫學重視的新賀爾蒙病症：亞臨床高皮質醇症，但此症缺乏明確的診斷標準。[14] 那些患有亞臨床高皮質醇症的人都有一些獨特的特徵：高血壓、高膽固醇、中央型肥胖（不只是小腹那一圈）、骨折，以及罹患糖尿病的風險增加。高血壓的罹患率是百分之四十八～九十二，而那正是皮質醇過高所引起的。[15] 他們的皮質醇值雖然不至於高到會被診斷出患有庫欣症候群，但其實並沒有明確的診斷標準能夠定義到底多高才算高，而這也更難分辨和診斷壓力引起的皮質醇過高和庫欣症候群。

總而言之，在妳開始食用營養補充品之前先進行檢查。如果妳有第一章評量表中 PART A 和／或 PART B 五項或以上的問題，我建議妳先從加特弗萊德療程中的生活方式調整開始，但在進一步嘗試草藥或生物同質性賀爾蒙療法之前先進行檢查。妳可以使用附錄 E 中所介紹的化驗所輕鬆地測量妳的皮質醇值，而且不會花太多錢。我自己是檢查了血液、唾液，或尿液中的皮質醇；妳甚至可以化驗頭髮中的皮質醇。

如果妳尚未停經，那麼有一個很重要的變數，那就是妳在經期中的哪一個階段。妳的皮質醇覺醒反應（CAR）在排卵時會升高。[16] 尚有月經的患者要檢查皮質醇值的話，我會建議在月經週期的第二十一天或二十二天進行檢查，如此一來當我們相互比較結果才會比較一致。

警覺和治療方式

小說家梅格・華利茲（Meg Wolizer）曾經描述過她為人母後的睡眠方式：「我認識的每個女人都有三更半夜醒來的問題。我不知道男人的警覺性是否較低，但我丈夫從來不會在半夜醒來，就算天塌下來他也能照睡不誤。」（《紐約時報》二〇一一年十一月六日版）

我發現這種過度警覺的症狀是很尋常的。警覺和恐懼都是由杏仁核

所調節的，而杏仁核則是由前額葉皮質所控制，也就是大腦中那個控管性情、靈活性和喜悅的區塊。

對女性而言，警覺似乎只有在一種特殊的情況下才會放鬆：性高潮。[17] 這在正子電腦斷層攝影（PET）的腦造影中可以觀察到。我們知道女性的性高潮和催產素的釋放會減少大腦中負責焦慮和恐懼部位的活動。當活動減少時，特別是在警覺中心，大腦看起來會比較陰暗（也就是說，大腦活動停止運作了），而女性也會進入一種宛如出神的狀態。男性的大腦在性高潮時同樣也會出現警覺下降的情況，但大多數女性的大腦在性高潮時會變陰暗，比男性大腦要陰暗許多。女性的性高潮也會比男性的性高潮顯著地維持更加長久。

這些數據資料對我而言合情合理。女性無法在性高潮的時候同時處於恐懼狀態。在性高潮後，幾乎不可能會出現恐懼或焦慮的感受。我把恐懼和性高潮看成是一個撥動開關；對女性而言，這兩者不可能同時存在。總之，性高潮會降低皮質醇和減少警覺。

妳的端粒是否在縮水？

伊莉莎白・布萊克伯恩博士（Elizabeth Blackburn, PhD），一位加州大學舊金山分校的教授在端粒方面所進行的研究，獲得了全球的關注。端粒就是那些在我們的染色體末端，保護我們基因資料的 DNA 分段，就像鞋帶末端的塑膠套一樣，它們能保護染色體的末端不受磨損。少了端粒，每當一個細胞分裂的時候，染色體就會變短；相對地，當細胞分裂的時候，這些端粒也會變短。端粒過度變短和癌症、更高的死亡率，以及老化都有關係。布萊克伯恩因為端粒研究，在二〇〇九年贏得了諾貝爾醫學獎。

的確，端粒被認為是生理上（而非按年齡）的最佳老化指標。擁有長端粒才是最理想的；較短的端粒代表早衰或加速老化。

布萊克伯恩博士和她的同事首次引起我的注意，是因為他們發現孩子

住在加護病房的女性，她們的端粒長度比控制組的要短。[18]從那時起，研究人員便記錄了短端粒和壓力、態度、睡眠，以及情緒問題之間的各種關聯。

　　然而，端粒縮短的情形並非不可逆，除非妳已經到了生命終點。方法就是增加妳的端粒酶，也就是讓端粒變長的酶。要如何做到呢？靜思冥想和運動顯然是讓妳常保年輕的最佳方法。幸虧，妳無須過度運動：一項研究發現適度運動者的端粒長度是最理想的。靜思冥想經實證能促進更正面積極的認知壓力循環，這表示妳會感覺自己有更多的掌控權、能夠更實事求是地評估挑戰，同時也會感覺更平衡。[19]

莎拉醫師的治療檔案

患者：夏洛蒂
年齡：六十二
求助原因：「請幫助我找到平衡。現在我已經不需要沒日沒夜地工作了，我想要知道自己能做些什麼。」

　　夏洛蒂是一位編輯，在美聯社從記者一路爬上分社局長，在新聞編輯室工作了數十年。他們家是混合式家庭（夫妻雙方皆帶著前次婚姻所生的子女共同組成的家庭），要管十一個孩子。當她來找我的時候，她描述自己的心情是正向樂觀的；她主要的症狀是輕微疲勞、斷斷續續會失眠，以及偶爾出現腦霧。夏洛蒂有運動的習慣，主要是和她丈夫在柏克萊榆木區一起快步走。現在的她不再需要像過去從事新聞工作那樣忙著截稿，但她熱愛當個編輯，習慣把自己逼得很緊。當我檢查她在一天中四個時段唾液裡的皮質醇值時，我發現她早上的皮質醇太高了。

療程：我們先使用酪胺酸，一種經隨機試驗證實能有效降低對壓力的反應

（雖然它在某些人身上可能引起焦慮）[20] 的胺基酸。以及每晚食用維生素 B6 和 B12 還有牛磺酸。此外，夏洛蒂看待失眠的態度就像處理即時重大新聞一樣，將葛瑞格‧傑卡布醫師（Dr. Gregg D. Jacob）的《失眠，晚安！六週無藥安眠法》（Say Goodnight to Insomnia）一書研究得瞭若指掌。[21] 在他的書中，傑卡布對長久以來睡眠的假設論點提出挑戰。減少睡眠時間可能乍看之下不合常理，但卻能有效讓身體重整睡眠。再也不會在三更半夜起來走動了！然後再慢慢增加時數，獲得妳所需的睡眠時間。

成果：三個月之後，夏洛蒂說她的睡眠和精力都大幅改善了。酪胺酸和 B 群維生素並非對所有人都奏效，因為它們對神經系統而言可能活性太強，因而引發焦慮，但這個療程對夏洛蒂很有幫助。幾個月後，我們檢查了她的端粒，發現她比實際年齡年輕了二十歲。夏洛蒂是個非常足智多謀而且堅忍不拔的人，而我認為這些特質就是讓她的端粒維持長度的原因，儘管她從事的是充滿壓力的職業。

七大與皮質醇過高有關的健康風險

1. **血糖異常、糖尿病，以及糖尿病前期**。皮質醇的主要工作就是提高血糖值。即使是微量的皮質醇升高，像是喝咖啡所引起的，都可能造成血糖上升，增加胰島素阻抗的機會。[22]

2. **女性的肥胖、體脂肪增加，以及代謝症候群問題**。過多的壓力會讓妳變胖，尤其是在小腹部位，那裡脂肪細胞的皮質醇受體比任何部位的脂肪要多出四倍。[23] 在美國有百分之二十四的人口患有代謝症候群，症狀包含高血壓、高三酸甘油酯、低 HDL（好膽固醇）、腰圍過粗（女性大於三十五吋，男性大於四十吋），以及空腹血糖值過高。[24]

3. **情緒和腦部問題，包括憂鬱症、阿茲海默症，以及多發性硬化症（MS）**。皮質醇過高的患者在情緒感知、處理，以及調節方面會出現問

題，就和憂鬱症患者的情緒症狀相似。[25] 高皮質醇症和下視丘腦垂體腎上腺系統過於活躍，都和憂鬱症及自殺有關，而那些被診斷出有憂鬱症的人中，有一半人的皮質醇都過高。[26] 多餘的皮質醇會縮小大腦，導致知能障礙、降低大腦活動能力，並且和阿茲海默症有關。[27] 過度活躍、壓力過大的神經系統和神經退化性疾病（神經失常）有關，也更容易引發殘障問題；多發性硬化症的發生及發展都與壓力和下視丘腦垂體腎上腺的反應性有關，而且每一個階段的多發性硬化症病患皮質醇都有過高的現象。[28]

4. **傷口癒合緩慢。** 在自願接受四公釐切片的男性中，皮質醇值能預測傷口癒合的速度，而那是飲用酒精、運動、健康飲食，和睡眠等生活方式選擇都無法預測的。[29]

5. **不孕和多囊性卵巢症候群（PCOS）。** 在美國，絕大多數的不孕都是由多囊性卵巢症候群引起的（請參見第八章），而它也和過度活躍的下視丘腦垂體腎上腺軸有關。這很合理，因為過多的雄激素，像是脫氫異雄固酮（DHEAS，雄激素家族的一員，也是睪丸素的前驅物質），都和早期的腎上腺失調有關。[30]

6. **睡眠品質惡化。** 失眠者的二十四小時皮質醇值都會過高。[31]

7. **更年期女性的骨質流失和更高的脊椎骨折發生率，也和皮質醇值過高有關。**[32]

用瑜珈來降低皮質醇的五大方法

人們練瑜珈的理由各有不同，柔軟度、減重、療癒，然而我相信，瑜珈是對付壓力及將皮質醇調整到理想數值的最佳良藥。以下是妳練瑜珈時應該專注的地方：

1. **吟唱。** 簡單的吟唱，例如 OM（發音是嗡－喔－嗚－母），就能有助於點亮妳的記憶和降低警覺。先深吸一口氣，然後在吐氣的時候吟唱。緩緩地重複，配合妳的呼吸。

2. **用鼻子深呼吸。**若妳一整天都呼吸淺短，像兔子一樣，緊急「感應體」就會對身體發出警報說妳遭受攻擊了，需要持續供給腎上腺素和皮質醇。相反地，若呼吸進入肺部下葉，安撫的感應體就會告訴妳的身體鎮靜下來。用鼻子深而緩慢地呼吸，在啟動鎮靜反應上是特別有效的。

3. **培養存在感，並且放鬆緊繃的肌肉。**活在當下能幫助皮質醇正常化（假設妳在此刻不是和人以槍相對因而需要敏銳的專注力）。我所認識大多數的女性都會下意識地繃緊肌肉，無論是在下顎、脖子、肩膀，或是下背部。瑜珈能教妳如何放鬆緊繃的肌肉，而這對於降低皮質醇也有幫助。

4. **倒立。**當妳把腳抬到高過心臟時，即使只是把雙腿垂直貼靠在牆上，也能啟動副交感神經系統，也就是和交感神經系統的戰鬥或逃跑（對女性而言則是照料和結盟）相抗衡的休息和消化機制。

5. **一定要做大休息。**瑜珈練習中的最後一式，在梵語中叫做 Savasana，意思是「癱屍」，而這是最重要、最困難的姿勢，因為妳要在這個姿勢中將幾個關鍵的抒壓動作結為一體。當妳平躺下來時，閉上眼睛，深呼吸，然後讓自己融入一個思緒清晰的狀態，感受身體微妙的能量轉移。

█ PART B：有關皮質醇過低的細節要點

雖然聽起來可能有些不合常理，但當妳持續皮質醇過高一陣子之後，接下來可能就會皮質醇過低。事實上，負擔過重的壓力調節系統到最後下場都是皮質醇過低。煩躁易怒、疲勞過度，以及憂鬱症都是常見的症狀，外加低血壓、起立性低血壓（就是當妳站起來時血壓下降而感到暈眩），以及異常悲觀。妳會感到心情不佳，和自己過去的自然節奏不協調。

不久之前的我，曾經對我現在呼籲大家遠離的所有事物上癮，糖、腎上腺素，以及咖啡因。我就讀哈佛醫學院的時候，相信堅持不懈地追求醫學知識是一種高尚的行為，即使那必須犧牲基本需求。多年來，我樂在其中地每週工作一百二十個小時。我犧牲了睡眠、食物、運動，甚至上廁所。我接

生了一千個寶寶；用微創手術割除了卵巢；做過五百個子宮切除手術。長達十年，我每天在辦公室幫三十個病人看診。在這個過程中，我耗盡了我所有的腎上腺素。我花了好多年的時間才意識到我的皮質醇問題，主要是因為我在醫學院的時候根本沒學過，而診療我的那些主流醫師也沒學過。我發現只有那些自己的腎上腺調節系統出問題的醫師，才知道這方面的知識。除此之外，主流醫護人員都不相信有腎上腺耗竭這種事的存在。

我在自我診斷之後，又花了好幾個月的時間才治好自己。我希望妳能夠重視，是因為這很可能現在就發生在妳身上。我希望妳預防這種因為長期壓力而導致健康瓦解的潛在危機，而如果妳已經有腎上腺失調的症狀，別擔心，我的已經恢復正常，所以妳的也可以。稍後我會在本章的「解決之道」章節教妳如何辦到。

【了解落差的存在：妳其實沒有瘋，即使妳的醫師忽略了妳的症狀】

一般的主流醫師不會告訴妳皮質醇過低這個問題，除非妳已經因為腎上腺危機而躺平，血壓低到無法將氧氣運送到大腦。我深愛主流醫學，也就是所謂的對抗療法醫學，畢竟我是個認證醫師，而且我有很多朋友也都是主流醫學的醫師。但有些問題是對抗療法醫師沒有學過因此無法治療的，較輕微的症狀如疲勞、焦慮，以及壓力，都是我大多數客戶所面臨的問題，然而這些問題連我自己在接受對抗療法教育的時候都沒有學過，也難怪女性很難在主流醫學中找到解決之道。

▌細說低皮質醇症

低皮質醇症，也就是皮質醇過低，意指腎上腺無法製造正常量的主要壓力賀爾蒙皮質醇。僅次於高皮質醇症，也就是皮質醇過高，低皮質醇症是我在患者身上第二常見的賀爾蒙失調。高皮質醇症是低皮質醇症的前兆。

按照正常的先後次序，下視丘腦垂體腎上腺會引發腎上腺增加皮質醇的

產量，然後增生的皮質醇會抑制下視丘腦垂體腎上腺，讓它鎮靜下來直到下一次的警報；這是人體自然的完美回饋環路。然而，不斷反覆啟動下視丘腦垂體腎上腺，會導致活動過度，也就是皮質醇居高不下，經過一段時間後，則會出現活動不足的情況。對大多數人而言，下視丘腦垂體腎上腺只能過度運作短短幾年的時間，然後就會開始衰退。最後，它會舉白旗投降，筋疲力竭；而皮質醇也會開始變得過低。

除了皮質醇外，腎上腺還會分泌其他賀爾蒙和神經傳導物質，包括：

- 孕烯醇酮。從膽固醇製造而來的，能有助於降低焦慮。它是賀爾蒙之「母」，因為所有的性賀爾蒙，例如雌激素、黃體素、皮質醇、睪丸素，以及醛固酮，都是從它而來的。
- 去氫皮質酮（DHEA，和皮質醇一樣都是在腎上腺的外圍製造的）。是體內最豐富的循環類固醇賀爾蒙。去氫皮質酮在心情、免疫，以及心血管健康方面都扮演相當重要的角色。
- 腎上腺素和去甲腎上腺素（在腎上腺的內核製造）。能幫助妳專注、工作表現傑出、創辦一個非營利組織、追著剛學步的孩子或是新情人跑，以及解決問題。

皮質醇過低背後的科學原理

◆ 附註：如果妳是個高成就者，想要了解更多訊息，這部分的章節就是寫給妳看的。但妳也必須知道，這正是讓腎上腺更容易失調的特質。如果這些內容讓妳摸不著頭緒的話，歡迎跳過，直接翻到「PART B：皮質醇過低的加特弗萊德療程」。

【皮質醇過低的原因】

以下的病症都是皮質醇過低所造成的，所有病症都記載在主流醫學中。

1. 原發性腎上腺機能不全（愛迪生症）

源於腎上腺無法製造足夠的皮質醇，通常是因為患者自身的免疫系統攻擊腎上腺，最終造成破壞所引起的。愛迪生症的患者中最有名的就是約翰·甘迺迪（John F. Kennedy），雖然他的顧問對社會大眾隱瞞了他的病情。

2. 先天性腎上腺增生症（CAH）

第二種會造成皮質醇過低的正式原因（也就是非「壓力引起」的）就是先天性腎上腺增生症，一種從父親或母親身上遺傳而來的罕見疾病，無法製造足量的皮質醇，但會製造過多的其他性賀爾蒙（例如 17- 氫氧基黃體素，是一種檢查先天性腎上腺增生症的檢體），因為身體缺乏有助於維持這些賀爾蒙平衡的酵素。先天性腎上腺增生症有很多種，並非全都和皮質醇過低有關。

3. 次發型腎上腺機能不全

源於腦下垂體無法製造足夠的賀爾蒙促腎上腺皮質激素（ACTH）來刺激腎上腺製造皮質醇。當腦下垂體，也就是賀爾蒙界的老大，完全被摧毀，通常是被某種外來的皮質醇所抑制，例如藥物強體松（Prednisone），甚或是氫化可體松（hydrocortisone），這是一些醫師可能會開立的抗老賀爾蒙。最終，腎上腺會萎縮然後停止製造皮質醇。

4. 腦下垂體功能不足

這種病症是腦下垂體無法正常製造某些或所有的賀爾蒙，包括那些控管卵巢、甲狀腺，和腎上腺的賀爾蒙，起因則包括頭部受傷、腦部手術、放射線、中風，或是一種叫做席漢氏症候群（Sheehan's Syndrome）的疾病，會讓

女性在生產時嚴重出血（讓產科醫師皮質醇飆升的最大噩夢）。席漢氏症候群的症狀包括疲勞、無法哺乳、月經不來，以及低血壓。

5. 甲狀腺機能低下症

我會在第九章中詳述此症，這裡僅點出腎上腺和甲狀腺之間相互依存的關係。皮質醇過低和過高都可能讓功能減退的甲狀腺（也就是甲狀腺機能低下）症狀加劇，包括疲勞、體重增加，以及情緒問題。

6. 創傷

我在一些年幼或年輕時曾經歷過創傷的人身上觀察到皮質醇過低的現象。然而，目前對此原因仍不了解，並非每個經歷過嚴重創傷的人皮質醇都會過低。

7. 壓力末期

如前所述，長期不斷的壓力會造成皮質醇過低，也就是進入腎上腺功能的衰竭階段。這是因為腎上腺的器官貯藏能力過低所引起的。

從腎上腺健康到腎上腺失調

腎上腺健康是我和常規治療的保健方法最主要的差異。常規治療的主張是，除非腎上腺完全失去作用，或是極度過動（也就是說，妳罹患了庫欣症候群），否則腎上腺一點都不重要。我認為抗壓力和腎上腺是健康活力的基礎，而這方面不但沒有獲得普遍重視，在主流醫學中也沒有得到適當治療。

我曾多次見過一些最健康、活力最充沛的人成功面對壓力，並且找到方法讓腎上腺保持在最佳狀態。那些是理想的賀爾蒙標準典範，體驗了糖性腎上腺皮質素的智慧功能。也就是說，她們經歷了外界的壓力源，而且是真正的肢體威脅，例如車禍或搶劫，而皮質醇這種壓力賀爾蒙則幫助她們保持專

注、解決問題，將血液分流到她們的腿部，而非那些不必要的活動，像是懷孕和消化。她們適應了壓力源，很快地恢復，然後血液和精力就能夠再次被用在消化午餐、生育、生長，和修復上，她們那種不斷環視周遭、搜尋威脅的穴居女傾向也被抑制打消了。

但我沒有認識很多女性是這樣。

我認識的大多數女性面對每天那些經濟困擾、塞車或婚姻狀況等情緒壓力的方式，幾乎就和面對即刻發生的肢體壓力一樣。當心理社會壓力持續發生，或是當妳感到生活中的壓力永無止境，身體就會逐漸從健康轉移到有害、充滿壓力的危險狀態，我把它稱為腎上腺失調。

會如何呢？妳會出現營養缺口，例如維生素 B 群。妳的某些胺基酸會減少，讓大腦更難製造血清素、去甲腎上腺素，以及多巴胺。妳的快樂神經傳導物質會完全耗盡，長期下來，妳的問題可能會從一個小毛病演變到嚴重的健康威脅，開始出現高血壓症狀或不穩定的血糖，而且妳必須調理，雖然妳的主流醫師可能不同意。

最終，當妳深陷在習慣性的心理社會壓力下，身體會開始出現適應不良的徵兆。腎上腺細胞再也無法應付需求，或許皮質醇弧度每天原本應該是呈現下坡趨勢的（早上高晚上低）卻變成扁平了。我在診所中注意到女性會先出現去氫皮質酮過低，然後才變成皮質醇過低。或者有些人是因為兒時經歷過創傷，曾被診斷出創傷後壓力症候群（PTSD），因此來找我看診的，她們所有的壓力賀爾蒙值都很低。

壓力引致的糖性腎上腺皮質素分泌，像是皮質醇，已經進化到能夠幫助我們回應外在環境中的肢體威脅。諷刺的是，同樣的壓力反應在現代人的生活中幾乎都是由情緒壓力所引起而造成傷害。了解腎上腺失調的原理和症狀能有助妳探索何種整合治療最恰當有效，稍後我會在「解決之道」章節詳述如何調理過高和過低的皮質醇。

五大低皮質醇症的後果

皮質醇過低會帶來幾種令人困擾的後果。例如：

- **電解質問題**

  如果醛固酮（另一種在腎上腺外圍或皮層所製造的賀爾蒙）因為腎上腺失調而過低的話，那麼鈉和鉀也可能會過低。醛固酮是負責控制血液和尿液中電解質的含量，調節體液積聚能力和血壓的。症狀包括脈搏急促、心悸、頭暈、疲勞、頻尿、口渴，和嗜鹽等。

- **纖維肌痛**

  這種病症的症狀包括廣泛且持久的疼痛、對按壓特別敏感、關節僵硬、疲勞無力，以及睡眠障礙。它可能是由壓力所引起，經常伴隨焦慮、憂鬱症，以及創傷後壓力症候群（PTSD）。

- **慢性疲勞症候群**

  慢性疲勞症候群（CFS）是一種嚴重而且複雜的疾病，其定義是無法藉由休息改善且會因為活動而加劇的極度疲勞；它和低皮質醇有關。症狀可能包括虛弱、肌肉疼痛、睡眠問題，以及記憶和專注力受損，進而可能造成每日活動的參與度下降。

- **骨質流失和可能斷裂**，皮質醇過低的女性髖部骨折的機率會增加。[33]

- **疲勞過度**

  當身體調適負荷遠超過妳能容忍的程度時，就非常容易出現疲勞過度。請參見補充文字「診斷：疲勞過度」了解更多資訊。

低皮質醇症和甲狀腺

有時候我會看到皮質醇過低的女性也有甲狀腺過低的問題（詳情請參見第九章和第十章）。如果低皮質醇症未獲得診斷或沒有得到適當治療，甲狀腺藥物可能只會產生暫時療效，或是完全無法緩解症狀。它可能甚至會引發心臟方面的症狀，像是心跳急促。

就拿我一位四十八歲的患者艾米來說吧。她有甲狀腺問題已經長達十

年了。「我剛換了新的甲狀腺藥，才開始覺得情況終於好轉的時候，」她說，「我突然開始感到心悸。」在她來找我之前，已嘗試了補充各種保健的同質療法，例如臭氧，來搭配各種不同的甲狀腺處方藥。但良好的感覺總是無法維持長久。我診斷出她有低皮質醇症，需要重整她的腎上腺。我讓她食用甘草，那可以幫助腎上腺製造更多皮質醇，而她也服用了正確劑量的甲狀腺藥物。結果呢？她心悸的問題消失了。欲了解更多詳情，請參見第十章，「最常見的賀爾蒙失調組合。」

診斷：疲勞過度

　　雖然大多數的心理醫師和其他主流醫師都不認為這是正式的診斷，但疲勞過度是一種壓力晚期的狀態，而我經常在那些來找我看診的女性身上觀察到。常見症況包括疲勞、頭痛、睡眠干擾、疼痛、注意力不足過動症、感到無動於衷或是沒有意義，以及對工作漠不關心。國際勞工組織估計在北美和歐洲有百分之十的勞工疲勞過度。身體調適負荷是一種測量身體對不良壓力反應的生理應變方式，而失調的皮質醇則是主要指標。近年來，有十五項壓力反應指標被統整到一個身體調適負荷指數中，用來預測疲勞過度的程度。疲勞過度的最佳預測方法就是早晨唾液中的皮質醇過低。[34]

　　任何人都可能疲勞過度，但它最常出現在老師、看護者、護士、醫師，以及社工身上──那些親身照顧他人的職業，其中女性又占多數。一項針對女性教師所進行的研究顯示，當她們在教書的時候皮質醇較高，而當她們沒有在教書的時候皮質醇值則正常。[35]

　　我的一些患者都只有在度假的時候才能逃離腎上腺過度運作的處境，但即便如此，她們依然會把手機和筆記型電腦帶在身邊。副交感神經系統根本沒有機會發揮作用。我們對手機的熱愛和隨傳隨到、工作過度、一心多用，又或者我們對過量的成癮，都會導致身體調適負荷經常超出我們可以忍受的範圍。

　　許多主流醫師為了省事都會開立抗憂鬱症藥物，然而這很讓我擔心，

很少有女性檢驗過造成她們倦怠的賀爾蒙原因（舉例來說，據知只有百分之二十有甲狀腺問題的人患有憂鬱症），而了解服用抗憂鬱症藥物可能會增加中風、乳癌和卵巢癌、性慾低落、早產、嬰兒痙攣，以及體重增加風險的人就更少了。更糟的是，這些女性很少被告知抗憂鬱症藥物只對最嚴重的案例有效。[36] 鑑於那麼多的不良反應，如果只是輕微到中度憂鬱的話，抗憂鬱症藥物其實比安慰劑還要更糟。別誤會我的意思，我不是說我們都用不上抗憂鬱症藥物了，我只是認為它們被濫用了，很少有患者完全知情同意，而根本原因——經常是神經內分泌失調——有時候卻被忽略了。我們想要避免那種「不是這樣就是那樣」的兩極化思維方式，讓女性覺得如果她們真的服用抗憂鬱症藥物，由於有那些風險加上會失去性慾，所以根本是死路一條，但如果不吃也是死路一條。女性需要更多選擇，最好是天然又能夠解決根本原因的選擇。

有些主流醫師可能會對考慮其他選擇有所抗拒，例如檢查皮質醇值，雖然我已經在本章中列出文獻資料（在我的網頁上也有特別提供給醫療人員的內容：http://thehormonecurebook.com/practitioners）和生活方式的重整。我相信如果能夠仔細檢查的話，許多疲勞過度的女性都會顯示出腎上腺失調，尤其有胰島素阻抗、免疫力下降、腰圍變粗、疲勞、緊張，以及情緒低落的蛛絲馬跡。這時候妳就必須找到一個願意和妳攜手合作的醫師，一個感覺和妳的目標及信念相符的合作對象。同時，發展出應對壓力和處理忙碌生活的工具也是極為重要的。在附錄 D 中，我列舉了一份清單，上面有如何找到一位認同妳健康目標的醫師。

孕烯醇酮過低，另一種因為根深蒂固的壓力而引起的問題

孕烯醇酮長久以來一直像是我們更熟悉的那些賀爾蒙的窮親戚，像是皮質醇、雌激素、黃體素、甲狀腺，以及睪丸素。雖然妳可能對這個名詞不熟悉，並不代表孕烯醇酮就不重要。事實上，孕烯醇酮被認為是性賀爾蒙之母，因為它是所有賀爾蒙的激素元（也就是必需的前驅物質）。

孕烯醇酮過低的症狀包括：

- 中度疲勞
- 記憶差
- 對社交缺乏興趣
- 醒睡週期受到干擾
- 經前症候群（輕微或嚴重）
- 中度肌肉或關節疼痛
- 關節靈活度降低

雖然遺傳可能是原因之一，但老化和壓力才是孕烯醇酮過低的主因。女性從三十多歲起孕烯醇酮就會開始大幅下降，而男性是在二十多歲時達到高峰，但一直到六十多歲下降幅度都很輕微。[37] 大家都很擔心高膽固醇的問題，但人體需要某種程度的膽固醇，才能製造孕烯醇酮。如果妳的膽固醇值太低，孕烯醇酮也會下降，進而讓妳的皮質醇以及其他賀爾蒙下降，這點在第十章中會詳細探討。

為什麼平常很少聽到孕烯醇酮呢？因為在這方面的研究沒有其他的賀爾蒙多，很可能是因為對藥廠來說研究它並沒有利益可圖。儘管我是醫學院出身的，之前也對它一無所知，直到我參加了歐洲一位內分泌學家所舉辦的進階賀爾蒙研討會。的確，孕烯醇酮在美國鮮為人知，不過這點已經開始有所改變。

解決之道

壓力是妳對改變的回應，例如那些讓體內平衡失衡的外在或內在因素。負面的壓力源，尤其是情緒方面的，會導致糖性腎上腺皮質素過多，讓許多女性感到困擾。如前所述，皮質醇經常會一開始過高，隨著時間變得過低。或者，妳可能在一天中會同時出現皮質醇過高和過低的現象。三十五歲過後的女性常見的現象是白天皮質醇過低，到了夜晚卻過高，讓她們更難入睡和

／或保持在睡眠狀態。雖然下方的加特弗萊德療程所提供的解決之道將過高和過低的皮質醇分開探討，但請記住，平衡皮質醇是和減壓有關的。所以無論妳的皮質醇過高還是過低，都要先從生活方式的改變開始做起，好讓妳能夠減輕生活中的壓力，包括真實壓力和感知壓力。以下就是加特弗萊德療程的重點提示：

- 先從重新設計生活方式開始，優化妳的營養、運動，以及重新訓練妳的心理。在開始進行這些策略之前，不需要檢查或向妳的醫師諮詢。
- 客觀評估環境影響，避免傷害（包括真實和感知的壓力源）以及暴露在環境毒素中，例如內分泌干擾素。至於那些長期的情緒壓力源，請向專業人士求助。
- 為神經內分泌平衡提供適切的前驅物質，最理想的情況是找個醫師或醫療人員和妳攜手合作。檢查或許能幫助妳辨認並有效修復妳缺乏的維生素、礦物質，以及胺基酸（蛋白質的組成要件）。
- 當前述的策略都無法重建妳的賀爾蒙平衡時，可以使用草藥療法，但必須先和一位知識淵博的醫師合作，確保診斷是正確的。
- 其他方法都無效的時候，可以考慮使用生物同質性賀爾蒙，但須使用最低又最安全的劑量，而且是最短的療程。

PART A：治療高皮質醇的加特弗萊德療程

雖然妳可能很想用糖和咖啡來治療過高的皮質醇，但我認為這些「假」提神物質最終會破壞妳的賀爾蒙進展。尤其是咖啡，就像高利貸一樣，是用下視丘腦垂體腎上腺作為抵押，而清償的代價包括在未來需要支付大筆的款項。我比較偏好的方式是做出必要的調整，好讓妳能夠每天早上感到精神飽滿，根本不需要咖啡。從第一步中那些最容易融入妳生活的調整開始做起，因為容易融入生活中的習慣比較容易維持下去。當然，請向妳的醫師諮詢哪些營養補充品和劑量最適合妳。

【第一步：生活方式改變和保健品】

皮質醇不斷高升的壓力容易產生自由基，而那可能導致細胞中的突變和其他形式的 DNA 破壞，並且耗盡某些微量營養素，包括維生素 B1、B5、B6、B12、C 以及酪胺酸。過度壓力同時也可能讓身體排出鎂，一種對鈣質吸收非常重要的礦物質。基本的營養補充有助於降低皮質醇。我經常被問到應該要食用多少營養補充品，而答案則依嚴重程度而異。如果妳有五項或以上的皮質醇過低症狀，而妳的醫師也檢查過確認妳的黃體素過低，那麼我建議妳全部都補充。如果妳的症狀少於三項，而且是個極簡主義者，希望能用最少的營養補充品來強化妳的腎上腺功能，那麼我建議妳先從調整生活方式開始。如果妳在四～六週之後需要更多腎上腺治療，可以開始補充維生素 B群。

1. 吃黑巧克力

在一項有史以來最受歡迎的皮質醇研究中發現，黑巧克力（連續兩週每天四十公克）能降低尿液中的皮質醇。不過請持保留的態度來看待這個研究結果（或許可以邊吃塊巧克力），畢竟，這份研究是由雀巢公司贊助的。[38]

2. 限制酒精

酒精會提高皮質醇，而且效果在男性身上會維持長達二十四小時，對女性而言可能更久。[39] 如果妳的皮質醇過高，我建議妳避免飲用酒精，或者至少限制在每週不要超過三杯。酗酒者的下視丘腦垂體腎上腺反應性會變高，而且根據一項研究指出，戒酒能降低皮質醇。[40]

3. 戒掉咖啡因

咖啡因，這個全世界最受歡迎的「毒品」，會直接促使腎上腺皮質細胞產生更多皮質醇，以及更多腎上腺素、去甲腎上腺素，和胰島素。咖啡因會提高生理激起反應（拜託，我們就是因為這個原因才喝的啊！）有時候甚至

會過量，導致大腦過度活躍。提倡咖啡的人士指出，研究顯示咖啡會帶來抗氧化的功效，並有助於長壽。[41] 我相信在這方面有很大的商量空間。如果妳有失眠、焦慮，或磨牙症，也就是在夜晚會咬牙切齒或磨牙，那麼我建議妳戒掉咖啡因。如果妳沒有這些因皮質醇引起的問題，請考慮一下妳的劑量反應。找到能提神又不會對妳的健康造成危害的最低飲用量。咖啡因的影響是和飲用量成正比的。

4. 每週～每月一次去按摩

迷走神經會從腦幹移動到大腸。按摩皮膚和皮下的壓力受體能刺激迷走神經活動，這也是按摩為什麼如此令人放鬆的原因。有人針對享受一節四十五分鐘的瑞典式「輕」按摩和深層肌肉組織按摩的人進行了研究。深層肌肉組織按摩能降低皮質醇並提高催產素，也就是和情感聯繫有關的賀爾蒙。[42] 這項研究同時也觀察到免疫功能的改善，何樂而不為呢？

5. 每日吟唱

或許妳想從事一些比靜思冥想或按摩更活躍的活動。吟唱對那些喜歡唱歌的人來說是很棒的選擇。不要去看歌詞，把它們背誦下來然後經常吟唱。吟唱可以點亮大腦中的某些特定部位，例如海馬體（還記得那是做什麼的嗎？對記憶有幫助的），它能關閉警覺中心，像是杏仁核，並且增加大腦中的血液流動。[43]

6. 試試針灸

一項先驅性研究針對傳統針灸（每週三次，連續十二週）和假性或沒有針灸的比較顯示，針灸對更年期女性的熱潮紅和夜間盜汗症狀有所緩解，二十四小時的尿液皮質醇值也下降了，生活品質亦有所提升。綜觀而言，針灸能緩解過度活躍的下視丘腦垂體腎上腺。[44]

7. 計算妳的心跳數

　　如果妳需要更問責性的機制來幫助妳，那麼另一種自我觀察的方法，就是購買一個叫做 emWave HeartMath 的小儀器。簡單地說，心數方法論所依據的基準是，妳每一次心跳的間隔長短會根據情緒激發而有所不同，也就是心律變異分析（heart-rate variability）。喪失這種變異性意味著內在情緒的壓力，以及適應性變差，還有心臟疾病。如果患者聽到我的藥方是瑜珈或靜思冥想而大翻白眼，我就會拿出我的 emWave，這個比智慧手機還小的儀器。心數訓練經證實能降低百分之二十三的皮質醇，這並不是什麼稀奇古怪的偏方，史丹佛醫學院、美國陸軍，以及像是惠普等大企業都使用心數來幫助員工在心理和情緒上重新找回平衡。

8. 練習寬恕

　　心懷怨恨會讓妳變老，也會提高皮質醇。雖然這方面的研究是針對男性而非女性所做的，但寬恕訓練經證實能降低壓力和憤怒。[45] 對那些患有高血壓且易怒的人而言，寬恕訓練能有助於降低血壓。[46] 即使是有條件地寬恕他人，也被證實是預測長壽的重大指標。[47]

9. 性高潮

　　這是個比較具挑逗性的方法！或許聽起來有點不入流，但撫摸陰蒂曾經被用來作為治療女性歇斯底里的療法，雖然更正規的名詞是「醫療按摩」。[48] 在一九三〇年代之後，醫療按摩就被心理治療所取代，但性高潮依然是最有效的抒壓方法。它的原理為何？在性高潮的六十秒內，催產素，也就是愛和親密關係的賀爾蒙，會大量湧入妳的系統。催產素會降低皮質醇，而女性天生在生理和神經上所產生的催產素就是比男性多。然而在面對壓力和歡愉的選擇時，女性經常會選擇壓力。有機會的話盡量重新思考一下妳的選擇。

10. 別煩惱，快樂一點

那些傾向於使用負面的應對策略的女性，例如克制、否認，以及疏離，也就是專家所稱的行為疏離因應（BDC），更容易出現皮質醇失調的問題。[49] 感激練習經證實能有助於改變一些特質，像是悲觀和擔憂，互助團體和個人心理諮商也有幫助。將妳的焦慮轉移到健康上：用妳對皮質醇過高和血壓過高的擔憂來作為動力，幫助你保持積極正向，對妳所擁有的表示感恩，而非專注在妳所缺乏的事物上。

11. 維生素 B5

泛硫乙胺（B5）能降低人類在高壓狀態下分泌過多的皮質醇。[50] 我無法找到這方面經同行評審的任何英文期刊文獻；然而，維生素 B5 是一種低風險的治療方法。如果妳長期壓力過大，我建議每天食用五百毫克。

12. 維生素 C

維生素 C 經證實能降低手術患者和孩童在高壓狀況下的皮質醇，而且是一種安全的養生營養補充品。[51] 成年人經證實能降低皮質醇的劑量為一千毫克，每日食用三次，每日總劑量為三千毫克。[52] 那種將妳推到極限的運動，例如超級馬拉松跑步，也會提高皮質醇。每日攝取一千五百毫克的維生素 C 經證實能降低超級馬拉松跑者賽後血液中的皮質醇。[53] 請注意，這樣的劑量可能會導致有些人軟便。

13. 磷脂絲胺酸（PS）

這種營養補充品是從細胞膜萃取而來的，一個叫做磷脂成分的部位，經證實在服用後能降低皮質醇值。幾項針對男性的舊期研究顯示，磷脂絲胺酸能緩衝因壓力而引起的皮質醇上升。[54] 最佳補充劑量為每日四百～八百毫克。另一項研究中的受試者每日攝取三百毫克，則顯示磷脂絲胺酸改善了壓力狀態下的心情。[55]

14. 魚油，又名仙丹

　　每日攝取四千毫克（四公克）魚油長達六週的男性和女性，晨間的皮質醇都下降到健康值，淨體重也增加了。[56] 這項研究證實了先前在男性身上發現的研究結果，即魚油能有助於降低因心理壓力所提高的皮質醇值。[57] 我建議選擇通過第三方單位驗證，不含汞和其他內分泌干擾素的魚油。

15. 茶胺酸（L-theanine）

　　綠茶的一種成分，茶胺酸這種胺基酸能降低壓力，但又不會帶來鎮靜效果。我無法找到它能影響皮質醇值的相關試驗，雖然有一份研究顯示在急性壓力下心跳率和唾液中免疫球蛋白A（SIgA）都下降了（免疫球蛋白A是一種在腸胃道中重要的壓力生物指標）。茶胺酸對心律變異分析和免疫球蛋白A的影響和鎮定交感神經系統有關。[58] 一項隨機試驗顯示，在抗精神病治療中添加茶胺酸，能降低思覺失調症和情感思覺失調症患者的焦慮和發病。[59] 茶胺酸的攝取劑量為每日兩百五～四百毫克。

16. 左旋離胺酸（L-lysine）搭配左旋精胺酸（L-arginine）

　　幾項研究，包括一項隨機試驗，以超過一百位受試者為對象，各攝取二・六四公克的左旋離胺酸和左旋精胺酸胺基酸長達一週，顯示這種組合能降低唾液中的皮質醇值，同時也能降低焦慮。[60]

17. 左旋酪胺酸

　　這是另一種胺基酸，是那些可能會因為壓力而耗盡的重要神經傳導物質的前驅物質，例如去甲腎上腺素和多巴胺，左旋酪胺酸在隨機試驗中經證實能改善對壓力的反應。[61] 使用劑量為每公斤一百毫克，因此一位體重一三五磅（六十一公斤）的女性，每日應約攝取五千毫克，但我建議一開始先嘗試每日攝取一千毫克。另一項研究顯示攝取左旋酪胺酸的男性和女性，在同時從事多項工作的環境中改善了記憶力，同時避免了皮質醇升高。[62] 在一大早

空腹食用，有時可以在午餐前食用第二劑，如果太晚食用的話，可能會影響睡眠。

莎拉醫師的治療檔案

患者：蓋兒

年齡：三十六

求助原因：「我的孩子讓我感到很挫折。我一整天忙得團團轉，覺得不堪重負、壓力過大，彷彿我做得不夠多。我沒有精力做愛，或是做任何需要花費太多精力的事。身體上和精神上，我一直都覺得很累。」

　　身為三個孩子的母親，蓋兒報名參加了我的「啟動任務」（Mission Ignition），這是我每年舉辦兩次的一項線上視訊系列教學課程。在視訊一開始，從一～十（十代表妳感覺自己像個超級英雄），她在自己的精力方面打的分數是二／六／四／三，當她一大早起床的時候是二；午餐時間是六；晚餐時間是四；上床睡覺前是三。她的皮質醇值在一大早是介於偏高的邊緣，而且一整天都維持在高點。蓋兒有免疫球蛋白 A 抑鬱的現象，而那是一種醫師會追蹤用來評估腎上腺失調和免疫功能降低的壓力生物指標。免疫球蛋白 A 是腸胃道面對外來細菌、寄生蟲、病毒，以及酵母菌的主要免疫防衛。它可以透過血液和糞便測量。免疫球蛋白 A 過低會讓妳更容易發生腸胃道感染或其他問題。

療程：蓋兒戒掉了咖啡因，並且開始每日攝取兩千毫克的魚油和每日兩千毫克的粉末狀維生素 C。她不覺得自己有辦法做到靜思冥想，但她最近讀了瑞克·韓森博士（Rick Hanson, PhD）所著的《像佛陀一樣快樂：愛和智慧的大腦奧祕》（Buddha's Brain: The Practical Neuroscience of Happiness, Love, and Wisdom），感覺是可以應付得來的。她下載了《像佛陀一樣快樂》這本書的 APP 在她的 iPhone 上，承諾每週五天，透

過 APP 的協助，每天花十五分鐘做呼吸練習。[63] 她覺得如果她和孩子們同時起床，陪他們走到公車站，她每週就可以走路四天。我告訴她如果她可以每週至少一次和一個女性朋友一起健走，透過照料和結盟的壓力應對方法，就可以額外加分了。

在幾週之內，蓋兒就感到更有精力和活力，尤其是在早上。然後我又建議她和她的丈夫每週三天，長達六個星期，嘗試「高潮冥想」（OM），一個十五分鐘，專為女性性高潮設計的練習。

成果：六週後，蓋兒完全改頭換面了。她的坐姿更挺直，雙頰帶著紅潤的好氣色。我問她現在的性慾評分是多少，她回答道：「我簡直不敢相信，但我又回到過去的自己了，完全是十／十！」

【五項經證實有助於調節皮質醇的身心練習】

有幾種方法能夠調理皮質醇失調，妳或許應該考慮先按下暫停鍵，作為第一線的防禦。以下就是這幾種技巧：

1. 橫膈膜呼吸

用在瑜珈、靜思冥想，和太極中的橫膈膜呼吸，方法是將空氣深深吸進下肺部和上肺部。這種放鬆又療癒的呼吸法又稱為腹式呼吸，經證實能降低壓力和皮質醇，並提高褪黑激素。[64]

2. 放鬆反應

哈佛身心醫學研究機構（Mind ／ Body Medical Institute）的賀伯・班森醫師（Herbert Benson, MD）所著的《放鬆反應》（The Relaxation Response）中所描述的技巧，被許多醫護人員和全球人士所採用。放鬆反應和戰鬥或逃跑反應相反，以靜思冥想為根據，將身體從一種生理激發（心跳加快、血壓

和壓力賀爾蒙升高）的狀態轉換到生理放鬆，而這也是妳理想中的正常狀態。[65] 放鬆反應的練習包括靜靜坐著十～二十分鐘，專注於呼吸。當無法避免的思緒出現時，練習放開那些思緒。如果妳無法安坐，妳可以嘗試聽讓心情平靜的音樂，而這也經證實能有助於降低皮質醇。

3. 漸進式肌肉放鬆

和放鬆反應的技巧相似，漸進式肌肉放鬆指的是專注在身體的某一部位，試圖讓它放鬆。瑜珈課程結束前常會有此練習，這很可能就是我們從瑜珈墊上站起身來準備離開時，常會感覺輕飄飄的原因。一項針對大學生所進行的研究顯示，一小時的漸進式肌肉放鬆教學，能降低皮質醇並提升衡量長期壓力的生物指標免疫球蛋白 A（SIgA）的分泌。[66]

4. 瑜珈：「嗡」，不是「啊」

我是在就讀醫學院的時候開始練瑜珈的，而當時我的理由很務實：因為我很愛手術。雖然漫長的手術訓練意味著我不能好好照顧自己的身體，但我想要保持身體健康，才能夠學到更多東西。我也想要在漫長的癌症手術中保持專注，因為我需要拿著牽引器在女性的體內長達好幾個小時，而且通常都是很不舒服的姿勢。凌晨四點練瑜珈非常有效！我的免疫系統改善了；我沒有生病；而且儘管我長時間待在手術房內，卻沒有承受太大的壓力。近年來，有一群練瑜珈的醫學院學生也提出了證據支持這樣的經驗。[67] 資料顯示瑜珈的好處並非來自那種和身體姿勢有關的瑜珈，而是來自那種整合哲學練習的瑜珈。一項針對練瑜珈的大學生所進行的研究發現，只有練整合瑜珈的學生才顯示出皮質醇下降。[68] 瑜珈能降低患有乳癌女性的皮質醇，同時也能降低健康人士的血糖。[69] 其他研究也證實瑜珈能降低健康大學生、患有心臟疾病的人，以及患有癌症女性的血壓。[70]

5. 正念減壓療法（MBSR）

　　早在超過二十五年前，瓊恩・卡巴特辛醫師（Dr. Jon Kabat-Zinn）就在倡導以佛教概念為出發點的正念減壓療法，作為一種治療壓力的天然醫學療法。如果妳在靜思冥想時很難靜下心來，正念減壓療法是非常有幫助的：當一個思緒飄入妳的意識中時，妳只需觀察它、標記它，然後輕輕地放開它，不要陷入其中或是感到罪惡。舉例來說，在靜思冥想的時候，如果妳開始想到午飯，或是妳要在明天的會議上說什麼，妳就對自己說一句像是「規劃未來」這樣的話，然後放開它。妳在這方面越來越熟練後，就不會對妳的思緒那麼依依不捨，也不會有那麼大的反應。簡言之，正念減壓療法是用一種同理、不帶批判的立場來促進妳對當下的體認，長久下來將有助於感知和反應的轉移。[71] 正念減壓療法能增加大腦中主掌學習和記憶部位的活動力，同時抑制負責擔憂和恐懼區域的活動力。[72] 可想而知，正念減壓療法能降低患有各種因壓力引起的健康問題的人的皮質醇、改善睡眠、降低擔憂，並且減少憂鬱、焦慮，和苦惱。[73] 此外，正念認知經證實也有助於降低體重過重和肥胖女性的壓力和腹部脂肪。[74]

再簡單不過的靜思冥想技巧

　　交替鼻孔呼吸有四大好處：緩和脈搏、降低血壓、提高呼吸效率，以及最驚人的一點，那就是增加妳解決問題的能力。[75] 在梵語中，它被稱為 Nadi Shohhana，而瑜珈行者已經練習有數千年之久。西方人是近年來才學到，單從右鼻孔呼吸能啟動交感神經系統和左半部的大腦，而單從左鼻孔呼吸則能啟動副交感神經系統（放鬆反應）以及大腦的右半部。[76]

　　這項技巧是坐在地上，遮住一邊鼻孔，用另一邊鼻孔呼吸。用妳的右大拇指遮住右邊鼻孔，然後用左鼻孔呼吸，同時緩緩地數到十，然後屏住呼吸數到十。注意妳下肺部和軟腹部的感覺，尤其是當妳數到越來越後面的時候。坐直身子，但讓核心保持柔軟。將妳右手的無名指移到左鼻孔上，放開大拇指鬆開右鼻孔，然後從右鼻孔呼吸，緩緩地數到十，接著屏住呼吸數到十。通過右鼻孔呼吸是否和通過左鼻孔一樣平順？將大拇指再

移回去遮住右鼻孔，然後用左邊呼吸。重複這樣做三輪。當妳需要提升平靜感時，無論是塞車或是在雜貨店裡排隊，都可以這樣做。

【第二步：草藥療法】

古老傳統療法經常使用那些叫做適應原的草藥來減輕深度壓力的影響。藉由相互調節神經內分泌和免疫系統中的失調狀況，這些草藥能讓因為長期壓力而產生障礙的生理恢復正常。雖然草藥的使用已經有數十年的歷史，但我們依然缺乏能夠證實其效力的研究。是的，雖然傳說中的證據很多，但身為消費者還是得當心，即使表面上看起來這些草藥的利大於弊。

想要了解現代科學證據和古老智慧之間的異同有其困難度。我的一位客戶嘗試了人參，因為她聽說那對記憶很有幫助，結果卻讓她的焦慮變得更加嚴重，而且還導致心悸。小心使用草藥療法，因為妳很可能會對它們過敏。我在下方所建議的草藥適應原都是通過人體隨機試驗的。

【了解各式人參】

人參是好幾種適應原的總稱，其特性是在生物化學成分上含有人參皂苷或其表親，刺五加苷。人參有很多品種，通常生長在較寒冷的地方。幾乎每一種傳統文化都有人參。在中國和韓國，它叫做高麗參。在阿育吠陀，也就是傳統的印度醫學中（字面上的意思是「長生之術」），又稱為睡茄（印度人參）。俄國有西伯利亞人參，也就是五加參。在祕魯，它叫做瑪卡。其他種類的人參包括苦棟、甘草，以及紅景天。請注意，人參對大多數人具有鎮定的作用，但有些人則會產生刺激的效果。

1. 亞洲參（高麗參）

幾項隨機試驗結果都顯示高麗參對高皮質醇症有幫助。在一項試驗中，那些食用包含人參在內的綜合維生素的參與者，在經過驗證的評量表中每一

項生活品質測量都有所改善。[77]而那群食用普通綜合維生素的人在生活品質上則沒有任何改善；事實上，有些控制組的人體重還增加了，他們的舒張壓也升高了。人參萃取物也經證實能降低疲勞和壓力，並且在七十五位患有支氣管炎的義大利患者身上發現，因細菌數量減少而改善了免疫功能。[78]來自英格蘭諾桑比亞大學的一份隨機試驗數據顯示，僅僅一劑就有助於降低血糖及改善認知能力、記憶力，以及情緒。[79]儘管人參的使用已有數千年的歷史，但一項評論指出，完善的隨機臨床實驗並不支持使用人參來治療任何病症，不過這項評論是在二〇一〇年英格蘭的試驗之前發表的。[80]如果妳的體質可以食用人參的話，我建議每天攝取兩百～四百毫克。

2. 韓國紅參（經加熱處理的高麗參）

紅參是指蒸過的高麗參，它的化學成分也因此改變。有更年期症狀如疲勞、失眠，以及憂鬱症的女性經常也會有較多的壓力和焦慮問題，以及較低的脫氫異雄固酮DHEAS（這個賀爾蒙叫做去氫皮質酮DHEA，但百分之九十都是貯存在一個叫做DHEAS的硫酸鹽分子上，而這也是我們測量的數值）。[81]一群更年期女性使用了韓國紅參長達四週，每天攝取一劑六千毫克（六公克），不僅緩解了更年期症狀，且大幅降低了皮質醇對脫氫異雄固酮的比率。根據七項隨機試驗顯示，韓國紅參也有助於勃起功能障礙，不過這不是我們要討論的重點。試驗中的劑量差異很大，從兩百五～六千毫克都有，而這也和使用的是一般萃取物或新鮮人參，或是同等量的藥劑有關。我建議每天食用兩百五～五百毫克的標準萃取物，並且不要食用超過三個月。

3. 印度人參（睡茄）

印度人參是在阿育吠陀醫學中最常使用的草藥。在梵語中，ashwagandha的意思是「有馬氣味的植物」，因為這種植物根部的氣味會讓人（某些人）聯想到流汗的馬匹。六千多年來，它一直被使用在助眠和性補品方面；有些草藥學家把它稱為印度人參，因為據稱具有減壓的功效。

儘管如此多年的使用歷史，卻極少有關於人類使用印度人參的數據資料存在。一項食用印度人參（一天兩次，每次三百毫克，使用的是新鮮人參）搭配其他自然療法的隨機試驗顯示，和一般的心理治療照護相比，在降低焦慮方面具有顯著的功效。[82] 然而，自然療法包括飲食諮詢、深呼吸放鬆技巧，以及一般的綜合維生素，所以很難清楚斷定就是印度人參的功效。儘管如此，許多草藥學專家像是亞利桑那大學整合醫學中心的提亞羅娜·洛·多格醫師（Dr. Tieraona Low Dog），相信印度人參是一種優良的補品，能緩衝高度壓力所帶來的影響。他會開立給那些感到不堪重負、緊繃，或是焦慮，但尚未達到醫師們用來診斷重大憂鬱疾病或一般焦慮症嚴格標準的患者。我偏好印度人參，是因為對有焦慮和／或睡眠問題的女性而言，它和其他人參相比鎮靜作用沒有那麼強。如果妳已經在服用抗憂鬱症藥物，由於印度人參較安全，或許可以同時食用，但其他草藥療法像是聖約翰草（St. John's wort）就不行了。如果妳在服用抗憂鬱症藥物或其他心理疾病的藥物，在添加任何草藥補品之前，請務必向妳的醫師諮詢。我建議的劑量和在隨機試驗中的一樣：每天兩次，每次三百毫克。

4.Relora（厚樸和黃柏）

Relora 是兩種草藥的組合，經證實能降低夜間的皮質醇和由壓力引起的暴食，但只對體重過重和肥胖的女性有效。Relora 也能降低停經前期女性的焦慮。劑量為每天三次，每次兩百五十毫克。

5. 紅景天（薔薇紅景天）

紅景天是一種用在亞洲和東歐傳統醫學中的植物，能提升身體和心理方面的表現、刺激神經系統、對抗憂鬱症，並且改善睡眠。它似乎能改變大腦中多巴胺、去甲腎上腺素，以及血清素的含量。在一項針對兩性所進行的研究中顯示，紅景天對壓力引起的疲勞很有效果，包括改善心理表現和專注力，以及降低皮質醇。[83] 和銀杏一同食用時，紅景天經證實能降低皮質醇，

以及藉由增加氧氣消耗來改善男性的運動耐力和避免疲勞。[84] 紅景天也經證實對憂鬱症的治療很有效果。[85] 我個人由於皮質醇容易偏高，尤其是在早上，因此我每天會食用兩百毫克的紅景天一次或兩次。

莎拉醫師的治療檔案

患者：莉莉

年齡：四十八

求助原因：「我的身體很健康，但最近經常感覺不太對勁，很焦慮。我母親快死了。她住在佛羅里達州，而我至少每個月一次會從加州飛去看她。我想要陪伴在她身邊，但住得這麼遠，實在非常令人難過，而且是個很大的負擔，加上兄弟姊妹又不肯幫忙。我凌晨四點就醒來了，有一大堆事要做，而且總感覺自己像是在敷衍了事地把清單上的事情做完。」

　　莉莉是一位職業歌手，雖然把自己照顧得很好，但經常需要演出到三更半夜。她的經期很正常，且熱中於運動；她喜歡在她家附近的山丘跑步，一次會跑上四英里（六公里），每週也會去上瑜珈課。莉莉注意到自己越來越常出現熱潮紅和夜間盜汗的症狀。當我檢查她的皮質醇時，發現在早上很高；正常值是十～十五 mcg ／ dL，而莉莉的是二十七 mcg ／ dL。

療程：莉莉有大腿血栓的病史，因此我不想開立雌激素來治療她的熱潮紅和夜間盜汗。我讓她食用從當地健康食品專賣店購買的韓國紅參，每天五百毫克。她每天也開始多練習一種有助於平靜的瑜珈（陰瑜珈），這可以在家練習，一週兩次。

成果：在療程開始後的兩週，莉莉的母親就因為癌細胞轉移而過世了。莉莉提到她最喜歡的一句威廉・福克納（William Faulkner）的經典語錄：

「在悲傷和虛無之間，我選擇悲傷。」在她哀悼母親的悲痛過程中，莉莉持續進行著她的療程，而她發現短短的陰瑜珈練習有助於正視自己的感覺活在當下，帶給她很大的慰藉。六週之後，我們測量了她的皮質醇：十四・三 mcg ／ dL，她的血清皮質醇已經降到正常範圍，而熱潮紅或夜間盜汗症狀也消失了。

【第三步：生物同質性賀爾蒙】

對皮質醇過高的人，我推薦第一步和第二步，除了一種情況：高皮質醇，同時去氫皮質酮過低。妳必須透過血液或唾液檢查皮質醇和去氫皮質酮，以評估妳是否適合這種療法。少劑量的去氫皮質酮，也就是睪丸素的前驅物質，能有助於降低腎上腺素失調女性的皮質醇。許多隨機試驗都顯示女性口服去氫皮質酮的好處，尤其是中年人，但合計的數據資料則是好壞參半。去氫皮質酮能改善心情，[86] 一項近期試驗顯示每天攝取五十毫克的去氫皮質酮（比我建議的劑量要高）能促進更年期後的認知表現（視覺空間測驗），並提高血清睪丸素（活力和自信的賀爾蒙），因為更年期後以及腎上腺失調的女性通常睪丸素會下降。[87]

其他研究顯示去氫皮質酮具有相當顯著的抗憂鬱症效果，甚至是對難治型憂鬱症都有幫助。[88]

許多深受自體免疫和風溼疾病、氣喘，甚至是因毒橡木中毒（無藥可醫）的人，都會接受合成皮質醇處方藥的治療，或是皮質類固醇，無論是強體松或是其他類似的藥物。使用強體松短期治療（每天五十毫克長達一週）能降低皮質醇和去氫皮質酮的分泌。治療過後，妳的賀爾蒙需要三天的時間恢復到基線，這表示藉由服用少量的皮質醇，或許能夠讓妳的腎上腺鎮靜下來，也許是把過度活躍的模式覆寫過去了，進而重整了平衡。然而，我認為風險超過益處，尤其有這麼多風險較低又證實有效的方法（加特弗萊德療程的第一步和第二步）。

至於去氫皮質酮，我喜歡開立最低有效劑量。對許多女性而言，可能每天二～五毫克的去氫皮質酮就足夠了。更高的劑量可能會導致脫髮、皮膚和頭髮油膩，以及可能會出現囊性痤瘡。

有些脊骨神經醫師和自然療法醫師會像發糖果一樣拿腺體萃取物保健品給患者，宣稱那些動物的乾燥粉狀腎上腺和腦下垂體有助於調節皮質醇值。但我搜尋了許多醫學文獻一直回溯到一九五〇年代，也檢閱了將現代壓力研究發揚光大的漢斯・賽來（Hans Seyle）所發表的研究結果，都未能找到在人類身上進行的慎密研究來支持這種治療方式。雖然我有許多客戶都說她們的腺體保健品很有效，但我不認為有足夠的證據或安全數據，讓醫師開立這些腺體來治療高皮質醇。

莎拉醫師的治療檔案

患者：我

年齡：三十五

求助原因：「壓力過大、體重上升，而且對家庭與工作兩頭燒的生活感到不堪重負，我的皮質醇一直都很高，尤其是在早上。我下午的皮質醇有時正常，有時偏低。總之，我幾乎每天都處於杏仁核挾持的狀態。」

療程：我服用軟膠囊魚油（每天四千毫克）、磷脂絲胺酸（每天四百毫克），以及紅景天。我開始一週五天，每天靜思冥想二十分鐘。雖然我的唾液皮質醇漸漸接近正常值了，但早上依然太高，尤其是因為攝取咖啡因的緣故。所以我放棄了咖啡，參加一個靜思冥想團體，如此一來能夠更有紀律和問責感。

成果：在六個月之內，我的皮質醇就恢復正常了。靜思冥想最大的收穫就是洞察力。當我對靜思冥想感到更加自在後，我發現過去讓我感到不堪重

負的壓力會奪走我敏銳的洞察力。換句話說，當我感到不堪重負時，我的外在環境並沒有改變，但卻讓我覺得它改變了。我覺得我的丈夫似乎變得更挑剔煩人，我的孩子也變得更索求無度；這就是鏡像的基本原理。我的家人其實是反應出我自己的內心狀態。我學會如何找到最適量的靜思冥想來找回洞察力；二十分鐘對我而言是最適當的。我也學到壓力其實是個內賊。雖然我們經常感覺壓力源是外在的，但時間和智慧告訴我，在壓力反應方面，制握信念其實是來自內在的。我試圖選擇如何回應壓力源的方式，以免陷入杏仁核劫持狀態。我明白沉思練習對我而言是每天不可或缺的一部分，它改善了我的專注力，讓我對自己的飲食更加小心，也幫助我減去了二十五磅（十一公斤），並且讓我對一天中的真實選擇有了更深的領悟。我對孩子更有耐心、組織力變好了、在工作上很開心，而且整體而言也更快樂。是的，我依然會大發雷霆，但我也學會更有技巧地面對我的致命弱點：高皮質醇以及它可能帶來那宛如坐雲霄飛車般大起大落的體驗。

最終，我成功了。我明白了威廉‧詹姆斯（William James）所說：「人類可以藉由改變心態來改變生命，這是有史以來最偉大的發現。」現在，只要我提醒自己在一天中深呼吸並且培養洞察力，就能過得很好。我晚上七點就關電腦；我教自己如何更有意識、更熟練地調節自己的神經系統。

PART B：治療低皮質醇的加特弗萊德療程

正如在治療高皮質醇的加特弗萊德療程中所述，下方的解決之道僅供資訊和教育目的參考。先從生活方式重整開始，並且向醫師諮詢如何適當運用更多方法在妳的症狀或病症上，尤其是草藥療法，例如甘草，因為它可能會造成血壓過高。

【第一步：生活方式改變和保健品】

1. **做點運動，或許可以試試非洲舞蹈。**一項針對大學生所進行的有趣研究比較了他們在上完三堂（瑜珈、非洲舞蹈、生物學講課）長達九十分鐘課程的其中一堂後，在心情和皮質醇值方面的變化。非洲舞蹈提高了皮質醇和心情，瑜珈降低了皮質醇同時提高了心情，而講課對心情和皮質醇則沒有任何改變。[89]

2. **發展出模塊式的思維模式。**在就讀醫學院之前，我是個生物工程師，而我最要好的朋友，一個火箭科學家，是一個非常鎮定的女人，幾乎從來都不會像我那樣壓力破表。她處理問題的方式很棒，而我把那稱為模塊式的思維：她碰到一個問題時，不會試圖一下子就要解決整個大問題，而是把問題拆成幾個組成成分，也就是模塊。我試過這種方法，覺得非常有用。

3. **營養。**大多數針對營養素和草藥對抗壓影響的研究，都是在一九七〇年代由蘇聯研究人員所進行的（而且都是用俄文發表）。一項研究顯示使用維生素 C（每天三次，每次兩百毫克）搭配靜脈注射維生素 B1 加 B6 的組合，能恢復皮質醇分泌和晝夜節律。[90]妳不需要吊點滴，我建議每天攝取六百～一千毫克的維生素 C，外加優質的維生素 B 群即可。

【第二步：草藥療法】

經證實能有助提高皮質醇的植物療法如下：

1. 甘草（Glycyrrhiza）

甘草能提高尿液中的皮質醇。[91]但妳若有計畫要懷孕的話，請小心甘草的使用，因為它可能會影響寶寶的下視丘腦垂體腎上腺功能。一項針對食用不同分量甘草婦女的孩子所進行的研究發現，母親食用的甘草量越多，孩子的皮質醇值就越高。[92]食用甘草請務必要小心謹慎，因為過多的皮質醇會導致血壓升高，所以食用過量可能會造成高血壓。大約有百分之二十的人有罹患高血壓的風險，僅食用一～兩公克的甘草就可能引發這樣的後果。可以考

慮使用去甘草素甘草萃取物，這是一種膠囊或口嚼錠，其中會導致血壓升高的化學物質已經去除了。我一般建議低皮質醇的人嘗試小劑量的根萃取物：一般六百毫克含有百分之二十五（一五〇毫克）的甘草酸，然後在家自行用血壓計測量，以及前往醫師診所測量血壓。

2. 葡萄柚汁

在愛迪生症的患者身上，甘草和葡萄柚汁都經證實能提高皮質醇。在一項研究中，甘草提高了中位皮質醇血清值和尿液皮質醇，而葡萄柚汁則大幅提高了血清皮質醇。[93]

【第三步：生物同質性賀爾蒙】

如果妳去看一位抗衰老治療的醫師，妳很可能會拿著氫化可體松或其他提高皮質醇，號稱能夠讓妳重新找回活力的處方箋回家。這點讓我很緊張，因為任何和腎上腺有關的補充都應該極為謹慎地處理，而且必須搭配全天然食物及生活方式的調整，才能達到持久的效果。換句話說，妳需要營養豐富的全天然食物作為基礎（不是加工食品，尤其不能有精緻碳水化合物，那會讓腎上腺問題惡化）、恢復性睡眠，以及營養補充品來填補營養缺口，實在別無他法了，才能使用處方藥物來應急。此外，如果妳服用外來皮質醇超過幾個月以上，很可能會出現繼發性腎上腺功能不足的問題。

以下是我的建議：如果妳嘗試過加特弗萊德療程的第一步和第二步之後，依然有評量表中所列出的症狀，我強烈建議妳請醫師檢查妳的皮質醇。如果妳的血清、唾液，或尿液皮質醇依然過低，那麼妳可以考慮具生物同質性皮質醇的愛膚克（Isocort），這是一種支援腎上腺的藥物，而其中的皮質醇是從發酵的植物萃取而來的。建議劑量為一～兩顆，每天最多三次，一天不要超過六顆，隨餐服用。

和高皮質醇一樣，我不建議服用那些從動物腺體提煉出來的營養補充品，理由亦同。

皮質醇平衡的徵兆

當皮質醇分泌適量，不再讓妳的大腦一片渾沌的時候，妳就會感到平和、冷靜，和鎮定。妳會在早上輕快地跳下床，因為妳睡了個好覺，眼睛下方也沒有眼袋；妳可以正常飲食，血糖不會忽高忽低；妳會感覺身體步調和諧，而總壓力，也就是妳身體和心理壓力的總和，是可以控制且令人愉快的。妳會吃營養豐富的食物；妳生活中的投入和輸出都達到平衡。糖？妳可以吃，也可以不吃。

- 妳感到輕快、正向，而且樂觀。
- 妳每四～六小時進食，不會感到顫抖、煩躁易怒，或是血糖過低。
- 面對壓力時，妳不會因恐懼而退縮。一切都讓人覺得「可以解決」。
- 妳在晚上睡得很好，早上醒來時神采奕奕。
- 妳會專注在妳可以調解的問題上，而非妳束手無策的問題上（後者是焦慮的象徵，有時甚至是輕度精神失常）。
- 妳的血壓和空腹葡萄糖（血糖）正常，這代表妳不會渴望咖啡或巧克力。
- 妳有時間完成妳的工作，通常是帶著愉快的心情，而不是一直擔心接下來會如何。
- 妳記得鑰匙放哪裡，以及何時該去接小孩（大多數的時候）。
- 當妳的孩子煩妳、伴侶發飆，或是發生問題時，妳會深呼吸，讓腹部擴展。妳會更常採取主動，更少被動。
- 妳知道如何快速有效地讓自己平靜下來。妳懂得如何透過呼吸、運動、和女性朋友出去、按摩，以及正念認知的方法來處理壓力。
- 到了晚上，妳花二十分鐘的時間就入睡了。妳在八小時後醒來（或是適合妳的時數，而且半夜上廁所的次數少於兩次），感覺完全恢復了精神和體力，準備迎接新的一天。

第五章

黃體素過低憂鬱和黃體素阻抗
經血量多、經前症候群、失眠，
以及不孕？

從青春期到生育年齡結束（生育年齡在更年期結束，在美國，平均是五十一歲），卵巢會分泌雌激素、黃體素，以及睪丸素。雌激素是主角，負責乳房、臀部、光滑皮膚，以及具有女性傾向的大腦（外加大約三百項職責及九千個遺傳方面的調整。）

不要低估黃體素

就讀醫學院的時候，教授教我雌激素分泌下降就是導致更年期前期女性賀爾蒙大亂的原因，而更年期前期大約是從三十五～五十歲開始，偶爾會更早或更晚。不過其實黃體素比過去科學家所相信的更為重要，事實上，大多數的混亂，從經前症候群到惡劣的睡眠品質，全都是來自黃體素的問題。

但說到黃體素，就不能不提雌激素。在適當的比例下，它們就像蹺蹺板的兩頭，帶有節律地在經期過程中來回變動。保持這兩種賀爾蒙之間的微妙平衡，是讓妳感到生氣勃勃的重要關鍵。

隨著年齡增長，妳所分泌的黃體素和雌激素的量從每個月到每年都可能會有不同。黃體素過低時，會造成雌激素過多，而那就好像黃體素那頭的蹺蹺板墜地了。後果可能包括憤怒、頭痛、囊腫、痛苦的經期，以及睡眠失調（或是像我丈夫的結論：「快逃之夭夭吧！」）請記住，過高或過低的黃體素都可能會引發各種問題，妳可能會變胖而且陰晴不定，也更容易出現子宮內膜異位症和子宮出血的問題，甚至癌症。雌激素過多時，不孕或罹患子宮

內膜癌（一種出現在子宮內膜的惡性腫瘤）的風險也會增加。保持均衡就是妳的終極目標。

除了平衡雌激素，黃體素對於妳整體的體內平衡或健康也很重要。它能讓體溫升高（讓身體「產熱」並且促進新陳代謝），並幫助甲狀腺運作得更有效率。它是一種天然的利尿劑，這表示它能幫助妳將更多體液排出體外。心理醫師露安・布里森坦醫師（Dr. Louann Brizendine），《女性大腦》（The Female Brain）一書的作者，認為孕烯醇酮，這種黃體素的衍生物或代謝產物（代謝產物指的是在身體的生物化學反應中所產生的自然物質；舉例來說，葡萄糖就是吃蘋果之後所產生的代謝產物），「是一種奢華、慰藉、柔和的黃體素之女；沒有她，我們都會變得脾氣暴躁；她很鎮靜、平靜、放鬆，能夠中和任何壓力，她一離開，一切都會陷入煩燥的戒斷狀態；她的突然離去正是經前症候群的主因。」[1] 我甚至可以說黃體素能帶給人滿足感。那就是為什麼女性經常會在懷孕的後半期感受到一種像服用煩寧（Valium）的感覺：黃體素能刺激一種叫做 GABA 的受體，而 GABA（γ - 胺基丁酸）具有安神的功效。黃體素基本上能在妳感到震怒的時候產生安撫作用，它能幫助妳入睡，當分泌適量時，妳會感到頭腦冷靜而且放鬆。

黃體素過低背後的科學原理

◆ 附註：如果妳想一氣呵成讀完，可以跳過這個部分，直接翻到「解決之道：治療黃體素過低的加特弗萊德療程」。

雌激素和黃體素跟月經及生殖有密切的關係。每次月經來潮，它們都會攜手合作讓子宮內膜增厚然後剝落。對女性而言，從大約十二～四十五歲之間，每個月都像是在砌一面磚牆。在這個週期的前十四天，雌激素會產生那些磚塊，也就是子宮內壁的組織。在週期的最後兩週，黃體素會確保妳不會

堆積太多磚塊，然後，就像砂漿，把牆砌好保持穩固。

　　黃體素主要是從卵巢中分泌，是卵泡（卵巢中包著成熟卵子的小囊泡）於排卵時爆破所釋放的。在那個時候，黃體素值就會上升，關閉雌激素生成，穩固子宮內膜，好讓經期不會開始得太早，或是出現不規則的出血現象。黃體素會保護子宮不會因為接觸到雌激素而增生太厚的內膜，這麼做是為了要確保子宮內膜的細胞從「生長、生長、生長」轉移到「成熟並準備下一階段」，也就是月經來潮或是懷孕。

　　如果沒有受孕，整面磚牆和砂漿就會剝落，大約每二十八天以經血的形式釋放，而黃體素值也會在那個時候下降。如果受孕了，黃體素就會上升。

　　在懷孕的時候，黃體素（此時期是由胎盤製造）是穩固受精卵著床的主要賀爾蒙。和雌激素攜手合作，黃體素負責將子宮內膜變成超厚的粗毛地毯，讓受精卵能夠窩在裡面成長。黃體素的釋放也有助於胚胎的發育和促進泌乳。

　　無論懷孕與否，像雌激素和黃體素這些賀爾蒙都會在血液中游向某些特定細胞，希望能夠與受體結合，而受體就好比是那些細胞門上的鎖。有黃體素受體的細胞在子宮、大腦、乳房、腦下垂體，以及其他部位。當雌激素和這些細胞受體結合，就會「啟動」那個細胞上新的黃體素受體；當黃體素和它的受體結合，雌激素活動就會減緩。換句話說，雌激素和黃體素就像持續在跳探戈舞一樣。

　　我們把這稱為負回饋環路。當雌激素達到高峰，正如在月經週期的第十二天，就會啟動黃體素的受體。在這支美麗的舞蹈過程中，黃體素受體會藉由移除雌激素受體來調節雌激素，好讓身體準備迎接下一次的月經週期（透過細胞凋亡，也就是程序性的細胞死亡）。細胞凋亡是黃體素調節雌激素的方式，而且在調節細胞成長和分化方面是絕對必要的，同時也能讓身體進入下一個月的週期。

▋黃體素日記：賀爾蒙、大腦化學物質及黃體素阻抗

黃體素（令人畏懼的經前症候群的導火線）出問題通常都是發生在排卵或之後不久。在那個時期，大量的細胞（黃體）會形成，來保護成熟的卵子。然後卵巢相信「懷孕的時間」到了，就會參一腳分泌黃體素，來為受精卵準備一個適合居住的環境。對某些女性而言，雌激素和黃體素之間的溝通出了問題，卵巢沒有收到要分泌足夠黃體素的訊號。這段介於排卵（也就是釋放成熟卵子）和月經來潮之間的窗口叫做黃體期（根據黃體而命名的），我們稍後會解釋這和受孕有何關係。

和黃體素以及它的衍生物最相關的問題就是經前症候群，而其他黃體素失調的徵兆包括焦慮和睡眠干擾，女性受其困擾的普及性也遠超過男性。[2] 有經前症候群困擾的女性，最明顯的特徵就是黃體素、GABA，以及血清素交互作用之間的問題。[3] 在另一支更加複雜的舞步中，黃體素（以及它的衍生物：性激素孕酮代謝產物）是在卵巢、腎上腺，以及大腦中製造的，而它們會影響子宮和大腦。這些，加上孕烯醇酮（在第四章「皮質醇過高或過低」中已探討過），都是神經類固醇，表示它們是賀爾蒙，也是神經傳導物質，而且它們會改變神經和賀爾蒙的運行。難怪每當這些舞伴跳起舞來不同調的時候，妳的身體、大腦，以及最親近的人都會一起受罪。

簡單解釋是：有經前症候群的女性，排卵後的黃體素會改變 GABA 受體，讓它不再能夠對黃體素和其他神經類固醇產生回應。這會造成某種形式的「黃體素阻抗」，因為神經類固醇受體沒有回應，就像是一把複雜的鑰匙必須緊緊和門鎖契合才能打開門一樣，黃體素就是那把開鎖的鑰匙（門鎖是 GABA 的受體）。由於黃體素應該要打開門，而門鎖卻卡住了，因此妳在黃體期根本無法得到平靜，經前症候群就來了。所謂計畫趕不上變化，就算有更多的黃體素也打不開門了，不過有個小方法或許能夠將門打開（本章稍後會說明）。

遺憾的是，我們並不完全明白為什麼有些女性比較容易出現黃體阻

抗（門鎖卡住）。雖然我們知道那和黃體素、性激素孕酮代謝產物，以及GABA有關，但在撰寫本書時還有很多是未知的，包括GABA和血清素之間的相互影響。有些女性在經期中服用選擇性血清素再吸收抑制劑（SSRI）能立即緩解症狀（然而對憂鬱症患者來說，大多需要每天服藥長達六週或以上才能見效），這很可能是因為有些SSRI會增加黃體素衍生物性激素孕酮代謝產物的形成。[4]在使用這方面藥物時務必小心謹慎，尤其是症狀可能是由其他賀爾蒙問題所引起，但妳可以考慮向醫師諮詢服用幾天的SSRI是否能緩解妳的經前症候群症狀。

妳是否有黃體期缺陷？

主流醫師有時候會用黃體期缺陷（LPD）這個聽起來令人絕望的名詞來形容黃體素過低，雖然這個名詞是在一百二十年前流行的。如前所述，月經週期的後半段被稱為黃體期，因此黃體期缺陷的意思只是卵巢沒有在月經週期的後半分泌足夠的黃體素。醫師很可能會開立黃體素給妳，尤其如果妳在懷孕初期，又曾經流產過的話。

婦科醫師會從好幾個特徵來判斷妳是否有黃體期缺陷，例如妳的月經週期後半段是十天或更短，或者妳在月經週期的第二十一天時黃體素過低，或兩者皆是（換句話說，妳的月經週期較短，也就是少於二十四天或更短）。有些醫師認為沒有理論證明檢驗黃體素的血清值能夠診斷出習慣性流產的女性有黃體期缺陷問題，但大多數的不孕症專科都會定期要患者檢驗黃體素。[5]然而，在處理流產問題上，並不完全只是黃體素，妳可能需要看看其他因素，例如子宮結構方面的問題、遺傳問題，以及甲狀腺異常問題。不孕女性最多百分之十有黃體期缺陷問題，而習慣性流產的女性中則有百分之三十五有此問題。

有趣的是，業餘運動者出現黃體期缺陷問題的機率更高。有百分之四十八的女性業餘運動者，有黃體素過低的問題。[6]根據這份研究對業餘運動者

的定義（每週運動四次，每次至少一小時），我和我所有練瑜珈及皮拉提斯的女性朋友都算業餘運動者。

雖然問題依然存在，但有強力證據顯示黃體素過低加上黃體期缺陷，是造成許多女性不孕和流產的因素。請參見本章後段的加特弗萊德療程，了解如何處理黃體素過低的問題。

更年期前期和老化的卵巢

滴答滴答，我們要煩心的事已經夠多了，感覺似乎沒有時間去煩惱生理時鐘的問題。但真正的變化從大約三十五歲就開始了，也就是更年期前期的起點。而其中一項早期的變化就是黃體素過低。

大約三十五歲的時候，大多數的女性會開始出現非排卵週期，這表示在月經週期中卵巢不會排出成熟卵子。雌二醇，也就是從十二歲一直到更年期前期結束所分泌的主要雌激素，會開始大幅波動，而黃體素則會下降。雌激素值過高，卻沒有黃體素來制衡，會導致成熟卵子的量減少。當供應減少時，有的月份妳可能沒有排成熟卵子，有的月份妳會排卵，但黃體素低於正常值。控制中心（大腦中的下視丘和腦下垂體）會尖叫得越來越大聲，要卵巢把黃體素值拉高一點。雌激素升高了，但老化的卵巢實在無法再製造更多黃體素，這表示跳探戈的兩個舞伴不知道誰該帶領誰該跟隨，而妳則被困在這團混亂中。

雌激素暫時被過低的黃體素拋棄，只能繼續從事刺激的工作，而那也會導致子宮內膜增厚、大量出血，以及經常乳房脹痛。[7]

嚴重波動的雌激素加上過低的黃體素，可能會引發偏頭痛和煩躁易怒，有些人甚至會出現暴怒。月經可能會提早到來，或是量更多，或是兩者皆是。子宮內膜可能不會完全剝落，那表示一個週期的經血量可能不多，而下個月的經血量則會暴多。這些症狀都可能偶爾發生，但有些女性可能會發生得較為頻繁。由於雌激素偏高和黃體素偏低，以至於乳房囊腫和子宮內膜的

問題增加。研究顯示內源性雌二醇值（也就是人體本身所製造的雌二醇）最高的女性，罹患乳癌的風險也最大。

遺傳和更年期大有關聯

　　過去我們總以為女性進入更年期的年齡取決於卵巢中的卵子何時消耗殆盡，但近年來的觀念是，遺傳和環境扮演了重要的角色。

　　妳何時進入更年期和妳母親進入更年期的年齡有極大的關聯。顯然，黃體素過低，也就是進入更年期的第一步，也和遺傳有關。妳可以問清楚自己是否有這方面的遺傳傾向，如此一來，妳就能使用加特弗萊德療程來幫助妳提高黃體素。先從問妳的母親開始，她幾歲進入更年期，以及她的月經週期是何時開始出現變化的。

　　一項近期的哈佛研究辨識出 DNA 中的十個位置，決定女性自然進入更年期的年齡。[9] 當然，環境中的因素，例如內分泌干擾素以及避孕藥，都會影響妳何時停經。

小偷，住手：壓力和孕烯醇酮竊取

　　雖然黃體素主要是在卵巢中生成的，但有一小部分是由腎上腺所製造，它在那裡可以被轉化成其他賀爾蒙，例如皮質醇。腎上腺有一份很重要的工作，就是藉由製造皮質醇和神經傳導物質腎上腺素和去甲腎上腺素來回應壓力，而這些都能幫助妳專注，並且在危急的情況下做出必要的照料和結盟。

　　黃體素是從孕烯醇酮來的，它是主要的「激素元」，也就是生物化學前驅物質，所有的性賀爾蒙都是源自於它。所以，妳應該猜得到黃體素和皮質醇之間的關聯：正如孕烯醇酮是黃體素的激素元，黃體素也是皮質醇的激素元。這是平衡身體賀爾蒙的巧妙舞蹈中的另一個舞步。

　　來自腎上腺的皮質醇是主要的壓力賀爾蒙。無論如何，妳的身體都會製造皮質醇。不過，當妳長期處於壓力狀態下時，身體消耗皮質醇的速度會比製造的速度還快，因此妳會需要更多。妳要從哪裡取得呢？身體會從皮

質醇的激素元那裡取得：孕烯醇酮和黃體素，而這就是所謂的「孕烯醇酮竊取」。如果妳的生活方式會讓妳一直需要皮質醇（請參見第四章進行評估），身體就會從黃體素供給那裡竊取，把孕烯醇酮轉移走，好製造更多皮質醇。

彷彿這樣還不夠糟，當長期壓力導致皮質醇值升高時，皮質醇也會阻斷黃體素受體，因為黃體素和皮質醇會爭奪黃體素受體。如果黃體素無法和受體結合，妳就會感到黃體素過低，即使血清值是正常的，因為黃體素無法進入細胞核中。妳的心情會變糟，尤其是在月經來潮之前。妳的抗壓力會下降，感覺焦慮，無法讓自己平靜下來。而且由於黃體素是一種利尿劑，妳會出現體液積聚，或許乳房也會感到脹痛。

顯然，抒壓的重要性不僅是調節過高或過低的皮質醇，這也是為什麼我非常強調忙碌女性必須管理壓力的原因。

其他會打壓黃體素的賀爾蒙

從第二章「賀爾蒙的基本知識」中，妳已經知道卵巢、腎上腺，以及甲狀腺之間的交互作用，也就是我用霹靂嬌娃的比喻。當黃體素過低時，機能低下的甲狀腺也會讓黃體素變少，反之亦然。

最後，另一個值得一提的次要賀爾蒙就是泌乳素，也就是源自大腦中的腦下垂體，控制乳汁分泌（授乳）的賀爾蒙；泌乳素高的女性通常雙乳都會有乳狀排出物。如果妳有這種狀況，請立刻去看醫師。泌乳素還有許多其他作用，包括水分及鹽的平衡、成長和發育、排卵、行為，已及免疫調節。製造過多泌乳素可能會讓黃體素過低，而壓力也會讓泌乳素過高。

黃體素過低是賀爾蒙失調的三大問題之一，但也是最容易治癒的一個。請不要從治療症狀下手，我建議妳先進行根本原因分析。當妳明白為什麼妳的黃體素過低之後，就會得到更好的療效，因為妳可以將治療方法根據妳的狀況客製化。

▍黃體素過低：妳有這方面的問題嗎？

妳在月經週期第二十一或二十二天的血清黃體素應該要在十～二十五 ng／㎖L 之間，唾液黃體素和雌二醇比率應該是一比三百。也就是說，在黃體期，生育年齡且正在排卵的正常女性，其黃體素量是雌二醇濃度的三百倍，理想上應該在妳月經開始前的五～六天測量。

我發現三百這個數字對大多數女性而言最理想，這也幫助我預防了因黃體素過低引起的症狀，如經前症候群、肌瘤、經痛，以及情緒問題，包括罹患憂鬱症的傾向（現在已經解決了）。

黃體素是妳的保安警衛，在子宮的大門口站崗。如果妳的黃體素已經過低了好一陣子，去看醫師。妳可能需要做骨盆超音波或切片檢查來確定沒有過厚的子宮內膜（如果妳的內膜確實過厚，醫師可能會進行切片檢查，以排除子宮內細胞的異常生長）。如果妳的月經週期短於二十一天，則必須請醫療人員檢查是否有子宮內膜的癌前病變或癌症。

以下是四種和黃體素過低有關的嚴重病症：

1. 子宮內膜異位症

子宮內膜異位症是骨盆疼痛最常見的原因，在美國有百分之十的女性有此病症，[10] 也就是五百萬位女性受此症之苦。這是子宮內膜的細胞轉移並且移植到子宮外的病症，通常是在卵巢或其他骨盆的器官上，造成發炎，有時還會產生劇痛。在一項研究中顯示，將近一半患有子宮內膜異位症的女性不是血液黃體素過低，就是黃體期較短。[11] 黃體素阻抗似乎是造成子宮內膜異位症的原因。[12] 患有子宮內膜異位症的女性無法製造足夠的黃體素受體，尤其是在子宮內膜異位瘤的部位。這使得關閉雌激素活動變得困難，因此雌激素值會升高，尤其是在異常瘤周圍。[13] 子宮內膜異位症的治療包括開立黃體素的處方藥物（通常是合成黃體素藥丸，又稱助孕素）。

2. 子宮內膜癌前病變或癌症

黃體素過低會讓雌激素在子宮內膜增生太多組織，進而增加妳子宮內膜癌前病變或癌症的風險。[14]

3. 焦慮

由於黃體素能幫助我們鎮靜，所以一些黃體素過低的女性會感到焦慮。即使是在沒有焦慮問題的志願受試者身上，黃體素和它的下游產物如性激素孕酮代謝產物，也顯現出抗焦慮的效果。[15]矛盾的是，一些服用黃體素的女性，卻得到了反效果：躁動和心神不寧。原來，高劑量的黃體素有助於鎮定，低劑量卻可能引發焦慮。[16]劑量反應是根據黃體素如何與GABA受體產生相互作用而定，因此最好嘗試幾種不同的劑量，來決定最理想的劑量。

4. 睡眠障礙

更年期前期最令人苦惱的症狀之一就是睡眠品質不良。雖然不會危及生命，但缺乏良好的睡眠卻會影響身心的每一個層面。在二〇一一年，全美藥劑師抓了六千萬份安眠藥的處方藥，相較二〇〇六年才抓了四千七百萬份。[17]遺憾的是，安眠藥並不是真正的解決之道。最受歡迎的處方藥只能讓妳每晚多睡個四十分鐘左右，而且是不能長期使用的。事實上，新數據顯示，處方安眠藥會提高罹患癌症和死亡的風險。[18]對於有睡眠問題的中年女性，其實有其他方法解法：口服黃體素一百～三百毫克經證實能有助於恢復更年期後女性的正常睡眠（請注意，此劑量高於一般用量，僅限於用在有睡眠問題的女性身上）。對於沒有睡眠障礙的正常女性，黃體素對睡眠沒有影響。[19]然而，其他研究顯示，服用高劑量的黃體素可能引發女性情緒方面的問題，所以我建議還是持保守態度，找到最適合妳的劑量。

五大黃體素過低的原因

1. **老化。**特別是三十五歲開始逐步邁向更年期的女性，成熟卵子數量遞減、減少排卵，以及黃體素下降。

2. **壓力。**如果妳的問題是長期壓力，皮質醇會阻斷黃體素受體，而妳的身體則會在孕烯醇酮和黃體素受損的情況下製造皮質醇，導致孕烯醇酮竊取。

3. **排卵太少或無排卵。**排卵是生育年齡女性定期每月製造黃體素的關鍵。如果妳沒有排卵，無論是因為已經沒有卵子，或是有其他賀爾蒙問題像是睪丸素過多，都會造成黃體素不足。

4. **甲狀腺低下。**甲狀腺賀爾蒙對於我之前所描述過的賀爾蒙順利運行非常重要。妳需要足夠的甲狀腺賀爾蒙才能從膽固醇製造孕烯醇酮，進而製造黃體素。如果甲狀腺賀爾蒙過低，身體就無法製造太多黃體素。此外，還會造成一個惡性循環：當黃體素過低時，身體會提高甲狀腺需求量，甲狀腺就必須加倍努力地運作。如果甲狀腺已經是處於臨界狀態，就會讓妳黃體素過低的情形變得更加嚴重。

5. **泌乳素過多。**有些女性會製造過多的泌乳素，這是一種在腦下垂體的賀爾蒙，能控制女性的乳汁分泌。血液中泌乳素過多會干擾停經前期和更年期前期女性的卵巢功能，導致卵巢賀爾蒙像是黃體素以及雌激素的分泌都會減少。

▎解決之道：治療黃體素過低的加特弗萊德療程

治療黃體素不足有時候很複雜，不僅僅是補充更多賀爾蒙就能解決的。黃體素阻抗意味著有些女性無法對補充的黃體素乳霜或藥丸產生反應。

有幾種方式能夠讓妳增加身體的黃體素值：更年期前期的女性可以補充維生素 C 和聖潔莓，而已經進入更年期的女性則可以用無須處方箋的黃體素乳霜或黃體素藥丸。更年期前期階段，卵巢可能依然能製造黃體素，只是需要推一把。而完全停經一年之後（更年期的正式定義），外用或口服黃體素

則是最佳的選擇。我建議妳根據妳的年齡階段調整療程，請把以下這些步驟當作起始點。

【第一步：生活方式改變和保健品】

1. 維生素 C

維生素 C 是唯一而且強而有力的解決之道。它是唯一無須處方箋就能買到用來治療黃體素而且經證實有效的保健品。每天攝取七五〇毫克，維生素 C 經證實能提高同時具有黃體素過低和黃體期缺陷的女性的黃體素值。[20] 在一項隨機試驗中，女性受試者隨機攝取維生素 C 或安慰劑。在三個月經週期內，攝取維生素 C 的女性黃體素值平均從八上升到十三 ng ／ mL（請記住，妳的目標是十～二十五 mL）。

如果妳是一般型的黃體素過低，也就是說，不是因為黃體期缺陷引起的，我們不知道維生素 C 是否能夠提高妳的黃體素值，不過這裡所說的劑量並不多，每天攝取七五〇毫克是絕對安全的，雖然常見於營養品標籤中的每日建議攝取量極低，只有七十五～九十毫克。順便一提，每日攝取五百～一千毫克的維生素 C 也有助於預防癌症和中風、維持眼部健康、提升免疫，以及促進長壽。由於它是水溶性的，任何多餘的維生素 C 都會從尿液中排出，這是雙贏的局面。

2. 與人交際

黃體素是另外一種壓力賀爾蒙，而交際能幫助女性鎮定。與一個夥伴從事「親密」運動經證實能提高唾液中的黃體素值。[21]

3. 戒掉咖啡

妳的醫師是否問過妳關於咖啡因的事？我猜應該沒有，因為許多美國醫師自己都對咖啡因成癮。抱歉我必須告訴妳這個壞消息，但我建議治療黃體素過低的第一步就包括戒掉咖啡因。咖啡因藉由提高皮質醇而暫時帶來提神

效果，但高皮質醇可能會阻斷黃體素受體：妳每天的提神法寶可能會降低黃體素與其受體結合發揮作用的能力。雖然咖啡因尚未被證實會降低依然有月經女性的黃體素，但有兩份研究都顯示咖啡因和經前症候群的症狀有關。[22]

　　不過，我不會讓妳在戒斷期間因為煩躁易怒或頭痛而受罪，我有一個系統性的方法：先戒掉一般咖啡改喝瑪黛茶（yerba mate）或綠茶，然後從瑪黛茶或綠茶改成喝無咖啡因的綠茶，然後再改成香味花草茶，例如南非國寶茶和水果茶等。

4. 遠離酒精

　　當妳戒掉咖啡和非花草茶的茶類飲品後，可以考慮戒掉其他可能會帶給賀爾蒙平衡不良影響的飲料。酒精攝取和更年期前期焦慮、情緒問題，以及頭痛都有關係。[23] 每週飲用超過三～六份的酒精飲料會增加罹患乳癌的風險。[24] 如果這樣還不足以說服妳，酒精也會增加腹部脂肪。[25] 因為當妳喝下葡萄酒的時候，肝臟就會改成將酒精轉化為能量，而非使用妳體內的脂肪，進而讓脂肪燃燒機制走調，也可能讓脂肪燃燒率降低一半以上。

【第二步：草藥療法】

　　有幾種草藥是值得一試的，但聖潔莓是最有效又安全的一種。其他有助於提高黃體素的植物療法還包括墨角藻和番紅花。

1. 聖潔莓（穗花牡荊）

　　這種草本植物還有其他的別名，包括聖潔樹、聖潔樹莓，以及黃荊，在市面上以膠囊或液態酊劑的形式出售，一般的劑量為每日五百～一千毫克。它經證實能改善經前症候群和不孕，據推測應該是因為提高了黃體素的緣故。

　　希臘人在兩千多年前就使用聖潔莓，有助於讓體內的黃體素恢復正常。大多數的研究人員相信聖潔莓能促進腦下垂體分泌黃體促素，提高黃體素值

並且調節月經週期的後半段使其正常。在血液賀爾蒙值，以及子宮內膜切片檢查中黃體素對子宮內膜的影響，還有陰道分泌的分析中都觀察到聖潔莓能提高黃體素。有些人認為聖潔莓能降低泌乳素（另一種會影響月經週期的賀爾蒙），而有些人則相信聖潔莓會影響多巴胺（獎勵式學習、歡愉，以及滿足感的大腦化學物質或神經傳導物質）、乙烯膽鹼（主掌神經和肌肉之間溝通的神經傳導物質），和／或類鴉片受體（位於大腦和器官中，這些受體會和嗎啡、安多酚，以及其他類似的化學物質結合）。[27] 結論是，我們尚不知道它是如何運作的。在德國，由於整合醫學是正規醫療的一部分，因此聖潔莓被允許用來治療經期不規則、經前症候群，以及乳房疼痛。[28]

　　史丹佛大學醫學院的研究顯示，黃體素過低的女性食用聖潔莓有較高的生育率。在六週的治療之後，食用聖潔莓的女性中有百分之三十二懷孕了，相較於食用安慰劑的小組，只有百分之十的人懷孕。[29] 不像大多數的西藥，食用聖潔莓的女性中只有百分之二的人出現不良反應。在這些少數人中，最常見的不適是心神不寧和腸胃道不適，包括噁心和腹瀉。

　　聖潔莓經六十多年的臨床研究證實對黃體素過低的問題有幫助，其中包括五項隨機試驗。[30] 正如我在導言中所述，隨機試驗是我提供最佳證據的黃金標準。在正確進行的情況下，它們不但能盡量避免偏見，而且也能提出因果關係，不像那些品質較差的研究方法，例如觀察式研究或病例對照研究。若想找出能夠真正有效幫助女性解決賀爾蒙失調問題的方法，任何一種偏見都是敵人。

如何選擇聖潔莓

　　妳決定要食用聖潔莓了嗎？市面上的產品可能會讓妳覺得眼花撩亂；很難知道該選擇哪種產品以及該去哪裡購買。為了幫助我的客戶，我花了二十年的時間測試產品、追蹤研究報告和實驗。我會推薦兩種配方：輔助生育配方和 Agnolyt。

　　輔助生育配方是膠囊式的聖潔莓，劑量則是獨家配方（也就是最高機

密的意思，但經證實能提高黃體素）。即使妳沒有生育方面的問題，但有黃體素過低的症狀，我依然推薦它。為什麼？研究顯示它能提高血清黃體素值，並且增加生育能力。一項非隨機的大型研究發現，聖潔莓能提高生育能力，而另一項設計良好的隨機試驗也記載了食用聖潔莓的女性生育能力會提高。[31]

Agnolyt 是市面上最知名的聖潔莓萃取物。一家位於德國科隆的公司生產了這種獨家配方的聖潔莓水果酊劑，在每一百公克含水的酒精溶液中，含有九公克一比五的酊劑。大多數的草藥師都能用這個配方調配出酊劑，或者妳也可以從歐洲購買這個獨家配方。

2. 墨角藻（Fucus vesiculosus）

墨角藻是一種可食用的褐色海藻，在印度傳統醫學阿育吠陀中已經使用了數千年。如果妳的黃體素過低症狀是月經週期縮短，可以考慮用墨角藻，它在一項研究中經證實能提高黃體素值，並且讓縮短的月經週期增長。[32] 如果妳有甲狀腺方面的問題，我則不建議使用墨角藻（詳情請參見第九章），因為它含碘，可能會讓妳的症狀惡化。

3. 番紅花（Crocus sativus）

雖然沒有像聖潔莓那樣多證據顯示對具有黃體素過低症狀的女性有所幫助，但番紅花對改善憂鬱症、經痛，以及經前症候群都是一種安全的選擇。[33] 是的，這就跟妳用來煮西班牙海鮮燉飯的番紅花是一樣的，而且沒有妳想像中的那樣奇怪。番紅花被用在醫療上已經有長達三千六百年的歷史，根據六項隨機試驗結果顯示，對於治療憂鬱症很有效，其中兩項更顯示它和百憂解一樣有效（憂鬱症和經前症候群的患者，劑量是一天兩次，每次十五毫克）。[34]

莎拉醫師的治療檔案

患者：露辛妲

年齡：三十四

求助原因：「我很焦慮，而這是個問題。它會在我月經來潮前幾天達到高峰，而我的火爆脾氣可以在十億分之一秒就從〇飆到六十，尤其是我的未婚夫找碴或是做出讓我惱火的事。而且我會腹脹，非常嚴重的腹脹。」

直到幾年前，露辛妲的月經週期都很規律。現在她會連續好幾個月有月經，然後跳過一個月或更久月經不來。當她月經來的時候，量會很多而且很痛。加上停經前期的焦慮，露辛妲在她的黃體期（也就是從排卵到月經開始的那段期間）很容易就會胖個五磅（兩公斤）甚至更多。她把這種月經來潮前的腹脹稱為她的「小腹腫」，不過，玩笑歸玩笑，這種程度的腫脹實在讓人感覺怕怕的。露辛妲和她的未婚夫正在規劃他們的婚禮，一旦戴上了婚戒，她就想要趕快懷孕。她和她的未婚夫目前都有使用保險套，這也是我偏好的選擇，持續正確使用的話，保險套是一種很好的避孕方式，不像避孕藥那樣會有延遲生育的後遺症。

療程：露辛妲是在購買黃體素乳霜不久之後來見我的。我建議她嘗試聖潔莓三個月，因為黃體素乳霜有時可能會抑制排卵，而如果妳希望能夠很快懷孕的話，這是不太有幫助的。

成果：在六週內，露辛妲就恢復了每三十天來一次的正常週期。她的焦慮問題解決了，這點對於正在籌備婚禮的她而言大有幫助。而她腹脹的問題則花了一段時間才得以消除。不過我們為她制訂了飲食計畫，並且嘗試了一份改良版的淘汰飲食法（又稱「去過敏原飲食」），剔除了乳製品、精緻碳水化合物、酒精，以及麥麩。改善了黃體素，加上改良版的淘汰飲食法完全解決了露辛妲的腹脹問題。她覺得自信又健康，而且準備好要成家

了。「我終於感覺又找回了我自己。」露辛妲在回診時表示，「而且沒有人比我未婚夫更高興了！」

避孕藥：資產負債表

數以百萬計的女性都同意服用避孕藥（BCP）來避孕、治療潛在的賀爾蒙失調問題，或兩者皆是。避孕藥會阻礙排卵，加厚子宮頸黏液，降低精子遇上卵子的機會。以下就是服用避孕藥的優缺點：

【優點】

- 能有效避孕：正確使用且每天服用，避孕效果達百分之九十九。
- 可降低雄激素：所以避孕藥能夠減少痤瘡，但也可能因此降低性慾，而且可能在性交時產生疼痛感。
- 能減少癌症：服用一年以上，就能降低罹患卵巢癌的風險。服用五年避孕藥經證實能降低百分之九十在未來罹患卵巢癌的風險。避孕藥同時也能降低一半罹患甲狀腺癌的風險。

【缺點】

- 對經前症候群沒有幫助，而且可能會變得更糟，除了含有一種叫做屈螺酮成分的合成黃體激素避孕藥之外，但這種藥物也可能增加六～七倍出現血栓的風險。
- 更多血栓：風險增加到三倍（如果含屈螺酮成分則有更高風險）。
- 降低游離甲狀腺賀爾蒙和睪丸素：避孕藥會提高甲狀腺球蛋白，一種結合甲狀腺賀爾蒙的蛋白質。如果妳在服用甲狀腺藥物，妳可能需要調整劑量。
- 消耗維生素 B：妳需要維生素 B，尤其是維生素 B1、B2 以及 B6，來讓神經內分泌系統協同運作。
- 延緩受孕：停藥後回復正常排卵的過程可能會延緩。其他種類的避孕

方式，例如銅製子宮內避孕器，就不會延緩生育。壓力也可能對停止服用避孕藥想要受孕的女性造成干擾。

- 體重可能會增加。
- 可能有罹患乳癌的風險：這方面的數據資料是好壞參半，不過如果真會增加風險，應該也不大。我們知道使用在更年期賀爾蒙補充療法中的合成黃體激素會增加罹患乳癌的風險，因此避孕藥中的合成黃體激素也可能會有同樣影響。

【結論】

如果妳在服用避孕藥，請補充維生素 B 群。如果妳有經前症候群而且想要服用避孕藥，請選擇含有屈螺酮成分的，只要妳出現血栓的風險沒有增加。雖然避孕藥可能會降低妳罹患卵巢癌和甲狀腺癌的風險，但它也可能會稍微提高罹患乳癌的風險，所以請務必根據家族病史和個人風險進行調整。

【附註】

詳細的引證清單，請上網 http://thehormonecurebook.com

黃體素過低：聖潔莓對我很有效

在本書的導言中，我詳述了我在三十多歲時經歷過的賀爾蒙災難，當時我檢查了我的賀爾蒙值，結果我在第二十一天的黃體素是六 ng ／ mL，真的很低。我記得我讀了凱薩琳娜・達頓醫師（Katharine Dalton, MD）所著的文獻，她也是推廣使用天然黃體素乳霜來治療經前症候群的醫師。在《月經症狀和黃體素療法》（Menstrual Symptoms and Progesterone Therapy）一書中，她宣稱她所治療過的病患有百分之八十三都得到了緩解。我始終記得一件軼聞趣事：達頓醫師替一位殺了她男友的女人在法庭上辯護；辯方的策略是，她因為經前症候群而暫時精神失常了。我可以感同身受。

達頓的數據問題出在那並不是出自隨機試驗。我在搜尋過科學文獻後，找到了兩項隨機試驗。在兩項試驗中，黃體素的劑量都很高：一項研究是每天兩次、每次四百毫克，另一項則是每天四次、每次三百毫克。但兩項研究都沒有顯示任何效果。我又找到五項隨機試驗，對聖潔莓樹的功效讚不絕口，於是我決定一試。我食用了膠囊，每天一千毫克。在一個月內，我的月經就回復到每二十八天來一次的週期，而且我也感覺心情更平靜了。在兩個月內，我的經前症候群就解決了。而我再次檢查我的黃體素，數值是十七 ng ／ mL，也是最理想的。成功！

【重點心得】

先用聖潔莓試試看。由於女性會隨著年齡增長而失去卵巢對聖潔莓的反應，如果妳在六週內對這種草藥沒有反應，我建議妳在醫師指示下開始使用黃體素乳霜、凝膠，或藥丸。

野生山藥無效

野生山藥（Dioscorea villosa）經常被大肆宣揚能夠以天然的方式來提高黃體素值，並且有助於緩解熱潮紅。然而，野生山藥的有效成分，薯蕷皂苷，雖然在實驗室中可以被轉化成黃體素，但在人體中卻不行。一項使用野生山藥乳霜和安慰劑治療更年期症狀的隨機試驗顯示，在症狀或黃體素值方面，兩者並沒有任何不同。[35]

【第三步：生物同質性賀爾蒙】

有些女性無法再選擇聖潔莓治療了，因為她們已經進入更年期前期的晚期或是更年期，她們的卵巢已經無法再產生回應了。這時候就要採取 B 計畫。

為什麼在更年期的時候要在乎黃體素過低這件事呢？許多更年期的女性都有黃體素過低的症狀，而且不太想要使用正式的「賀爾蒙補充療法」來進

行治療，這也是理所當然的。由於聖潔莓對她們已經無效，我建議嘗試少量的黃體素乳霜。生物同質性黃體素在生物化學上和卵巢所製造的黃體素是一樣的。黃體素乳霜大多數無須處方箋就可以買到，二十毫克相當於大約四分之一小匙。將四分之一小匙（大概是美元硬幣十分錢大小）塗抹在手臂上沒有毛髮、皮膚較薄的部位，每個月塗抹十四～二十五天晚上，通常就足以緩解黃體素過低的症狀。

　　三項隨機試驗顯示黃體素乳霜在緩解女性黃體素過低症狀方面的功效，例如熱潮紅。一項試驗檢視了在治療熱潮紅方面，每天使用二十毫克的劑量，有百分之八十三的人熱潮紅的症狀減少了（相較於安慰劑組的百分之十九），但有幾位女性出現陰道出血的症狀。[36] 如果妳有出血現象，一定要立刻就醫。另一項試驗則使用了每天三十二毫克的劑量，發現黃體素乳霜提高了血清值，但並沒有改善熱潮紅、心情，或性慾。[37] 最後，一項針對好幾種不同劑量的黃體素乳霜試驗顯示，在熱潮紅方面沒有改善——這一回使用的是 Progestelle 品牌的黃體素乳霜，劑量分別是六十、四十、二十、五毫克或安慰劑。[38] 有可能是因為不同黃體素乳霜使用了不同的配方，以至於研究結果不一；但根據我許多患者的說法，她們都認為黃體素乳霜非常有效。

莎拉醫師的治療檔案

患者：唐娜

年齡：四十七

求助原因：「我生活在一個混合式家庭的地獄中。」唐娜第一次來見我的時候這樣說。「我家的青春期女兒們簡直是血清素竊賊。我大部分的時候都覺得筋疲力盡而且怒氣沖沖。性慾全消，不用多說，這對我的婚姻也沒有幫助，而且人生感覺慢慢在崩盤。」

　　唐娜是一位在私人診所執業的治療師。她有兩個女兒，分別是十五歲

和十三歲，還有一個十歲的繼女。唐娜說她在月經來潮前會有水腫和睡不好的情形、沒有性慾，而且沒有力氣去跑步或練瑜珈，她的經血量也變得比較多。

療程：唐娜有典型的黃體素過低症狀，包括水腫、經血量多、失眠、自我慰藉能力差，以及抗壓力變低。我先讓她從黃體素乳霜開始，每晚二十毫克，塗抹在她上臂的內側皮膚上。

成果：在四週內，黃體素乳霜就減少了她失眠的狀況、經血量，以及腹脹的症狀。在八週後，唐娜表示這些巨大的改變不僅改善了她的生活，同時也為她周遭的每個人帶來了正面的影響。她告訴我，這是多年以來第一次她再次對自己的身體感到熟悉、自在，而且在掌控之中。她覺得又有動力去練瑜珈和跑步，也有精神能夠應付她的女兒們了。當小事發生時，她不再輕易發火，而是會用優雅和從容的態度處理。我發現對更年期前期的女性而言，少劑量的黃體素就能夠發揮功效。

生物同質性藥丸

妳可能會需要使用生物同質性的藥丸、乳霜、藥片，或陰道塞劑來提高黃體素值。如果失眠是妳的主要症狀，藥丸是十分有效的。美國食品藥物管理局已經批准了 Prometrium，這是一種生物同質性、微粒化的黃體素，也就是已經被分解（微粒化）的天然黃體素，讓身體能夠更容易代謝。口服之後，它就和妳在月經週期所製造的黃體素一模一樣，而且會令人嗜睡，所以服用後請勿操作重型機械。更重要的是，它能幫助妳好好睡上一覺。

不過要注意的是：請妳使用 Prometrium，而不是 Provera（普維拉錠，MPA），也就是最常見的黃體激素，一種合成的黃體素。許多

醫師會開立黃體激素給經期不規則、有肌瘤，和／或經血量多的患者。但黃體激素會造成嚴重的情緒問題。在我看來，根本不應該使用它。雖然醫師和媒體經常會混用這兩個名詞，但黃體素和黃體激素在生物化學上是不同的，這表示它們對身體所造成的影響也大有不同。一份又一份的研究顯示，普維拉錠會增加罹患乳癌、憂鬱症、體重增加、血栓，以及心血管疾病（中風和心臟病發作）的風險。在黃體激素和心臟疾病的最佳證據方面，四十五～六十四歲的女性在隨機試驗中，安排服用了普維拉錠、Prometrium，或安慰劑。普維拉錠經證實會降低高密度膽固醇（HDL），也就是好膽固醇（而所有的好膽固醇我們都不能少）。Prometrium 則對好膽固醇的傷害程度不大。[39]

　　Prometrium 經證實是安全的。一項針對超過八千位女性，追蹤八年的研究顯示，使用 Prometrium 不會增加罹患乳癌的風險。[40] 一項關於黃體素的重要指標是，它能保護子宮內膜不會過度增生、癌前病變（增生症），以及癌症。唯一一種經證實能預防子宮內膜增生的生物同質性黃體素就是 Prometrium。

　　Prometrium，有一百毫克或兩百毫克的藥錠可以選擇，不僅和普維拉錠有一樣的功效，而且更有效也更安全（偶爾，有些女性會需要服用更高劑量以矯正雌激素過多，或是改善睡眠）。唯一的禁忌是花生過敏，因為 Prometrium 是懸浮在花生油內以軟膠囊包裝的。對花生過敏的女性可能得考慮使用另一種基底油調製的天然黃體素，但必須透過願意和調製藥局合作的醫師訂購。

　　結論是，請確保醫師開給妳的是生物同質性黃體素，而不是黃體激素。唯一適合使用黃體激素的人大概只有被監禁的性侵犯，因為黃體激素會讓男性和女性都失去性慾。真的！

莎拉醫師的治療檔案

患者：瓊恩

年齡：四十四

求助原因：「我的睡眠在過去一年變得糟糕無比。已經完全把我搞垮了。我丈夫和我每週做愛一次，但坦白說，我根本覺得可有可無。在情緒方面，我就像根緊繃的弦，隨時都要斷裂，我已經完全累垮了。」

瓊恩是一位兼職的經理人培訓師，但幾乎所有照顧她三歲兒子的重擔都落在她身上。她患有貪食症，正在康復中，而她在三十多歲時曾經有過不孕的問題。她的經期量很大，正因如此，她的鐵蛋白也偏低。鐵蛋白是鐵質最敏感的指標。

療程：瓊恩的經血量幾乎接近大出血。因為這點，加上睡眠受到干擾，我開立了 Prometrium 的藥方，因為它有催眠效果。從她月經週期的第十二～二十六天，她每晚都服用一百毫克。

成果：瓊恩立刻就能一覺到天亮了。她的經血量變少了，而且鐵蛋白也回到了正常值。睡眠改善之後，她感到更有耐心，也更精力充沛。她注意到她的性慾在第十二天會攀升到高點。她和她丈夫也學會善加利用每一丁點的「性」趣。

【治療經前症候群的加特弗萊德療程】

有些統計數據會讓我感到興奮，例如其中一個數據說百分之七十患有經前症候群的女性會先選擇整合醫療策略來幫助她們改善。[41] 雖然黃體素過低可能會以經前症候群的症狀出現，但並非所有患有經前症候群的女性都有黃體素過低的問題。如我之前所述，這是很複雜的，而且和黃體素「阻抗」有

關。由於百分之六十～八十的女性一般都有經前症候群的經驗，以下就是一些能夠改善經前症候群的整合醫療策略，而且都至少有一項隨機試驗為證。

【第一步：生活方式改變和保健品】

1. 攝取鈣質、鎂，和維生素 B

鈣質，無論是碳酸鈣還是檸檬酸鈣，每天兩次，每次口服六百毫克，能減輕百分之五十的經前症候群。[42] 鎂，每天兩百毫克，有助於緩解腹脹，維生素 B6 也一樣，每天五十～一百毫克。[43] 和鎂一同攝取，B6 能緩解由經前症候群引起的焦慮。[44] B6 和許多神經傳導物質的生成都息息相關，包括血清素，它是負責控制心情、睡眠，以及食欲的，還有多巴胺，它是負責歡愉和滿足感的。不過請小心，服用超過建議攝取量可能會引發神經毒性。近年來，維生素 B1 和 B2 經證實在經前症候群期間含量較低，而維生素 D 也被認為在經前症候群期間較低，但尚未有隨機試驗能夠支持使用維生素來進行治療。[45]

2. 少吃杯子蛋糕

以下是一項可能會令妳感到吃驚的統計數據。患有經前症候群的女性比沒有經前症候群的女性多吃百分之兩百七十五的精緻糖類食物。[46] 食用過多精緻碳水化合物會導致鎂隨尿液流失，再加上有數據顯示咖啡因和經前症候群有關，我建議有經前症候群的女性，連續九十天都不要攝取糖分和咖啡因。

3. 針灸

在近期一項針對十項隨機試驗的複查報告中，針灸被證實能改善百分之五十五的經前症候群症狀，而且沒有造成傷害的風險。[47]

4. 經常適度運動

每週四次以適當強度運動三十分鐘能緩解經前症候群。至於那些馬拉松跑者，頻繁運動比運動強度更為重要。[48]

5. 語言引導的圖像冥想

一種利用圖像引導出平靜感的技巧，經證實能讓陰道溫度升高，等於是黃體素增加，並可改善經前症候群。[49]我不確定這為什麼有效，但它或許能夠降低皮質醇——壓力少了，黃體素就多了。

6. 順勢療法

一種當代醫學的形式，醫師會用一種叫做療劑的超微劑量來治療病患。用順勢療法治療經前症候群在一個小組試驗中緩解了百分之九十受試者的症狀。[50]妳必須去找一位順勢療法的醫師才能體驗這種個人化的療法，不過或許會管用，而且風險很小。

7. 光療

光療在一項隨機試驗中證實能減緩經前症候群的症狀。在兩個月經週期中，十四位女性在月經來潮前的兩週，坐在一盞明亮的日光燈前，而對照組則是微弱的紅色燈光。在那組用明亮燈光治療的人群中，憂鬱症和經前症候群的症狀都有改善。[51]

【第二步：草藥療法】

1. 聖潔莓

每天攝取五百～一千毫克的聖潔莓能提高黃體素值。

2. 聖約翰草

這種草藥經證實能有效緩解經前症候群的行為和身體症狀。[52]一項試驗

檢視了結合聖潔莓和聖約翰草（貫葉連翹）來治療更年期前期女性近似經前症候群的症狀。結果發現綜合兩種草藥的效果在治療經前症候群症狀方面勝過安慰劑，尤其是焦慮。[53] 根據一項針對二十三項隨機試驗中一千七百五十七位患者的複查報告顯示，聖約翰草在治療憂鬱症方面勝過安慰劑。[54] 但如果妳已經在服用抗憂鬱症藥物或抗精神病藥物，請向妳的醫師諮詢。

【第三步：生物同質性賀爾蒙】

由於證據相互矛盾，我並不建議使用黃體素來治療經前症候群。[55] 然而，如果妳的醫師已經替妳做過詳細檢查，生物同質性賀爾蒙補充療法對於經期不規則可能有幫助，同時也能改善更年期前期的睡眠品質。

黃體素平衡的徵兆

當黃體素達到適當平衡（不會太低也不會太高），妳就會像三隻小熊故事中的金髮姑娘一樣，睡在那張剛剛好的床上，在該睡覺的時候入睡，而且感到滿足。

- 妳幾乎不會注意到自己月經來潮，直到（驚！）妳發現內褲上有血跡。
- 妳的月經會變得規則，至少每二十五天來一次，不會在中間出血或血崩。
- 妳的體重在月經週期中會保持穩定。
- 從妳三十五歲開始一直到更年期，每天晚上睡滿八小時。
- 妳不用再去參加夫妻心理治療了。太好了！
- 更年期過後，雌激素和黃體素依然和諧共存，不會出現乳房脹痛或是在乳房 X 光攝影檢查後接到需要切片的嚇人通知。

雌激素過多
憂鬱又變胖？

我進入青春期的時候，就開始閱讀關於賀爾蒙的資料了（別忘了，我是個書呆子）。我把許多發生在我身體上的變化都怪罪在雌激素上：十歲那年打斷了我童年的疼痛經期；生長過快而造成肥胖紋的乳房和臀部；以及連我的皮膚科醫師都覺得匪夷所思的青春痘。賀爾蒙給人的一般印象，尤其是雌激素，是難以捉摸、反覆無常，而且超乎理解範圍的。當時的我卻不知道，賀爾蒙將會成為我畢生鑽研的心血。

我在上一章提到過，但我還是要在此重申：雌激素是將妳定義為女性的頭號賀爾蒙。事實上，雌激素是主要的女性性賀爾蒙，所有的脊柱動物都會製造（「媽，拜託！那應該叫做脊椎啦！」我的女兒提醒我），還有一些昆蟲也會，因此，雌激素算是最古老的賀爾蒙之一。對人類而言，女性大腦從青春期開始會對雌激素格外敏感，而且一直持續到妳四十五歲左右，那時大腦會變得較不敏感，也就是卵巢對於這些身體發出的警告變得麻木了，反之亦然。

在青春期，雌激素釋放會提高感覺良好的化學物質催產素，也就是愛和聯繫的權威，還有主掌歡愉、滿足感，和獎勵式學習的神經傳導物質多巴胺。有了這兩個生物化學好麻吉，催產素和多巴胺，雌激素就會導致妳十～十五歲之間開始月經來潮。

雌激素：女性氣質的原型

- 在外觀上，雌激素會讓女性的臀部和乳房發育。過多雌激素則會讓妳

變得 zaftig，這是意第緒語「豐滿」的意思。

- 至於體內，雌激素能緩衝情緒，讓妳專心辦事。雌激素是天然的百憂解，能調整可用的血清素值（這是另一種重要的神經傳導物質）以保持供給充足。血清素能調節情緒、睡眠，以及食欲，同時也能為大腦中其他神經傳導物質做好一般的把關。

- 雌激素負責月經週期的前半段，建造細胞在子宮形成內膜，以保護發育中的胎兒。如果沒有受孕，內膜每二十八天就會以月經的形式剝落。如果有受孕，雌激素就會和黃體素聯手，讓內膜加厚加深，以便受精卵能夠著床發育。

- 雌激素會點燃一道性慾之火，讓妳對生育念念不忘，一直到差不多四十五歲左右，妳會開始覺得睡覺聽起來更吸引人。

雌激素平衡和黃體素有直接的關係。在理想的狀態下，這兩種賀爾蒙之間會有一定的節律，就像互相匹配的舞伴。雌激素愛挑逗、婀娜多姿；黃體素則扮演比較老實、支援的角色。

平衡是至關重要的，因為雌激素和黃體素有著對立但同時又互相依賴的影響，就像中國的陰陽概念一樣。雌激素會刺激子宮內膜生長；黃體素則會抑制生長、使其穩固，然後以一種叫做月經的協調形式釋放它。雌激素會刺激乳房細胞發育；黃體素則會預防在疼痛的乳房中長出囊腫。雌激素會幫身體保留鹽和水分；黃體素則是天然的利尿劑。雌激素會製造黃體素受體，也就是細胞核上讓賀爾蒙像插鑰匙般插入的鎖；黃體素則會讓雌激素受體卡住和關閉。

俗話說，一個巴掌拍不響。當它們相輔相成地維持著微妙的體內平衡時，妳就會開心地手舞足蹈。當雌激素和黃體素處於和諧狀態時，妳的骨骼會是強壯、密度高，而且柔韌的；妳的皮膚會水分飽滿、光滑，有滿滿的膠原蛋白；妳的新陳代謝是有彈性的；妳的心血管系統不會有那些造成阻礙的殘骸，像是凝塊或斑塊。在月經週期的第二十一天測量雌二醇（生育年齡的

主要雌激素）和唾液中的黃體素，若黃體素對雌激素的比率介於一百～五百之間（最理想值為三百），妳就達到平衡狀態了。

雌激素就像個施虐女王：雌激素過多的背景資料

就像舞池中的舞伴一樣，當一方過於霸氣，而另一方卻不願跟隨時，就會發生問題。霸氣的是雌激素，而非黃體素。雌激素過多可能會導致各種惱人的病症：水腫和最常伴隨而來的乳房脹痛、經痛，或許還有子宮內膜異位症；心情陰晴不定，或是常見的游離性煩躁易怒，再嚴重一點，就會全面爆發焦慮或憂鬱症。妳可能會覺得昏昏沉沉、失眠，以及想哭。或許妳更常頭痛，或者臉總是看起來紅紅的很討厭。我的朋友，這些都是雌激素過多的症頭。

當雌激素相較於黃體素而言過多時，女性經常會在月經來潮前出現情緒起伏的症狀。在更年期前期，這種情緒的大起大落可能會維持一整個月。除了心情陰晴不定之外，症狀還可能包括脫髮、頭痛、乳房脹痛、腹脹、很難減重、憂鬱症、疲勞、失眠、性慾低落、腦霧，和／或記憶衰退。在老鼠身上進行的研究顯示，雌激素過高可能會影響學習能力和專注力。[1] 基本上，妳會感覺糟透了，而那還不是最糟糕的。

【雌激素過多的高潮和低潮】

由於雌激素和黃體素如此息息相關，以下來看看雌激素過高時會帶來什麼樣不同的影響：

1. 雌激素過高和黃體素正常

這種情況在體重過重的女性身上很常見，還有那些接觸到環境賀爾蒙（模擬雌激素的合成化學物質）的女性。卵巢是主要的雌激素來源，但脂肪細胞也會製造雌激素，越多脂肪細胞代表雌激素值會越高。

2. 雌激素過高和黃體素過低

這種情況稱為雌激素相對優勢，是更常見的問題。從大約三十五歲開始，自然的老化過程就會讓成熟卵子開始變少。三十五歲過後的女性有一半以上都有這種情況。雌激素相對優勢（醫學術語是 dysestrogenism）並非是每位女性都有的問題，但許多雌激素過多的女性都會出現極多賀爾蒙不安定的症狀。在填寫完第一章中的評量表之後，妳可能就會知道妳自己也有這方面的問題。

在今日的社會，很多人不到五十歲就已經雌激素過多了，和上一世紀相比大不相同。我認為這有兩個原因：一是女性在情緒上受到的壓力更大，二是我們比過去暴露在更多人工雌激素中。

雌激素過多背後的科學原理

◆ 附註：如果妳對雌激素過多的科學基礎有興趣的話，歡迎妳繼續閱讀本段內容，否則可以跳過，直接翻到「解決之道：雌激素過多的加特弗萊德療程」。

是什麼原因讓妳體內的雌激素值升高？簡單地說，妳需要適當地代謝雌激素，將它分解然後消除，否則它會一直在血液中累積，造成雌激素過多。換句話說，妳需要把它用掉，然後消除掉。

妳的身體會製造不同種類的雌激素。在生育年齡，百分之八十的雌激素是在卵巢中以雌二醇型態製造的；百分之十是雌三醇；百分之十是雌酮。當妳進入更年期後，這個比例會改變，主要製造的會是雌酮。

雌激素一開始是雌二醇，但它可以被分解為雌酮和代謝產物。它在人體分解雌激素以維持平衡方面扮演著舉足輕重的角色。妳必須鈍化雌激素才能

維持正常值，而鈍化過程大多是在肝臟中分成幾個階段進行的：羥基化和共軛。容我簡單介紹一下這兩個階段，我保證不會太痛苦的。

【第一階段：羥基化】

想了解食物和營養補充品如何影響雌激素值，就必須知道人體處理雌激素的基本原理。健康雌激素新陳代謝過程的第一階段是化學性的過程，在肝臟中進行，叫做羥基化。在這個階段，雌二醇和雌酮被轉化成其他形式的雌激素，如：2- 羥雌二醇、2- 羥雌素酮、16-α- 羥雌素酮，或是 4- 羥雌素酮（請參見圖表三）。妳可以把雌二醇和雌酮想成是為人父母的雌激素，而代謝產物則是它們的後代，有的乖巧，有的則不聽管教。

健康、平衡良好的身體會以 2 開頭的形式來代謝雌激素，即 2- 羥雌二醇或 2- 羥雌素酮。罹患乳癌和子宮內膜癌的女性經證實都會製造過多的 16-α- 羥雌素酮。[2]

【第二階段：共軛】

雌激素新陳代謝的第二階段，是叫做共軛的化學性過程，它會結合雌二醇和雌酮賀爾蒙成為葡萄醣醛酸，這是人體中自然的產物。這種結合的過程讓雌激素更容易從膽汁、糞便，以及尿液中排泄出去。再見了，用過的雌激素。

如果第一階段受損，過多雌激素累積在血液中，就可能致癌。[3]長期下來，累積的雌激素可能會在女性身上引發乳房、子宮內膜，或子宮頸癌，在男性身上則可能引發前列腺癌。這就好比像是一座圖書館，沒有人借書，但圖書館員卻一直購書。如果第二階段受損，雖然一些雌激素會被排出，但不夠多。無論如何，圖書館的書架上和走道上會堆積如山。過多的雌激素不斷在體內重複循環，結果便會造成雌激素過多，這表示妳無法正常調節雌激素。

讓我簡單舉個例子，當妳遵循的飲食計畫中含有過多的脂肪時，像是標

準美國飲食，雌激素值可能就會過高。因為膳食脂肪會減緩身體排出多餘雌激素的共軛過程，導致腸道重新吸收雌激素。反之，豐富的膳食纖維則會促進共軛，也就是說，更多纖維能降低體內的雌激素值，而妳就能藉由排便或排尿將更多雌激素排出體外。

雌激素與代謝產物

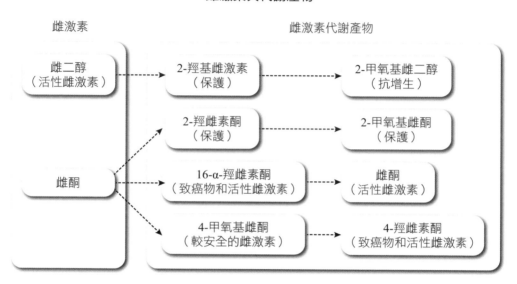

圖表三：雌激素新陳代謝主要是透過四種路徑，不是從雌二醇就是從雌酮開始。有些研究發現二／十六（2- 羥基雌激素比 16-α- 羥雌素酮）相對比率較高的情況下，罹患乳癌的風險較低，這也反映了一種路徑的主導地位大於另一種路徑。

▌造成雌激素過多的七大根本原因

有幾種因素可能會干擾正常雌激素新陳代謝，讓妳分泌或累積過多「不太好」的雌激素，或是雌激素相較於黃體素的比例過高。這些因素包括老化的卵巢、反覆無常的皮質醇值、暴露在環境賀爾蒙中，以及營養因素，像是脂肪、纖維，和酒精攝取。

1. 更年期前期重現和卵巢儲備功能下降

很多事情都可以怪罪在更年期前期頭上！在妳最後一次月經來潮的兩年到十年前，雌激素值會大幅波動。一般而言，有更年期前期症狀的女性，和二三十歲的女性相比，雌激素對黃體素的比例都會偏高。[4] 在邁入更年期之前的幾年，一般是從三十五～五十歲，卵巢會製造更多雌激素，某些人的雌激素值甚至比二十多歲女性正常月經週期的雌激素值要多出一倍。這聽起來很令人困惑：起初，雌激素值會在妳二十五歲以後稍微下降，然後雌激素值會在卵巢快要沒有成熟卵子的時候上升，通常是三十五歲以後。婦產科醫師把這種現象稱為卵巢儲備功能下降（DOR）。

女性生來卵巢中會有一百～兩百萬個卵子，但等到妳邁入更年期前期時，妳只剩下一千～三千個。皮質醇系統（也就是下視丘和腦下垂體）感應到妳快要沒有卵子的時候，就會製造更多賀爾蒙來刺激卵子孵化，好讓妳能夠懷孕以免太遲了，也就是說，妳會製造更多濾泡激素（FSH）和黃體促素（LH），而濾泡激素上升得比黃體促素要快。

當卵巢隨著成熟卵子數量遞減而老化，雌二醇的產量就會上升。一旦雌二醇上升到超過五十，就會阻礙腦下垂體中濾泡激素的生成。這些是妳體內的基本回饋環路，而它們所代表的是控制賀爾蒙持續升高，為的是要讓卵巢發揮妳二十四歲時的功用。當濾泡激素攀升到十以上的時候，妳的生育能力就會下降。

為什麼雌二醇的產量會隨著女性年老而上升，直到最後一次月經來潮前的一兩年呢？我們並不完全了解其過程，但這有點像是鳴槍前開跑的短跑選手。妳的卵子在濾泡中，照理說應該要對濾泡激素有所回應製造雌激素，等到卵子從濾泡中孵化之後，就會產生黃體素。在第三天，濾泡中的一切應該都要準備就緒，等候賀爾蒙的指示，當槍聲（濾泡激素和黃體促素）響起（從腦下垂體釋放），就會開跑。然而，非但沒有等候槍響（這是正常女性二十幾歲時濾泡最在行的），妳的濾泡在四十幾歲時反而會「過早開跑」，開始生成製造雌二醇。這對生育能力很不好，而且也和雌激素過多有關。

最終，雌激素會在更年期前期的尾聲直落而下，也就是當妳接近最後一次月經來潮的時候。

2. 和皮質醇相關的雌激素過多問題

接受賀爾蒙療法的停經前期女性，尤其是使用雌激素加黃體素，都曾出現夜間皮質醇過高的症狀。[5] 服用外源性雌激素會提高皮質醇值，同樣地，皮質醇值過高也會阻斷黃體素受體。長期下來，會導致黃體素過低，而造成雌激素過高的結果。

3. 環境賀爾蒙

環境賀爾蒙（Xenoestrogens）是會模擬雌激素的化學物質（Xeno 是「外來」的意思）。這些合成化學物質會讓身體產生像雌激素般的反應。主要來自妳每天在生活中所接觸到的人工化學物質，例如環境中的塑膠。把它們想成是化妝舞會中的不速之客，它們會表現得像其他賓客一樣，開心地喝酒聊天，但它們其實是來搞破壞的，等到摘下面具之後就會著手把派對搞砸。

然而問題並不只是它們會搞砸妳的內分泌派對。環境賀爾蒙會貯藏在脂肪組織中長達數十年之久，而妳體內最密集貯藏脂肪的地方就是乳房。當環境賀爾蒙和雌激素受體結合時，它們就會啟動其中一些受體，例如在乳房中的，然後阻礙另一些受體，例如在骨骼中的。還記得我們說過受體就像是細胞核上的鎖嗎？當雌激素從血液傳送至細胞時，它會附著在兩種雌激素受體中的其中一種上面，以便觸發某一項任務，例如刺激乳房細胞生長或是減緩骨質流失。

長期接觸雌激素會大幅提高罹患乳癌的風險。近年來，像是多溴聯苯這種阻燃劑被發現和雌激素干擾以及子宮頸抹片異常有關。[6]

環境賀爾蒙是已知的內分泌干擾物，它們會阻礙自然內生賀爾蒙的活動，並對生殖和成長方面造成影響。光是日常的生活中，我們就暴露在超過七百種此類危險化學物質中；它們可能出現在牙膏、制汗劑、防晒乳、食物

防腐劑、食物罐的內側塗層，以及許多塑膠物中。

　　小心妳的化妝品！一份報告指出，一位女性在長期使用含有雌激素的保養乳霜七十五年之後，罹患了乳癌和子宮內膜癌。[7]同一批研究員檢測了十六種市售面霜後發現，其中六種含有雌激素。妳努力追求年輕容貌卻可能帶來反效果，造成過多雌激素透過乳霜進入身體。

　　從一九九〇年代開始，初潮（月經開始）在美國發生的年齡層越來越低。研究人員多年來花費鉅資試圖找出原因。妳猜得沒錯，環境賀爾蒙和月經來潮及青春期提早到來有顯著的關係。[8]

　　環境賀爾蒙不只會干擾女性的賀爾蒙平衡，也會嚴重破壞男性的精子數量並提高罹患前列腺癌的風險。「男性乳房」就是男性雌激素過多的徵兆（雌激素和睪丸素失調），因而導致男性化特徵減少，更多脂肪堆積，包括在乳房部位和腰圍。這可不是什麼陰謀論，多份研究都顯示環境賀爾蒙會導致雌激素過多。

　　雌激素汙染影響的不只是人類；暴露在環境賀爾蒙下的動物也會蒙受其害。科學家已經注意到海洋中因為人造垃圾而導致環境賀爾蒙大增的現象。[9]有文獻顯示北極熊出現雌雄同體的後代；海豹更常罹患子宮肌瘤，也就是子宮肌肉上的良性腫瘤；雄性的魚和烏龜也出現女性特徵和性別混亂。

　　確切地說，一般在美國，男嬰的出生率會高於女嬰一些，而我們也尚未在極圈外見到對性別的影響。然而，我們在生物化學和神經內分泌平衡上，面臨的是一場環境的危機。

　　如果妳從評量表中發現妳的雌激素過多，別驚慌。妳可以去了解哪些是最常見的環境賀爾蒙，然後設法避開它們。數百種的環境賀爾蒙中，有兩種是最常見的，也是最有害的，那就是雙酚 A 和磷苯二甲酸酯（塑化劑）。

【雙酚 A（BPA）】

　　妳可能在瑜珈教室看過有人拿的水壺上貼有「不含 BPA」的貼紙，BPA 是一種用來製造堅硬聚碳酸酯塑膠以及環氧樹脂的合成分子。從一九三〇年

代起，我們就已經知道它會干擾雌激素受體。BPA 最常出現在水瓶和醫療器材中。雖然美國製造商已經停止使用在嬰兒奶瓶上，但美國食品藥物管理局一直到二〇一二年七月才正式禁止 BPA 使用在嬰兒奶瓶和兒童水杯。

或許最大的潛在危害，是它被用來作為食物罐頭的內部塗層。幾年前，環境工作組織（www.ewg.org）發表了一份關鍵性的研究，顯示在美國超市隨機購買的罐頭食品和飲料中，有一半以上的內部塗層都有 BPA 外漏的現象。不知為什麼，最糟的是雞湯和罐頭義大利餃。[10] 如果那是妳最愛的療癒食物，這可不是令人感到療癒的消息。

我們與 BPA 的接觸無所不在。根據一項文獻的記載，有百分之九十三的六歲以上美國人體內都有 BPA。[11] 儘管有這麼多令人信服的證據，有些人依然辯稱環境毒素和健康之間沒有關聯，那只是環境學家過於歇斯底里的反應罷了。廣泛研究顯示血液中 BPA 值過高和心血管疾病以及糖尿病，還有肝酵素異常過高有關。[12] 過多 BPA 也和過高的巨細胞病毒抗體值有關，這代表免疫系統較無法對抗慢性感染。[13]

此外，BPA 會干擾妳天然的賀爾蒙，包括卵巢中雌二醇的製造。[14] 因而影響雌二醇對抗大腸癌生長的保護效應（雌二醇會引發大量細胞凋亡，也就是程序性的細胞死亡）而增加罹患大腸癌的風險。[15]

【磷苯二甲酸酯】

和 BPA 一樣，磷苯二甲酸酯是工業化學物質，廣泛運用在軟質、有彈性的塑膠以及聚氯乙烯（PVC）產品上，在現代人的生活中可謂是無所不在，包括指甲油、洗髮精、浴簾、嬰兒玩具、塑膠地板、汽車內飾，以及醫療器材如點滴袋等。

針對磷苯二甲酸酯所進行的研究顯示它對男性、女性，以及孩童都會帶來危害，包括增加罹患糖尿病的風險。[16] 在孩童身上，這些化學物質會影響發育中大腦的甲狀腺賀爾蒙信號。[17] 磷苯二甲酸酯會影響男性生殖發育和甲狀腺功能。[18] 在女性身上，會影響生育賀爾蒙，例如游離睪丸素，以及結合

性賀爾蒙的球蛋白。一種叫做磷苯二甲酸二酯（DEHP）的磷苯二甲酸酯，會阻礙雌二醇在卵巢中生成，造成無排卵，也就是卵巢會停止排卵，進而導致雌激素過高。[19] 這可能會造成其他問題，例如子宮內膜增生，導致出血過多和不孕。

預防原則

說了這麼多讓人沮喪的話，我們究竟該怎麼做才能減少接觸這些可怕的化學物質呢？以下就是我的首選建議：

- **少吃罐頭食品。**自己製作新鮮的豆子和湯，沒有想像中那麼困難！我的慢燉鍋幾乎是專門用來烹煮豆類和湯的。好好研究一下。有些公司也推出了不含 BPA 的罐頭了。

- **用玻璃、不鏽鋼，和陶瓷容器來裝食物。**不要用含有 PVC 的塑膠容器吃喝東西。購買標示有「不含 BPA」的容器，並且只在無法取得玻璃或其他更安全選擇的情況下才使用。

- **如果妳一定要使用塑膠容器或用保鮮膜覆蓋，請勿微波。**使用玻璃或可微波的陶瓷器皿微波。

- **改用天然的產品**來取代那些含有內分泌干擾素和雌激素的化妝品、指甲產品、美髮產品、制汗劑，以及乳液。查詢環境工作組織的「皮膚化妝品資料庫」（Skin Deep, www.ewg.org／skindeep），尋找安全的化妝品。避免使用月桂基硫酸鈉（SLS）、對羥基苯甲酸酯（paraben）、甲醛、香料，以及對苯二酚。

- **走進家門後就脫鞋。**這可不是什麼禪修建議。若妳走過草坪和花園等公共場所，就可能會把農藥和其他內分泌干擾物帶進家中。

- **購買使用天然材料製作的鞋子。**當妳穿著塑膠鞋，像是夾腳拖和布希鞋，那些化學物質就會從流汗的雙腳被吸收。

- **穿著有機棉質的衣物，**以避免接觸到栽種棉花時所使用的農藥和殺蟲劑。二氯二苯（DDT），一種在一九七二年被美國禁止的環境賀爾蒙，曾在從其他國家進口的棉花中被檢驗出來。不像歐盟，美國對進口布料的品質和安全性並未嚴加規範，只能消費者自己小心了。

4. 肥胖和體重增加

　　我們知道肥胖對女性健康所造成的風險：睡眠呼吸中止症和氣喘、糖尿病、心臟疾病，乳房、子宮、大腸、膽囊方面的癌症，以及早逝。美國衛生局局長指出，從十八歲到中年期間體重增加超過二十磅（九公斤）的女性，罹患更年期後乳癌的風險會增加一倍。那只不過是每年增加幾磅而已！的確，體重過重的更年期女性雌激素會比苗條女性的多出五十～一百倍，因為脂肪細胞也會產生雌激素，而那或許就是過重和女性罹患乳癌風險較大的原因。在美國有百分之六十六的成年人體重過重或肥胖；而對於一位四十歲、身高一六三公分的普通女性而言，如果她的體重超過一四五磅（六十六公斤）的話，就算是過重了。

　　在美國，肥胖在過去二十五年中一直是個愈加嚴重的問題。在二〇一〇年，有超過四分之一（百分之二十六·四）的美國女性被認為是肥胖，也是有史以來比例最高的紀錄。

　　妳或許聽說過第二型糖尿病，也就是成人型糖尿病在美國有逐漸增加的趨勢。糖尿病和胰島素以及它調節血糖的能力有關。體重過重和缺乏運動都可能導致胰島素值升高，那些得到過多胰島素的細胞會產生阻抗，因為長期胰島素過高會讓雌激素升高，尤其是雌酮，會提高細胞對胰島素的阻抗。最後，妳會進入一個惡性循環：過高的胰島素會產生過多的雌激素，進而導致胰島素過高和胰島素阻抗，而那會讓妳體重增加，使得身體製造更多雌激素。這是一種每況愈下，似乎永無止境的狀況，足以讓妳開始出門去健走，並且拒絕女服務生在餐後遞上來的甜點菜單了吧？

然而，根據更年期的狀態，雌激素值也會有所不同。在更年期前，女性主要是在卵巢中製造雌激素，不過脂肪細胞也會製造雌激素。在更年期後，女性主要是在脂肪組織中製造雌激素。體重過重或肥胖的女性脂肪細胞會比苗條的女性來得多，因此也會製造更多雌激素。

在更年期之前，體重過重的女性比體重正常女性的雌激素要低。[21]為什麼？因為停經前期的女性如果身體質量指數較高，則較容易排卵不規則，結果造成循環雌激素值較低。

在更年期過後則是相反，體重過重的女性雌激素值會持續過高。[22]同時，更年期後的多餘脂肪也更有可能會從睪丸素中生成更多雌激素，這是一種叫做芳香化作用（aromatization）的過程。[23]肥胖會降低結合性賀爾蒙的球蛋白，進而讓血液中的游離雌激素升高。[24]體重增加也和子宮內膜癌有關，這是另一種雌激素過多的後果。在一項由全美癌症協會針對超過十萬名女性所進行的研究中發現，那些從十八歲以來體重增加超過四十四磅（二十公斤）的人，罹患子宮內膜癌的風險增加了五倍。[25]整體而言，患有子宮內膜癌的女性中，有百分之四十都是肥胖的。

總而言之，更年期過後雌激素過多是罹患乳癌的風險因素之一，而妳是可以調整雌激素值的。把妳的體重減到正常值，並且改變飲食習慣，就能減少過多的雌激素。

5. 飲食

飲食中含有大量傳統飼養的紅肉和精緻碳水化合物，容易導致雌激素負荷超載。這可能是因為肉中的賀爾蒙，也可能是來自經常食肉者腸胃中所培養出來的某種細菌。[26]當雌激素被代謝時，它會隨著尿液和糞便離開身體。如果腸胃中缺乏某種細菌來處理它，雌激素就會留在體內。如此一來，妳就無法遵循雌激素的黃金準則：用完就丟棄。反之，妳會一直循環利用雌激素，而這個過程可能會導致負荷超載。那些食用大量肉類和精緻碳水化合物的人，體內普遍存在著「錯誤」的細菌。[27]這也是為什麼我經常推薦給患

者的改良式採獵者（或原始人）飲食法對那些雌激素過高的女性特別管用，因為它們強調食用不含合成賀爾蒙和抗生素的放牧肉和乳製品，並且避免食用精緻碳水化合物。我把這種方法稱為「原始妞飲食計畫」（Paleolista Food Plan），強調食用堅果和新鮮、低升糖指數的水果和蔬菜。我厭惡白麵包、白糖，以及白米的原因很多，但其中最重要的理由就是它們會降低黃體素，讓雌激素過高的狀況變得更糟。我的建議是：減少精緻碳水化合物的攝取，是重新平衡妳神經內分泌系統的重要步驟。如欲了解更多我所推薦的飲食計畫，請參見附錄。

　　酒精。飲用酒精會提高雌激素值，減緩脂肪燃燒。更年期後的女性每天飲用一～兩份的酒精會提高雌酮及脫氫異雄固酮（DHEAS），這是另一種可以被轉化為雌激素的賀爾蒙。[28] 在一項研究中顯示，連續四週，每天一份（十五公克）的酒精就會造成雌酮上升百分之七，每天兩份（三十公克）則會上升百分之二十二。在同一份研究中也顯示，每天一份酒精會讓脫氫異雄固酮上升百分之八，每天兩份酒精則會上升百分之九。

　　那葡萄酒呢？是的，法國人都習慣在午餐和晚餐喝葡萄酒。葡萄酒能降低罹患心臟疾病和中風的風險，但過多的雌激素則會增加罹患乳癌的風險。所以怎麼做才是最明智的呢？讓我告訴妳：評估妳罹患乳癌、心臟疾病，以及中風的風險，然後再做決定。以下就是一些能幫助妳評估風險的線上工具：

- 中風：http://stroke.ucla.edu/#calculaterisk
- 心臟疾病：www.mayoclinic.com/health/heart-disease-risk/HB00047
- 乳癌：www.cancer.gov/bcrisktool

　　一般而言，經證實對女性安全的門檻是每週飲用不超過兩份酒精。如果妳中風或罹患乳癌的風險很低，我認為每週幾天晚餐時喝杯葡萄酒是無傷大雅的。但如果妳是罹患乳癌的高風險群，我建議越少飲酒越好，最好是不要。請記得，酒精會干擾脂肪燃燒機制，如果妳也擔心變胖問題的話。

6. 營養缺乏

缺乏某些特定營養也會導致雌激素過多。舉例來說，鎂過低就和停經前期及更年期後女性的雌激素過高有關。[29]

維生素 B12、葉酸，以及一種叫做蛋胺酸的胺基酸，這些營養補充品都有助於製造「好」雌激素，降低那些「比較不好」的雌激素生成。妳要如何知道自己是否缺乏這些營養素呢？如果妳在評量表中，有五項或以上的症狀，請妳的醫師替妳驗血檢測鎂、鋅、銅、維生素 B12，以及葉酸值。

7. 汞中毒

珍·海淘爾醫師（Jane M. Hightower, MD）是灣區的一位內科醫師。她的診所生意興隆，特別是治療汞中毒方面，雖然那並非她原本的專攻。她對汞的興趣是在見過一堆症狀模糊的病患之後才開始的，而那些症狀包括疲勞、噁心，以及腦霧，而她發現患者的共同點就是非常喜歡食用魚類。

她針對病患體內的汞含量，進行了長達一年的研究，而研究結果讓她開始為這種罕為人知的公共衛生威脅站出來發聲，那就是汞中毒。在她的書《診斷：汞》（Diagnosis: Mercury）中，描述了漁獲供給中為何存在汞毒性，以及她的病患所遭遇的問題。尤其令人心痛的是那些體內含汞量高的女性患者以及其子女有學習障礙的案例。這些女性以為她們在懷孕期間該做的都做了：她們避開咖啡因、不喝酒、每週吃一次魚，而現在卻對於自己吃下的魚可能對子女造成的傷害感到罪惡不已。[30]

最令人驚訝的是，海淘爾醫師發現她的女性病患血液中的含汞量是美國疾病管制中心發布的全美平均值的十倍。[31] 有些孩子是全美平均值的四十倍，這很可能和灣區受汙染的海洋以及當地商店和餐廳所販售的含汞魚類有關。如欲了解哪些魚類含汞量較低，請瀏覽明列魚類含汞量的網站（例如 www.montereybayaquarium.org 的「優質海鮮選購指南」網站）。

海淘爾醫師呼籲我們注意食物供給中的汞毒性。汞可能存在於高果糖玉米糖漿、殺菌劑和除草劑、填料、溫度計、某些藥物，以及某些預防針中。

汞也會像先前提過的環境賀爾蒙一樣，和雌激素受體結合。[32] 如果妳有五項或以上雌激素過多的症狀，我建議妳向妳的醫師諮詢，檢測血液或尿液中的汞含量。

雌激素過多、乳癌，和基因

科學證實了雌激素過高和癌症之間的關係。[33] 我們已知月經來得過早是罹患乳癌的風險因素之一。[34] 在月經週期的前半雌激素過多和尚未進入更年期女性罹患乳癌之間有顯著的關係。[35] 然而，在停經前期的風險似乎和雌激素的關聯沒有那麼大，或許是因為雌激素波動較大的緣故。[36]

雌激素過高和乳房密度高也有關聯。[37] 事實上，乳房密度最高的女性罹患乳癌的風險和乳房密度低的女性相比，高出了四倍。

雌二醇過高會增加罹患和雌激素受體有關的乳癌的風險，但似乎不會增加罹患缺乏雌激素受體的乳癌的風險。[38] 雌激素過高也和乳癌及卵巢癌有相當程度的關係，因此醫師經常建議高危險群的女性透過腹腔鏡手術預防性地摘除卵巢。我在加州大學舊金山分校附設醫院接受住院醫師教育訓練的時候，就做了不少這種預防性的手術，那裡在乳癌的遺傳諮詢方面很強，而且都有數據為證。如果妳想知道這種手術是否適合妳，請向妳的醫師諮詢。

這是否表示每個雌激素過多的女性都一定會罹癌呢？當然不是。而這也和觸發原因以及逐漸受到重視的表觀遺傳學有關。

試想兩位女性的雌激素值一樣高，一位罹患了癌症，另一位卻沒有。怎麼回事？兩個人都從自己的父母身上遺傳了二十三對染色體，但這些並非固定不變的；反而是像沙子一樣。妳遺傳的許多基因都會根據觸發原因而以某種形式表現出來。觸發原因可以是內在的（妳對壓力的反應）和外在的（接觸環境賀爾蒙、放射線、飲食、活躍程度），它們可能會帶來所謂的表觀遺傳效應，也就是由 DNA 測序以外的機制所造成的基因表現改變。某些觸發原因可能會推翻妳的基因表現，抑制一個壞基因或是促進一個好基因。

我認為表觀遺傳學是件好事，這表示妳可以讓身體為妳效勞，而非和妳作對。在生活上做出改變，例如少喝酒、多運動，以及減重，妳就有機會能夠鼓勵一個基因，告訴妳的身體製造更多「好」雌激素，而非那些「比較不好」的雌激素。[39] 整體而言，妳的 DNA 測序並沒有改變，但非遺傳的觸發原因可以讓基因表現得不同。這也是妳能夠積極邁向賀爾蒙治療的方法。

阿米希人（Amish）就是觸發原因決定基因表現的好例子。這個辛勤工作的民族很容易遺傳到一種叫做 FTO 的肥胖基因，然而卻很少有阿米希人是肥胖的，為什麼？因為每天，他們都會在農場上工作二個小時或以上，辛勞的體能工作讓肥胖基因無從以肥胖的方式表現出來。

有關乳房 X 光攝影檢查的重要事實

多年來女性都被告知從四十歲起，每年都必須進行乳房 X 光攝影檢查，但妳或許已經在二〇〇九年看過關於乳房 X 光攝影篩檢的重大轉變。[40] 廣受尊崇的流行病學團體，美國預防服務工作小組（USPSTF），現在建議女性在五十歲之後，應該每兩年接受一次乳房 X 光攝影檢查。原因是這些年來過多的乳房 X 光攝影檢查可能導致過多不必要的切片（因為假陽性），以及放射線可能導致過多乳房組織遭受破壞。這是一群經國會授權的獨立專家小組，他們系統性地審查在初級醫療和預防方面的最佳證據。[41] 我信任這些人。

兩年檢查一次的例外情況是那些罹患乳癌風險較高的女性，包括家族中有罹患乳癌的歷史、有 BRCA 1 或 BRCA 2 基因者，或是在服用抗憂鬱症藥物者。

另一個例外是乳房密度高的女性，這類女性最好經常進行乳房 X 光攝影檢查，而且第一次的檢查也必須提早。[42] 還要確保檢查技術人員檢查了「纖維腺體組織體積百分比」，這是乳房 X 光攝影檢查中有多少白色部分（X 光照射出來的密度）和黑色部分（非密集的組織，例如液體）的客觀測量。這種檢測經證實比其他密度測量或風險因素更能預測乳癌風險。[43]

抗雌激素處方藥，是敵是友？

如果有一粒仙丹能夠避免罹患乳癌，那不是很棒嗎？最近《紐約時報》報導了一種新藥，經常被用來預防女性罹患乳癌。這種叫做諾曼癌素糖衣錠的藥物（商品名為愛乳善；Aromasin），加入了泰莫西芬（tamoxifen）和雷洛昔芬（raloxifene）這類藥物的行列，成為美國食品藥物管理局核准的預防乳癌藥物。

雖然泰莫西芬和雷洛昔芬都經證實能有助於預防乳癌，卻很少被用在這方面。那是因為它們會造成嚴重副作用，例如血栓、子宮息肉，甚至子宮內膜癌。妳可能會想，為什麼會有醫師開立一種預防乳癌的藥，但事實上這種藥卻會引發另一種癌症？我完全同意這種做法不合邏輯，那也正是為什麼目前這些處方藥物有這麼多爭議性。它們雖然有助於預防雌激素過多的下游效應，但與妳的醫師探討其風險和益處，才是最好的選擇。

保羅‧葛羅斯（Paul Gross）是一項研究諾曼癌素糖衣錠效益的主作者，認為它是「一種非常安全的療法，在預防乳癌方面看似十分有效」。雖然它可能是安全的，但諾曼癌素糖衣錠會讓雌激素下降到幾乎是零。我的患者表示在服用該藥物後，她們的皮膚下垂，無法專心，性慾下降，而且記憶力奇差無比。她們感覺自己被「閹」了。這裡最重要卻也難解的問題是，女性願意忍受此類藥物的風險到什麼程度？

我發現答案經常都不是一瓶藥可以解決的，因此我選擇遵循我外曾祖母所提倡的，去尋找解決之道，而非訴諸於外來的處方藥。處方藥物往往比製藥商和醫師告訴妳的更加複雜危險，除此之外，一旦某個處方藥被批准用於某種目的，例如乳癌預防，通常得花上五～十年的時間，才能夠完全掌握它的副作用和不良反應。

我的看法是，想要降低過多的雌激素和降低乳房、子宮內膜，以及子宮頸的罹癌風險，有效的生活方式和營養策略比起那些不甚知名的處方藥物風險絕對小得多了。就像人生中的其他事物一樣，想要得到正面成效，通常需要下一點功夫。

解決之道：治療雌激素過多的加特弗萊德療程

【第一步：生活方式改變和保健品】

1. 少喝酒

我們知道酒精會提高雌激素，並可能干擾肝功能。即使每天喝一杯葡萄酒也會讓罹患乳癌的風險增加百分之十一。如果妳在第一章的評量表中有五項或以上的雌激素過多症狀，我建議妳每週不要飲用超過四份。最好是只在特殊場合才喝一杯葡萄酒，這樣就沒問題了。

2. 戒咖啡因

無糖汽水和綠茶會讓停經前期的美國女性雌二醇值升高，然而，日本女性卻藉由喝綠茶來降低雌二醇，顯示種族因素會改變雌激素代謝，這或許也解釋了為什麼日本女性罹患乳癌機率較低的原因。[44] 我支持戒除咖啡因，因為那不但可以平衡雌激素值，也能鎮定皮質醇。

3. 避開環境賀爾蒙

我希望妳已經了解到，像 BPA 和磷苯二甲酸酯這類的內分泌干擾物會帶來危害。盡可能減少接觸環境毒素；避免罐頭食品、塑膠食物容器，以及含汞量高的魚類；進屋後就脫鞋；買東西盡可能買有機的，尤其是沒有皮可以削掉的水果和蔬菜。這些多少都會有所幫助。

4. 少吃傳統飼養動物的肉和乳製品

在更年期後，食用紅肉可能會讓罹患乳癌的風險增加百分之二十二，[45] 如果每日食用紅肉也會造成雌二醇值升高。[46] 當妳食用紅肉時，請選擇有機、草飼的牛肉，而且我建議妳採用作家麥可‧波蘭（Michael Pollan）所建議的方法：把它當調味料享用（也就是減量的意思）。

5. 多吃黑棗乾（加州梅）

食用黑棗乾經證實能降低 16-α-羥雌素酮，也就是和乳房及子宮內膜癌有關的那種「比較不好」的雌激素。[47]

6. 填補纖維缺口

我們知道多補充纖維能降低雌激素值，進而降低妳罹患乳癌的風險。[48] 然而，停經前期女性和更年期後女性的反應卻不同。[49] 無論年齡，我建議妳每天攝取三十五～四十五公克的纖維，作為健康飲食計畫的一部分；大多數女性每天只攝取大約十三公克。即使每天食用七份或以上的新鮮水果和蔬菜，大多數女性依然需要藥用纖維這種營養補充品。

7. 減重

如果妳肥胖或體重過重，減重能夠降低妳過多的雌激素值，並減少罹患乳癌及其他病症的風險，[50] 也能保護妳的身體不受一些和體重過重有關的疾病侵襲。理想的身體質量指數（BMI）為二十一～二十五。

8. 定期運動

運動能降低雌激素值、減少罹患乳癌的風險，並幫助妳製造更多好的雌激素。[51] 同時也會讓妳感覺良好並且減少壓力。

9. 晚上十點前上床睡覺

晚上十點前上床睡覺有助於褪黑激素的生成，這是一種能降低雌二醇的賀爾蒙。眼盲的女性比視力正常的女性分泌更多褪黑激素，因此她們罹患乳癌的機率也少了百分之五十。

10. 食用 DIM

二吲哚甲烷（DIM）是最有效的助催化劑，能幫助 2-羥化酶（一種有

助於矯正雌激素過多的酵素）製造更多 2- 羥雌素酮和 2- 羥雌二醇。換句話說，DIM 經證實有助於保護性雌激素的生成，並減少壞雌激素。整體而言，DIM 能降低妳過多的雌激素。這可不是什麼晦澀難懂的保健品行話，一項隨機試驗顯示，子宮頸抹片檢查異常的女性在食用 DIM 後，和安慰劑組相比，有了大幅改善。[52]

甘藍，或十字花科的蔬菜，像是高麗菜、青花菜、抱子甘藍，以及花椰菜中都有天然的 DIM。我的患者經常問：「我可以吃多一點青花菜就好了嗎？」一項研究顯示，一天食用五百公克的青花菜能提升妳的二／十六比率，也就是好雌激素對壞雌激素的比率，約百分之三十。[53] 然而，更年期後的女性食用甘藍類的蔬菜，每增加十公克的攝取量，就能改善百分之八的二／十六比率，這是相當好的成果。[54]

遺憾的是，妳必須食用非常大量的抱子甘藍才能對雌激素平衡產生效益。但妳可以以膠囊或錠的方式攝取 DIM，劑量大約是每天兩百毫克，更高劑量並不會造成更高的血液含量。[55] 由 BioResponse Nutrients 公司專利製造的 DIM 經證實是最穩定、生物利用度（食用後能被細胞利用的程度）最高，而且有效的。[56] 如果妳有五項或以上的雌激素負荷超載症狀，我建議妳根據包裝上的建議劑量食用 DIM，通常是每天兩百毫克。

莎拉醫師的治療檔案

患者：譚妮雅

年齡：四十二

求助原因：「我希望我四十幾歲的年華能過得精采，但卻總是不盡人意。我變得比以前更躁動不安、更挫折；一點小事就會讓我煩惱。我的專注力和生產力變得很差。我還年輕，實在不該覺得自己這麼老，到底是哪裡出問題了？」

譚妮雅是灣區一家新創科技公司的人事總監。她工作過度、飲食過度、飲酒過度、減肥過度，並且過度為她兩個年幼的孩子和丈夫操勞。她的血壓從她懷第一胎開始就悄悄上升了，而且她因懷孕而增加的體重一直沒有甩掉。事實上，她還變胖了，不僅感覺筋疲力盡，還有其他雌激素過多的症狀包括心情陰晴不定、頭痛、玫瑰紅斑、經血量多，以及腹脹。我懷疑過多的雌激素和她辛苦的工作以及為人母的操勞有關。

療程：我讓譚妮雅食用 DIM 這種十字花科蔬菜萃取物來幫助降低雌激素。她向公司請了六週的心理健康假，開始一週四天的運動方案，包括皮拉提斯和橢圓機訓練。她採用了「原始妞飲食計畫」，即多吃精瘦蛋白質及蔬菜，不吃精緻碳水化合物，對於食物的種類和分量都遵循一套明確的指引。

成果：六週之後，譚妮雅減去了十五磅（七公斤），而且感覺好極了。她的家庭醫師很高興她的血壓降低了，開始讓她慢慢停掉利尿劑。她不再頭痛，經血量減少了。精力呢？大大改善了。

【第二步：草藥療法】

1. 吃海苔

　　在日本，女性罹患乳癌的風險少了六倍，而那裡的人都常吃海苔。一項隨機試驗顯示一種叫做翅藻的棕色海藻，每天食用五公克，連續七週之後，食用翅藻的小組大幅降低了雌激素值。[57]然而，翅藻含碘，而美國大多數的人都沒有缺碘的問題。患有橋本氏症或自體免疫甲狀腺炎的人食用碘可能會引發問題，所以如果妳有此病症，請向妳的醫師諮詢。如果妳沒有甲狀腺抗體，妳或許可以食用少量的翅藻，但請記得碘的每日建議攝取量只有一五〇微克（兒童更少）。

2. 補充白藜蘆醇

　　白藜蘆醇是一種強效的植物成分，萃取自葡萄、莓果，以及其他植物，有助於引導雌激素代謝遠離那些較不好的雌激素，4- 羥雌素酮，朝向較具保護性的路徑。另一種抗氧化物，N- 乙醯半胱胺酸，也有類似但較弱的功效。雖然這種組合是協同作用，但只在體外細胞研究中得到證實。[58]在另一項研究中，白藜蘆醇經證實能阻斷雌激素受體。[59]我建議食用白藜蘆醇作為抗氧化物，但必須是從食物中攝取，像是葡萄和藍莓，而非葡萄酒。

3. 攝取薑黃（Curcuma longa）

　　咖哩之所以是黃色就是因為裡面有薑黃這種食材。薑黃經證實能對抗癌細胞上的雌激素增生效果。[60]薑黃是目前所知最強的抗炎物質之一，所以我認為食用它是好的。撒一茶匙的有機薑黃在午餐或晚餐上；如果每天添加一大匙的薑黃在食物上不合妳的胃口，那麼就考慮食用營養補充品。以下是我的最愛：Meriva，一種專利吸收技術的磷脂複合薑黃素，含有薑黃根和磷脂萃取，有 Integrative Therapeutics 公司的生產 Curcumax Pro 和 Pure Encapsulations 公司生產的 CurcumaSorb 兩種選擇。請遵循瓶身上的指示食用（Curcumax Pro 是一天兩次，每次一錠，餐後食用；CurcumaSorb 是二五〇

毫克的膠囊,每天最多六次,用餐之間食用)。

4. 讓蛇麻草(Humulus lupulus)助妳一臂之力

妳或許聽過蛇麻草,這是讓啤酒產生香味的一種香草。其中含有一種叫做黃腐酚的成分,能對抗乳房、大腸,以及卵巢的癌細胞。蛇麻草經證實能透過芳香酶這種將睪丸素轉化成雌激素的酵素來降低雌激素值。[61]這並不表示妳要趕快去買六罐啤酒回來。Integrative Therapeutics 公司生產的 Revitalizing Sleep Formula 中就有蛇麻草成分,有時候我會食用這種保健品來助眠。它含有三十毫克的蛇麻草,其成分為蛇麻花萃取六十六比一。另一種選擇是同一家公司的 AM ╱ PM Perimenopausal Formula,它的夜間配方含有一百毫克的蛇麻草。其他含有蛇麻草的助眠配方包括自然療法醫師托莉・哈德森(Tori Hudson)的 Sleepblend 以及營養學醫師朱利安・惠特克(Julian Whitaker)的 Restful Night Essentials。

【第三步:生物同質性賀爾蒙】

1. 褪黑激素

褪黑激素能降低雌激素,也可能有助於預防乳癌。[62]褪黑激素過低可能會導致罹患子宮內膜癌的風險增加,這是另一種因雌激素引起的癌症。[63]如果妳有睡眠問題的話,我建議晚上食用〇・五~一毫克。

莎拉醫師的治療檔案

患者:瑪姬
年齡:五十四
求助原因:「我的肌瘤越來越大,而且我一天到晚都在流血。請幫幫我!」

瑪姬是一位慈善家兼社會運動者。由於她身兼許多董事會和活動要職，她希望自己的心思能夠保持敏銳並且靈活，而她認為雌激素有助於她的執行能力。在經歷過更年期和閱讀了蘇珊‧桑瑪斯（Suzanne Somers）的書之後，她開始對懷利療法（Wiley Protocol）產生興趣。

　　骨盆超音波顯示，瑪姬的肌瘤又變大了，這是雌激素過多的徵兆。即使在更年期過後，大多數使用懷利療法的女性還是會有月經來潮。

療程：我將她懷利療法中的雌二醇劑量降低四倍，建議她使用標準劑量的〇‧〇五毫克雌二醇貼片（同樣具生物同質性，只是劑量更小，而且經美國食品藥物管理局核准治療女性更年期症狀），她每週更換兩次貼片，同時也開始食用 DIM。

成果：瑪姬在經過幾天的雌激素戒斷症狀後，改用了雌二醇貼片。三個月後，超音波檢查顯示她的肌瘤已經縮小了百分之五十以上，又回到前一年的大小了。我建議她停用雌二醇貼片，但瑪姬認為雌激素能夠讓她擁有想要的生活品質，因此我們計畫每六～十二個月觀察一次她的肌瘤變化，並討論風險、益處，以及賀爾蒙療法的替代方案。我喜歡每六～十二個月和我的患者見面，討論關於賀爾蒙療法的最新發現，以及檢查身體有哪些變化。

雌激素平衡的徵兆

　　當雌激素達到理想狀態時，妳會感到充滿女人味，而且心滿意足。妳的心情會比較平穩，臉龐潔淨無瑕，身體也會感到精神飽滿。

- 性器官獲得了潤滑和足夠的血液流通以喚醒青春「性」致，能夠勾起妳在性愛方面的回應，而當妳開始定期享受性愛之後，妳的性高潮也會更加強烈。

- 妳的乳房大小適中，不會太大（過多雌激素）也不會下垂或像鬆餅（雌激素過少）。
- 如果妳還未停經，妳將會在月經週期中注意到排卵，但不會受卵巢或乳房囊腫所苦，也不會有疼痛、量多的經期。
- 如果妳有肌瘤或子宮內膜異位症，則會進入「緩解期」。妳的症狀會消失，肌瘤或子宮內膜異位症會開始縮小。

第七章

雌激素過低
又乾又暴躁？

　　雌激素是讓妳擁有並保有女性特徵的賀爾蒙。握有超過三百項任務的雌激素，可謂是身兼數職的高手，在那數百項職責中，它負責建立並維持陰道、尿道，以及外陰部組織的結構和功能；它會刺激和促進女性的生殖器官發育，準備並維護子宮以便懷孕；它也會和夥伴黃體素合作，調節月經週期。

　　正如我在前一章提到的雌激素和黃體素之間錯綜複雜的探戈舞，我也指出了雌激素過多比過低來得常見，至少一直到妳更年期前期的最後一年皆是如此。我認為雌激素就像女人的生命力，如果太少的話，感覺就像是身體慢慢死去。一位雌激素過低的患者曾告訴過我，她「很乾、很暴躁，而且幾乎快崩潰了」。

案例（派翠西亞，四十六歲）

　　在我來見妳之前，我的醫師聽完我一連串的症狀之後，拍了拍我的手，告訴我我需要習慣自己變老的事實。他說：「妳已經不會再像過去那樣好看了。」我很想給他一拳，但我對於所發生的一切感到如此不確定，我不再信任自己的直覺了。總是疑神疑鬼實在令我疲憊不堪。

　　雖然大多數的女性都不會注意到自己的雌激素隨著年齡增長而下降，但有些女性特別敏感。如果妳生過孩子，記得自己在產後情緒方面的劇烈起伏，那就像是更年期前期的預告片，一般而言更年期前期會在三十五～五十歲之間來臨。我發現那些產後經歷過情緒起伏的女性特別有風險。有些女性

對她們的雌激素值非常敏感，而這和甲狀腺或黃體素一樣，是可以準確測量的。對雌激素敏感會讓妳更容易因為雌激素動盪而產生情緒起伏的反應，而雌激素動盪最常發生在青春期、產後，以及更年期前期。如果妳同時處於產後和更年期前期，那麼，請考慮使用雌激素貼片，並且把妳婦產科醫師的電話存在快速撥號清單中。這種做法的益處很可能大於風險。

▌雌激素過低背後的科學原理

◆ 附註：如果妳無法專心是因為大腦中的雌激素過低，請跳過以下段落直接翻到「解決之道：雌激素過低的加特弗萊德療程」。

當我提到雌激素這個名詞時，大多數是指雌二醇，也就是在女性生育年齡濃度最高的一種雌激素。從青春期到更年期前期，妳所製造的雌激素中有百分之八十都是雌二醇。百分之十是雌三醇，也就是更年期的主要雌激素。雌激素過低可能影響的層面都是女性最在意的：食欲和體重、睡眠、性愛，以及生育力。

1. 體重和食欲

雌激素過低會刺激食欲。耶魯的研究人員發現雌二醇在體內使用和瘦體素相同的生物化學路徑，而瘦體素是一種由脂肪釋放的賀爾蒙，啟動後就會按下「飢餓按鈕」，告訴妳妳需要食物。[1]當雌激素值正常時，瘦體素就不會觸發食欲。反之，雌激素越低，妳就會越飢餓。以下是四十二歲的凱薩琳的經歷：「我從三年前，也就是三十九歲的時候，開始注意到自己的飢餓感增加。我會在三更半夜起來，需要吃東西才能繼續回去睡。現在我都靠雌二醇乳霜，每次在半夜醒來就抹一點，飢餓感就會消失。」

2. 性愛

　　雌二醇會讓性器官的皮膚變得敏感，充滿神經分布和血液供給。若女性的雌二醇偏低，大腦中的賀爾蒙控制中心就會以為她身陷危險，而此時她最不需要的就是懷孕。因此陰道會變乾，而密布在陰蒂、G點，以及小陰唇（外陰部的內唇）的神經也會開始消失。有時候那些富有彈性、具適應力而且充滿血液供給的組織會乾涸得像沙漠一樣，溼滑就像是遙遠的回憶，而性高潮可能隱約得讓人根本察覺不出來。一位患者挖苦地說：「那就好像我丈夫努力想要讓找和找的陰蒂歡愉，卻被層層的棉被給擋住了。他得花費加倍的功夫。何苦呢？」

3. 情緒

　　雌二醇會讓妳的身體充斥著血清素，也就是那種讓妳感覺良好的神經傳導物質。當雌二醇在更年期前期開始減少時，血清素值就會下降，有時甚至會引發憂鬱症。[2] 事實上，有許多更年期前期的患者告訴我，她們覺得自己好像快瘋了，意思是她們的情緒會突然變得難以預料和暴躁。

4. 骨骼

　　骨質流失，無論是輕微的（骨量減少）或是嚴重的（骨質疏鬆），都是雌激素過低的女性常有的問題，尤其是在更年期後。許多醫師都會觀察雌二醇值來評估妳的血液中是否有足夠的雌激素，讓骨骼保持健康、稠密、有彈性。

5. 熱潮紅

　　夜間盜汗、失眠，我們尚不完全了解熱潮紅和夜間盜汗背後的機制，但許多停經前期的女性都知道，當雌二醇值開始下降，身體的溫度調節控制就會亂了步調變得難以預測。

莎拉醫師緩解熱潮紅的五大祕招

　　熱潮紅和夜間盜汗是造成更年期前期和更年期女性睡眠干擾及不悅的常見原因，百分之八十五的西方女性都有這些症狀。以下是我的建議：

- **節奏性的呼吸速率**：這樣做可以讓熱潮紅減少百分之四十四！不賴吧？每天兩次進行二十分鐘的深呼吸，吸氣五秒，屏住呼吸十秒，然後吐氣五秒。[3] 我會在開車的時候這麼做，雖然這不是研究人員希望妳運用這種方法的時機，但我是個職業婦女，必須一心多用。
- **針灸**：我非常贊成將神經內分泌修復外包出去，至少一部分可以這樣做。針灸經證實能夠減少熱潮紅和夜間盜汗。
- **維生素 E**：在幾項試驗中經證實能減少熱潮紅。
- **花粉萃取物**：一種叫做 Femal 的草藥配方經證實能減少熱潮紅並改善生活品質。[4]
- **大黃**：誰會想到？在兩項試驗中大黃經證實能減少熱潮紅。

6. 生育能力低下；不孕

　　卵巢貯藏能力下降。如果妳嘗試懷孕不到一年，這稱為生育能力低下，而非不孕。然而，如果妳的年齡是三十五歲或以上，努力試圖懷孕六個月未果，就會被診斷為不孕。當然，一旦到了更年期，妳就不孕了。有許多患者來找我都是因為被診斷出過早停經（卵巢貯藏能力下降）。

▌雌激素過低和卵巢及卵子之間的關係

　　生育能力和雌激素是緊密相關的。的確，女性的雌激素工廠就位於卵巢中。這座工廠在二十五歲左右達到生產高峰，過了二十五歲之後，還會再經過幾年生育能力才會開始緩緩降低，通常是在三十二～三十九歲之間。更年期前期的第一階段，從二～十年的症狀一直到最後一次月經來潮，都是出於黃體素過低。雌激素最大的跌幅是發生在最後一次月經來潮之前。[5]

不過，很重要的一點是，雌激素過低在二十多歲、三十多歲，以及四十多歲女性身上都很常見。早年的一些細微變化，像是月經來潮前的夜間盜汗，或是陰道乾澀，都可能是代表妳雌激素值過低的徵兆。

女性生來卵子的數量就是有限的，一般而言是一兩百萬個。到了青春期，就只剩下三十萬～五十萬個了。那是因為細胞凋亡的緣故，也就是程序性的細胞死亡。每個女性細胞凋亡的速率都不同，因此更年期的年齡也不同。到了三十五歲，一個女性有百分之六十的卵子都已經成熟，準備可以受精了。到了四十五歲，就只剩下百分之十五。在美國，更年期的平均年齡是五十一歲。當妳成熟的卵子變少時，大腦和卵巢之間的溝通系統會察覺這一點，進而升高一種叫做濾泡激素（FSH）的賀爾蒙值。

大多數的西方女性一生中會排卵四百次，這是有史以來最多的。大多數的女性都有足夠成熟卵子可以生育，但有些女性在四十歲之前，成熟、可受精的卵子就用完了，因此才會有提早停經這樣的名詞。相較之下，其他文化的女性可能只會排卵七十次，因為在年紀較輕的時候就開始生育多胎，加上長期哺乳，而在那段期間排卵會受到抑制。

▎雌激素過低可以自我檢查？

過去，卵子供應的標準檢查通常是在月經週期的第三天，測量濾泡激素（FSH）和雌二醇，和／或小卵泡總數（AFC），藉此得知妳的每個卵巢中還剩下多少成熟卵子。由於濾泡激素每個週期都可能會有所不同，因此我建議在三～六個月內進行多次檢查。

濾泡激素只有數值高的時候，才能預測卵巢貯藏能力下降或更年期。有越來越多的證據顯示最準確檢測卵巢貯藏能力的方式是一種較新的檢測，那就是根據抗穆勒氏賀爾蒙（AMH）值。抗穆勒氏賀爾蒙是一種蛋白質，在卵巢的濾泡中生成，它會促進和協調卵子濾泡的形成。女性如果沒有了成熟卵子，抗穆勒氏賀爾蒙就會下降。抗穆勒氏賀爾蒙似乎比過去的檢測方法更可

靠，能夠偵測卵巢貯藏能力；抗穆勒氏賀爾蒙也能夠預測妳更年期的年齡。[6]

為什麼知道妳的賀爾蒙值很重要呢？如果妳真的提早停經，也就是在四十歲前就更年期了，而且想要生孩子的話，知道妳的賀爾蒙值能幫助妳決定接下來該怎麼做（最可靠的辦法就是找捐卵者）。如果妳的生育能力低下，在不到一年的時間內嘗試懷孕但失敗了，雌二醇和濾泡激素值或許能有助於找出根本原因，同時幫助妳決定接下來該如何打算。

如果懷孕不是問題，但妳有其他雌激素過低的症狀，妳難道不想要知道能夠如何避免糟糕的感覺和經歷那些不良症狀，例如髮量稀疏和性交疼痛嗎？

許多女性會請婦科醫師為她們檢查賀爾蒙，卻得到差不多的答案：「賀爾蒙檢查其實沒什麼用。」或是「賀爾蒙值忽高忽低，所以檢查結果沒太大價值。」我的看法則不同。如果是不孕的婦女，許多婦科醫師都會不假思索地檢查她們的賀爾蒙。為什麼不讓這些有病症前兆，像是月經前會夜間盜汗，或是對自己的卵子品質感到好奇的婦女進行檢查？資料顯示，比較妳目前和過去的雌激素值，就和比較妳的膽固醇值一樣簡單。[7]有哪個醫師會遲疑不讓妳檢查膽固醇值呢？

如果妳還有月經，我建議妳在經期的第三天進行抽血檢查。如果醫師不認同，請堅持到底，因為事關妳的身體、健康，以及未來。

雌激素和食物的關聯

這是我在哈佛醫學院時沒有學到的祕密：食物會影響雌二醇值。研究也證實了這一點。舉例來說，素食者的雌激素值比食肉者來得低，而終身茹素者罹患乳癌的機率也較低。[8]日本女性比美國女性較少有熱潮紅，乳癌的罹患率較低，雌二醇值也較低，她們食用較多的大豆，較少吃肉。[9]整體來說，美國女性罹患乳癌的風險是食用少脂肪多纖維傳統飲食日本女性的五倍。遺憾的是，過去三十年來日本女性罹患乳癌的風險一直在增加，因為她

們的飲食習慣也西化了。[10]

食量也會影響雌激素。體脂肪較低可能造成較低的雌二醇值，進而導致無月經症，也就是月經中止，長達三個月或更久。當一位女性的體脂肪低於總身體質量指數的百分之二十一時（正常值因年齡而異，但對於二十～三十九歲的女性，我建議百分之二十一～三十三之間；對於四十歲或以上的女性，我建議百分之二十三～三十四），她大腦中的賀爾蒙控制中心就會阻止她製造更多雌激素來排卵，或是增厚她的子宮內壁。那些患有神經性厭食症，暴食症，以及其他進食失調的女性經常有此症狀。極端運動或鍛鍊是另一種會讓體脂肪減少的原因，這也是為什麼許多專業運動員月經都不來。

雖然這讓一些女性很心動，尤其是年輕運動員，但卻可能會帶來長期後果，其中包括骨骼脆弱，甚至是認知缺陷。此外，由運動引起的無月經症也可能會引發血管問題，對心臟健康方面反而帶來了反效果，同時也可能提高動脈粥狀硬化的風險，也就是引發心臟病和中風的疾病。[11]如果妳不到四十歲，三個月都沒有月經來潮，就應該去找醫師做全面檢查。

▌麥麩冰山：妳的問題是披薩造成的嗎？

並非所有的雌激素／飲食問題都像厭食症、暴食症或過度運動這般誇張，例如有一個經常被忽略，那就是麥麩不耐症，儘管它會引發許多症狀，像是全面的乳糜瀉，也有可能是以比較輕微的形式表現出來。麥麩是一種存在於大多數麵食、麵包、餅乾、披薩餅皮等食物中的一種蛋白質。美國人和歐洲人中，有超過百分之一，也就是至少有三百萬位美國人，患有乳糜瀉，這是一種腸道對麥麩不耐的永久性疾病。其中大多數人都不知道自己有這種病。事實上，百分之九十七的人都沒有獲得診斷和治療。另外有一千八百萬位美國人有麥麩不耐症，這表示他們對麥麩不會產生免疫反應，但根據個人的敏感度以及食用多少麥麩，會出現不同的症狀。

一般來說，麥麩不耐會造成腹瀉、腹痛，以及腹脹。然而，在女性身

上，有時候唯一的徵兆是骨質流失、經期不規則，或是難以懷孕。麥麩不耐症也和雌激素值改變有關，結果會造成無月經症（好幾個月沒有月經）、不孕，和卵巢貯藏能力下降。[12] 根據一項研究顯示，患有乳糜瀉的女性中，有百分之十九的主要症狀是無月經症或其他月經失調。[13]

簡單地說，雌激素失調是麥麩不耐的一種常見副作用。

乳糜瀉者出現提早停經和不孕的風險也較高，但如果食用無麥麩飲食的話症狀是可逆的。醫學文獻顯示，那些對麥麩過敏且患有無月經症或卵巢貯藏能力下降的女性，食用無麥麩飲食能夠逆轉這些症狀。[14]

檢測麥麩不耐的最佳血液檢查似乎是測量抗轉麩醯胺酸酶抗體。組織轉麩醯胺酸酶（tTg）念起來很拗口，但很重要。它是一種改造麥膠蛋白的酵素，而麥膠蛋白是麥麩中的一種蛋白質。基本上，它能測量妳的免疫系統對抗這種和麥有關的特定蛋白質的程度。如果妳的抗轉麩醯胺酸酶抗體升高，則可以讓腸胃科醫師做腸切片，化驗麥麩不耐的徵兆，來確診是否患有乳糜瀉。[15]

為什麼雌激素值會下降？

以下是哈佛醫學院認證的完整清單，列舉出雌激素值下降的理由：

- **更年期前期和更年期。**
- **性腺功能低下症。** 性腺（對女性而言是卵巢，對男性而言則是睪丸）製造的賀爾蒙大不如前了。醫學上的說法就是，性腺的「功能活動降低」了。這可能和遺傳有關，例如特納氏症候群，這類女性患者體內缺乏一組 X 染色體。
- **腦下垂體功能不足。** 控制內分泌腺（例如濾泡激素）的八種賀爾蒙中的一種分泌下降。腦下垂體和下視丘是鄰居，會分泌第二章中所提過的八種賀爾蒙。
- **下視丘缺陷。** 因為下視丘問題而導致雌激素分泌下降，而下視丘是卵巢控制系統的一部分。其中一個例子就是卡門氏症候群，一種遺傳性的失調，患者會失去嗅覺並缺乏促性腺激素釋放賀爾蒙，因而導致雌

激素過低。

- **妊娠失敗。**嬰兒沒有足月被產下（有百分之十五～二十的妊娠會早產）母親的賀爾蒙值就會下降，而雌激素值也可能會因此暫時驟降。

- **生產後胎盤分娩。**這會暫時讓妳進入更年期狀態，因為雌激素和黃體素值都過低，而且會一直持續到妳月經來潮為止。

- **哺乳。**根據頻繁程度、哺乳量，以及持續時間，哺乳會降低雌激素值，而且可能會阻礙排卵。

- **神經性厭食症、暴食症，以及其他飲食失調。**體脂肪較低可能導致雌二醇值較低，進而造成無月經症，也就是月經中止，長達三個月或更久。

- **極度運動或鍛鍊。**這也會導致體脂肪下降。

- **麥麩不耐。**這是和雌激素相關問題中越來越常見的原因，例如無月經症、不孕，以及卵巢貯藏能力下降。

解決之道：治療雌激素過低的加特弗萊德療程

【第一步：生活方式改變和保健品】

1. 避開咖啡和其他含咖啡因的零嘴

咖啡因和咖啡都經證實會降低停經前期女性的雌二醇值。[16] 我建議無咖啡因的咖啡和花草茶，如果妳選擇大黃或纈草根這類花草的話，或許還能有助於減少熱潮紅或改善睡眠。我很喜歡蒲公英即溶飲品（Dandy Blend），它是由蒲公英葉萃取，具有排毒的功效。

2. 戒掉麥麩

有鑑於麥麩敏感和卵巢貯藏能力下降之間的關聯，我鼓勵四十歲以下雌二醇過低的女性不要再食用麥麩。生活中還有許多其他的美食可以享用，但最好每餐都改吃完整、未經加工過的食物，像是水果、蔬菜和精瘦蛋白質，

以及無麥麩的碳水化合物，像是糙米或藜麥。理想上妳每天應該食用五～七份新鮮水果和蔬菜。

3. 攝取更多全大豆

　　大豆具有很多爭議性，如果妳問一百個營養學家，至少會有一半的人說它不好，尤其是萃取自基因改造作物或受其汙染的。儘管如此，在亞洲針對食用全大豆和發酵大豆的女性所進行的研究顯示，它能減少雌激素降低的症狀，例如減少熱潮紅，並且降低罹患乳癌和骨質疏鬆症的機率。[17]別忘了，和美國女性相比，亞洲女性攝取較少的脂肪和較多的纖維。或許，和我一樣，妳也想知道為什麼日本女性的飲食，和美國女性相比似乎雌二醇值較低，但她們的雌激素過低症狀卻較少？科學家的假定是，這種矛盾其實是和攝取較多的全大豆有關。大豆在結構上和雌激素相似，所以它在體內會表現得像較弱的雌激素也是合理的。一項大型的整合分析，也就是那種結合多項探討某一問題的研究，顯示了食用大豆對女性停經前期的雌二醇不會帶來任何改變，而更年期後的雌二醇則有小量的增加。[18]然而，針對西方女性食用大豆的研究卻顯示出矛盾的結果。目前並沒有足夠的研究結果支持食用大豆和其萃取物能夠改善熱潮紅或夜間盜汗。[19]我的看法是，矛盾的數據資料代表我們沒有考慮到某些重要的變數或因素（基因？文化？）。或許不同的大豆產品和萃取物在體內出現的方式會造成顯著的不同，又或許不同的種族在基因編排上處理大豆的方式不同，又或許以上說法皆有可能。

　　大豆會降低停經前期的濾泡激素值，也可能讓月經週期拉長一天。[20]日本女性從傳統早餐、午餐，和晚餐的味噌湯中攝取大豆，她們也比美國女性食用更多的豆腐。試著添加新鮮有機豆腐在沙拉或菜餚中；用橄欖油快炒豆腐和新鮮香草及大蒜，就是一道清爽的配菜。我建議適量食用全大豆，每週不要超過兩次。

4. 在餐點中添加亞麻籽

亞麻籽含有木酚素，這是植物雌激素的主要類型之一，不但是類似雌激素的化學物質，同時也是一種抗氧化物。一項研究顯示每天兩次食用兩大匙亞麻籽（總共大約三十公克）長達六週，能將熱潮紅（雌激素過低的一大症狀）的發生次數減半，強度也能減少百分之五十七。[21] 其他研究則尚無定論。因為亞麻也是好的纖維來源（四大匙中大約有八公克的纖維），所以如果妳的雌二醇過低，在飲食中添加亞麻籽是健康的選擇。亞麻籽有堅果口感；在大多數的賣場都可以買到。我都會加在我的早餐麥片中，以及加在抗炎的綠色冰沙中。

5. 多一點性高潮

性高潮和性刺激會提高停經前期女性的雌二醇值。[22] 這說明了「用進廢退」的概念：定期的性愛交流和性高潮能刺激血液流通，有助於按摩、軟化，並且增厚外部（外陰）和內部（陰道）歡愉器官的組織。性高潮能提高催產素，而它在女性體內會和雌激素共同緩衝壓力及降低皮值醇，幫助女性感覺更有連屬感和更有愛。我常囑咐患者進行的一種練習就是性高潮靜思冥想，這是一種結合佛教修練和性高潮的組合。據稱，進行性高潮靜思冥想的女性比那些沒有從事這種練習的女性，較少在更年期後出現雌激素過低的症狀。

6. 不要運動太多

除非妳很瘦，運動才會對降低雌激素症狀有幫助。那些體重過重的女性可能反而會增加血管收縮的症狀，像是熱潮紅和夜間盜汗，尤其是運動過頭的話。如果妳的體重過重或是容易受傷，最好從事競走而不要跑步；每週只慢跑三次，每次一哩（一‧六公里），而非每週四次，每次六哩（九‧六公里）；上飛輪課或騎自行車的速度也適中就好。

7. 扎針

針灸經證實能提高雌二醇值，雖然不足以對陰道乾澀或膀胱感染有幫助，但它確實能減少熱潮紅，而且結合針灸和中藥「坤寶丸」很可能和賀爾蒙療法一樣有效。[24] 雖然研究結果好壞參半，但較新的數據顯示針灸是值得一試的。[25] 由於針灸不會伴隨太大風險，更別提它有兩千多年的歷史，妳或許可以考慮試試看。我建議每週針灸一次，持續至少八～十週。

8. 切個石榴來吃

一些更年期的女性堅信石榴對於治療雌激素過低很有幫助。一項試驗顯示每天兩次食用三十毫克的石榴籽油能大幅減少熱潮紅，剛開始安慰劑的治療結果也相同，然而，在治療結束後的十二週，食用石榴組的熱潮紅症狀大幅改善了，安慰劑組則沒有，顯示它還是有真正效益的。[26]

9. 攝取維生素 E

治療某些雌激素過低症狀（包括熱潮紅、陰道乾澀，以及心情陰晴不定）的最古老療方，就是維生素 E。可回溯至一九四〇年代，研究發現每天攝取五十～四百 IU 的維生素 E，和安慰劑相比，能夠有效減少熱潮紅和其他雌激素過低問題。根據一項研究顯示，補充維生素 E 經證實能增加陰道壁的血液供給和改善更年期症狀。妳需要攝取四週的維生素 E 才能感受到效果。

10. 認真攝取鎂

在乳癌病患身上，鎂經證實能減少熱潮紅、疲勞，以及憂慮等現象，這些全都是雌激素過低的常見症狀。[27] 在這項研究中，女性每天攝取四百毫克氧化鎂長達四週，如果熱潮紅症狀持續的話，則增加到八百毫克。不過，更高的劑量可能會導致軟便，所以每天如果要攝取四百毫克以上，請向妳的醫師諮詢。

【第二步：草藥療法】

1. 在妳的冰沙中加入瑪卡

　　神奇的草藥瑪卡（Lepidum meyenii）經證實能提高更年期女性的雌二醇，並且對失眠、憂鬱症、記憶、專注力、精力、熱潮紅、陰道乾澀有幫助，同時能改善身體質量指數及骨質密度。[28] 此外，瑪卡也經證實能改善性慾和減少焦慮及憂鬱，所有這些都是雌激素過低引起的。[29] 瑪卡經證實能有助於一種叫做選擇性血清素再吸收抑制劑（SSRI）的抗憂鬱症藥物的性慾副作用。[30] 妳可以在健康食品專賣店買到瑪卡萃取物，有膠囊和液態酊劑兩種形式。最普遍的劑量是每天兩千毫克。瑪卡帶有一種麥芽味，我喜歡用一～兩大匙的生可可粉掩蓋它的氣味，加在我的冰沙中當早餐喝。

2. 沖泡粉葛（Pueraria lobata）或野葛（Pueraria minifica）

　　粉葛（PL）是一種治療更年期症狀及更年期女性疾病的傳統中藥，這些病症包括骨質疏鬆症、冠狀動脈疾病，以及一些賀爾蒙引起的癌症。其科學根據可能是它在雌激素受體上能發揮植物雌激素的作用。在隨機試驗中，粉葛經證實能減少骨質流失，服用兩個月後，能降低壞膽固醇（LDL）並提高好膽固醇（HDL）來改善膽固醇值。[31]

3. 認清大黃的好處

　　我在我的藥用植物園裡栽種了大黃，後來它長得一發不可收拾，就像我的賀爾蒙花園被皮質醇霸占了一樣。西伯利亞大黃（Rheum rhaponticum）中的有效成分能夠鎖住雌激素受體。有一種大黃配方在德國已經賣了二十年，叫做土大黃苷（品牌名為 Phytoestrol）。隨機試驗顯示能改善熱潮紅。[32]

4. 食用草藥組合

　　聖約翰草，一種多年生的植物，遠在古希臘時代就被使用於醫藥方面。黃色的花朵通常用來泡茶或製作成藥錠、膠囊、萃取液，以及藥膏，用以治

療輕微憂鬱症、焦慮，和睡眠失調。在針對停經前期、更年期前期，以及更年期女性的隨機試驗中，使用這種草藥治療四週後，熱潮紅就有減少的現象。[33] 它也經證實能改善更年期女性的性滿足感。[34] 聖約翰草的建議劑量是每天三次，每次攝取三百毫克。請注意：如果妳正在服用抗憂鬱症藥物，請向妳的醫師諮詢。

　　黑升麻，一種毛茛屬的植物，被北美印第安人用來治療許多疾病，包括婦科失調問題。它和聖約翰草合併使用，似乎能最有效地改善雌二醇過低的症狀。[35] 黑升麻的建議劑量是每天四十～八十毫克。更高劑量可能會造成肝臟損害，所以妳應該食用有助於症狀的最低劑量（肝臟損害的徵兆包括噁心、嘔吐、尿液顏色深，以及黃疸）。

　　接受泰莫西芬治療的乳癌病患，熱潮紅和夜間盜汗症狀經常會加劇。在一項針對此類患者所進行的研究中，光使用黑升麻就能減少熱潮紅、盜汗、睡眠問題，以及焦慮，但泌尿生殖系統和肌肉骨骼方面的不適依然沒有解決。[36]

5. 把奶油當乳液？

　　有傳聞指出，有雌二醇過低症狀的女性，包括陰道乾澀，可使用一種來自阿育吠陀療法，用澄清奶油和藥草製成，叫做印度西施酥油（Shatavari Ghee）的植物膏，塗抹在皮膚表面可能會有幫助。印度西施是由長刺天門冬（Asparagus racemosus）所製成，含有植物雌激素作用。但我並不建議，因為得出定論的證據實在太少了。

6. 乖乖喝人參

　　近年來，根據更年期健康狀態評估量表（Kupperman Index）和更年期評分量表（Menopause Rating Scale）這兩項評估更年期症狀與雌激素過低關聯的研究工具，紅參都證實能減少熱潮紅。[37] 此外，每天食用三公克的紅參，長達十二週，和安慰劑組相比，能降低總膽固醇及低密度脂蛋白，這兩者在

更年期後都會因為雌激素下降而升高。先前的一項研究顯示，每天食用六公克的紅參，連續三十天，能改善有疲勞、失眠和憂鬱症狀的更年期後女性的皮質醇對去氫皮質酮（DHEA）比率和生活品質。[38] 高麗參（Panax ginseng）已知能改善更年期後女性的心情和促進整體健康。[39] 德國健康當局也認為人參是一種「在疲勞和工作及專注力下降時，能夠提神和強健體力的補品」。[40] 常用的劑量為每天兩百毫克的口服藥丸。

7 補充蛇麻草

蛇麻草（Humulus lupulus）是用來釀製啤酒的，能以酸苦的風味來平衡麥芽的甜味。它也被使用在其他飲料及草藥中，德國當局也認可蛇麻草在睡眠困難、焦慮，以及不安方面的功效。德國人雖然很愛喝啤酒，但德國當局建議食用的蛇麻草是藥丸或藥錠的形式。蛇麻草似乎對雌激素過多或過低都有幫助，高劑量通常比低劑量來得有效，但研究顯示，一百毫克的蛇麻草比二五○毫克更有效，這個例子也說明了最好盡可能食用最低有效劑量。

由於效力可能下降的緣故，最好把蛇麻草當作是一種過渡期的治療方式，也就是在其他更長久的療法發揮功效前使用。我經常在患者嘗試其他療法，像是亞麻籽和生物同質性賀爾蒙的同時，建議她們吃蛇麻草，因為那些療法可能要花六週或更久的時間才能見效。

8. 不要小看纈草根（valerian）

幾世紀以來，纈草根這種被希波克拉底描述為具有療癒作用的藥草，一直被用來治療雌激素過低的症狀，像是失眠和焦慮。一項針對更年期女性進行的新隨機試驗顯示，食用五三○毫克的纈草根萃取物改善了百分之三十失眠者的睡眠，相較於安慰劑組的百分之四。[41]

好處是，在食用纈草根來幫助睡眠時，次日早上的反應時間、專注力或警覺性都沒有改變。[42] 食用纈草根最好不要搭配酒精，因為理論上這可能會讓酒精的毒性變得更強。總而言之，包括偏頭痛、暈眩，以及腸胃道失調方

面的副作用都十分罕見。

　　所以，如果妳雌激素過低的症狀之一是難以入睡的話，可以試試食用纈草根。根據最佳數據資料顯示，纈草根萃取物的劑量應該介於三百～六百毫克之間，通常是藥丸的形式，或是二～三公克的乾燥草本纈草根，浸泡在一杯熱水中十～十五分鐘，在睡前三十分鐘～兩小時飲用。我個人是攝取適合更年期女性的劑量，也就是五三〇毫克的根部萃取物。[43]

莎拉醫師的治療檔案

患者：珍妮佛
年齡：四十八
求助原因：「夜間盜汗讓我徹夜難眠！熱潮紅讓我無法工作！我是家中最沉穩的人。我丈夫是個藝術家，所以個性喜怒無常，而我的孩子都是青少年。沒有好的睡眠品質我很快就會瘋掉了。」

　　珍妮佛是個美髮師，所以她或她的客戶都無法忍受她在剪頭髮或染髮的時候，滿身大汗像是在上飛輪課一樣。我把她這種情況稱為血管收縮症狀的「侵入性案例」。自從她母親服用倍美安（Prempro），一種含有合成雌激素普力馬林（Premarin）和合成黃體素普維拉錠（Provera）的藥物（詳情請參閱導言）並罹患了乳癌之後，她就不想碰賀爾蒙療法了。

療程：最好的草藥療法可以先考慮莉芙敏（Remifemin，黑升麻）或含有黑升麻、纈草根、蛇麻草，以及聖潔莓的 AM ／ PM Perimenopause。她選擇了 AM ／ PM Perimenopause，因為這種草藥早上和晚上的藥丸是不同的，而這一點很吸引她。早上的配方（以 AM 標示）含黑升麻、綠茶、聖潔莓，以及紅景天，這有時候能帶來催化作用。晚上的配方（以PM 標示）也含有黑升麻，另外還有 L- 茶胺酸、蛇麻草，和纈草根。

成果：僅僅一個月之後，珍妮佛寫電子郵件告訴我，她又再次能夠好好睡覺了。對於自己不用服用賀爾蒙就達到如此效果，她感到振奮不已，因為她認為她母親罹患乳癌就是服用賀爾蒙造成的。

尚未見到成效的草藥

有些療法號稱能夠對雌激素過低有幫助，但也就只是號稱而已。以下是事實。有可能這些草藥尚未進行適當研究，我認為還是等到好一點的證據出現後再說。

當歸

當歸從二十個世紀以前就是女性的補藥，一項為期三個月，針對七十一位女性所進行的隨機安慰劑對照試驗曾經研究過當歸。[44] 結果並未顯示它對熱潮紅或血液賀爾蒙值有任何幫助，對子宮內膜厚度也沒有影響。其他研究也未顯示出任何雌激素方面的效果。[45]

紅三葉草

雖然大多數紅三葉草相關的數據資料很雜，但三項最大型的隨機試驗顯示，食用紅三葉草對雌激素過低症狀或雌二醇值方面，沒有任何改變或緩解。[46]

【第三步：生物同質性賀爾蒙】

如果在試過第一步和第二步之後，妳的症狀沒有獲得解決，我認為妳應該和一位值得信賴且願意開立賀爾蒙藥方的醫師，重新討論服用雌激素的風險和益處。

對逐漸減少的賀爾蒙出現敏感症狀的女性，在更年期缺乏雌二醇可能會

引發憂鬱症。我認為這些女性應該先用雌激素治療，而非抗憂鬱症藥物。在一項研究中顯示，抗憂鬱症藥物會讓罹患乳癌及卵巢癌的風險增加百分之十一。[47]另一項研究顯示若女性使用雌二醇貼片來提高雌激素，在更年期後對壓力的應對能力也較佳（請看下方）。[48]

當然，更年期前期和更年期的症狀，是女性邁向最後一次月經來潮的途中，提高自身那少之又少的雌激素的常見理由。為什麼這些女性不應該考慮補充她們體內缺乏的雌激素呢？我的「啟動任務」（線上視訊系列教學課程）中的一位成員是這樣說的：

案例（梅琳達，四十七歲）

所有更年期前期的經典症狀我全都有，然而儘管我在營養、運動，以及靜思冥想方面如此努力，這些症狀（肌肉疲勞、焦慮、記憶、失眠、性慾）依然在我日常生活中造成了重大的影響。修正我體內的化學作用或許是我的下一步，但這是非常複雜且微妙的，真的很難知道該從何做起。而且，就算有最新的研究，我依然擔心賀爾蒙療法對健康所帶來的長期影響，無論是生物同質性或不是。不過我也認為賀爾蒙失調可能會引發疾病。真的，到底哪個比較慘？當一個糊里糊塗、又矮又胖、焦慮、無趣的妻子，還是稍微修正一下我體內的化學作用以求平衡和安心？

1. 不該服用雌激素的理由

雌激素必須由醫師開立，而有幾點妳不該服用它的重要理由，還有一些嚴重的風險，妳都應該和妳的醫師討論，包括懷孕、心臟疾病、過去曾有肌瘤或腿部或肺部出現血栓、未獲確診的陰道出血、現有膽囊疾病、嚴重肝臟疾病（因為藥物會經過肝臟處理，然後透過膽汁被送往腸胃道）、癌症治療尚未完成且對雌激素敏感的卵巢癌、乳癌、非典型乳房增生，以及子宮內膜癌。在某些情況下，服用雌激素可能會讓這些病症更加惡化。

我會推薦雌二醇貼片給適當的患者，前提是這些患者沒有會讓貼片變得不安全的健康隱憂，例如有血栓的病史，或是她們已經停經十年（更年期過了十年以上，心臟疾病的風險會增加）。因為這些貼片已經通過美國食品藥物管理局核准，而他們在監管方面是相當嚴格的。Vivelle Dot 和 Climara 就是兩個例子，使用最低劑量可以緩解症狀。對我大多數的患者而言，○‧二五毫克或○‧○三七五毫克的劑量是最有效的。

2. 雌激素的神經賀爾蒙益處

雌激素經證實能提高血清素這種能改善心情、睡眠，以及食欲的賀爾蒙。[49]在更年期前期的後半段，通常是從四十三～四十七歲開始，雌激素會從每日的賀爾蒙清單中縮退。許多女性發現雌激素衰退會導致嚴重的情緒變化，而近年來也得知這不只和雌激素值有關，同時也關係到大腦中是否有負責血清素運送的長鏈基因或短鏈基因。針對年齡四十～五十五歲，曾經有過嚴重或輕微憂鬱症女性的更年期前期隨機試驗數據資料顯示，百分之六十八使用雌激素貼片的女性症狀都得到緩解，而安慰劑組只有百分之二十。[50]簡言之，雌激素扮演著抗憂鬱的角色，尤其是對年過四十情緒失調的女性。

3. 媒體扭曲

儘管如此，我相信媒體對於賀爾蒙補充療法的報導其實是被大幅扭曲甚至是在製造恐慌。這個爭議應該是源自二○○二年發表的「婦女健康關懷」（WHI）研究，研究中觀察了使用合成雌激素普力馬林（Premarin）治療的女性，這是一種從懷孕母馬的尿液中提煉出來的強效混合物。普力馬林含有許多形式的雌激素，對人類女性身體而言都是陌生的，例如馬烯雌酮。婦女健康關懷針對普力馬林的研究，發現罹患大腸癌、血栓、中風、失智症，以及移除膽囊的風險都會增加。[51]

幸虧，人們依然持續熱中地對雌激素進行研究，誠如一位使用雌激素貼片的資深記者辛西亞‧葛妮（Cynthia Gorney）所言：「關於雌激素的問

題是，妳本來以為自己的疑問是很直接了當的要還是不要？我是否要把這些貼片貼在我的背上？長期使用賀爾蒙補充療法真的像大家說的那樣嗎？很快地，一堆衝突矛盾的醫學文章就堆積如山了。」

在《紐約時報》撰文的葛妮，同時也是加州大學柏克萊分校新聞系研究所的教授，她採訪了世界各地多門學科的賀爾蒙專家會議，聽取有關雌激素和憂鬱症、失智症，以及女性雌激素越來越少的後果等各方面的最新主張。

葛妮的筆記

一個接一個，他們身邊的筆記和空咖啡杯越堆越高，心臟科專家和腦科專家和情緒科專家上臺談論雌激素，實驗、衝突的數據、推測、疑惑……我在我的筆記型電腦上打了好幾個小時的筆記……而我在打字的同時……腦中出現了一個很小但持續的想法，是關於補充雌激素的：如果我在這方面做了錯誤的決定，我就完蛋了。[52]

4. 所以我們該怎麼辦？

任何一個有子宮的女性，在使用任何種類的全身性雌激素，例如乳霜、貼片，或是藥丸，都必須用黃體素與雌激素相抗衡，最好是以藥丸的方式口服，以避免多餘的組織在子宮內膜堆積，因為那可能會轉變成癌前病變或癌症。大多數支持賀爾蒙療法的人都會告訴妳說專門為妳調製的生物同質性乳霜是最好的選擇，而且都會偏好直接塗抹在手臂上的雌二醇乳霜，或是結合雌三醇和雌二醇綜合乳霜（bi-est cream）。[53] 但我認為最好使用最低劑量的雌激素搭配抗衡的黃體素，如果妳還有子宮的話。

經過專業探詢之後，葛妮決定使用十分錢硬幣大小、含有生物同質性雌二醇的貼片；這也是我一般會建議客戶的。雌二醇貼片的使用方式就像OK繃一樣，妳可以在家自行貼上。有些貼片可以使用三‧五天（也就是，一週換兩次貼片），有些則是一週換一次。重點是，妳應該針對自身的狀況評估

好處和壞處以及風險因素，並向妳的醫師諮詢。

5. 塗抹在陰部的局部雌激素

　　還記得我們說過身體會製造雌二醇和雌三醇嗎？簡單地說，雌二醇是女性生育年齡的主要雌激素，而雌三醇則是懷孕時期的主要雌激素。如果妳有陰道乾澀、膀胱發炎，或是不適的症狀，醫師都可以開立這兩種乳霜用於性器官上，讓性愛更舒適愉快。此外，根據《考科藍文獻回顧》（Cochrane Review）指出，含有雌激素的雌激素乳霜、藥錠，和塑膠環都同樣有效。我建議用手指塗抹雌三醇和雌二醇這兩種乳霜，而不要使用乳霜所附的塞管。塞管會把乳霜射到陰道最頂部，但那裡並沒有雌激素受體。這些受體就像是通往潤滑陰道的門鎖；雌激素則是鑰匙。我建議將一公克的乳霜塗抹在陰道的外面（外陰部）、小陰唇、陰蒂，以及陰道的開口處（陰道口）。再塗抹一公克在陰道的下三分之一部位，那裡也有雌激素受體。總共使用兩公克。

　　我在辦公室都會使用一個絲絨製的假陰部來示範；http://thehormonecurebook.com/videos 網頁上也有影片示範塗抹技巧。在兩週內，局部塗抹於外陰部和陰道的雌激素乳霜應該就能讓重要的神經末梢恢復功能。如果妳感到乳房疼痛，或是任何地方不太對勁，那可能是因為妳吸收了過多的雌激素，妳應該去看醫師，並且降低劑量，直到身體習慣雌激素的存在。

莎拉醫師的治療檔案

患者：喬安娜
年齡：三十四
求助原因：熱潮紅和體重上升

　　喬安娜是在四年前被診斷出卵巢貯藏能力下降之後來找我的，當時她的濾泡激素（FSH）很高（七十五・五，大約是一般正常三十四歲女性的十倍），而雌二醇值則小於十（比正常值低十倍）。那段期間，她找到一位西藏醫師，要她進行嚴格的飲食計畫，戒掉咖啡因、糖、酵母，和小麥。六個月之後，喬安娜的濾泡激素恢復了正常（七・六），雌二醇也一樣（六十二），而她也再次開始定期騎車了。

　　「但當我又開始攝取糖和咖啡因時，我的月經週期消失了。我變得愛哭，而且感到不堪負荷。我也出現夜間盜汗的症狀。」她哭哭啼啼地描述給我聽。很遺憾，喬安娜無法持之以恆她的淘汰飲食法，我猜是因為她對麵粉和糖成癮。雖然有好幾個戒癮計畫，像是「食物成癮者協會」（FoodAddicts.org）和「匿名戒饞會」（www.oa.org）的HOW（誠實以對〔honest〕、敞開心胸〔open-minded〕、心甘情願〔willing〕）計畫都曾幫助過許多有此問題的人，但喬安娜不想選擇這條路。

療程：我開立了生物同質性賀爾蒙，確切地說，是一種叫做 Vivelle Dot 的雌二醇貼片，〇・〇三七五毫克，外加一百毫克的 Prometrium，一種生物同質性形式的黃體素（在隨機試驗中證實對膽固醇有幫助），從月經週期第十二～二十六天，每天兩次，讓她恢復月經來潮。

成果：兩個月後，喬安娜興奮地回來告訴我成果。她說雌二醇提振了她的心情，她終於能夠不受干擾地好好睡個長覺了，正因如此，她白天的狀態也大有轉變。現在她正試圖懷孕，也很享受性愛。

關於雌激素過低的好消息

雌激素過低，並非全然都是壞事。四十～四十五歲之間的女性如果停經前期的雌二醇過低，罹患乳癌的風險較低，在乳房Ｘ光攝影檢查中的乳房組織也較不密集（這是另一種乳癌的風險因素，而雌二醇較低代表罹患乳癌的風險較低）。[54]

甚至連熱潮紅都有好的一面。有熱潮紅的女性罹患乳癌的風險是從未有過熱潮紅女性的一半。事實上，熱潮紅症狀越糟，風險就越低。[55] 此外，我的一位良師益友所進行的一項哈佛研究顯示，在更年期前期早期就經歷熱潮紅的女性，心臟病發或中風的風險減少了百分之十一。[56]

莎拉醫師的治療檔案

患者：喬琪雅

年齡：五十二

求助原因：性慾下降、性交乾澀疼痛、罹患過幾次膀胱感染

喬琪雅是一位充滿個人魅力的藝術家，曾經離過婚，現在又開始約會，希望能夠改善自己陰道的狀況。「我要最有效的東西。」她說。「我想要盡快能夠享受很棒的性高潮。我試過從藥局買來無須處方箋的陰道潤滑劑，不過那很難用，而且無效。」

當我檢查喬琪雅的外陰部和陰道時，我發現她有明顯的雌激素過低現象，包括缺乏皺褶，也就是外陰陰道部位多餘的皺皮。正常的顏色應該是中度玫瑰粉紅色，表示血液流通旺盛，但她的外陰陰道部位卻是淡粉紅色，幾乎是白色。此外，她的陰蒂，不像正常的豐潤飽滿，而是萎縮的。

我們討論過嘗試印度西施酥油，也就是那種據稱能平衡賀爾蒙的藥用澄清奶油（她從一位阿育吠陀醫師朋友那裡聽說過）。由於缺乏顯示成效的數據資料，我們後來決定試試六週的 Estrace（雌二醇）陰道乳膏，喬

琪雅只要用我開立的處方箋就可以在當地的藥局買到。她選擇用 Estrace 的部分原因是她的保險公司會支付。

成果：喬琪雅在六週之後回到我的辦公室，笑得滿面春風。當我檢查她的性器官時，她的陰部看起來是鮮豔的粉紅色，這是血液流通增加的徵兆。「性愛又變得美好了，謝謝妳！我的新男友給妳取了個綽號叫做性感弗萊德醫師。」

生物同質性雌激素和合成雌激素的比較

當前的流行趨勢對生物同質性賀爾蒙的偏好勝過合成賀爾蒙。生物同質性賀爾蒙和妳在生育年齡體內所製造的賀爾蒙是一模一樣的，包括雌二醇和黃體素這兩種經常被稱為「生物同質物」。而合成賀爾蒙的化學結構不同，使得它們可以被製藥公司用來申請專利。不過很重要的一點是，生物同質性賀爾蒙包括美國食品藥物管理局（FDA）核准的形式，以及未經FDA核准、由調製藥局所調製的形式，例如結合雌三醇和雌二醇綜合乳霜（bi-est cream）。

一些替代療法的醫師堅稱生物同質物能解決更年期女性所面臨的每一個問題，而且比合成和動物提煉的賀爾蒙優異許多。學術界和主流界的權威則認為妳可能被蒙騙了。真相究竟為何？我猜應該是兩邊都有理。我會建議生物同質性的雌激素和黃體素，包括經皮膚吸收的雌二醇和口服的黃體素，但我會強調一項重要的附加說明：除非證明並非如此，否則我會假設生物同質性賀爾蒙療法的風險和合成賀爾蒙是一樣的。

總之，藥局調製的生物同質性賀爾蒙經常缺乏相關監管和嚴格檢驗。[57] 根據目前的數據資料，我偏好開立美國食品藥物管理局核准的生物同質性賀爾蒙，尤其是雌二醇皮膚貼片和口服的微粉化黃體素（Prometrium）藥丸。

▌雌激素平衡的徵兆

雌激素是讓妳擁有女性特徵的賀爾蒙，沒有了它，就像我的一位患者說的，妳可能會感覺自己被「閹」了。更多雌激素代表更多睪丸素，而那經常也會提升性慾。妳會感到更大方、成功，而且性感。當妳的雌激素值達到平衡時，就會再次感到喜悅和適切。

- 妳的月經週期規則（這方面需要雌激素和黃體素相輔相成）。如果妳已經過了更年期，則會注意到其他徵兆。
- 妳的關節和陰道會感覺十分潤滑。
- 妳的性生活中會有性高潮，而過去那種食之無味棄之可惜的感覺早已煙消雲散。
- 任何事妳都可以從容應對；妳不會感到壓力過大或無法招架。
- 睡眠是妳自我護理的一個重要環節，而且想要恢復精力少不了它，但相比之下妳還是比較喜歡跟伴侶做愛。
- 妳的情緒在一整個月經週期中都是穩定的。
- 妳的大腦功能改善了，腦霧散去了，記憶和回憶能力也改善了。

第八章

雄激素過多
妳是否有痤瘡、卵巢囊腫，
還長出長毛？

　　雄激素過多的組合是生育年齡的女性最常見的賀爾蒙問題，或許甚至在青春期前就會發生。但在更年期過後，雄激素過多經常會引起更嚴重的健康問題，例如心臟疾病、中風、情緒問題，以及癌症。雄激素過多對女性而言，從胚胎開始一直到熟齡，都會讓賀爾蒙大亂。

　　雄激素是一組性賀爾蒙，會大大影響妳的活力、性慾、情緒，以及自信。人類胚胎在六週大的時候，這些賀爾蒙就會啟動性別認同。

▋男性化：在男性身上是正常，在女性身上則是異常

　　在男性身上，雄激素會刺激胚胎增加陰莖的長度和直徑，同時發育前列腺和陰囊。在子宮中發生的性向區分過程（區隔男胎和女胎）就是男性化，其定義是男性身體特徵的發育，包括陰莖，和後來在青春期的大塊肌肉、胸毛和鬍鬚，以及低沉的聲音。

　　在女性身上，缺乏雄激素會讓胚胎模稜兩可的生殖器發展出女性特徵，算是一種預設的設定。在年輕女孩身上，微高的雄激素可能會造成惱人的症狀，例如痤瘡，或是更嚴重的症狀，需要內分泌科醫師的評估，像是過早進入青春期（八歲以前就開始長陰毛），或是同樣令人擔憂的女性男性化。男性化在男性身上是正常的，但出現在女性身上則需要立刻就醫。在青春期和成年女性身上，男性化，包括陰蒂變大、肌力變強、聲音低沉，和／或月經因為缺乏排卵而不規則，都是問題。最令人擔憂的可能就是卵巢、腎上腺，

或腦下垂體的腫瘤。

因為雄激素控制著典型的男性特徵發育，因此被認為是「男性化」的賀爾蒙，但它也和情緒健康、魄力，以及主體感有關，也就是一個人在社交圈中表現出強勢的能力，或是一種內在的歸屬感。雄激素是主宰和欲望的生物化學基礎，雖然男性的雄激素比女性多，但體內有適量的雄激素對女性的健康是不可或缺的。

雄激素過多和多囊性卵巢，不會吧？

很多人都有雄激素過多的問題，我的一個好朋友就是如此，我有兩個表姊妹也是。百分之八十二雄激素過多的女性都有多囊性卵巢症候群（PCOS），一種性賀爾蒙失調的病症，但原因目前尚不可知。患有多囊性卵巢症候群的女性——這也是不孕的一大主因——會分泌過多雄激素，造成雄激素過多的症狀出現，像是痤瘡和長出長毛。

以下就是讓大多數人搞不清楚的地方：並非所有雄激素過多的女性都會得多囊性卵巢症候群，而並非所有患有多囊性卵巢症候群的女性雄激素都過多。雖然確實有重疊的部分，但不同之處是，多囊性卵巢症候群的主要特徵是胰島素阻抗和卵巢囊腫。遺憾的是，多囊性卵巢症候群很難診斷；在確診出此病症的女性中，有百分之七十過去都被誤診。[1]

無論妳是否有雄激素過多的問題、多囊性卵巢症候群，或是兩者皆有，治療根本原因是很重要的（請參見本章最後的「解決之道：治療雄激素過多的加特弗萊德療程」）。大多數醫師認為雄激素過多會影響青春期到更年期的女性，但新的數據資料顯示女性所受的影響比過去認為的更加嚴重也更長久，是從還在母體中就開始一直到更年期。

▌雄激素過多背後的科學原理

最有名的雄激素就是睪丸素，也就是激發越野機車賽、摔角，和酒吧幹架的賀爾蒙。雖然它經常被認為是男性賀爾蒙，但女性體內其實也需要一些睪丸素。事實上，我認為女性需要睪丸素才能感到自信和性感。男性和女性不同的地方是睪丸素的量，女性每天會分泌大約二五〇微克（〇・二五毫克）的睪丸素，而男性一般會分泌的量比女性多出十～四十倍。在血液和組織中流通的所有雄激素中，睪丸素是主角。它能促進肌肉、骨骼壯大，以及免疫功能，包括紅血球細胞的骨髓生成。

女性雄激素值的光譜

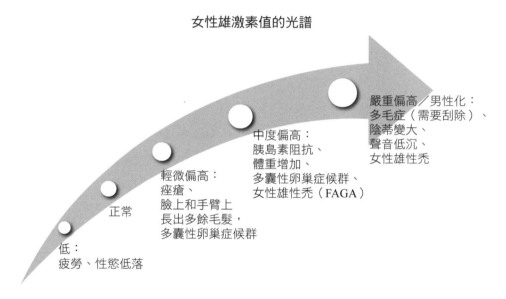

嚴重偏高／男性化：
多毛症（需要刮除）、
陰蒂變大、
聲音低沉、
女性雄性禿

中度偏高：
胰島素阻抗、
體重增加、
多囊性卵巢症候群、
女性雄性禿（FAGA）

輕微偏高：
痤瘡、
臉上和手臂上
長出多餘毛髮，
多囊性卵巢症候群

正常

低：
疲勞、性慾低落

圖表四：雄激素通常從女性二十多歲開始，每年遞減百分之一～二左右，所以更年期過後雄激素過多的情況較為少見。在生育年齡的女性中，多囊性卵巢症候群（PCOS）很常見，大多數有雄激素過多症狀的女性都有這個問題。

在男性身上，睪丸素是由睪丸和腎上腺分泌的；在女性身上，則是由卵巢和腎上腺分泌。兩性都會使用睪丸素來啟動大腦中的性引擎。一般而言，睪丸素會釋放到全身各處，傳話到性敏感區，說妳準備好要做愛了。當睪丸

素正常運作時，它會刺激下視丘，促進性慾的感覺和激情。越來越多的研究支持睪丸素在女性欲望方面所扮演的角色，並有證據顯示低欲望和睪丸素過低有關，而在補充之後欲望則會升高。

女性會在二十五歲左右達到睪丸素的巔峰，在那之後，可用的睪丸素就會開始緩慢而穩定地下降，大約每年百分之一或二。女性體內百分之五十的睪丸素是從另外兩種雄激素（去氫皮質酮〔DHEA〕和雄固烯二酮）轉化而來，來自皮膚中和脂肪組織中；另外百分之二十五來自腎上腺、百分之二十五則來自卵巢。到了更年期，睪丸素值只剩下巔峰時期的一半，主要是因為腎上腺分泌減少的緣故（即使在卵巢停止分泌雌二醇後，也就是女性在生育年齡最主要的雌激素，卵巢仍會繼續製造睪丸素）。

我們每天都在研究睪丸素在女性身上所扮演的角色，尤其是那些已經摘除卵巢的女性。由於卵巢會製造睪丸素，而卵巢已被摘除的女性頓時失去了百分之七十五的睪丸素。其中大多數的女性都會立即有感，經常出現熱潮紅，性慾、自信和活力也會大減。

如果妳覺得這些關於情緒和性慾的言論聽起來很耳熟，確實沒錯：睪丸素和我們的老朋友雌激素的角色有部分是重疊的。因為，睪丸素可以被轉化為雌激素。脂肪細胞含有一種酵素，叫做芳香酶，能將睪丸素轉化為雌二醇。脂肪越多，就越有可能製造過多的雄激素和雌激素。我們知道雌激素過多可能會讓人很難瘦下來，進一步鞏固更多脂肪、雌激素，和體重的循環；我們也知道睪丸素過多會導致情緒問題，像是憂鬱症和焦慮、體重增加，還有性方面問題（就像是「滾遠點，死鬼！」）。

睪丸素過多的女性聲音會比較低沉，會有較多的陰毛和臉部毛髮，體格也會比睪丸素正常的女性更加魁梧（圖表四）。偶爾，睪丸素過多的問題太過嚴重，會造成禿髮、滿臉鬍子，或是陰蒂變大。有犯罪暴力和攻擊性支配傾向的女性也都和睪丸素過多有關。[2] 除此之外，最近的數據資料顯示睪丸素過多的女性在更年期的過渡時期會出現更多憂鬱的症狀。[3]

睪丸素過多的女性經證實比較喜歡冒險。[4] 一群 MBA 學生參加了一項

實驗性遊戲，遊戲中她們可以選擇賭上一把，或是接受每次會增加一點的保證數目獎金。在相隔兩年的兩次不同場合中，研究人員檢測唾液中的睪丸素值，發現體內睪丸素較多的女性是最容易傾向於賭上一把的。睪丸素質也能預測最終的職業選擇：睪丸素較多的女性較容易選擇風險較高的職業，例如投資銀行和金融業。這些工作的薪水通常較高，但也較不穩定，離職率也較高。

莎拉醫師的治療檔案

患者：雪洛
年齡：五十五
求助原因：「我的陰蒂越來越大了！」

　　雪洛在公關公司擔任中階主管，最近梅開二度。她的性慾在過去十年間一直很糟，但她很愛她的新丈夫，希望能夠對他展現更多的熱情。這些苦惱迫使她去看了一位醫師，對方開立了百分之二的睪丸素軟膏，讓她塗抹在陰部。在短短幾週內，雪洛的雙頰和下巴就冒出了又大又痛的痤瘡，洗頭的次數也得更加頻繁。

　　我替她檢查之後發現，她的陰蒂真的看起來像一根小陰莖。陰蒂的正常大小範圍很廣，而且在受到性刺激的時候會因為充血而變大；未受性刺激的陰蒂正常大小為三〜四公釐寬、四〜五公釐長。雪洛的則是八公釐寬、七公釐長。可想而知，她血液中的睪丸素也升高了：正常的游離睪丸素範圍（這點我稍後會解釋）是〇・一〜六・四皮克／毫升（pg／mL）；雪洛的則是十・六 pg／mL。

　　睪丸素過多可能引發肝臟損傷，也會降低血液中的 HDL（好膽固醇）值。在檢驗過雪洛的肝酵素並進行膽固醇檢查後，我發現都正常，令我鬆了一口氣。

療程：在我的建議下，雪洛停止使用睪丸素陰部軟膏。六週之後，她的陰蒂和睪丸素值都恢復到正常範圍。我建議她改試瑪卡，一種經證實能提高更年期女性性慾的草藥，來幫助她解決性慾方面的問題。

成果：四週之後，雪洛告訴我她的頭髮和皮膚都不再那麼油膩了，和新丈夫的性生活也更加熱情如火。

雄激素家族的其他成員

除了睪丸素，妳的身體還會製造其他的雄激素，包括下列幾種：

- **去氫皮質酮（DHEA）**

去氫皮質酮是睪丸素的激素元，能在必要時轉化成睪丸素。去氫皮質酮過多可能會在更年期引發憂鬱症，以及在患有多囊性卵巢症候群（PCOS）的女性身上引發痤瘡。[5]去氫皮質酮可塗抹在陰部以改善萎縮和乾澀的情況。[6]

- **雄固烯二酮**

這是一種類固醇性賀爾蒙，在膽固醇製造睪丸素和雌激素的過程中擔任媒介，具有雄激素和雌激素的作用。也就是說，它有點淫亂，喜歡的賀爾蒙受體不只一個。雄固烯二酮過多會導致一些「輕微」症狀，例如痤瘡和脫髮。

- **二丁基羥甲苯（DHT）**

睪丸素也可以被轉化為二丁基羥甲苯（DHT）。二丁基羥甲苯的效力比睪丸素強大三倍，是造成雄性禿的主因，而且男女都可能發生。二丁基羥甲

苯過多會導致女性雄性禿（FAGA），[7]大多數有女性雄性禿的女性都是從太陽穴的部位脫髮（跟男性經常禿頭的部位一樣）。

在所有的循環性雄激素中，只有睪丸素和二丁基羥甲苯能夠和雄激素受體結合。意思是，其他的家族成員無法觸發雄激素的後續效應，無論是好的（強健肌肉和骨骼、激發自信和性慾）或是不好的（脫髮、長出長毛）。具有輔助作用的雄激素所提供的是製造睪丸素和雌激素所需的媒介激素元。

▌雄激素過多和胰島素阻抗

我在臨床上見過許多女性，曾經向她們的主治醫師表達了自己頭髮稀疏或痤瘡問題嚴重，卻未受到重視。然而問題並不單純只是脫髮或生髮，或是一張臉跟妳青春期的女兒一樣。

大多數雄激素過多的女性都有胰島素阻抗的問題，而雄激素和胰島素也有它們的探戈。胰島素阻抗是指妳需要越來越多的胰島素發揮相同的作用，也就是把葡萄糖送進細胞中作為能量。接著就是報酬遞減法則：長期下來，胰島素在降低血糖方面的作用越來越差，因為細胞變得麻木了。最後，妳的胰島素和葡萄糖都會過多。這是很糟糕的，因為胰島素過高會導致卵巢製造過多雄激素，而胰島素也會讓肝臟製造較少量的性腺賀爾蒙結合球蛋白（SHBG），這是結合睪丸素並避免它惹事生非的主要蛋白質。進而導致更多游離睪丸素在血液中流竄，就像一頭牛在瓷器店一樣。葡萄糖過多也會將妳推向糖尿病前期和糖尿病。

胰島素是在胰臟內生成的，在正常情況下，它的釋放十分精準，只會製造恰到好處的量，將葡萄糖從腸道的食物中擷取出來，運送到血液中，然後送往細胞，尤其是脂肪、肌肉，和肝臟細胞。換句話說，胰島素的主要工作是調節血糖。把胰島素想成在肌肉、肝臟和脂肪細胞外敲門，當細胞聽見敲門聲，就會打開門讓葡萄糖進來。一旦胰島素讓葡萄糖進入細胞中，細胞就會開始進行重要的任務，像是成長、運作，以及修復。如果有胰島素阻抗，

胰島素就會像發怒的鄰居猛敲著細胞的門，然而細胞卻一直不開門，因此胰臟得到的訊息是必須製造更多胰島素，然後惡性循環就出現了，胰島素的敲門聲越來越大，胰島素值上升，細胞也變得麻木。胰島素同時也是累積脂肪的賀爾蒙，所以妳的身體會儲存更多脂肪，尤其是在腰圍。

當妳需要越來越多的胰島素才能將葡萄糖運送到細胞中作為能量時，身體會過度消耗胰臟細胞（確切地說是胰島細胞）的能力，才能應付需求。妳會失去胰臟貯藏能力，如此一來，就再也無法在正常範圍內穩定血糖了，即低於八十七 mg ╱ dL 的空腹血糖值。妳的血糖會升高，一開始是升到糖尿病前期的值，並可能飆高到糖尿病的範圍。

【胰島素阻抗對細胞而言就像治安不佳的地區】

胰島素阻抗會導致一些嚴重的問題，包括體重增加、肥胖、糖尿病前期、糖尿病、失智症、阿茲海默症、中風，以及某些癌症。胰島素可不是好惹的。打個比方吧：胰島素阻抗就像是在妳身體的細胞周圍形成一個治安不佳的地區，但會影響妳脆弱細胞的不是開槍射擊的飛車黨、搶劫，或其他危險犯罪行為，而是太多糖、發炎反應、動脈阻塞，以及體重增加。這些問題會導致加速老化、賀爾蒙紊亂，以及器官貯藏能力變差。

這兩者是典型的先有雞還是先有蛋，我們不清楚是雄激素過多造成胰島素阻抗，還是胰島素阻抗造成雄激素過多。無論如何，我們知道胰島素值過高會讓卵巢製造更多睪丸素。胰島素阻抗也是一種叫做代謝症候群病症的主因，會導致糖尿病及心臟疾病的風險更高；在美國每四位女性中就有一位有此病症。

妳是否有胰島素方面的問題？回想一下第一章中 PART F 的評量表。如果妳有卵巢囊腫，請考慮做超音波檢查，看看妳是否有多個小囊腫排成珍珠項鍊般的形狀，亦稱為「珍珠徵兆」（Pearl Sign）。如果有的話，妳罹患第二型或成人型糖尿病的風險就大大增加了百分之八十。即使只是月經週期不規則或有雄激素過高的症狀，也會讓妳罹患糖尿病的風險大增百分之五十。

試試馬克・海曼醫師所提出的鏡子檢查：站在一面鏡子前，不穿上衣，上下跳躍。如果妳的小腹會晃動，妳就有胰島素的問題。

我在臨床上見過的所有問題中，平衡胰島素和葡萄糖是最大的挑戰。這是因為大多數人都很難少吃糖和碳水化合物，進而引發嚴重健康後果。在我的診所中經常可以看到那些很難少吃披薩、義大利麵和派的患者。

專家估計在美國，有百分之二十五～五十的人有胰島素阻抗，而這可能造成女性罹患多囊性卵巢症候群（PCOS），同時睪丸素過多的症狀也會加劇。

胰島素阻抗的影響：

- 提高芳香酶的作用，一種主要負責製造雌激素的酵素，會導致雌激素過多和缺乏排卵。
- 增加十二／二十一解離酶的作用，一種會提高雄激素值的酵素。
- 降低性腺賀爾蒙結合球蛋白（SHBG），讓更多游離睪丸素在血液中流動，導致長出長毛或面皰。
- 提高發炎反應的血液指標（生物指標）像是白細胞介素、細胞激素，以及脂肪激素，這些都會引發永無止境的發炎循環。

如何檢測胰島素阻抗？

雖然科學界對於檢測胰島素敏感或阻抗的最佳方式尚未達成共識，以下是我的建議：請妳的醫師檢測妳在禁食八～十二小時之後的葡萄糖和胰島素值。我認為最佳的空腹血糖值是七十～八十六 mg／dL；胰島素值應該少於七 mcU／mL。大多數的婦科醫師都會使用葡萄糖對胰島素的比率來判斷患者是否有胰島素阻抗。一般而言，GI（升糖指數）比少於四・五就屬於異常。[8]

然而，雄激素過多和多囊性卵巢症候群協會（我沒騙妳，真的有這個協會）建議所有患有多囊性卵巢症候群的女性，每一～兩年就應該進行一項

兩小時的口服葡萄糖耐量試驗，看看是否有血糖問題。[9]如果妳做了這項檢查，務必在檢查前先檢測胰島素值和空腹血糖值，然後在喝下化驗所提供的糖水「glucola」之後的一個小時和兩個小時，再檢測葡萄糖和胰島素值。

▋雄激素過多的原因

雖然針對不同類別的雄激素原因各有不同，但雄激素過多的主因是遺傳、慢性壓力，以及體脂肪過多。

1. 遺傳

什麼事都怪在父母頭上很容易，但有時候這是事實。觀察家族中常出現的症狀，就知道遺傳在雄激素值方面扮演了很重要的角色。患有多囊性卵巢症候群的女性中，有百分之四十都有一位姊妹有此病症，而有百分之三十五患者的母親也有此病症。妳可能從母親或父親身上遺傳到這種風險。

2. 慢性壓力

又是我們的老朋友壓力，似乎什麼都跟它有關，不是嗎？有些女性的雄激素過多，單純只是因為她們習慣性處於壓力之下，導致身體反抗。持續的壓力可能會讓腎上腺疲勞過度，增加壓力賀爾蒙的釋放，例如皮質醇，同時也會提高雄激素值。當妳分泌過多脫氫異雄固酮時，會出現面皰和長出長毛等症狀。就連輕微的焦慮都會讓妳的脫氫異雄固酮升高。[10]

3. 體脂肪過多

多餘的體脂肪會影響雄激素值。對成年人而言，體脂肪對於維持正常促性腺激素值是不可或缺的。促性腺激素是賀爾蒙的控制系統，它會根據大腦釋放多少黃體促素（LH）和濾泡激素（FSH），來決定身體製造多少雌激素、黃體素，以及睪丸素。把黃體促素和濾泡激素想成是在同一個地盤上的

黑手黨成員，它們是賀爾蒙嘍囉（雌激素和睪丸素）的老大，這兩者在頭腦和四肢方面的表現各有不同。當妳有過多的體脂肪時，身體所分泌的額外睪丸素和雌激素就會阻斷濾泡激素。濾泡激素被降級了，這會導致黃體促素支配濾泡激素，緊接而來的，就是不規則的月經週期。[11]黃體促素成了新的黑手黨老大，而妳也將不再每個月排卵。患有多囊性卵巢症候群（PCOS）的女性和月經週期正常的女性相比，幾乎都會有促性腺激素分泌異常的現象。

4. 罕見原因

在罕見的情況下，雄激素值會因為卵巢中釋放雄激素的腫瘤而升高。通常那些長鬍子的女性都是因為這個原因，偶爾也會是因為患有多囊性卵巢症候群卻未得到治療。另一種不尋常的原因叫做先天性腎上腺增生症（CAH），這是會影響男性和女性腎上腺的遺傳疾病。所有患有先天性腎上腺增生症的人都會缺乏一種和皮質醇合成有關的酵素，或是醛固酮，另一種在腎上腺中生成的賀爾蒙，或兩者皆是。我建議在確診多囊性卵巢症候群之前，先考慮先天性腎上腺增生症，因為兩者的治療方法不同。

多囊性卵巢症候群：女性難以受孕的第一大主因

大多數雄激素過多的女性都有多囊性卵巢症候群。這聽起來像個可怕的症候群，事實也是如此。多囊性卵巢症候群是生育年齡女性最常見的賀爾蒙病症，有百分之二十的女性都受其影響，而且可能會阻斷規則的每月排卵因而干預受孕。如果妳想懷孕，我建議，不，堅決要求，請妳的醫師替妳驗血，檢查妳在第二十一天的空腹胰島素、葡萄糖、黃體素，以及瘦體素。這能夠釐清妳是否有胰島素阻抗。不過，在妳選擇人工受孕之前，或許能夠藉由一些特別針對想懷孕女性設計的生活方式和飲食習慣的小改變，來改善受孕機率。

患有多囊性卵巢症候群的女性通常在卵巢上會長出許多小囊腫，介於

十～一百個之間的小囊腫。我們相信這些囊腫是受干擾的賀爾蒙和排卵所引起的，導致卵子無法經歷正常的成熟過程，包括（一）囊泡包圍在一個成熟卵子外（黃體）；（二）從大腦釋放的黃體促素（LH）觸發成熟卵子從囊泡中衝破，朝輸卵管前進迎接可能受孕的機會；以及（三）已經空了的囊泡重新被卵巢吸收。簡單地說，卵子的成熟過程被打斷了，因此出現失常，導致排卵沒有發生。如果妳沒有排卵，妳就不可能懷孕。

多囊性卵巢症候群的囊腫並不危險，主要是這些囊腫，像一串珍珠位於卵巢周邊，存在於體內，代表排卵不會發生。長期下來，囊腫並不會長大，不像其他囊腫，它們不需要動手術摘除，也不會增加罹患卵巢癌的機率。患有多囊性卵巢症候群的女性經常服用避孕藥來治療，因為它會壓抑黃體促素，因此能減少卵巢雄激素分泌。但如果妳想懷孕的話，這可不是妳想要的治療方式。

多囊性卵巢症候群：原因不明

多囊性卵巢症候群的確切原因不明，然而，我們知道有兩大主要的賀爾蒙因素：患有多囊性卵巢症候群的女性中，有百分之五十～八十二雄激素過高，有百分之五十～八十則是胰島素過高。[12] 此外，多囊性卵巢症候群經常和肥胖有關。在肥胖的女性中，百分之二十八有多囊性卵巢症候群，只有百分之五患有多囊性卵巢症候群的女性是瘦子。

【多囊性卵巢症候群的症狀】

或許很多賀爾蒙書籍沒有提及多囊性卵巢症候群的原因，是因為這個病症如此複雜，而且很難診斷。症狀有很多種，而且隨著時間會出現不同的變化，也更難確切地定義出準確、一律的症狀。有些女性有所有的多囊性卵巢症候群症狀，但並沒有多囊性卵巢。部分患有多囊性卵巢症候群的女性會出現多毛症，也就是毛髮生長在不該生長的地方。有些患有多囊性卵巢症候群

的女性相當肥胖或體重過重，但有些卻很瘦。無論如何，治療根本原因是很重要的。

幾乎所有患有多囊性卵巢症候群的女性都有下列症狀：

- **很難瘦身**

患有多囊性卵巢症候群的女性中，有百分之七十五都體重過重。雖然對大多數人而言減肥都不是件容易的事，但對患有多囊性卵巢症候群的女性而言更是難上加難，或許是因為她們的胰島素值過高，因此身體會盡其所能地儲存脂肪。胰島素過高也會增加飢餓感和對碳水化合物的渴望。若患有多囊性卵巢症候群的女性胰島素值過高，就會導致所有多囊性卵巢症候群的特徵惡化。

- **長出長毛**

當血液中有太多雄激素在循環時，就會刺激毛囊增厚生長，結果便是在上唇、下巴、乳房、雙乳之間、背部、腹部、手臂，以及大腿上出現毛髮增生的現象。多毛症，也就是多餘的毛髮增生，這種男性模式在百分之八十雄激素過多的女性身上都會出現，也是多囊性卵巢症候群的診斷條件之一。

- **發炎**

患有多囊性卵巢症候群的女性都有慢性的低度發炎反應，而這或許也為多囊性卵巢症候群提供了分子基礎。[14] 如果妳患有多囊性卵巢症候群，我建議妳重整生活方式來減少發炎反應，請參閱「解決之道：治療雄激素過多的加特弗萊德療程」。

各個階段的多囊性卵巢症候群

多囊性卵巢症候群的表現會根據年齡、基因，以及環境而異，包括生

活方式和體重。圖表五提供了多囊性卵巢症候群在各個年齡層可能出現的形式，從青春期前到中年。

女性各個階段的多囊性卵巢症候群

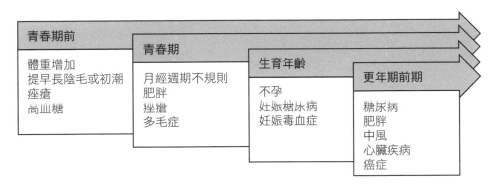

圖表五：多囊性卵巢症候群的徵兆，會根據女性患者的年齡和生理階段而有所不同，同時也會受到遺傳以及環境因素影響。

不僅是不孕：多囊性卵巢症候群的危險

多囊性卵巢症候群也和其他重大的健康隱憂有關：

1. 心臟疾病

多囊性卵巢症候群會讓妳很快面臨罹患其他重大疾病的風險，像是心臟疾病和中風。[15] 多囊性卵巢症候群和心臟代謝方面不良有關，而那是根據腹部脂肪、高血壓、發炎、胰島素阻抗，以及異常葡萄糖代謝來評估的，在罹患糖尿病方面的風險更是大增了七倍。

有些風險可能會維持終生，像是胰島素阻抗、卵巢分泌雄激素過多，以及發炎，全都會在更年期後持續發生。[16]

2. 癌症

多囊性卵巢症候群可能會增加罹患賀爾蒙依賴性癌症的風險，例如乳癌，或許還有子宮內膜癌。導致罹癌的機制是因為當女性很少排卵時，卵巢依然會持續製造雌激素，但卻沒有得到藉由排卵來分泌的黃體素加以制衡。長期下來，可能導致子宮內膜增厚和癌前病變。

3. 情緒問題

即使患有多囊性卵巢症候群的女性身材纖瘦，依然可能對身材感到不滿或是出現憂鬱症狀，以及更加焦慮、憂鬱、壓抑憤怒、減少性滿足，以及在健康方面的生活品質降低。[18]焦慮和雄激素值以及胰島素阻抗有關，但和身體質量指數或年齡無關。[19]

4. 肝酵素異常

血液檢驗顯示患有多囊性卵巢症候群的女性中，有百分之三十的肝酵素過高，這意味著肝臟發炎和可能的創傷。[20]也就是說，患有多囊性卵巢症候群的女性中，每三位就有一位的肝功能異常。如果妳被診斷出患有多囊性卵巢症候群，妳最好檢查一下肝臟，我也建議妳對酒精以及那些可能傷害肝臟的藥物要謹慎服用。

診斷多囊性卵巢症候群：比妳想像中困難

多囊性卵巢症候群通常發生在生命初期，或許是在子宮裡，但卻很難診斷，一直要到青春期，當女孩開始有月經週期的時候，典型的症狀才會出現，像是月經週期不規則、痤瘡、毛髮增生（在下巴和胸口），以及有時會出現黑棘皮症，一種腋下和頸背皮膚顏色變深變粗的現象。我建議盡早確診多囊性卵巢症候群，以便能夠開始進行生活方式的改變，並且在理想的狀況下，避免像是生育能力下降、肥胖、糖尿病，以及心臟疾病等不良後果。如

果妳認為妳可能患有多囊性卵巢症候群，我建議妳去請醫師為妳進行賀爾蒙檢查，甚至可能需要照超音波。

以下就是了解並診斷多囊性卵巢症候群的重點：

- 多囊性卵巢症候群是五十歲以下女性最常見的賀爾蒙失調。
- 整體而言，每五位美國女性中就有一位患有多囊性卵巢症候群，然而百分之七十的人卻不自知。
- 那些雄激素過多的女性，大多數都患有多囊性卵巢症候群，而過多的雄激素和胰島素過高、肥胖，以及發炎有關。這是一個很難打破的惡性循環。
- 雄激素過多（以及多囊性卵巢症候群）會影響所有年齡層的女性，雖然大多數人都只會聯想到生育年齡的女性。
- 大多數醫師所提供的多囊性卵巢症候群治療方式（避孕藥或二甲雙胍）都無法治療根本原因，這也是為什麼我認為以系統為主的方法，像是加特弗萊德療程，是比合成藥物更適當的選擇。

關於脫髮

妳看過電視廣告，也曾經為愛侶剪下過平面廣告，對落健（minoxidil）和柔沛（finasteride）這兩種脫髮的治療方式應該不陌生。在我告訴妳為什麼不應該急著每天把毛囊抹得油膩膩的，或是移除體內的每一個睪丸素分子之前，讓我們先探討一下為什麼我們對脫髮這件事如此無可奈何。百分之三十的女性在三十歲左右就已經出現嚴重的脫髮現象。到了五十歲時，統計數字更是攀升到百分之五十。這對女性的虛榮心和理智都是一大影響。

有時候脫髮和雄激素過多有關，但更常見的原因是鐵質過低、甲狀腺賀爾蒙失調，或是胰島素阻抗。在我的患者使用藥房買來的生髮水或皮膚科醫師開立的藥丸解決脫髮問題之前，我會鼓勵她們先觀察自己的身體狀況。女性試圖用吃藥解決的大多數症狀，其實都是身體發出的警訊。

落健無須處方箋就可以購買，其實是一種降血壓的藥，但塗抹於患部，則能減緩脫髮並且促進生長。它會擴張血管，讓更多氧氣、血液和營養傳送至毛囊，進而長出更新、更粗、更好的毛髮。如果妳因為脫髮的問題已經快抓狂了，需要在查出根本原因的同時做些什麼，我建議妳把頭髮中分，拍幾張照片（用手機拍就可以了）來記錄妳中分線的寬度和髮線，然後使用最低劑量塗抹在頭皮上（百分之二的落健，而不是百分之五的男性使用劑量）。然後耐心地等待四個月，看著頭髮長出來。遺憾的是，這是無法根治的，一旦妳停止使用落健，又會回到過去的脫髮速度，除非妳矯正了根本原因。

口服的柔沛則能藉由抑制將睪丸素轉化為二丁基羥甲苯（DHT）的酵素，發揮全身性的作用來降低雄激素。雖然大多服用這種藥物的人都能保住頭髮，但這其實是在治療睪丸素和二丁基羥甲苯過高的下游症狀。

針對這兩種治療脫髮方法的研究對象主要都是男性，它們對女性安全嗎？落健已經有三十多年的歷史，所以是經過較長時間考驗的。

在妳使用這些藥物之前，有另外幾個細節是妳應該知道的。這兩種治療方法都不會解決脫髮的根本原因。我的建議是先嘗試一些解決脫髮根本原因的療法，並且請妳的醫師替妳做我推薦的這些血液檢驗，包括：

- 全套血球計數（測量妳是否貧血以及免疫系統是否正常運作）
- 鐵蛋白（能夠以最高的敏感度檢測妳體內所儲存的鐵質）
- 促甲狀腺激素（TSH）、三碘甲狀腺原氨酸（T3），如果可以的話，外加反轉總三碘甲狀腺素（reverse T3）
- 皮質醇
- 空腹胰島素和葡萄糖
- 睪丸素（對於脫髮的女性，我偏好檢查總睪丸素和游離睪丸素）
- 抗核抗體（能告訴妳脫髮是否和自身免疫病症有關）

請記住，在脫髮問題和處方療法上，我們的目標是協調賀爾蒙，而非摧毀。

解決之道：治療雄激素過多的加特弗萊德療程

【第一步：生活方式改變和保健品】

　　進行生活方式的重整，包括針對性的營養和運動，為期十二～二十四週，對雄激素過多的女性有幫助。降低血液中雄激素值最有效的策略，就是藉由低升糖指數和高纖的飲食計畫、減少壓力，以及練瑜珈來減重。

1. 減重和運動

　　減重能降低胰島素阻抗和過多的雄激素，但妳的運動計畫不需要過於劇烈：每天快步健走二十分鐘，就能減去百分之七的體重。[21] 即使是患有多囊性卵巢症候群的青春期少女，減重都能矯正月經週期不規則、讓雄激素值正常化，以及改善心血管風險因素。[22]

2. 靠飲食來降低雄激素

　　GI 是用來測量食物中有多少碳水化合物會提高血糖，低升糖指數是少於五十五（最高為一百）。舉例來說，一根法國棍子麵包的升糖指數為九十五；葡萄柚的升糖指數則是二十五。採用低升糖指數的飲食計畫能降低雄激素值多達百分之二十。[23] 在一項研究中，採用低升糖指數飲食（百分之二十五的蛋白質、百分之三十的脂肪、百分之四十五的碳水化合物）的受試者在七天後，類胰島素生長因子（IGF-1）就降低了。這是好消息，因為我們已知 IGF-1 會影響痤瘡的三個重要層面：皮膚細胞的生長、皮膚細胞的雄激素分泌，以及油脂分泌的速率。

3. 纖維

　　科學家都同意對於患有多囊性卵巢症候群的女性而言，低升糖指數、高纖的飲食是最佳的選擇。[24] 那是因為除非妳有足夠的纖維可以移除睪丸素，否則大多數的睪丸素都會進入膽汁中，然後重新被腸道吸收再使用。纖維

能夠增加糞便中排出的睪丸素。富含纖維的食物包括水果和蔬菜、某些全穀類，以及豆類，例如一杯覆盆子莓含有八公克、一杯赤小豆含有十七公克、一盎司（二十八公克）的燕麥麩皮含有十二公克，而兩杯煮熟的甜菜（chard）則含有八公克。妳一旦熟悉了食物的纖維含量，就能確保自己每天攝取足夠的量。我建議每天攝取三十五～四十五公克的纖維。

4. 食用含鋅的食物

鋅在性發育、月經，以及排卵方面扮演十分重要的角色。缺鋅會導致雄激素過多和痤瘡。如果妳有痤瘡，可以食用含鋅的食物，例如四季豆、芝麻和南瓜子。最好從食物中攝取鋅，因為食用過多營養補充品可能會導致鋅中毒。

5. 避開乳製品

牛奶、乳酪，以及蛋經證實會提高基質金屬蛋白酶（MMK），進而導致發炎，造成雄激素過高和痤瘡。妳可以服用抗生素來抑制基質金屬蛋白酶，但我建議不要食用乳製品六週，看看是否能夠緩解妳的症狀。

6. 食用更多蛋白質

想要降低雄激素，妳可以食用有機雞肉和火雞肉、含汞量低的魚，以及草飼牛肉。大多數人都沒有食用足量的瘦肉，我建議根據妳的淨體重（除脂肪體重），每一磅（〇·五公斤）攝取〇·七五～一公克的精益蛋白質。體重一二五磅（五十七公斤）的女性，如果體脂肪為百分之二十（也就是二十五磅〔十一公斤〕的脂肪），則淨體重為一百磅（四十五公斤）。如果活動量不大的話，每天需要吃七十五公克的蛋白質。如果從事劇烈運動的話，每天則需要一百公克的蛋白質。業餘健身者每天需要八十～九十公克。我認為我是個業餘運動者，每天吃大約八十五～九十公克。以下就是我一般會攝取的蛋白質：早餐，四盎司的天貝（每盎司六公克的蛋白質，總共二十四公

克）；午餐，四盎司的雞胸肉或火雞胸肉（每盎司九‧五公克的蛋白質，總共三十八公克）；晚餐，四盎司的野生阿拉斯加鮭魚（每盎司七公克的蛋白質，總共二十八公克）。總共是九十公克的蛋白質。

7. 減糖

糖這種被營養學家唾棄但卻深受一般人喜愛，且難以抗拒的物質，是造成雄激素過多的一大原因。體內糖過多會提高血清胰島素和 IGF-1，兩者都會提高雄激素，造成雄激素過多的症狀。我的建議是，抱歉了，妳們這些螞蟻人，完全不要碰它吧。

8. 把油換掉

妳或許聽說過 omega-3，這種長鏈多元不飽和脂肪酸（例如魚油）是市面上能夠改善健康最有效的營養補充品。人類在進化的過程中，omega-3 和 omega-6 已經達到了很好的平衡，[25] 但現代人的飲食中攝取了太多的 omega-6，來源像是加工食品、玉米和紅花油，以及養殖的魚。並非所有的 omega-6 都是壞的，但它們經常會在體內引發更多發炎反應，而 omega-3 則是抗發炎的。體內有太多 omega-6 的女性和 omega-3 相比，其循環性雄激素也較高。[26] 血液中 omega-3 較多的女性不但血液中的雄激素較低，膽固醇的狀況也較佳，因此，罹患心血管疾病的風險也較低，反之，雄激素過多則風險較高。良好的 omega-3 來源除了野生阿拉斯加鮭魚之外，還有每天食用經證實含汞量低的魚油營養補充品。

9. 練瑜珈

瑜珈在近年來經證實在改善多囊性卵巢症候群的胰島素阻抗方面，比其他形式的運動更有效。[27]

莎拉醫師的治療檔案

患者：凱西

年齡：二十九

求助原因：青春痘、經期不規則、很難減重、手臂和臉上的毛髮增多。

　　凱西希望能夠在近期嘗試懷孕。她每週運動五天，自認飲食健康，但體重就是不變，而她真的很想減去十五磅（七公斤）。她的身體質量指數是二十七（正常 BMI 是十八～二十五）。

　　最近，她從波士頓搬到舊金山，做了一次超音波發現卵巢上有「珍珠徵兆」（連續一排囊腫）。她的醫師建議她服用避孕藥來調節月經週期並幫助減重。我和她見面的時候，她的月經依然是每三十八～四十五天來一次。但凱西給我看她的化驗報告，上面顯示了她的總膽固醇值是一五六，算是很高。

　　還記得雄激素過多和多囊性卵巢症候群協會的判斷標準嗎？任何人都看得出來，凱西符合所有的標準：睪丸素過多和多毛症、卵巢上有多個囊腫和月經次數過少（一年月經次數少於九次），而她的睪丸素過多原因明確：當我檢查凱西的葡萄糖對胰島素比率時，發現她有胰島素阻抗。

療程：我讓凱西採用低升糖指數的飲食計畫，食用百分之四十五的碳水化合物，百分之三十的脂肪，以及百分之二十五的蛋白質。她早餐吃蛋和碎菠菜或羽衣甘藍。午餐吃的是精益蛋白質，像是雞肉或豆子，外加一大份（六盎司＼一七〇公克）的清蒸蔬菜和一小份（二盎司＼五十七公克）的全穀類，例如糙米或黑米。晚餐和午餐類似，只是多加了一大份沙拉（八盎司＼二二七公克）佐兩大匙的醬汁。凱西戒掉了乳製品，而且喜歡上茄子、甜椒、胡蘿蔔，以及牛油果。她也開始練起瑜珈。

成果：在六週內，她減去了八磅（四公斤），皮膚也幾乎完全好了。她的

月經變得規則（每二十九天來一次）。我重新檢測她的 GI，發現她已經不再有胰島素阻抗了。

即使只減去百分之五的體重，也能讓妳的賀爾蒙值恢復正常，一個在生活方式及營養方面的小改變，卻能帶來巨大的影響。我很期待將來看到她寶寶的照片。

10. 鉻

鉻是一種礦物質，能夠作為胰島素的敏化劑，這表示鉻有助於逆轉胰島素阻抗，降低過高的血清胰島素和葡萄糖值。[28]患有第二型糖尿病，也就是因為胰島素阻抗而患病的人，他們血液中的鉻含量比非糖尿病人士低。鉻含量也會隨著年齡而遞減。[29]如果妳有胰島素阻抗的話，鉻是一種安全、值得一試的營養補充品。我建議每天攝取兩百～一千微毫克的吡啶甲酸鉻。

11. 肌醇

許多女性想懷孕時，醫師會給她們那些重火力的處方藥，像是二甲雙胍（metformin）和可洛米分（clomiphene）。然而，二甲雙胍這種能降低血糖的抗糖尿病藥物，卻可能導致嚴重的副作用，像是乳酸性酸中毒，也就是體內乳酸聚集過多。除了飲食之外，能夠影響胰島素的保健品也非常有幫助，而且對於較年輕的女性可能是更好的選擇。肌醇是一種天然的 B 群維生素，能改善胰島素敏感性。[30]妳可以在藥房或健康食品專賣店買到兩種肌醇營養補充品：手性肌醇（DCI）和肌肉肌醇（MI），都可能有助於矯正多囊性卵巢症候群。

患有多囊性卵巢症候群的女性似乎都缺乏手性肌醇。新證據顯示患有多囊性卵巢症候群的過重女性，應先嘗試食用手性肌醇搭配肌肉肌醇，然後再使用其他處方藥治療。《新英格蘭醫學期刊》曾大膽報導，對於患有多囊

性卵巢症候群的女性，手性肌醇能在八週或更短的時間內，減少一半以上的游離睪丸素，並降低血壓和三酸甘油酯。[31] 手性肌醇對患有多囊性卵巢症候群的纖瘦女性也有幫助。[32] 建議劑量：每天兩次六百毫克的手性肌醇（妳也可以從角豆、蕎麥，和葡萄柚中攝取）以及每天一次或兩次兩公克的肌肉肌醇。

12. 維生素 D

維生素 D 是脂溶性維生素，存在於蛋和魚之中，或是添加在其他食物中，例如牛奶，同時也有營養補充品的形式。我建議每天補充大約兩千 IU。維生素 D 攝取不足是多囊性卵巢症候群的一種代謝干擾因素，[33] 事實上，患有多囊性卵巢症候群的女性中，有百分之四十四都缺乏維生素 D，而控制組只有百分之十一。

其他生活方式的改變

患有代謝症候群和胰島素阻抗的女性，其交感神經系統的活性較高。也就是說，交感神經系統之間理想的平衡狀態，因壓力啟動進入戰鬥或逃跑，而支配了副交感神經系統，也就是所謂的休息與消化。這可能會導致舒張壓（較低的那個血壓值）升高。

- 瑜珈：如前所述，瑜珈經證實能重新平衡多囊性卵巢症候群的紊亂賀爾蒙。
- 針灸：患有多囊性卵巢症候群的女性中，有三分之一的人靠針灸誘發了正常排卵，所以在尋求像二甲雙胍或可洛米分這類處方藥物來誘發排卵之前，針灸是很好的選擇。[34]
- 雙酚 A（BPA）：患有多囊性卵巢症候群的女性 BPA 值也較高，而多高則和雄激素值及胰島素阻抗有關。[35] BPA 是一種塑膠物質，在感

熱式列印發票紙、大多數罐頭食品內部塗層，以及阻燃劑中都可以找到，最好減少妳的接觸機會。請參見第六章「雌激素過多」中探討BPA的段落。

【第二步：草藥療法】

1. 肉桂

　　放在熱牛奶中那根看似不起眼的肉桂棒，或是摩洛哥燉菜中的肉桂粉，添加的不只是風味而已。《考科藍文獻回顧》（Cochrane Review）曾檢視過四項試驗，試驗中評估了患有多囊性卵巢症候群、生育能力下降的女性食用中藥營養補充品的效果，發現添加像肉桂這類草藥搭配可洛米分（一種可能誘發不孕女性排卵的藥物）治療時，能提高女性的懷孕率。[36] 肉桂是一種天然的胰島素增敏劑，作用就像二甲雙胍，只不過它是天然的，能促進葡萄糖被脂肪細胞攝取，因而降低葡萄糖和胰島素值。在一項針對糖尿病患者所進行的研究中，肉桂降低了空腹葡萄糖和膽固醇值。[37] 除此之外，肉桂也能降血壓（患有多囊性卵巢症候群和代謝症候群的女性血壓經常會升高），並有助於矯正異常的膽固醇值。肉桂同時也有助於增加淨體重。[38] 妳甚至不需要很多，最有效的劑量是每天二分之一茶匙。

2. 鋸棕櫚

　　雖然它尚未經過隨機試驗證實能有助女性改善雄激素過多，但我們已知鋸棕櫚能減少睪丸素轉化成二丁基羥甲苯，並阻斷雄激素受體。換句話說，它就像一種抗雄激素。如果妳的雄激素過多，尤其有女性雄性禿的問題，可以嘗試少劑量的鋸棕櫚膠囊，每天攝取低劑量一六〇毫克。

3. 天癸

　　在傳統中醫裡，多囊性卵巢症候群不僅僅屬於一個類別。天癸膠囊綜合了好幾種不同的草藥，在降低雄激素方面經證實比二甲雙胍更有效（雖然不

如避孕藥有效）。[39]

【第三步：生物同質性賀爾蒙】

我經常看到女性服用重劑量的睪丸素，卻沒有謹慎監控血液中的數值。有時候劑量過重會出現囊性痤瘡、頭髮脫落，或是多汗及體味。有這些症狀的女性的睪丸素值幾乎是接近男性的正常值，一旦減少劑量，她們的症狀就會緩解。

如果，在經過審慎的知情同意後，妳選擇服用睪丸素，我建議妳檢查血液中的幾項數值：游離睪丸素、總睪丸素，和生物利用睪丸素值；膽固醇值（因為睪丸素可能會降低 HDL，也就是好膽固醇）；以及肝酵素（因為睪丸素可能會損害肝臟）。目前我們並不知道提高睪丸素值可能帶來的長期影響，在女性身上所進行的隨機試驗最長的時間是六個月。

有些女性會在網路上或雜誌上讀到去氫皮質酮（DHEA）對能量過低有幫助，因而到健康食品專賣店去買一瓶藥丸，然後開始每天服用二十五毫克，那也是一般推薦給女性服用的劑量。但副作用難免就跟著來了：皮膚和頭髮變得油膩，以及冒出痤瘡。若妳把劑量減少到每天二～五毫克，副作用往往就會消失。如果沒有消失的話，我強烈建議停止服用。

服用皮質醇或腎上腺萃取物，也就是磨成粉末的動物腎上腺，可以降低女性的脫氫異雄固酮，也就是睪丸素的激素元。然而，在使用腺體萃取物方面必須極度謹慎，因為它們都是無須處方箋就可以買到的藥物，所以沒有受到嚴格的監管。如果妳服用腺體萃取物，必須自行承擔風險；請向妳的醫師諮詢。

雄激素平衡（以及沒有多囊性卵巢症候群）的徵兆

當雄激素值處於平衡狀態時，妳會感到平靜和自信，也會看起來容光煥發。

- 妳會展現出愉快的心情和自信。
- 妳的皮膚不會過油或過乾,而是潔淨無瑕,很少或幾乎沒有痤瘡。
- 妳的身材不會壯得像健美小姐,也不會鬆弛沒有線條,而是擁有適合妳身材和體重的骨質密度、肌肉大小,以及力量。
- 妳的毛髮會長在該長的地方,也就是頭上,而非下巴或乳頭或胸口,陰毛分布也會均勻。
- 妳準備好的時候就能懷孕,而不會被製造過多睪丸素而無法排卵的卵巢挾持。

第九章

甲狀腺低下
體重增加、疲勞，
和情緒問題？

許多醫師都會把擔心自己甲狀腺有問題的女性看成是輕微的歇斯底里症，不要相信他們的話，堅定妳的立場，如果 PART G 的評量表中有三項或以上讓妳感覺熟悉的話，我建議妳閱讀本章，然後和妳的醫師進行一次誠實但態度堅決的對話。

認識甲狀腺

甲狀腺分泌的賀爾蒙能調節體內幾乎每一個細胞的活動。它會控制身體對其他賀爾蒙的敏感度，例如雌激素和皮質醇。它會調節燃燒熱量的速度並維持新陳代謝，這也就是為什麼當甲狀腺失調時，體重控制會是一大難題。換句話說，甲狀腺就是妳專屬的代謝自動調節器。遲緩的甲狀腺和新陳代謝會導致心情不佳，甚至還有可能緩緩地走下坡，踏上認知能力下降及阿茲海默症的不歸路。

當甲狀腺運行正常時，妳會感到精力充沛、思緒清晰，而且積極樂觀。妳的體重管理起來很容易，腸道會以正常的速度運作，從消化到排泄的時間是十二～二十四小時。妳不需要穿襪子睡覺，或是用眉筆勾勒眉形。妳的膽固醇正常，不太高也不太低。妳的頭上有頭髮，皮膚水潤，指甲也不乾澀，妳的性慾健康，記憶也很清晰。

甲狀腺過低的真相

甲狀腺過低的症狀在幾十年前的電視劇《我愛露西》中曾做過恰當的概述，劇中的露西‧鮑爾（Lucille Ball）在兜售一種叫做「菜肉維生素」（Vitameatavegemin）的杜撰能量飲料，她的廣告臺詞是：「妳是否很累、疲倦不堪、了無生氣？妳參加派對時是不是很快就掛了？」她其實還可以加上幾句：「妳是否一天排便少於一次？妳是否會莫名其妙地體重增加，而且大多數是水腫？妳是不是經常覺得冷、痠痛、思緒遲鈍，或是憂鬱？」甲狀腺過低可能會造成這些問題。

妳或許以為遲緩或記憶衰退只是老化的徵兆，然而，年齡卻無法解釋浮腫的面孔、膽固醇過高、經血量過多，以及許多其他甲狀腺機能低下的症狀。瑪莉‧薛蒙（Mary Shomon）是我的一位同事，熱中於為患者發聲的她，把疲勞、體重增加，以及憂鬱症這三種症狀稱為甲狀更年（thyropause），因為這些症狀和更年期卵巢運作勉強的症狀很類似。歐普拉（Oprah）在二〇〇七年曾被診斷出有甲狀腺問題，雖然她的體重問題並非完全只是甲狀腺的因素。跟歐普拉一樣的人很多，美國四十二歲或以上的女性，有百分之二十四的人都在服用甲狀腺藥物，有百分之十一則在服用憂鬱症藥物。[1]

事實上，憂鬱症患者中，有百分之十五～二十的人甲狀腺賀爾蒙低下。[2] 這樣的數據實在不能輕忽，在成像研究中，甲狀腺機能低下的大腦看起來和憂鬱症的大腦十分相似，兩者在血管、髓鞘形成（神經周邊的脂肪絕緣體），以及神經生成（神經生長）方面都顯示出微小的變化。

為什麼甲狀腺問題經常被漏診？

據估計，美國大約有六千萬位男性和女性有甲狀腺方面的問題。大多數的人甚至自己都不知道。由於症狀的嚴重性，我們再也不能忽略有這麼多人

感到筋疲力盡、困惑糊塗，以及表現差強人意。醫學界的當務之急，就是提高甲狀腺機能低下症的確診率。

對於那些甲狀腺有問題的女性，主流醫師經常會以懷疑、嘲弄，甚至敵意的態度來應對。許多主流醫師都表示，「像我這種醫師」是在胡亂開立甲狀腺治療方案，而且說它能改善體重和疲勞問題都是假的。我同意，有些替代醫學的醫療服務提供者，確實傾向於過度診斷和過度治療患者。我也一直強調，最佳實踐就是用嚴謹的科學來證明應用，而我在本章中會為妳整理出精華重點。

對於那些甲狀腺失調的女性，甲狀腺治療將會對妳的體重和疲勞問題有幫助，是因為它能解決病症的根本原因。兩全其美的方式對女性而言是最有效的：謹慎考慮甲狀腺症狀，並使用最新的科學指導方針進行客觀的血液檢驗。

為什麼甲狀腺失調經常會被誤診或漏診呢？我認為有以下三點原因：

1. 醫師用意良好但學識不足

一般而言，他們可能會：

- 使用老舊的參考數據範圍。醫師會使用他們多年前就讀醫學院時所學到的「正常」參考數據範圍來為女性進行診斷。他們不知道實驗室中所得出的參考數據範圍包含了甲狀腺機能低下症的患者，所以有誤差，對於以更窄的正常範圍所制定的最新全美標準並不熟悉。

- 不清楚當前的研究結果。他們沒有閱讀最新的資料，其中顯示那些接受邊緣型甲狀腺功能（醫學界稱之為亞臨床性甲狀腺機能低下症）治療的人病情獲得了改善。

- 只依據老套的說法認為數字不會說謊。太多醫師過度仰賴那些有限的化驗所檢查，像是促甲狀腺激素（TSH），而不相信患者告訴他們的症狀。最終導致一個誤解，那就是甲狀腺症狀一定會伴隨促甲狀腺激素異常。那真相是什麼呢？偶爾，患者會有甲狀腺功能異常的症狀，

但並不是促甲狀腺激素引起的，例如因為接觸到環境中的甲狀腺干擾素而引起的三碘甲狀腺原氨酸（T3）過低。

2. 女性的自信心被抹煞

「老了就會這樣。」當女性向醫師抱怨甲狀腺問題時，卻被對方拍拍背然後補上一句：「妳只是老了。」她們可能是因為自己沒有數據證明所以不敢反駁，或者是她們太輕易放棄，而那正是甲狀腺機能低下症的症狀之一。身為患者，我們本來就不會反抗，而當妳甲狀腺機能低下時，就更沒有反抗能力了。是時候站出來向妳的醫療護理人員提出要求，如果他們不同意，就換人替妳治療。誰想要因為一個生理方面的問題而淪落到吃抗憂鬱症藥、安眠藥，或是去買「胖子」裝然後被逼著去看心理醫師？

3. 革命才剛開始，加入這場運動吧

重新找回甲狀腺健康的這場草根運動雖然尚未觸及每一位女性，但一場由下而上的革命正在發生，目的是為了改變甲狀腺問題經常被漏診的現狀，發起人都是一些極具影響力的維權人士，例如瑪莉·薛蒙，她可以說是國際間，也是病患交流社群中最受歡迎的甲狀腺倡議者，以及潔妮·包索普（Janie Bowthorpe），另一個供甲狀腺病患交流的人氣網路部落格創始人。遺憾的是，來找我的患者中，即使是那些最知識淵博的女性，也從未聽過這兩位女性的大名。當我告訴患者她們的甲狀腺功能低下時，她們都會盯著我，一臉疑惑。還有根據她們在第一次會診時帶來長達十年左右的驗血報告，其實她們甲狀腺功能低下的狀況已經維持了十年，但都被漏診而且沒有加以治療。接著我們會一起展開治療甲狀腺低下的加特弗萊德療程，而在幾天內，她們就會重新燃起熱情活力，眼中也會閃爍出光芒。

找到願意與妳攜手合作的人其實沒有想像中那麼困難，自我教育，讓自己壯大，然後就能擁有意志力和不屈不撓的精神，找到最佳援助。用附錄 B 中列舉的策略去找一位知識淵博又有同理心的醫師和妳搭檔。不要因為被打

發走就放棄。請大家告訴大家，好讓我們能夠把訊息傳播出去，幫助那些因為甲狀腺功能低下而無謂受罪的人。

不僅是因為老化

妳很可能有一兩個朋友，八成是女性，有甲狀腺方面的問題。那是因為女性有百分之二十的機率會在一生中出現甲狀腺方面的問題。遺憾的是，太多醫師都把症狀誤認為是問題，像是體重增加和憂鬱。更糟的是，許多醫師都相信女性會試圖利用甲狀腺機能低下的診斷，作為避免透過飲食或運動來有效管理體重的藉口，但數據資料顯示，在美國有百分之十以上的人有甲狀腺問題卻未獲得確診，而這個數字在四十九歲和以上的人中竟高達百分之六十五。[3]

我們太常誤以為身體的問題都和年齡有關，但其實一個簡單的檢查就能驗出這些問題是否是甲狀腺機能低下所引起的。這讓我聯想到白內障的診斷。當患者抱怨視線模糊時，過去醫師總是開玩笑說我們都老了，現在我們會立刻請患者去看眼科做白內障檢查。

甲狀腺機能低下背後的科學原理

如果妳有腦霧的問題，那是甲狀腺機能低下的一大症狀，請妳跳過這個部分。等到妳完成了加特弗萊德療程、能夠再次專心之後，再回過頭來閱讀本段落。

甲狀腺是最大的內分泌腺體之一，緊貼在氣管前方，位於喉頭下方，形狀像一隻蝴蝶，由兩個扁平的橢圓形葉片組成，中間有一根狹窄的管子相連。它的名稱由來是因為形狀很像古希臘戰士使用的盾牌（thyreos），然而，和盾牌不同的是，甲狀腺是不對稱的；右邊的葉片通常比左邊的大。

不知什麼原因（或許是因為波動的雌激素值），女性的甲狀腺比男性

大，而且在懷孕期間會稍微變大。有些非洲部落會讓新娘穿戴很緊的項鍊，當腫脹的甲狀腺把項鍊撐斷時，人們就會知道她懷孕了。[4]

甲狀腺組織是由好幾百萬個像小袋子般的毛囊所組成，裡面貯藏著一種叫做甲狀腺球蛋白的蛋白質。在釋放到血液中之前，甲狀腺球蛋白會被轉化成甲狀腺素（T4）和其他密切相關的甲狀腺賀爾蒙。與其他的代謝指標相比，像是葡萄糖，甲狀腺賀爾蒙在血液中是以非常低的濃度在循環，在健康人士體內，會長時間保持穩定的狀態。然而，某些賀爾蒙可能會改變妳所製造的甲狀腺球蛋白數量，舉例來說，合成的雌激素藥丸，會讓甲狀腺球蛋白增加百分之四十，造成血液中可用的游離甲狀腺賀爾蒙（甲狀腺素，T4）減少百分之十。[5]

如果妳的甲狀腺很健康，它會製造正確數量的賀爾蒙：主要是甲狀腺素（T4）、三碘甲狀腺原氨酸（T3）、T2、T1，以及反轉總三碘甲狀腺素（reverse T3）。妳製造的甲狀腺素取決於碘和促甲狀腺激素（TSH）。在美國，人們會出現甲狀腺機能低下症狀的主要原因是身體分泌了過多的促甲狀腺激素，而不是因為缺碘，這一點我稍後會探討。促甲狀腺激素是由主腺體，也就是腦下垂體所製造的，它的功能是調節下視丘和大腦邊緣系統。當甲狀腺機能正常——功能健全，甲狀腺不會活動不足也不會過度活躍，而這也會反映在甲狀腺賀爾蒙上——妳就會分泌較少的促甲狀腺激素（請參見圖表六）；這也是檢查甲狀腺功能最基本的方法。正常範圍應該是多少依然眾說紛紜，但證據顯示應該介於〇‧三～二‧五 mIU／L 之間。

當甲狀腺機能低下時，製造的甲狀腺賀爾蒙（T3 和 T4）將無法供給身體所需的量，大腦就會製造更多的促甲狀腺激素。是什麼原因讓人製造過多的促甲狀腺激素呢？在美國，最常見的原因就是橋本氏甲狀腺炎，也就是免疫系統攻擊甲狀腺，導致血液中的甲狀腺賀爾蒙值升高，外加抗體。長期下來，會使得虛弱的甲狀腺停止製造足夠的甲狀腺賀爾蒙，而回饋環路會告訴控制系統要製造更多促甲狀腺激素。當腦下垂體製造更多促甲狀腺激素時，它就會透過血液跑到甲狀腺，命令甲狀腺製造更多的甲狀腺賀爾蒙。但甲狀

腺不一定做得到，或許是因為免疫系統已經摧毀了甲狀腺，或是某種環境毒素在干擾甲狀腺功能，而疲勞、體重增加，以及情緒改變等症狀也會開始出現。

促甲狀腺激素數值的光譜

| 促甲狀腺激素過低 <0.3 mIU／L ·甲狀腺功能亢進症 ·過高的游離三碘甲狀腺原氨酸（fT3）和／或游離甲狀腺素（fT4） | 正常 0.3～2.5 mIU／L ·正常游離三碘甲狀腺原氨酸（fT3）、游離甲狀腺素（fT4） | 亞臨床甲狀腺機能低下症 促甲狀腺激素>2.5 ·過低／正常游離三碘甲狀腺原氨酸（fT3）、游離甲狀腺素（fT4） | 明顯甲狀腺機能低下症 促甲狀腺激素>5或10 ·過低的游離三碘甲狀腺原氨酸（fT3）、游離甲狀腺素（fT4） |

圖表六：促甲狀腺激素（TSH）是最基本的甲狀腺功能檢查。正常範圍應該是多少依然眾說紛紜，但證據顯示應介於〇‧三～二‧五 mIU／L 之間。若促甲狀腺激素值較低，就有可能患有亞臨床或明顯甲狀腺功能亢進症，超過二‧五，就是甲狀腺機能低下症。

跟甲狀腺有關的數字：游離 T4 和 T3 就是罪魁禍首

或許妳對數字方面不太靈光，但我勸妳，如果是甲狀腺方面的問題，請妳一定要注意，有一些數字是妳必須了解的，因為妳很可能從評量表中發覺了自己有甲狀腺方面的問題。T4 是無活性版本的甲狀腺賀爾蒙，基本上這表示妳需要它。T4 是 T3 的激素元，而 T3 是那個更重要的「活性」版本的甲狀腺賀爾蒙，也就是三碘甲狀腺原氨酸。T4 基本上是一種具貯藏功能的賀爾蒙，在生物學上只能算是隻跛腳鴨，在一旁等著被轉化成 T3，也就是負責減重、讓四肢暖呼呼，以及心情愉悅的催化劑。T4 占了甲狀腺賀爾蒙

的百分之九十以上，但它必須被轉化為 T3 才能使用。遺憾的是，很多時候女性都只接受 T4 治療，卻不知道其實應該也要治療 T3。

甲狀腺賀爾蒙有百分之九十九以上都和一種存在於細胞核中的「結合蛋白質」有關。血液中大多數的 T4 都會附著在一種叫做甲狀腺素結合球蛋白的蛋白質上。只有不到百分之一的 T4 是沒有附著的，也就是「游離」的，但造成甲狀腺問題的就是游離的 T4。

同樣地，只有少於百分之一的 T3 是游離的。儘管量如此之少，但游離 T3 對妳的能量使用卻有極大的影響。它主要能影響體重、膽固醇、能量、記憶、月經週期、皮膚、頭髮、體溫、肌力，以及心跳率。

【關於反轉總三碘甲狀腺素（reverse T3）】

反轉總三碘甲狀腺素（rT3）是 T4 的無活性代謝產物，能提供減緩新陳代謝的機制，以節省能量。一般而言，如果妳很健康，T4 會轉化成 T3，一小部分的 T4 則會轉化成反轉 T3。也就是說，反轉 T3 提供的是一個回饋系統，讓妳在正常情況下保持平衡。但偶爾會事與願違，原本應該要適應妳身體的設計，卻成了不利條件。原因就是：如果身體處於壓力狀態，或是妳在進行限制熱量的飲食計畫，身體就會傳送訊息去更改這個比率，導致妳製造更多反轉 T3。舉例來說，當妳面臨壓力源，像是流感、酷寒、車禍、住院，或是想要用限制熱量的方法來減肥時，妳的身體就會藉由增加反轉 T3 的分泌來減緩新陳代謝。這時候，妳可能會出現甲狀腺阻抗，也就是妳無法正常地回應甲狀腺賀爾蒙，無論是內生賀爾蒙還是處方藥，這表示妳可能會持續有甲狀腺機能低下的症狀，即使甲狀腺血液檢查，例如促甲狀腺激素，都是正常的。大多數的主流醫師都說這是罕見的情況，所以經常被忽略，主要是因為他們根本不會去檢查這點。此外，主流醫師認為反轉 T3 過高好發於住院病患和慢性病患者身上，然而我卻經常在我的客戶身上看到反轉 T3 過高的情況，她們不但沒有生病，也沒有住院，只是忙著應付高壓的生活罷了。重要的話要說十遍：壓力會讓促甲狀腺激素不再可靠。

我認為那些表面上促甲狀腺激素正常，但卻持續有甲狀腺低下的女性應該檢測反轉 T3，這不只是我個人的專業意見。在這個議題方面最受尊崇的科學權威，《內分泌新陳代謝期刊》（The Journal of Endocrinology and Metabolism）上記載了主流醫學建議女性定期檢測的甲狀腺賀爾蒙，也就是促甲狀腺激素和 T4，其實沒有適切反映女性細胞內的狀況。一項研究發現正常反轉 T3 比其他甲狀腺血液檢查更準確地預測存活率和身體功能運作，而那些血清 T3 較低和反轉 T3 過高的人，和數值正常的人相比，在與年齡相關的肢體表現上（例如下床、更衣、飲食、行走、個人衛生、抓握，以及其他日常生活的活動）也較差。

▋甲狀腺機能低下症：產後風險更高？

即使妳尚未步入中年，也可能有罹患甲狀腺機能低下症的風險。在產後，有百分之七的女性會罹患一種叫做產後甲狀腺炎的病症，也就是免疫系統攻擊甲狀腺，導致心情陰晴不定、無精打采、頭髮稀疏，以及減重困難的病症。那些在孕前有基線甲狀腺抗體的女性，較容易罹患產後甲狀腺炎。當然，很多女性在產後都會出現憂鬱、睡眠不足，以及體重和脫髮方面的問題。由於許多醫師從未想過要在女性產後檢查她們的甲狀腺，以至於有太多新手媽媽深受甲狀腺問題所困擾卻未獲得確診。

以下就是我在整合醫療診所中最常聽見有甲狀腺問題的媽媽們所描述的狀況：「莎拉醫師，我在生第一個孩子之前狀況都很好，但現在儘管我努力控制食量和運動，我的體重就是減不下來。我還每週五天參加產後瘦身訓練營呢！我筋疲力盡，而且不只是睡眠不足而已。我一直掉頭髮，比一般的產後脫髮還嚴重。我根本無法去想性愛，甚至是那種『別靠近我！你瘋了嗎？』的程度。還有心悸，關節像老人一樣，然而我的醫師卻只會用那種會意的眼神看著我說：『親愛的，妳才剛生完孩子，不容易的。』卻從來沒有檢查我的甲狀腺。」

▌甲狀腺低下：妳有這問題嗎？

當甲狀腺功能低下時，身體會製造更多促甲狀腺激素，這是身體試圖讓甲狀腺恢復平衡的方法。聽起來有點違背常理，不過請耐心聽我解釋原因，促甲狀腺激素並不是在甲狀腺中製造的，而是在腦下垂體，也就是負責管理甲狀腺的。當甲狀腺沒有製造足夠的甲狀腺賀爾蒙時，大腦就會有所感應。下視丘，也就是腦下垂體的上司，會命令腦下垂體分泌更多促甲狀腺激素，刺激更多甲狀腺賀爾蒙的分泌，讓甲狀腺恢復正常。於是甲狀腺中的賀爾蒙工廠（如果它有所需的資源，而且皮質醇沒有干預的話）就會製造更多的甲狀腺賀爾蒙，而大腦也會感應到這一點。通常甲狀腺會做出適度的調整，而促甲狀腺激素也會恢復到正常，這就是體內賀爾蒙回饋環路。妳的促甲狀腺激素值會攀升得多高，通常和問題的嚴重性有關。

以下就是主流醫學對問題的定義：

- 明顯甲狀腺機能低下症：促甲狀腺激素過高，但總和游離 T3 及 T4 都低於正常值。成年人口中有百分之一的人患有此症。

- 亞臨床甲狀腺機能低下症：促甲狀腺激素過高，超過二·五，但總和游離 T3 及 T4 都在正常值。總人口中有百分之九的人患有此症。

在二十多年的行醫經驗中，我觀察到甲狀腺失調的階段性變化。有太多女性對甲狀腺失調不以為意，是因為用過去定義甲狀腺失調的舊參考範圍標準，這表示我們周遭有太多行動遲緩、身體不適、悶悶不樂的人。很多醫師都不太願意治療亞臨床甲狀腺機能低下症，因為他們認為治療並沒有顯現出太多成效。老實說，大多數的評論也都建議不要治療。[7] 但相關研究所支持的則是介於不治療和積極治療之間的權衡兼顧方法，[8] 這也是我倡導的中庸之道。

奧妙的參考範圍

各大醫療機構所使用的促甲狀腺激素參考範圍是：正常的促甲狀腺激素範圍應介於〇‧五～五‧五 mIU ／ L 之間，但其實那已經過時了。在二〇〇二年，美國臨床化學協會發布了新標準，建議最高的促甲狀腺激素值應為二‧五 mIU ／ L。在二〇〇三年，美國臨床內分泌協會建議的正常促甲狀腺激素目標範圍則更改為〇‧三～三‧〇 mIU ／ L。此外，也有龐大的證據顯示，應將促甲狀腺激素的最佳範圍縮小更多，有些人甚至建議最高限度為一‧五 mIU ／ L。[9]我們應該遵照修正過、較低的促甲狀腺激素正常範圍，這樣才能確保人們在甲狀腺低下問題方面獲得所需的治療。

我相信人性本善，妳的醫師或許不是刻意對妳有所隱瞞；他或她可能是在這些新標準提出之前完成學業的，因此依然在使用過去的舊參考範圍來監測妳的用藥、症狀，以及化驗所檢驗結果。所以妳更應該當一個知識淵博的醫療服務消費者，請醫師替妳驗血，然後閱讀報告，將結果和我所提供的最佳範圍做個比較。請注意，抽血的時間也可能會造成影響：促甲狀腺激素值通常在早上會處於中間值，到了中午會下降，然後在晚上會升高。想要讓結果保持一致性並且方便比較的話，最好在早上驗血。

莎拉醫師的治療檔案

患者：琳達

年齡：五十二

求助原因：「我覺得自己的身體變得好陌生。我大多數時候都疲憊不堪，我的經期很不規則，而且還會血崩（一陣陣地出血過多）。我一天到晚都覺得冷，體重每週增加好幾磅，儘管我定期運動，而且已經吃同樣的食物很多年了。」

我任職於醫療保健機構的時候認識了琳達，她是來做子宮頸抹片檢查的。當時的我是個新手婦科醫師。她把她的情形都跟我說了。她在排便方面變得很不順，頭髮很乾，指甲也常斷裂。當她問她的內科醫師是否是甲狀腺出問題時，她的醫師沒有理會，把問題歸咎於老化。

我檢查了她的促甲狀腺激素：四·二 mIU ／ L（過高），意味著她體內的甲狀腺賀爾蒙已經耗盡了。我替琳達做完檢查，當她在更衣時，我打了電話給她的內科醫師。由於我是菜鳥，不想冒犯資深醫師，至少不能在我剛開始上班的前幾週，所以我以為這樣做已經夠謹慎了。「加特弗萊德醫師，我們都是在促甲狀腺激素高於五·〇，或者甚至是十·〇的時候才會進行治療，除非有明顯的甲狀腺機能低下症大爆發的症狀，否則我是不贊同治療亞臨床甲狀腺機能低下症的。」儘管如此，我依然認為她需要治療，所以我還是為她進行治療了。

療程：我替琳達開立了左旋甲狀腺素，也就是較便宜的 T4 學名藥。她的狀況只需要 T4 來促進新陳代謝。

成果：琳達在兩個月後打電話給我，說她又重新對生命感到熱愛、甩掉了十磅（五公斤）體重，而且很開心再次找回自己的身體。

▌更年期前期、甲狀腺及健康如何開始走下坡

更年期前期和年紀更大的女性較有可能出現甲狀腺方面的問題。從科學文獻中，我們知道這個年齡層的女性最容易罹患葛瑞夫茲氏病（Graves' disease），也就是甲狀腺過度活躍（甲狀腺功能亢進）的主因。長期下來，這種病會耗盡甲狀腺體，造成甲狀腺機能低下症。[10]

此外，六十歲以上的女性中，百分之二十五有甲狀腺的抗體。這在臨床上是否有重大意義尚不可知，但這是引發甲狀腺問題的重要風險因素，因為

有甲狀腺抗體的女性中有百分之十一都有甲狀腺機能低下症。[11] 再加上，當促甲狀腺激素高於二‧〇時，甲狀腺機能低下症的長期低甲狀腺賀爾蒙值也和反射遲緩有關，因而發展出阿茲海默症的風險也更高。[12]

　　女性甲狀腺功能和心血管疾病風險也有關係，一項研究發現臨床甲狀腺機能低下症（當時的定義為促甲狀腺激素高於四‧〇 mIU ／ L）能預測心臟病發作以及動脈粥狀硬化。[13] 促甲狀腺激素高於四‧〇的女性心臟病發作的風險會超過兩倍以上。甲狀腺功能低下的治療有助於改善心臟（特別是左心室），也就是說，接受亞臨床甲狀腺機能低下症治療長達一年，患者的心臟打出血液的效率也提高了。[14] 或許這類研究能夠讓更多女性獲得她們所需的治療。

　　即使醫師願意為女性治療，我發現他們通常都治療得不夠深入。在我的診所中，我常常見到疲勞、有情緒問題、脫髮、以及人到中年對生命失去熱情的患者，其中很多人數十年來都使用同樣劑量的 T4 在治療。我檢查了她們的 T3，發現數值很低，於是加了一小劑量的 T3，結果幫助非常大，和那些產生治療抗性憂鬱症的狀況非常相似。

甲狀腺干擾素：越來越多人罹患甲狀腺機能低下症，是環境毒素造成的嗎？

　　環境汙染物，又稱為內分泌干擾素，不只會以環境賀爾蒙的方式影響雌激素受體，同時也會干擾正常甲狀腺功能。那些會影響下視丘腦垂體甲狀腺軸或甲狀腺受體的化學物質叫做甲狀腺干擾素，其中包含超過一百五十種的工業化學物質，例如多氯聯苯（PCBs）、戴奧辛，以及雙酚 A。[15] 有些甲狀腺干擾素，像是多氯聯苯、戴奧辛，以及食物、藥品和化妝品紅色三號色素，都會影響 T3 值。促甲狀腺激素檢查可能無法可靠地辨識出變更過的甲狀腺賀爾蒙分泌，因此很遺憾，檢查可能無法找出這些干擾素的存在。由於在美國有越來越多的甲狀腺低下案例，加上接觸到甲狀腺干擾素的機會也越

來越多，我的建議是，女性應該謹慎面對，並且大幅減少接觸的機會。

測量基礎體溫

使用家中的溫度計是評估甲狀腺的一種簡單方法，因為體溫過低有時候和甲狀腺低下有關。體溫通常在早上和傍晚較低，在下午會偏高，所以我建議在一大早測量基礎體溫（腋溫）。如果妳還未停經，在妳月經來潮的第二～第四天之間測量。請務必使用測量基礎體溫專用的溫度計，能夠測出較低的體溫，也就是介於華氏九十六～九十九度（攝氏三十五‧五～三十七‧二度）之間。正常體溫是介於九十七‧八～九十八‧二度（攝氏三十六‧五～三十六‧七度）之間，但體溫可能變化很大，而且應該依症狀和血液檢查來考量。儘管如此，如果妳在早晨的基礎體溫持續低於九十七‧八度（攝氏三十六‧五度），就更加證明了甲狀腺功能低下。[16]

▌甲狀腺低下的原因？

1. 橋本氏甲狀腺炎

在北美，甲狀腺低下最常見的主因就是橋本氏甲狀腺炎的倦怠期，該疾病是以一九一二年發現此症的日本專家命名的，又稱為自體免疫甲狀腺炎。罹患這種疾病的人自體免疫系統會攻擊甲狀腺，造成發炎以及甲狀腺賀爾蒙分泌過多。接下來就會出現甲狀腺賀爾蒙分泌不足的現象。越來越多女性「爆發」免疫攻擊，這可以藉由驗血檢查抗甲狀腺的抗體、甲狀腺過氧化酶抗體，以及抗甲狀腺球蛋白抗體來確診。

倦怠會發生在妳的甲狀腺無法再分泌足夠的甲狀腺賀爾蒙的情況下，而妳的甲狀腺細胞也會被摧毀。橋本氏症通常進展得很慢，會拖上好幾年，而且徵兆也會根據賀爾蒙不足的嚴重性而有很大的不同。雖然橋本氏症可能發生在任何年齡的女性身上，還有男性和兒童，但中年女性獲得確診的人數遠超過男性二十倍。

2. 甲狀腺腫

　　另一個甲狀腺機能低下症的常見原因就是甲狀腺腫，這是甲狀腺腺體非癌性腫大的病症，在全球有超過七億人有此病症。缺碘是全球甲狀腺機能低下症的主因。世界上大約有三分之一的人口居住在缺碘的地區，而甲狀腺腫的普及性在這些缺碘地區高達百分之八十。這個問題幾乎在任何地方都可能發生，特別是離海較遠的地區。缺碘可能會導致流產和死胎、嚴重心智障礙、耳聾，以及侏儒症。儘管過去二十年來鹽中普遍有添加碘，地域性甲狀腺腫和甲狀腺機能低下症在全球百分之七的人口中依然是嚴重的問題。[17]妳可能不會在美國看到有人因為缺碘而罹患甲狀腺腫，那是因為食鹽都已經添加了碘，不過缺碘這種病症依然存在。如果妳是特別講究的美食家，請注意妳可能偏好使用的手工海鹽含碘量少之又少。海鮮和食用海藻當然也是良好的碘來源，但通常含量不多；舉例來說，三盎司（八十五公克）的蝦，含有二十一～三十七微克的碘。成年人的建議攝取量是每天一五〇微克，但如果妳患有自體免疫甲狀腺炎，請務必謹慎食用，因為碘可能會讓妳的甲狀腺功能惡化。

3. 壓力

　　如前所述，長期壓力是擾亂賀爾蒙系統平衡的大敵。頑固的壓力會令妳製造過少的游離 T3，也就是活性甲狀腺賀爾蒙，同時製造過多的反轉 T3，它會阻斷甲狀腺賀爾蒙受體。腎上腺分泌的賀爾蒙中最重要的就是皮質醇，能調節妳對壓力的反應。無數的研究都顯示，長期腎上腺壓力會影響下視丘和腦下垂體的正常功能運作，而它們的工作正是指揮甲狀腺賀爾蒙的分泌。

　　先前，我解釋過下視丘腦垂體腎上腺（HPA）軸會控制皮質醇值。同樣地，下視丘腦垂體甲狀腺（HPT）軸也受到皮質醇值和褪黑激素值（以及它們的晝夜規律）調節，進而影響甲狀腺值。[18]過多壓力會破壞這種微妙的平衡；皮質醇過高的人，甲狀腺功能會相對降低。[19]當皮質醇過高時，妳的身體無法適當對甲狀腺激素做出回應，這可能會削弱妳的腸道吸收微量營養素

的能力，包括銅、鋅，以及硒，這些都是身體製造甲狀腺時最需要的。

4. 環境

雙酚 A（BPA），一種已知的內分泌干擾素，會阻斷甲狀腺受體進而減緩甲狀腺功能。如前所述，BPA 依然存在於日常生活中的許多產品：包括罐頭食品的內部塗層，以及塑膠水壺、阻燃劑、床墊，以及兒童睡衣等。

5. 遺傳

遺傳可能會導致甲狀腺機能低下，包括兩種基因的缺陷，PAX8 和 TSHR，我們稱為酪胺酸激酶基因，它們會干擾出生前甲狀腺的正常發育。另外五種基因的缺陷，DUOX2、SLC5A5、TPO、TG，和 TSHB，都會降低身體分泌甲狀腺賀爾蒙的能力，即使甲狀腺是正常的。雖然現在遺傳檢測越來越容易，但檢查與甲狀腺相關的基因問題卻尚未普及。

6. 甲狀腺腫源

是的，大豆可能會減緩甲狀腺功能。甲狀腺腫源是存在於大豆、小米，以及某些蔬菜像是青花菜和抱子甘藍中的化合物，會干擾細胞吸收碘而抑制甲狀腺，而碘是促進正常甲狀腺分泌的關鍵。幾種治療甲狀腺分泌過多，也就是甲狀腺功能亢進症的藥物，都是用來阻斷甲狀腺的；其中包括丙硫氧嘧啶和鋰（用來治療躁鬱症）。如果妳在服用這類藥物的話，請務必讓醫師替妳檢查甲狀腺功能。烹調的過程會讓大多數的甲狀腺腫源失去活性，除了大豆和小米。妳不需要刻意避開甲狀腺腫源，只需確保攝取適量的碘，並且追蹤妳的甲狀腺值。

7. 癌症治療

人們日漸意識到，甲狀腺機能低下是癌症治療的後遺症，尤其是較新的抗癌療法。

8. 維生素 D 不足

患有自體免疫甲狀腺炎，以及有抗甲狀腺抗體的人，經常有維生素 D 不足的問題。[20]

甲狀腺、麥麩，以及麥麩敏感

以下是甲狀腺機能低下症常見的另一種原因：乳糜瀉和麥麩敏感。乳糜瀉是一種永久性的麥麩不耐症，而且會讓妳罹患甲狀腺機能低下的風險大增三倍。對於那些有這方面遺傳預設傾向的人，食用麥麩會導致小腸腸壁發炎和損傷，使得腸胃道中這個二十呎（六公尺）長的部位無法吸收對健康不可或缺的營養素。症狀包括腹瀉、腹痛、疲勞，以及腹脹。

在美國，有百分之一的人患有乳糜瀉，而且有更多人，估計每一百人中有六人，有麥麩敏感的問題。許多人飽受「腸躁症」所苦多年，直到有好的醫護偵探幫他們找到長期腸道問題的根本原因。許多人甚至不知道自己有麥麩不耐的問題，因為他們完全沒有症狀。他們不知道自己無法吸收重要營養素，直到出現甲狀腺機能低下的症狀，或是骨質疏鬆症的徵兆，例如骨折。如果妳想要檢查自己是否罹患乳糜瀉，以下是在有乳糜瀉家族史的人身上發現的主要基因：約百分之九十的乳糜瀉患者有陽性 DQ2，而百分之七有 DQ8。

往往醫師都不認為乳糜瀉是疲勞和腹脹這種模糊、不明確症狀的根本原因，這在醫學院中也不是什麼人人搶著想學的課題，而美國的認證醫師真的不太會去注意這個常見的問題。幸虧，這個觀念漸漸改變，有越來越多的人在症狀出現之前就已經獲得確診。如果妳有乳糜瀉，妳或許缺乏了一些關鍵營養素，像是脂溶性的維生素 A、D、E 和 K；妳或許無法吸收鐵質、維生素 B12，以及葉酸，而這些營養素中有些也會影響甲狀腺功能。

如果沒有獲得治療，乳糜瀉可能會在小腸造成潰瘍，或是腸道狹窄，這

是因為發炎和傷口造成的。乳糜瀉會提高小腸中細菌增生的風險，也就是腸道中好菌和壞菌失調，最後由壞菌占上風。更糟的是，乳糜瀉會提高罹患小腸癌的風險，包括腺癌和淋巴瘤。幸虧，罹癌風險可以藉由無麥麩飲食來逆轉。

那些對麥麩敏感的人會出現一種叫做腸漏症的病症，也就是腸道通透性增加，這是當小腸腸壁上細胞之間的緊密連接被破壞時所發生的現象。[21] 乳糜瀉患者的健康親戚身上也能觀察到腸道通透性增加的現象，由於乳糜瀉通常是遺傳的，因此這一點也是可以預料到的。腸漏症的症狀包括腹脹、食物敏感，以及體重增加。如果妳有自體免疫甲狀腺炎，可以考慮請醫師為妳進行驗血或尿液檢查，看看是否有腸漏症。

乳糜瀉患者較容易會有抗甲狀腺的抗體。[22] 無麥麩飲食是否能減緩自體攻擊目前尚未有定論，但最佳數據顯示無麥麩飲食有助於讓甲狀腺機能低下恢復正常和避免惡化。[23]

我認為由於乳糜瀉患者更容易罹患甲狀腺機能低下症，所以所有甲狀腺機能低下症的患者都應該進行乳糜瀉和麥麩敏感的檢查，尤其是不食麥麩或許能夠逆轉甲狀腺問題。請妳的醫師為妳進行檢查。

妳是否患有甲狀腺功能亢進症？

有時候甲狀腺過多也會造成問題。我有一些患者一開始有甲狀腺功能亢進症，也就是當甲狀腺分泌太多甲狀腺賀爾蒙時所出現的甲狀腺過多問題。當妳患有明顯的甲狀腺功能亢進症時，妳的促甲狀腺激素會過低，但游離 T3 或 T4 值卻會過高。而患有亞臨床甲狀腺功能亢進症的人則會有過低的促甲狀腺激素，但游離 T3 和 T4 值卻是正常的。

有百分之二的女性有甲狀腺功能亢進症（男性則為百分之〇‧二），但這個數字會隨著年齡增長而提高；六十歲以上的人有百分之十五有甲狀腺功能亢進症。[24] 症狀包括心悸、呼吸短促、體重減輕、顫抖或抖動，以及眼球凸出。

治療過度活躍的甲狀腺並不困難，但極為重要。如果妳不治療的話，

長期下來這些症狀可能會變得更加嚴重。若未獲得妥善治療，甲狀腺功能亢進症可能導致心血管問題，像是一種可能具危險性，叫做心房顫動的心律不整問題、心肌症（一種心臟疾病），以及充血性心臟衰竭。當妳患有甲狀腺功能亢進症時，妳可能較容易出現骨骼周轉率上升，長期下來可能導致骨質流失和骨折。另一個嚴重後果是甲狀腺毒症，又稱為甲狀腺風暴，有極高的死亡率。

碘和放射線暴露

二〇一一年初日本福島發生核電廠爐心熔毀的事件之後，有關當局分發了碘化鉀到各個疏散中心。美國衛生局局長也曾建議國人要準備一些碘化鉀在身邊，以便大量核輻射飄過來時能有所防範（請記住，千萬不要服用碘化鉀作為預防措施，只有在妳快要暴露在輻射中的時候才能服用）。我也提過，碘對於正常代謝和甲狀腺功能，以及甲狀腺賀爾蒙的分泌都很重要。核災會釋放放射性碘（I-131），但妳的身體無法分辨它和妳從海鮮及碘鹽中所攝取的碘有何不同。這是很糟糕的，因為甲狀腺會吸收和濃縮碘，而極小劑量的輻射就可能會提高妳罹患甲狀腺癌的風險，即使是十年或二十年以後。碘化鉀能夠救急，是因為它可以滲透甲狀腺腺體，將放射性碘擠出去，避免它被吸收長達二十四小時。美國疾病管制與預防中心（CDC）建議民眾暴露在輻射之後應盡快服用碘化鉀。但在暴露之前服用是很危險的，尤其如果妳患有橋本氏甲狀腺炎。

恐怖的脫髮

對許多人而言，快速脫髮是甲狀腺問題的早期徵兆，經常是在美容院中被診斷出來的。除了頭髮稀疏和掉髮，妳的頭髮可能會變粗、乾燥，而且容易打結。

如果妳的脫髮是甲狀腺低下引起的，一旦妳的賀爾蒙值穩定下來後，

這種一般性的脫髮問題就可能會減緩然後停止。但有時在治療之後問題依然持續，尤其是服用左旋甲狀腺素這種經常用來治療甲狀腺機能低下症的合成賀爾蒙，過度或長期脫髮是使用這種藥物的副作用之一。如果妳的醫師說治療已經足夠，但妳依然有脫髮問題的話，妳應該要特別注意。有些人發現如果服用三碘合劑（Thyrolar），一種結合甲狀腺賀爾蒙 T4 和 T3 的合成劑，脫髮問題會減少。

另外還有雄性禿，出現在太陽穴和頭頂部位，會發生在睪丸素過多的女性身上。這種問題在某些使用藥物治療甲狀腺問題的患者身上可能會加劇。

營養補充品月見草油能抑制睪丸素轉化成二氫睪固酮，也是良好的必需脂肪酸來源（甲狀腺機能低下症的症狀和缺乏必需脂肪酸的症狀其實很相似）。我一般會建議有脫髮問題的女性每天食用一千毫克。

在一項研究中，百分之九十有頭髮稀疏問題的女性都缺乏鐵質和胺基酸離胺酸。[25] 離胺酸能幫助身體運送鐵質，而鐵質是許多代謝過程不可或缺的。良好的離胺酸來源包括富含蛋白質的食物，例如肉類和禽類、蛋，以及一些魚類（鱈魚、沙丁魚）。因為穀類含有少量的離胺酸，但豆類含有大量，所以兩者兼具的飲食，像是印度咖哩豆泥（Dal）配米飯、豆子和米飯配墨西哥餅、油炸鷹嘴豆餅和鷹嘴豆泥配中東口袋麵包，都是讓妳攝取完整蛋白質同時又能保有一頭秀髮的好方法。

解決之道：治療甲狀腺低下的加特弗萊德療程

【第一步：生活方式改變和保健品】

身體需要以下幾種少量的微量營養素來維持最佳生理功能，而它們也有助於改善甲狀腺平衡。此外，環境中的一些重金屬和內分泌干擾素可能會傷害甲狀腺功能。欲了解更多資訊，請上網 http://thehormonecurebook.com/HormoneDisruptors。

1. 銅

　　甲狀腺對銅和鋅相當敏感，所以一定要保持在適當的含量；這兩種元素如果失衡，可能會導致甲狀腺機能低下症。此外，甲狀腺賀爾蒙是藉由調整攜帶銅離子的蛋白質藍胞漿素來調節血液中的銅含量，進而改變細胞內和細胞外的銅含量。肉類、禽類，和蛋是飲食中攝取銅的最佳來源，這表示吃純素者需要在飲食中補充大量的堅果、種子，以及穀類，這是攝取銅的其他來源。

　　即使妳從飲食中攝取了足夠的銅，也可能會和我一樣：我對銅的吸收不太好，在血液檢查中驗出的量一直過低。因為這個原因，我會食用含有兩毫克銅的綜合維生素，來補充不足的銅含量。血清中含銅與含硒的值，可能意味著甲狀腺阻抗。

2. 鋅

　　鋅在轉化 T4 和 T3 方面相當重要，而補充鋅經證實能提高游離 T3（fT3）、降低反轉 T3（rT3），以及減少促甲狀腺激素。[26] 身體必須有鋅才能刺激腦下垂體並製造適量的促甲狀腺激素，而且鋅必須和適量的銅一起補充，因為補充過量的鋅可能會干擾銅的吸收。一般而言，每天超過五十毫克就已經太多了。我每天食用二十毫克的鋅搭配兩毫克的銅。

3. 硒

　　硒是一種重要的酵素，能保護甲狀腺不受自由基的侵害，而自由基是單一或未配對的電子分子，可能會損害 DNA 並加速老化。補充硒似乎能減少免疫過度活躍的狀況，意味著甲狀腺的自體免疫抗體也會降低，同時也能改善缺硒人士的心情和健康。[27]

　　健康人士補充硒是否有益，這方面的證據有限。[28] 然而，對於那些居住在養老院的老年人而言，硒對優化甲狀腺賀爾蒙是很有幫助的。[29] 只有在妳缺硒或有抗甲狀腺抗體的時候才能補充硒。如我之前所說的，妳應該食用適

當的量，不能過多也不能過少。許多綜合維生素都含有每天兩百 mcg 的建議
攝取量。

4. 維生素 A

甲狀腺需要足量的維生素 A，因此我建議妳攝取五千 IU 的每日建議攝
取量。有良好的證據顯示補充維生素 A 對於甲狀腺功能是有益的。[30] 然而，
每天攝取超過一萬 IU 可能會導致中毒，出現像是夜盲症、噁心、煩躁易
怒、視線模糊，以及脫髮等症狀。但如果是從食物中攝取維生素 A 並不會造
成中毒；優異的攝取來源包括雞肝（一萬一千 IU）、生胡蘿蔔（二分之一杯
含來自 β - 胡蘿蔔素的九千 IU），以及蒲公英葉（五千 IU）。

5. 鐵

除了碘、硒、銅、鋅，和其他微量營養素外，鐵也是維持正常甲狀腺功
能的關鍵。鐵質過低和脫髮以及甲狀腺機能低下症都有關係。[31] 事實上，許
多鐵值過低的症狀，例如虛弱、疲勞、腦霧、性慾低落，以及心悸，都和甲
狀腺機能低下症相同。如果妳體內的鐵質不足，可能會降低需要鐵質的甲狀
腺過氧化酵素的活性，因而影響甲狀腺賀爾蒙分泌過程中的好幾個步驟。缺
鐵也可能降低 T4 到 T3 的轉化。

測量鐵質最準確的方式，就是檢測血清鐵蛋白值，並且將數值保持在七
十～九十之間。鐵過多會造成負荷超載，導致肝臟方面的問題。我建議從食
物中攝取鐵質，例如綠葉類蔬菜和草飼牛肉。如果這樣無法讓妳的鐵蛋白保
持在理想範圍內，妳可能需要找出身體無法良好吸收的原因。

有些女性也需要食用營養補充品，例如硫酸亞鐵或富馬酸亞鐵。然而，
補充鐵質會導致便祕和糞便變黑變硬。如果妳有這種困擾的話，我建議補充
鎂、益生菌，並減少鐵的劑量。我通常建議每天補充五十～一百毫克的元素
鐵，並且利用血清鐵蛋白謹慎監控妳的鐵質。維生素 C 能有助吸收。在服
用甲狀腺藥物的四小時內補充鐵質，可能會降低甲狀腺藥物的吸收。一般而

言，更年期過後就不需要補充鐵質了，因為妳每個月已經不會再流失血液。

預防汞中毒

《愛麗絲夢遊仙境》裡面的瘋狂帽匠，參考的藍本是十九世紀的製帽工人，他們經常因為在毛氈布上塗抹汞加以軟化而染上精神疾病。汞也會從魚類進入我們的身體，尤其是大魚和甲殼類；或是藥物，像是用以治療高血壓的噻嗪類利尿劑；疫苗則可能含有硫柳汞，一種用來作為防腐劑的汞化合物；以及補牙填料。我建議妳開始努力戒除汞，只吃含汞量低的魚類、把舊的金屬補牙填料換掉，並且盡可能減少和汞的接觸。如果妳懷孕了，請向醫師諮詢妳應該吃什麼樣的魚類，以及吃多少。有幾個網站都有提供關於魚類含汞量的資訊，例如美國疾病管制中心，或是蒙特利灣水族館的「優質海鮮選購指南」網站。

---

6. 大豆異黃酮

如前所述，如果妳已攝取足量的碘，大豆類食物或異黃酮對甲狀腺功能是沒有什麼太大影響的。妳不需要避免食用大豆類食物（除非妳對某種食物有不耐症），但如果妳經常食用大豆的話，就要對甲狀腺檢查結果特別留意。攝取量限制在每週兩份。

7. 生甘藍

某些食物，例如抱子甘藍和羽衣甘藍，對雌激素代謝特別有益，但如果生食的話，可能會降低甲狀腺功能。幸虧，煮熟似乎就能減少負面影響。

8. 維生素 D

由於近年來陽光的危害被廣為宣傳，許多人的防晒措施做得太好，或是根本不出去晒太陽，導致維生素 D 攝取不足。由於我們很難從食物中攝取到足夠的量，所以有些食物，像是牛奶，會添加維生素 D。最佳的食物來源是

肝以及含汞量低的魚類，例如鯡魚、沙丁魚，以及鱈魚。陽光依然是攝取維生素 D 的最佳來源，但我建議不要過頭。

【第二步：草藥療法】

數千年來，阿育吠陀療癒師會開立幾種草藥療法來幫助解決甲狀腺方面的問題。一種叫做印度沒藥（guggulu）；另一種是褐藻（Bladderwrack）。儘管在亞洲有許多民俗先例且使用廣泛，但都尚未獲得確切的科學實證支持。同樣地，有少數健康網站建議彩葉草（coleus）、印度沒藥，以及褐藻來治療甲狀腺機能低下，但並沒有足夠的數據資料能證實這些是有用的。[32]

【第三步：生物同質性賀爾蒙】

如果我上述的建議無法幫助妳緩解，還有其他幾種能夠促進甲狀腺功能的選擇。在生物同質性賀爾蒙方面，我會盡可能開立最小的劑量，最短的服用期，而且絕對不能讓甲狀腺值超過生理範圍，也就是人體自然產生、被認為是最佳數值的範圍。

我告訴我的患者，想要找到最合適的甲狀腺藥方就像買鞋一樣，有時候妳試穿的第一雙鞋就合腳了，但有時候妳需要試穿很多雙才能找到合適的。我在就讀醫學院和實習的期間學到的是，所有的案例都要用合成 T4 來治療，但過去數十年來我發現甲狀腺機能低下的症狀其實使用粉狀或腺體萃取物的甲狀腺藥方更有可能解決，也就是更合腳的鞋。一般而言，使用甲狀腺粉而非合成的 T4，在治療多種不同症狀方面能得到較好的療效。正如很多主流醫師會質疑甲狀腺機能低下症確診的合理性，許多人也質疑甲狀腺粉的效益，認為那是過時的，但我的經驗卻恰好相反。

如果妳需要提高或替代甲狀腺，有幾種不同的選擇可以考慮。以下是一份購物清單；除了 Tirosint 是液態軟膠囊之外，前三種都是口服藥錠（＊代表經美國食品藥物管理局核准規範）。

- 腺體萃取物或天然甲狀腺粉（Armour、Nature-Throid）
- T4（左旋甲狀腺素 *、Synthroid*，以及近年來上市的 Tirosint*）
- T3（Cytomel*、三碘甲狀腺胺酸 *，或調製複合藥物）
- T3／T4 組合（Thyrolar* 或調製複合藥物）

　　腺體萃取物是將動物的內分泌腺體磨碎而成的，有幾家公司生產這種天然的甲狀腺賀爾蒙替代產品，我通常會開立的是 Armour Thyroid。這是由森林製藥公司（Forest Pharmaceuticals）所生產，從豬的甲狀腺研磨而成的粉末，可依處方箋購買。森林公司表示他們只使用穀飼、美國農業部檢驗通過的豬隻。西方研究實驗室（Western Research Laboratories）所生產的 Nature-Throid，是另一種來自豬隻甲狀腺的腺體萃取物。

　　由於這些產品是用來取代或提高甲狀腺賀爾蒙的，最常見的副作用和甲狀腺過多（甲狀腺功能亢進症）或過少（甲狀腺機能低下症）的症狀相似。妳可以根據自己感覺良好的程度調整最適當的劑量。

如何選擇甲狀腺藥物

　　先前所提及的這些藥物都需要處方箋。無須處方箋的甲狀腺治療（除了那些在第一步和第二步中提過的之外）都不值得妳浪費時間和金錢，而且可能有害。以下是我根據最佳證據推薦的：

1. 先從天然甲狀腺粉開始嘗試

　　甲狀腺粉從一九〇〇年代早期就已經上市了，分別是 Armour Thyroid 和 Nature-Throid。雖然兩種都未經美國食品藥物管理局核准，但其實那並不算太糟。許多處方藥物之所以沒有經過美國食品藥物管理局核准，是因為它們在該局成立之前就已存在，所以它們「可予繼續採用」（苯巴比妥，一種癲癇藥物，就是一個例子）。一些常見的甲狀腺藥物像是左旋甲狀腺素和

Cytomel，也都是近期才獲得美國食品藥物管理局核准的。

　　Armour Thyroid 和 Nature-Throid 都是通過「美國藥典」認證的甲狀腺藥物，也就是說製藥商是根據美國藥典（USP，一個非政府組織）的配方配製的，所以 Armour Thyroid 和 Nature-Throid 都符合美國藥典的藥效和一致性標準。

　　至於甲狀腺機能低下症治療方面的大量爭議，證據其實褒貶不一。如我在本章一開始提過的，有一些草根、病患交流運動，以及書籍，探討的對象都是那些服用 T4 沒有獲得緩解，但卻在服用甲狀腺粉之後獲得大幅改善的女性。[33] 同時也有證據顯示甲狀腺粉比合成 T4 更安全，也更穩定。

　　如果妳的醫師同意，我建議妳開始服用最低劑量的甲狀腺粉，Armour Thyroid 或 Nature-Throid 都可以。請閱讀瑪莉·薛蒙和潔妮·包索普的書，了解我推薦這種藥物的理由。無論是個人或專業上，我都相信甲狀腺粉是解決女性因為甲狀腺低下或缺乏而產生的各種症狀最有效的治療方式。我自己也服用這種藥物。在開始服用或更換任何甲狀腺藥物之後，由於體內平衡需要六週的時間，所以妳必須等六週才能評估妳的生物化學進展或是驗血報告，然後拿妳的驗血報告和剩下的症狀和妳的醫師商討。

2. 開始服用 T4

　　如果妳的醫師不願意使用甲狀腺粉，或是妳對於美國食品藥物管理局尚未核准它的使用感到不安心，又或者妳對於食用豬隻產品有道德或宗教上的疑慮，亦或妳有麥麩敏感或乳糜瀉，妳可以選擇 Tirosint。然而，我建議妳請一位在這方面知識淵博的醫師，替妳仔細監控症狀、游離甲狀腺值（游離 T3 和游離 T4），以及反轉 T3，還有促甲狀腺激素。別忘了 Tirosint 因為問世較晚，所以比清單上其他藥物的安全追蹤紀錄也較短。

3. 評估進展，有需要時添加 T3

　　如果 Tirosint 無法趕走妳的症狀，妳可能需要添加 T3。我偏好

Cytomel，因為它受美國食品藥物管理局規範管制，而且保險公司經常會給付，至少會部分給付。不過服用 T3 時請務必謹慎，因為它比 T4 的藥效要強四倍，有些服用 T3 的女性會出現焦慮、顫抖，或是心悸症狀，而且可能會相當嚴重，需要接受緊急醫護治療。我有一些患者無法承受 Cytomel，即使是最低的劑量（五 mcg），仍需要將藥錠分割成更小的劑量，或是使用較慢釋放的調製版本。對於游離 T3，我建議的劑量是二・五～三・四 ng ／ dL，並且仔細觀察患者的反應。

4. 如果症狀持續，可能是甲狀腺阻抗

這種情況下妳或許就需要專家了，一位精通甲狀腺阻抗，並且經常使用本章提過的三項方法（促甲狀腺素釋素刺激試驗〔TRH stimulation test〕、游離 T3 ／反轉 T3〔fT3 ／ rT3〕，或是銅／硒）來為人們檢查甲狀腺阻抗的醫師。請參見附錄 D 尋找在這方面的權威。

妳或許會想，為什麼我大多數的患者使用天然甲狀腺粉或結合 T3 和 T4 治療效果較佳。這我不太確定，但我猜想她們的反應應該和甲狀腺粉含有百分之八十的 T4 和百分之二十的 T3，外加少量的 T2 及 T1 有關，相較之下左旋甲狀腺素只含有 T4 一種成分。

莎拉醫師的治療檔案

患者：母親

年齡：六十七

求助原因：「我的甲狀腺功能很低，提高它可以減緩老化嗎？好吧，我試試看，如果妳認為那是安全的話。」

教我要注重健康飲食的人是我媽。以前上學的時候，我就是那個帶著

深棕色硬麵包、當地蜂蜜、天然花生醬，外加一個蘋果當午餐的四眼田雞書呆子（我是吃不到甜膩膩的巧克力奶油蛋糕捲的），她說那些都是有益大腦的食物。我媽是個美人，而且老得很慢，但這些年來她確實胖了，而且脫髮問題也挺嚴重的。

療程：我建議做一次甲狀腺血液檢驗，結果發現她的 T3 很低，她的促甲狀腺激素值是三‧四。我建議她服用四分之一格令的 Armour Thyroid。

成果：「我感覺腳步更輕盈了。而且居然能跑上家裡的樓梯！我已經十五年沒有跑上家裡的樓梯了！」

如何控管甲狀腺賀爾蒙的治療

若妳和妳的醫師決定妳應該服用甲狀腺藥物治療，代表妳已經克服了甲狀腺問題被漏診的障礙，但現在妳有下一個障礙需要克服，那就是適當的劑量。我強烈建議妳找一位知識淵博、最好是認證過，而且在一家忙碌的診所或醫院至少工作了十年以上的醫師，替妳調整甲狀腺藥物的劑量，千萬不要輕忽自己的健康。

一位患者曾說過：「為什麼我的醫師只看我的數字，卻不聽我描述我的感受？這是我想知道的。」我發現聆聽患者描述未解的症狀，同時檢視適當的驗血報告是至關重要的，尤其是考慮到可能有甲狀腺阻抗問題。一般而言，我會注意主要症狀，以及其他需要解決的賀爾蒙失調問題（例如皮質醇過高；請參見第十一章），還有恢復到正常值的甲狀腺賀爾蒙。醫師不應該只看數字，別忘了正確治療的有效策略中，聆聽其實是同樣重要的。

▌甲狀腺平衡的徵兆

我相信每位女性都可以矯正她的甲狀腺、促進新陳代謝並將心情恢復到與生俱來應有的正常值，且用明智、永續的方式管理好體重。以下就是妳能做到的：

- 維持體重。眼前的蛋糕，不會變成妳腰間的贅肉。
- 雙手體溫舒適。當妳和別人握手時，對方不會因為妳冰冷的手而驚恐地退縮。
- 妳的美髮師會很驚訝妳的頭髮居然變得如此柔順。
- 妳的腳步（以及性生活）會展現妳渴望已久的活力。

第十章

常見的賀爾蒙失調組合

人生中的事很少能夠清楚地歸類劃分，往往是紊亂而且雜亂無章的，賀爾蒙也一樣。正如妳的健康不是處於一個真空狀態中，而是在一個布滿各種影響和功能、錯綜複雜的網絡中，妳的神經內分泌系統也一樣。雖然有些人只有一種賀爾蒙失調問題，但大多數的人其實都有好幾種。本章的重點就是提供指引給那些有多種賀爾蒙失調問題的人。妳要如何知道呢？如果妳在第一章中的評量表裡回答「是」的次數多到妳不知道該先看哪一章，那麼妳很可能就有賀爾蒙失調組合的問題。我這裡有解決之道，可以幫助妳用整體而且全面的方法，來優化妳的健康。

▌神經內分泌系統和妳

賀爾蒙系統以一種複雜而且精密的神經內分泌溝通網絡，包含了大腦化學物質以及賀爾蒙，和妳的思緒以及身體其他部位進行溝通。大腦中的特定部位，基本上就是下視丘和腦下垂體，兩者都隸屬於大腦邊緣系統，負責主掌妳的網絡。

然而，妳大腦的某一部分會比另一部分意圖施加更多影響力，那就是杏仁核，也就是妳接收壓力、解讀，然後從環境中嵌入訊息和刺激，進而衍生出妳的心理和情緒狀態。三十五～五十歲的女性容易傾向於以一種即時性、反應性，有時候令人難以招架的方式過度情緒化地回應觸發因素，導致觸發因素和回應之間出現了一種不相符的狀況。我很了解，因為我也曾經那樣，而我每天在辦公室中見到的很多女性也有同感。以下就是其中一位女性的自白：

我的情緒上下起伏很大,莎拉醫師,而且是瀕臨爆發。判斷力早就消失無蹤了。有時候在公司,我可以幹得不錯,讓自己保持冷靜,但有些日子,我卻會毫無理由地嚎啕大哭,在公司那樣做真的不太好。而且不只是在我月經來潮之前會發生,雖然經前狀況總是會加劇。我實在無法再信任自己能夠振作起來了。

要控制杏仁核是非常困難的,然而它卻會影響妳體內重要的賀爾蒙值,像是皮質醇、雌激素、黃體素,以及甲狀腺。杏仁核、下視丘,和腦下垂體是透過神經內分泌系統溝通,負責整理、整合,以及協調妳的心情、生育能力、性慾、膚質、一般老化問題,以及體重。大腦會決定全身的賀爾蒙值,相對地,賀爾蒙值也會透過回饋環路指揮大腦活動,而這兩者之間所跳的那支舞則會決定妳是否能夠感覺到無比熱情與活力。

如何處理多種賀爾蒙失調問題

我已經在先前的章節大致提過主要內分泌腺體之間的相互溝通,但我想要用一整個章節來探討這個重要的課題,尤其是當幾種賀爾蒙問題同時出現時,妳應該如何應對。由於賀爾蒙問題的複雜性和彼此之間的相互關係導致症狀越來越多,我強烈建議妳找一位值得信賴的醫師合作。只要妳一次修復了超過一個賀爾蒙問題,就會大幅提升對健康的益處和自身的良好感覺。

【找到根本原因,尤其是多種賀爾蒙失調的狀況】

我在醫院學到的,尤其是那種奉檢傷分類為聖旨的外科等醫學領域, 一定要優先處理患者身上最迫切的問題,並且施以最立即、證實有效的解決之道。但賀爾蒙並不是外科手術;妳也不是大出血或受到感染。對於賀爾蒙平

衡，尤其是在超過一個系統失調的狀況下，妳需要不同而且更細緻入微的方法。我的患者都同意和我合作，使用一種系統性的方法找出她們的賀爾蒙失調的原因，並且花時間仔細了解緣由之後，才達到了最好的療效。賀爾蒙問題的根本原因，尤其是多種賀爾蒙的問題，通常都早在症狀出現之前就已經開始了。藉由調整那些導致賀爾蒙失衡的控制因素，妳將能夠長久恢復體內平衡。下方的案例完美地解釋了我的意思。

莎拉醫師的治療檔案

患者：喬瑟琳

年齡：四十

求助原因：「我真的很累，覺得自己筋疲力竭。我早上喝越來越多的咖啡提振精神，但似乎沒什麼用，然後我到晚上又睡不著。我很容易感到疲憊不堪，而且無法專心，特別是我很忙而且有期限壓力的時候。我感到不堪重負，這實在很不像我。每次我的孩子帶什麼病毒回家，我都會被傳染。運動也不會讓我感覺好到哪裡去，而我以前可是運動健將啊！這些都是在過去幾個月內發生的，讓我感到非常沮喪，我真的受不了了！我雖然不算是有憂鬱症，但我真的希望能夠再次活得像個人樣。」

　　喬瑟琳做完了我的評量表之後，勾選了五個皮質醇過低的徵兆：疲勞、沒有元氣、長期感到不堪重負、很難抵抗感染，以及睡眠品質不佳。她也注意到甲狀腺機能低下的三項徵兆：皮膚乾燥、腦霧，還有輕微的憂鬱症。由於她的多重症狀，我檢查了她的皮質醇，發現她在早上的皮質醇值稍微低於六 mcg ／ dL（我認為成年人的理想範圍應該是十～十五·〇），還有促甲狀腺激素，二·七 mIU ／ L 代表輕微的甲狀腺機能低下症（我認為的理想範圍是〇·三～二·五 mIU ／ L）。她的二十四小時皮質醇尿液檢驗結果是正常的，她的血壓則正常偏低，九十二／六十一。

療程：我們同時進行了治療皮質醇和甲狀腺過低的加特弗萊德療程的第一步。喬瑟琳每天食用一千毫克的維生素 B 群和酪胺酸，以及一千毫克的維生素 C，來治療她的皮質醇過低。至於治療甲狀腺，她則食用含有每天一毫克銅，以及每天二十毫克鋅的廣效礦物質營養補充品；同時也藉由多吃胡蘿蔔和蒲公英葉來提高維生素 A 的攝取量。她開始去上嘻哈舞課程，我認為那有助於提高皮質醇，正如一項二〇〇四年發表於《行為醫學年報》（Annals of Behavioral Medicine）針對非裔舞蹈的研究結果。這才是問題所在，她需要的是那種能夠提高皮質醇的運動。

六週之後，喬瑟琳感覺好多了，但一半的症狀依然存在。她的促甲狀腺激素進步到了二·三，而她早晨的皮質醇也升到了八，但還是在理想範圍以下。於是我們添加了加特弗萊德療程的第二步來治療她的皮質醇過低，她開始每天兩次食用甘草膠囊（在食用甘草之前請先向妳的醫師諮詢，因為那可能會讓妳的血壓升高）。

成果：又過了六週之後，喬瑟琳的症狀因為食用甘草而解決了，此外，她的促甲狀腺激素也恢復到一·三的正常值，晨間皮質醇也來到正常的十二。她的血壓是一百一／七十五的正常值，這是當她賀爾蒙平衡時會出現的正常數值。喬瑟琳最主要的「控制因素」是在皮質醇過低的情況下忍受壓力，進而影響了她的甲狀腺功能。當她的皮質醇問題透過第二步，以及甲狀腺問題透過第一步獲得解決之後，我們在完全無須仰賴處方藥的情況之下就矯正了這兩種失調。這不是我個人的創舉，其他醫師也曾記錄過這種模式。[1]

【指導方針】

喬瑟琳的案例告訴我們，有幾點方針可以處理多重賀爾蒙失調的問題。當超過一個賀爾蒙出現失調時，情況可能會變得複雜，而我建議妳利用額外的資源來協助妳如何應對。

1. 找一位值得信賴的醫師合作

當妳有不只一個賀爾蒙系統失衡時，我強烈建議妳找一位有時間、知識淵博，而且有興趣幫妳解決賀爾蒙失調問題的醫師合作。如果妳尚未找到合適人選，請參閱附錄 D 中的建議和資源，幫助妳挑選一位能夠理解妳的選擇、同時不會認為唯有開立處方藥才是唯一選擇的醫師。

2. 考慮進行檢查

常妳有多重賀爾蒙失調問題時，和妳信任的醫師　同檢視驗血或其他檢查（例如尿液或唾液）的結果是必要的，因為在各組症狀中有許多相似重疊的地方。賀爾蒙會彼此產生交互作用，因此進行檢查是很有幫助的。

3. 隔離出主要問題

先處理最主要的問題。如果妳依照時間順序列出妳的症狀，通常最主要的賀爾蒙問題會是最明顯的根本原因。喬瑟琳的案例就很清楚：當她的腎上腺失調獲得解決之後，甲狀腺的問題就迎刃而解了。如妳在第二章和第四章中學到的，糖性腎上腺皮質素，也就是最值得注意的皮質醇，是下視丘和腦下垂體最主要的調節者，可以說是賀爾蒙中的老大，而它們也會控制對卵巢、甲狀腺，以及腎上腺的回饋。[2] 對人多數的女性而言，在任何多重賀爾蒙失調的情況下，我都會先觀察糖性腎上腺皮質素。

4. 辨識前因（antecedents）、觸發因素（triggers）及媒介（mediators）

在功能醫學中，這些因素被稱為 ATM。一般來說，若妳出現像是下視丘腦垂體腎上腺（HPA）軸過度活躍的問題，妳可以追溯到一個發病誘因，也就是所謂的前因。以下是我診所中一位女性對她前因的描述：「我一直都沒什麼病史，直到我二十八歲那年，我母親罹患了癌症，而我照顧了她六個月一直到她過世。在她死後一年內，我的月經就停了，然後我罹患了纖維肌痛。」纖維肌痛和皮質醇過低有關，而無月經（三個月都沒有月經來潮）可

能是好幾種問題所引起的，從卵巢控制系統出錯（下視丘腦垂體性腺軸，也就是大腦控制卵巢的方式），到麥麩過敏以及提早停經。

5. 小心那些常見的冒牌貨

許多所謂的內分泌干擾素，經常會影響超過一種賀爾蒙系統，例如，雙酚 A 就是一種環境賀爾蒙和甲狀腺干擾素，遺憾的是，百分之九十三的美國成年人在尿液檢測中都能測出。了解環境中的化學物質如何影響妳的賀爾蒙是至關重要的。[3]

【關於證據和賀爾蒙失調組合】

我在診所中診斷出無數的賀爾蒙失調組合，包括：皮質醇過高和雌激素過低；黃體素過低和甲狀腺機能低下；皮質醇過低和甲狀腺低下；皮質醇過高、胰島素過高，以及雄激素過多（外加黃體促素過多、濾泡激素過低，以及多囊性卵巢症候群，天哪！）等等。以下就是我在臨床上最常見到的組合：

1. 皮質醇功能不良（過高和／或過低）和甲狀腺問題

在此我對功能不良的定義是指身體對慢性壓力的反應調節不良，例如身體的皮質醇沒有維持在理想範圍內，不是太高就是太低，通常是在二十四小時內的不同時段發生的。

2. 皮質醇和性賀爾蒙功能不良

- 雌激素（過低）
- 黃體素（過低）

3. 黃體素過低（雌激素過多）和甲狀腺賀爾蒙低下

▍皮質醇阻抗：皮質醇和胰島素相似嗎？

　　正如過多的甜甜圈、過度的壓力、環境毒素，以及久坐不動的生活方式綜合起來，會讓細胞對胰島素變得麻木而導致胰島素阻抗一樣，有越來越多的科學證據顯示，當細胞對皮質醇變得麻木時，會出現皮質醇阻抗的狀況。[4]皮質醇是賀爾蒙界的老大，而其他賀爾蒙像是甲狀腺、雌激素，以及黃體素都是順從它的。若妳無法善加管理或是遵循健康生活方式，多重失調現象就可能同時發生，例如胰島素和皮質醇阻抗。

　　原則上，長期壓力會提高血液中的皮質醇值。然而，最新的科學理解是，細胞對皮質醇的反應，也就是細胞是敏銳（正常）還是麻木（不正常，是賀爾蒙失調的徵兆，在此情況下則代表賀爾蒙阻抗），可能比血液中實際的賀爾蒙值更重要。[5]這個概念同時也意味著，在辨識細胞阻抗方面，評量表可能比驗血更有幫助，因為目前醫學上並沒有能夠檢查皮質醇阻抗的方式。如我先前提過的，皮質醇是一種又稱為糖性腎上腺皮質素的賀爾蒙。現在已經有證據顯示糖性腎上腺皮質素受體組抗（GCR）是血液中長期皮質醇過高所造成的。那會導致體內細胞的皮質醇過低，讓妳以為自己有皮質醇過低的症狀，雖然血液中的值是過高的。也就是說，糖性腎上腺皮質素的皮質醇受體無法再對皮質醇產生回應，用那個鑰匙和門鎖的比喻來形容，就是妳的「門鎖」（糖性腎上腺皮質素受體）卡住了，而皮質醇無法把門打開。最終的結果就是發炎，而那並不是件好事，它會打造出治安不佳的地區，讓其他快樂的賀爾蒙及神經傳導物質敬而遠之，導致妳更容易罹患像是癌症和糖尿病之類的疾病。

　　幾項試驗都記錄了這種皮質醇阻抗的新理論。[6]持續壓力會導致皮質醇阻抗，因而讓妳更容易感冒，引發更多發炎反應。所以，避免皮質醇阻抗（和胰島素阻抗）最好的方法就是運用加特弗萊德療程的生活方式設計來促進健康。

【失調和年齡】

在我的診所中,我曾見過一些明顯的模式,顯示年齡和賀爾蒙失調是相關的。以下就是我的觀察:

- **三十五歲以下的女性**

大多數前來我的整合醫療診所看診的年輕女性,都只有一種賀爾蒙問題,例如皮質醇過高、黃體素過低、雌激素過多,或是睪丸素過多,而這也是我最常見到並且使用加特弗萊德療程加以治療的失調問題。雖然這些較年輕的患者都是因為症狀來找我的,但因為她們還年輕,所以修復方式其實非常簡單。還記得那個理論說介於三十五~五十歲之間的女性是所有年齡層中心理健康狀況最差的嗎?在三十五歲以前,壓力比較少,抗壓性也較佳;懷孕引起的賀爾蒙起伏也較少;而且器官貯藏能力較強、端粒較多,克服難關的能力也較佳。三十五歲以下女性的體內平衡較少出現多重衝擊,所以較容易找到賀爾蒙問題的根本原因。

偶爾我會在這個年齡層中見到多重賀爾蒙的問題,其中最常見的就是同時出現皮質醇和甲狀腺問題,或是雄激素過多和反覆無常的皮質醇。我發現不孕和黃體素過低有關,有時則是因為甲狀腺機能過低。當女性逐漸邁向三十五歲,這兩種賀爾蒙失調的狀況似乎也會遽增。這個年齡層最常見的賀爾蒙失調組合是功能不良的皮質醇和甲狀腺、黃體素,或睪丸素的變化。

為什麼會這樣?因為皮質醇是身體所製造的賀爾蒙中最重要的,無論如何妳都需要它,才能運送燃料到細胞中,而這也是體內賀爾蒙最基本的工作,當皮質醇是第一優先時,那些非必要的性賀爾蒙(黃體素、睪丸素、甲狀腺)就會首當其衝地失調。換句話說,身體會製造皮質醇,有時候製造得非常多,因而犧牲了其他的賀爾蒙。

- **更年期前期和提早停經:三十五~五十歲以上**

三十五~五十歲的女性較容易同時出現一種以上的失調,或許是因為卵

巢老化的連鎖反應。事實上，妳如何老化會深受妳處理壓力方式的影響。[7]
有時候我們可以辨識出主要問題進而先加以修正。然後，第二個賀爾蒙失調問題也能夠獲得解決。但有時妳必須同時對付好幾個賀爾蒙問題，並且同時治療它們才能得到最好的成效。

因此，「霹靂嬌娃」的概念也顯得愈加重要，妳需要雌激素、甲狀腺和皮質醇的整個團隊都在為妳效勞，而不是和妳作對。妳必須先處理根本原因，尤其是當妳有不只一個賀爾蒙問題的時候。不難想像，所有的問題通常都會指向大腦邊緣系統、杏仁核劫持，以及腎上腺。

換句話說，當妳有多重賀爾蒙失調症狀時，首先應該注意的就是腎上腺功能。多重賀爾蒙失調是賀爾蒙內部溝通的問題，也就是說，賀爾蒙和神經傳導物質之間存在著既定模式。當妳二十五歲感到壓力大的時候，妳會去上瑜珈課、好好睡一覺，或是打電話給好朋友甚至是妳媽。當妳四十五歲的時候，長期的壓力會讓皮質醇升高，直到腎上腺無法再分泌足夠的量，然後甲狀腺就會緩慢下來，妳的關節會出毛病，導致妳因為膝蓋過於疼痛而無法去上瑜珈。壓力大的時候，甲狀腺會突然減緩重要甲狀腺賀爾蒙的分泌，讓妳覺得又冷又痛，也會開始掉髮。然後會出現嚴重的經前症候群症狀，因為來自壓力的皮質醇過高，阻斷了黃體素受體，或許妳還會出現黃體素阻抗。妳會感到憤怒不堪，可能想要離婚。下個月，由於妳的卵巢已經呈半退休狀態，妳不會排卵，導致雌激素過低，血清素值下降，因為血清素（天然的百憂解）是負責管理睡眠、食欲，和心情的，所以妳會開始失眠，這也會讓妳的憂鬱症症狀加劇，並提高妳的食欲。這樣妳大概了解了吧？

換句話說，一個失調問題（長期壓力和反覆無常的皮質醇，一會兒過高，然後又過低）會導致一連串愈加嚴重的賀爾蒙問題。功能不良的皮質醇和甲狀腺、黃體素過低有關，到了接近更年期時，也會導致雌激素過低。

別忘了，三十五～五十歲的主要差異是，由於卵巢的運作勉強，導致許多女性覺得她們好像被圍攻了：前一天妳還覺得幸福到不行，想再生一個，第二天妳就想離家出走跑到森林裡去隱居。如我在第二章中所描述的，妳的

霹靂嬌娃（腎上腺、卵巢和甲狀腺）的上司在大腦中，也就是下視丘。換句話說，下視丘就是查理。如果下視丘不開心，妳就不會開心。妳必須讓那個上司，也就是下視丘，成為妳的盟友，因為它控制著妳的賀爾蒙交響樂隊，而這首交響曲會在妳三十五～四十五歲之間開始嚴重走調。

下視丘會告訴它的鄰居，腦下垂體，為腎上腺、卵巢，和甲狀腺分泌更多或更少的皮質醇賀爾蒙。有幾個重要因素會決定內分泌腺應該製造多少賀爾蒙，包括妳承受多少壓力、體重的改變、光暗循環（尤其是妳在夜間接觸到多少光線）、睡眠的量和品質，以及藥物（例如避孕藥）等等。

• 更年期後的女性

五十歲以下的女性會表現出心理健康較差的症狀，或許是因為她們都專注在扮演好其他人生活中的各種角色，並且試圖表現出自己能夠勝任一切的模樣。妳的賀爾蒙會在五十歲之後再度平息下來，有些女性挺享受這種老太婆的生活，那些醜陋（有時爆笑）的更年期前期暗黑歷史都已經成為過去式。過了更年期的女性經常不再感覺自己需要隱忍犧牲或是偶爾無私受虐奉獻。妳是否注意到，五十歲以上的女性抗壓性更高，而且似乎有更多選擇和行動來表達她們真正的需求和價值觀？這可不是什麼傳聞軼事，而是有文獻記載的。[8]

壓力在生兒育女和追求事業高峰的年華之後會逐漸下降，而這意味著更平靜的神經內分泌系統，因此也不會再出現強烈的連鎖反應。妳更能夠實現自我，並且學會不在乎他人對妳的看法。沒錯，雖然妳需要面對不饒人的新陳代謝，但至少如果妳檢查了妳的甲狀腺，使用原始人飲食計畫，並且挪出時間練瑜珈的話，妳就能夠保持還算健全的心態。妳的頭腦會更清醒，也會有更多的選擇。

妳會身體力行，再也不會推遲過去因為忙著兼顧家庭和事業，或是持家而延誤的那些重要事項，例如拯救地球或是為弱勢者發聲，亦或是替花園澆水。

雖然五十歲以上的女性壓力減低了，但依然可能會出現更多皮質醇阻抗。因為某些生物指標會在五十歲之後改變：皮質醇上升、去氫皮質酮（DHEA）以及其他雄激素減少，還有甲狀腺自體免疫會在更年期十年後達到高峰。[9]更多女性被診斷出有失眠問題，可能和皮質醇上升有關，結果導致更多睡眠干擾，褪黑激素值也會下降，而那可能會讓妳在次日感到心情不佳和腦霧。

• 從少女到老婦

以下是一位女性對自己從三十幾～六十幾歲賀爾蒙起伏的經驗談：

案例

三十多歲的時候，我從來都不知道一份讓人腎上腺素飆升的工作和難搞的婚姻，會對我的賀爾蒙有影響，導致我無法受孕並且懷胎到足月。

到了四十歲時，我在工作上經常處於壓力鍋狀態，但我卻渾然不知，而自己即將進入更年期前期。當時我有三個青春期的孩子，一天到晚忙裡忙外。我雖然從未把情緒問題帶進公司，但我的身體卻不配合。我開始出現偏頭痛。我從來沒有因為偏頭痛而請假，但有些日子我真的是硬撐過去的。我的經血量變多了，雖然過去一直都還可以，而且經期變得很痛，我會在三更半夜醒來（對一個需要花很長時間通勤的上班族來說真是要命）。我的情緒每天都像坐雲霄飛車。後來我的醫師終於開給我低劑量的避孕藥，那雖然安撫了我的情緒，但對於我的偏頭痛卻毫無幫助（事實上，甚至變本加厲了）。

五十幾歲的時候，我的經期變得更亂，我也逐漸邁向更年期，首先讓我感到不對勁的是無法入睡。我的醫師用一堆賀爾蒙來治療，但都徒勞無功。最後她建議我去她進修的一間大學試試針灸。哼，有人拿針刺在我身上我就能夠重新思考？最好是啦。雖然花了好幾個月的時間，但在每週一次針灸和每天吃中藥的幫助下，我的睡眠改善了，腦袋也又管用了。

夏洛蒂，也就是第四章中提過的那位患者，清楚地闡明了壓力和她賀爾蒙症狀之間的相互關係，包括不孕、偏頭痛、不穩定的情緒，以及睡眠問題。

我在患者身上所見到的這些常見賀爾蒙失調，大多數都有一個共同點：功能不良的皮質醇。這不是巧合。女性對過多壓力的反應其實都是可預料的。如果沒有得到控制，持續的壓力會為那些被主流醫學忽視的女性帶來嚴重的後果，包括不孕、「累癱」的控制系統（下視丘）、疲勞，以及心情陰晴不定。根據傳統中醫的說法，女性的器官貯藏能力會隨著生產的氣而消耗殆盡，端粒也會變短，並出現早衰的現象，卵巢（卵巢貯藏能力下降）和甲狀腺（甲狀更年）也一樣。

壓力對賀爾蒙的影響

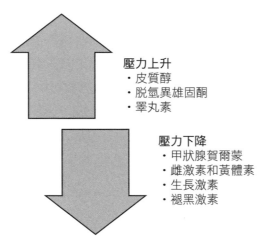

壓力上升
- 皮質醇
- 脫氫異雄固酮
- 睪丸素

壓力下降
- 甲狀腺賀爾蒙
- 雌激素和黃體素
- 生長激素
- 褪黑激素

【關於皮質醇和其他賀爾蒙互助依存的扼要重述】

我要再次強調，好幾個大小賀爾蒙的生成都是皮質醇主掌的。皮質醇能調節血糖、免疫功能，以及血壓，加上它會抑制或刺激許多其他的賀爾蒙，

當壓力過大或貌似過大時，一開始血液、唾液和尿液中的皮質醇（糖性腎上腺皮質素家族的一員）會上升，接下來就會伴隨著雄激素的上升，包括脫氫異雄固酮和睪丸素。皮質醇過高會阻斷或降低甲狀腺賀爾蒙、性賀爾蒙（例如雌激素和黃體素）、生長激素，以及褪黑激素的生成。最終，皮質醇過高會影響糖性腎上腺皮質素受體，導致糖性腎上腺皮質素阻抗（GCR）。長期下來，腎上腺無法再持續大量輸出，皮質醇值就會下降。

治療賀爾蒙失調的新方法

【壓力公式】

我丈夫在史丹佛的老友，奇普・康利（Chip Conley），寫了一本很棒的暢銷書，《情緒公式》（Emotional Equations），是關於情緒和描述情緒的數學公式。[10] 他的簡單公式描述了關於情緒的複雜普遍真理，讓我想到我也可以用公式來描述賀爾蒙組合。我在本章中列舉了幾種賀爾蒙公式，可以幫助妳了解各種變數之間的交互作用，也就是賀爾蒙和影響賀爾蒙的行為，例如生理壓力。我們先來看看下方這個適用於成年人的公式：

$$壓力 = \frac{腎上腺功能不良}{（睡眠 \times 運動 \times 健康食物 \times 靜思冥想）}$$

這個簡單公式顯示當妳的腎上腺失去平衡，或是製造過多皮質醇時，壓力就會上升。但如果有恢復性睡眠、定期運動、營養豐富的食物，以及沉思方面的練習，像是靜思冥想，壓力就會下降。

壓力和功能不良的腎上腺：常見的賀爾蒙組合

回到第一章中的評量表，如果妳在 PART A 或 PART B 中有三題或以上的答案是「是」（或是加起來，PART A 和 PART B 有三題以上），外加另一

個部分有三題或以上，那就表示妳的腎上腺和甲狀腺或卵巢之間的交聯影響出了問題。

1. 功能不良的皮質醇和甲狀腺問題

以下就是一個典型的狀況：妳的醫師診斷出妳有甲狀腺低下。鬆了一口氣！終於，妳知道自己為什麼感到筋疲力盡、心情不佳、缺乏性慾，還有體重上升。妳沒有瘋，這是生理問題，妳不需要去看精神科。妳開始服藥，通常是合成 T4，例如 Synthroid 或左旋甲狀腺素的口服錠。頭幾天妳感覺好極了，體重也開始下降。然後，砰！幾天或一兩週之後，妳又感到疲累，妳的體重上升了，蜜月期結束了。妳迫切地想要尋找修正路線的方法。

有很多女性服用了處方正確的甲狀腺賀爾蒙，而且在甲狀腺蜜月期中腎上腺也沒有作怪。但如果妳的症狀是非典型的，或者妳一開始感覺良好但後來故態復萌了，或者妳在第一章的評量表中 PART A 和／或 PART B 及 PART G 回答了三題或以上「是」，我建議妳考慮甲狀腺和腎上腺系統之間的重要連鎖反應，因為腎上腺問題會導致妳的甲狀腺問題更加嚴重且更難矯正，反之亦然。

【背後的科學原理】

甲狀腺對壓力以及血液中皮質醇過高的反應是，減緩甲狀腺賀爾蒙的生成。腎上腺過高，也就是那個因應壓力而升高的短效型神經傳導物質，會導致甲狀腺素（T4）降低，進而造成促甲狀腺激素（TSH）過高，以及甲狀腺遲緩的症狀。當皮質醇不足或長期過高時，也可能降低甲狀腺功能。[11]

杏仁核，也就是接收壓力的大腦邊緣系統的一部分，含有大量的甲狀腺受體及脫碘酶，能調解甲狀腺賀爾蒙的生成。[12]當壓力過高時，妳的身體會充斥著糖性腎上腺皮質素例如皮質醇，這會減緩下視丘腦垂體甲狀腺（HPT）軸以及甲狀腺賀爾蒙的生成，而甲狀腺賀爾蒙對下視丘腦垂體腎上腺（HPA）軸具有相似的作用。[13]也就是說，當妳體內糖性腎上腺皮質素

（賀爾蒙皮質醇及其表親的花俏說法）的量增加時，甲狀腺賀爾蒙的產量就會下降，反之亦然。從那些有皮質醇功能不良和甲狀腺問題的人身上可以看出，過高或過低的皮質醇都可能損害甲狀腺功能，雖然關係並非直線型的。[14]

皮質醇過高或過低都可能拖累甲狀腺。那些製造過多或過低皮質醇的女性，加上功能不良的甲狀腺，會感到加倍疲累，然而在主流醫學中經常兩種狀況都不被採信，因此在現有的生物指標中也沒有獲得記載。[15] 然而疲勞和筋疲力盡在我們的文化中依然盛行，有百分之七十八的女性都表示感到疲勞。[16]

另一種解讀壓力和大腦邊緣系統劫持以及甲狀腺功能相互依存的方式，就是把甲狀腺和皮質醇之間的關係想成是非直線型的，而是拋物線型的，這表示當皮質醇過高或過低時，妳會製造較少的甲狀腺賀爾蒙；當皮質醇恰到好處，在正常範圍內時，甲狀腺運作得最好，也會產生最適量的賀爾蒙值。

【解決之道】

我建議妳進行第四章和第九章中的加特弗萊德療程。先從這兩章中的第一步開始。在妳實施了第一步六～十二週之後，重新評估妳的症狀。如果妳依然沒有感覺賀爾蒙問題獲得改善，就添加這兩章中的第二步。如果之後妳依然有第四章和第九章中提及的五項或以上症狀，請去看醫師，考慮進行進一步檢測並且使用需要處方箋的生物同質性賀爾蒙治療。別忘了，妳的甲狀腺藥物需要足夠的皮質醇才能產生良好的作用：不能太高也不能太低。

2. 功能不良的皮質醇和功能不良的性賀爾蒙（雌激素和黃體素）

皮質醇過高是我在診所中最常見的賀爾蒙問題，而過高的皮質醇和過低的雌激素和／或黃體素則是另一個常見的組合。這會依年齡而異：黃體素過低外加皮質醇過高是我常在三十五歲以下女性身上見到的賀爾蒙失調組合。如果妳在第一章的 PART A 和／或 PART B 中，回答「是」的問題超過三題

或以上，加上 PART C、PART D 和 PART E 也有超過三題或以上，那麼這就是妳的賀爾蒙失調組合。在四十五歲以上的女性身上，我比較常見到的是皮質醇過高或過低外加雌激素過低。如果你在第一章的 PART A 和／或 PART B 外加 PART E 回答「是」的問題超過三題或以上，腎上腺功能不良外加雌激素過低就是妳的問題。

【背後的科學原理】

性賀爾蒙過低和現代女性生活中普遍存在壓力，有著密不可分的關係，而我們知道壓力是從很早就開始的。測試顯示有百分之九十一的女性大學生感到不勝負荷，遠比男性的比例要高，雖然根據文獻記載心理健康問題一直要到三十五歲才會顯現出來。[17] 此外，大學女性的疲憊比率比男性高（百分之八十七比七十三），還有焦慮（百分之五十六比男性的百分之四十）；自從一九九八年以來，開立給大學生的安眠藥處方箋數量就多了三倍。[18]

大學畢業後，我們又多了一堆提高皮質醇的幫兇：咖啡因、睡眠不足，以及某些和一種叫做腦泌神經滋養素（BDNF，會讓大腦保持年輕、靈敏，能夠學習，或是具神經可塑性）的重要補腦物質相關的基因型，更別提雌激素過低、進食障礙、避孕藥，以及工作和通勤的壓力。[19] 這些因素都會造成黃體素過低，或是與它有關，舉例來說，當妳因為進食障礙或是服用避孕藥而減輕體重時，妳就會阻斷排卵，因而降低黃體素。

老實說，我們全都需要保護自己不受壓力侵害，包括過度保護的天性，以及追求完美主義的傾向。如果妳也和我一樣，妳需要一個靜思冥想的教練大概每小時出現在妳面前，提醒妳要深呼吸。要是真有這個教練，我也希望他能幫我在育兒方面表現得更超然，或許還能提醒我要笑，並且能多去欣賞一些簡單的事物，至少一直到我五十歲，能夠不再全天候滿足他人需求為止。

如同在第二章和第四章中提過的，腎上腺和卵巢就像在跳一支錯綜複雜的舞。雌激素和黃體素是在腎上腺和卵巢中生成的，但當女性處於長期壓力

狀態下時，它們就會轉向製造更多的皮質醇。結果長期壓力導致更高的皮質醇值和更低的黃體素值，同時也會降低其他的性賀爾蒙，像是雌激素、睪丸素，以及脫氫異雄固酮。

【雌激素過低】

　　皮質醇過高會降低雌激素和黃體素的生成。當壓力長期存在時，妳的身體會因為孕烯醇酮竊取而製造較少的雌二醇，試圖平衡神經內分泌系統。四十歲以上的女性，可能因為杏仁核劫持（也就是妳對一般的日常壓力反應過度）和皮質醇過高讓卵巢緩慢下來或沒有排卵而不孕。卵巢賀爾蒙的平衡是很微妙的，而杏仁核劫持可能會讓卵巢功能失常。在更年期前期，皮質醇過高和雌激素過低都會讓熱潮紅、夜間盜汗以及心情陰晴不定等症狀加劇；更年期過後，雌激素過低會因為皮質醇過高而更加嚴重，而且可能讓骨質流失惡化導致骨質疏鬆症。

【解決之道】

　　在這種情況下，我們的目標就是要讓過度活躍的大腦平靜下來。請同時運用第四章和第七章中的加特弗萊德療程。如果皮質醇過高和雌激素過低的症狀依然持續，那麼請加入這兩章中的第二步。大多數的女性在使用第一步和第二步之後都能重拾平衡，但如果沒有的話，請運用這兩章中的第三步。使用雌激素治療的女性皮質醇值會暫時降低，但我建議先讓皮質醇恢復正常，真的不行再使用雌激素療法，因為相關的風險實在很大。

【黃體素過低】

　　除了孕烯醇酮竊取，壓力過大也會迫使過高的皮質醇阻斷黃體素受體，讓細胞感覺到黃體素過低，即使驗血結果是正常的。

　　就拿經前症候群來說，對某些女性而言這是因為黃體素過低和長期壓力所引起的。經前症候群是一連串在情緒、身體，以及行為上的症狀，在生育

年齡的女性中有百分之四十～六十有此病症。[20] 原因不詳，但顯然綜合了遺傳和神經內分泌等多方面的弱點。有些患有經前症候群的女性黃體素過低，但並非全部。

【經前症候群公式】

以下就是構成經前症候群變數的公式：

$$經前症候群 = \frac{皮質醇}{黃體素}$$

當壓力過大時，皮質醇會升高，而經前症候群也會加劇；當黃體素過低時，經前症候群也會惡化。換句話說，皮質醇和黃體素合跳的那支舞，會影響經前症候群的發展，而如果妳想要減少經前症候群的症狀，就應該調整好腎上腺功能和皮質醇分泌，同時還有黃體素。

【解決之道】

我建議妳從第四章和第五章的加特弗萊德療程第一步開始。當妳連續六週以上達成第一步中的所有或大多數建議之後，重新做一次評量表測驗。別忘了，想要達到賀爾蒙體內平衡至少得花六週以上的時間。六週過後，如果妳依然有那兩章評量表（Part A、Part B）中三項以上的症狀，請加入第二步中所推薦的策略，繼續進行六週。如果做完第二步六週後，症狀依然持續，請進行這兩章中的第三步。

3. 黃體素過低（雌激素過多）和甲狀腺低下

如妳在第五章中學到的，黃體素過低從三十五歲開始較常見，而且經常會導致雌激素過多的症狀，也就是雌激素的分泌量在相較之下多於黃體素。當這種情況發生時，正義女神手上的秤就失去了平衡，違反了自然，有證據顯示黃體素過低和甲狀腺機能低下可能相關。

【背後的科學原理】

造成黃體素過低最常見的理由就是老化的卵巢。隨著女性的卵巢老化，排卵會變得較不規則，而這也會降低黃體素值。

以下就是雌激素過多、黃體素過低，以及甲狀腺功能低下之間關聯的證據。

- 亞臨床甲狀腺機能低下症和黃體期（月經週期的後半）過短以及黃體素不足有關。[21]
- 黃體素會調節子宮中甲狀腺受體的表現。[22]
- 過多雌激素可能會增加甲狀腺素結合球蛋白蛋白質，意思是甲狀腺賀爾蒙較受束縛，較無法供應給細胞內的受體，這可能減少甲狀腺賀爾蒙，導致甲狀腺不足的症狀。
- 在動物研究中顯示，甲狀腺機能低下症可能會降低黃體素受體的敏感度，或許還會導致「黃體素阻抗」（詳情請參見第五章）。[23]
- 在青春期的女孩中，硒和黃體素在黃體期對甲狀腺功能的影響最大。[24]

【生育能力公式】

現在妳應該已經知道壓力在賀爾蒙失調方面扮演著關鍵的角色。請注意，壓力和生育能力之間也存在著互惠的關係，如下方的公式：

$$生育能力 = \frac{（黃體素 * 甲狀腺賀爾蒙）}{壓力}$$

【解決之道】

運用第五章和第九章中的第一步長達六週，然後重新做評量表。如果任何一個類別中依然有三項或以上的持續症狀，請運用這兩章中的第二步長達

六週。如果症狀依然持續，請運用這兩章中的第三步來治療任何一個類別或兩個類別。

妳專屬的神經賀爾蒙範本

本章節提供的是女性的實際生活經驗和賀爾蒙生物化學之間錯綜複雜相互關係的範例，且通常會以多重賀爾蒙失調的方式顯現出來。獨特的賀爾蒙環境背景是由無數因素所聚集結合而成的，會根據身體和壓力的程度而有所不同。這些因素包括妳的生活方式，例如飲食、補充營養，以及活動的方式；妳的基因遺傳以及生活方式如何改變妳 DNA 密碼的表現；妳所暴露的環境毒素；以及妳的免疫和感染（包括舊型的傳染病，像是單核白血球增多症病毒，以及新型的）。

認知是第一步，如果妳認為妳有多重失調的問題，先深吸一口氣，妳會獲得妳應得的幫助，而且是來自各方面的。如果妳感到不堪重負，請記住，有時候小小的改變可以讓多重賀爾蒙失調問題獲得全面的轉變，而糾正問題比忍受後果要容易多了。還有，別忘了帕累托法則：百分之八十的成果其實是來自百分之二十的努力。

第十一章

賀爾蒙極樂世界
切勿半途而廢

恭喜妳讀完了這本書！妳現在一定覺得頭昏腦脹，這是女性三十五歲之後常出現的症狀。希望妳已經開始運用相應的加特弗萊德療程來重整生活方式，以解決妳在評量表中所辨識出的主要賀爾蒙失調問題。或許妳已和妳的好麻吉、醫師，以及心理醫師談過了。準備要修復妳的賀爾蒙問題了嗎？我敢打賭妳現在已經知道該怎麼做來治癒妳的賀爾蒙了，但那只成功了一半，另一半則是遵從這些方法。

女性、體重和食物就是個很好的例子。我觀察到大多數的女性，包括我自己在內，都有肥胖恐懼症。我在視訊講座中，經常問女性是否知道該如何管理體重或壓力，大家都會舉手。然後我會問有多少人真的每天照做，大家都把手放下來了。問題出在哪裡？遵從，也就是遵照期望中的行為去做。

我喜歡用遵從，而非像是自制那種名詞，因為我發現，無論是個人或專業上，自制實在太容易讓人感到不堪重負或筋疲力盡了，就像腎上腺一樣。此外，不論飲食或是運動方面，努力克制自己對我而言一向都沒什麼好結果，而且工作過勞應該是我三十幾歲的時候腎上腺消耗過度的主因。別誤會我的意思，意志力幫助我完成學業和醫學訓練，但智慧會隨著年齡增長，而有時候錯亂的皮質醇和黃體素也會跟著出現，限制了意志力。矛盾的是，當我求助於古老傳統像是中醫或阿育吠陀時，我發現「屈服」更適合我，而這也是遵從的一部分。我發現在自己的生活中，以及在我為世界各地的女性提供指導時，遵從不僅讓進展更加流暢，同時也讓我挖掘出深藏在經歷底下的情緒，例如，習慣性地被困在不良的飲食選擇和對體重的執著上。

進行治療的同時自己也需要努力

我在臨床上經常遇到女性想要藉由外力，來解決她們所有的問題。她們都希望能有一種藥可以修復一切，而且完全沒有副作用。壞消息是，我不認為有這種藥存在。我們都想要最輕鬆的方式，但事實上，重新平衡賀爾蒙、生活方式的管理，以及長遠持久的改善，這些都是內在的工作。是的，外在因素很重要，例如妳吃什麼或是食用哪些營養補充品，但即使藜麥和聖潔莓能帶來良效，妳依然需要自己做出努力。聖潔莓不是什麼仙丹，但如果妳用健康的食物和適量的運動來滋補身體（而不是在月經來潮的前一週狂吃冰淇淋），聖潔莓就更可能在妳身上發揮效用。

女性、食物，和體重是我最感興趣的幾個話題，而我並不想要過度簡化這些微妙而且兩極化的問題。身為一位婦科醫師，我知道大多數的女性都深受食物和體重所困擾，而且飽受不必要之苦。我之所以知道是因為來我診所和在網路上的女性都會向我傾訴，我想食物和體重可能是女性最常見的神經質般的執著，同時也是對賀爾蒙平衡最大的破壞。我之所以知道，是因為我也曾經歷過。我花了很多年的時間參加了食物戒癮計畫，而那幫助我了解我在食物方面需要劃清多少界線。正如妳希望妳的賀爾蒙能夠符合「金髮姑娘原則」一樣，不太高也不太低，妳在食物方面劃清的界線也需要是恰到好處的。

當然，妳和食物、運動，以及重新設計生活方式之間的關係，有更深層的心理因素需要考量，而不是三言兩語的金句就能夠解釋清楚的。姬妮・蘿絲（Geneen Roth）寫了一本很棒的書，叫做《女性、食物，和上帝》（Women, Food, and God），是關於女性對食物存在的深層心理和心靈渴望。或許妳的母親在懷妳的時候限制了食物攝取，導致妳發展出一種壓力反應和永不滿足的飢餓感。或許在比攝取營養更深的層次上，妳感覺自己沒有飽足。我相信體重是一種原型，而不只是體重計上的一個數字。

如果妳有食物方面的問題，或是明知道什麼健康習慣對妳有益但卻難以

維持，妳或許可以花點時間與一位專精於食物成癮的心理醫師深入探索一下這方面的話題，或是考慮參加戒癮計畫。的確，當妳能夠自在地選擇有益身體的食物時，就能為賀爾蒙療癒盡更多力，而且也更容易成功。

當賀爾蒙症狀改善後，接下來呢？

讓我們想像一下，當妳達到賀爾蒙平衡了。大多數的日子妳都有好好運動，每晚也睡足八小時。妳吃的是滋補、有機的飲食，也限制了酒精和咖啡因的攝取，或許妳甚至連糖和麥麩都戒掉了。妳的性慾像青少年一樣活躍，情緒很穩定，感覺既健康又活力十足。妳終於苦盡甘來了，不再那麼擔心健康，甚至連在無聊的時候都能感受到美好。

現在妳應該做的就是鞏固良好的行為，那些有益健康和賀爾蒙的行為，並且持續追蹤不良行為。我們已經談過如何不靠處方藥物就能重整妳的生活方式，也指出了平衡的道路，接下來就是建立好習慣，繼續延續這股氣勢朝著正面的方向前進，並且持之以恆。在本章中，一旦妳開始感到精神飽滿之後，我會以良師益友和啦啦隊的角色，幫助妳將好成績維持下去。我的任務就是告訴妳策略，讓妳終生維持賀爾蒙平衡。

讓賀爾蒙恢復平衡比忍受賀爾蒙大亂的後果容易多了。現在妳知道妳並非無可救藥，也不是精神失常，而且妳有一整套的工具能夠隨時隨地帶在身邊。妳已經找到妳個人的「賀爾蒙體內平衡」了。如果我們對賀爾蒙平衡的定義是偏離正常中央軸的小偏差，那麼我們的目標就是減少這種擾動。當妳因為這種擾動而遠離平衡時，妳需要知道該如何應對。

持之以恆：不間斷的加特弗萊德療程

妳已經體驗過加特弗萊德療程如何將複雜的科學轉換成以重新設計生活方式為重點又容易遵循的計畫。我希望妳持續採用我的整合方式，好持續優

化飲食、沉思練習、針對性的運動、營養補充，以及在必要時採用生物同質性賀爾蒙。

案例（艾琳，加州沙加緬度）

莎拉醫師，妳引導我在過去一年中減去了二十三磅（十公斤），而且沒有復胖。妳幫助我讓我的雌激素、甲狀腺、睪丸素，以及皮質醇恢復到應有的數值。請幫助我持之以恆，我想知道該如何修正並優化這個過程，好讓我不會再回到一年前的那種慘狀。

不要往回看。現在妳已經有所需的知識繼續往前走，妳根本不需要回頭。和我許多其他患者一樣，艾琳對加特弗萊德療程的成果感到很滿意，但經常需要他人提醒和支持才能維持下去，以免又重拾過去的舊習慣。或許她是因為太忙所以無法持之以恆，或許這只是人之常情，大家都需要某種問責的制度才能繼續維持平衡。但其實最重要的一件事就是專注於自己的目標：那就是更健康的自己。

我們都處於進展階段：一個真實案例

我在二〇〇八年第一次見到艾琳，她是一位五十四歲的平面設計師，離了婚，有一個青春期的孩子。她的目光炯炯，身上配戴著令人羨慕的粗獷風格珠寶，她看起來似乎比大多數的同齡母親都要健美而且有精神，但艾琳抱怨說她覺得自己變了。最令她困擾的是，她不再覺得自己性感，也失去了性慾：「我不希望我的餘生都不再能享受性感的一面，我不想要變胖，也不想早衰。」艾琳最後一次月經來潮是在兩年前。當她做完我的評量表之後，我們發現她的三個霹靂嬌娃（雌激素、皮質醇，和甲狀腺）都需要重新平衡。艾琳有甲狀腺機能低下的問題，而且二十年來都使用同樣劑量的 Synthroid 治

療，那也是最常見的一種合成甲狀腺處方藥。艾琳的游離 T3 對反轉 T3 的比率很低，意味著她全身細胞中的甲狀腺賀爾蒙值都偏低。她也在服用口服雌激素，而那會讓她的游離 T3 降得更低。

艾琳在壓力方面管理得很好，除非她得去芝加哥拜訪她那些不和樂的家人，或是必須在緊迫的期限內完成工作。這兩種狀況都會讓她在夜晚的皮質醇升高。我們嘗試了治療皮質醇過高的加特弗萊德療程中的第一步和第二步。她在早上補充魚油、磷脂絲胺酸，以及紅景天，同時也開始採用一個嚴格的賀爾蒙平衡飲食計畫（請參見附錄 F 中的範例），以及針對性的間歇運動方案。那對皮質醇過高很有效，但卻沒有解決她甲狀腺低下的問題。我建議她改用經皮膚吸收的雌激素，也就是貼片，那改善了她的游離 T3，但並沒有讓她的甲狀腺達到極樂世界的境地。於是我們採用第三步，也就是最低劑量的生物同質性賀爾蒙，除了讓艾琳服用 Synthroid 之外，另外再添加 Cytomel（T3）。在六週內，艾琳就有了極大的進展。「我感覺棒極了。」她告訴我。「光靠健康飲食和運動，我就減去了八磅（四公斤）。而我長期以來需要午睡的問題也完全消失了。」

然而，最近她母親那裡出了一點事，再加上意料之外的財務需求，讓艾琳感到壓力倍增而且走投無路。「那種熟悉的憂鬱症感覺又回來了。雖然不至於讓我下不了床、無法去上班或是扮演好母親的角色，我只是覺得筋疲力盡，但過去那種懷疑自己的態度又回來了。」

在我們的合作之下，艾琳現在非常明白，她的心情、欲望，和精力下滑的根本原因是生理上的，而非情緒上的。這些感覺通常都和長期壓力下沒有分泌足夠的快樂大腦化學物質有關，像是血清素和多巴胺。當她再次做評量表時，我們發現她的雌激素和皮質醇過低，所以我提高了雌激素貼片的劑量，並添加了能夠提高皮質醇的甘草。在四週內，艾琳就扭轉了局勢，她又再次感到身心和諧、更有自信、精力充沛，並且能夠面對挑戰。

妳也可以善用最佳證據來調整妳的神經賀爾蒙回饋環路，讓它順應妳的身體和獨特的生活狀況，達成符合妳個人的特殊目標。

莎拉醫師的調理賀爾蒙小撇步

在執行和維持賀爾蒙療癒方面有三大重要特點，就是制定目標、心態，以及自我追蹤。

【制定極為清晰且適度的目標】

聽到那些像是「百分之九十八的減肥計畫都會失敗」或「百分之三十四減肥的人都會復胖」這樣的統計數據，很容易讓人感到心灰意冷。或許妳也注意到了手術並不能解決體重問題，甚至有百分之五十的人做了胃繞道手術之後，還是復胖了一些。這有可能是因為妳和我一樣，即使在不餓的時候也習慣吃東西，或許是在撫慰某種情緒上的需求。不過，這種習慣是可以改寫的。根據改變領域的專家和我個人的經驗，更有效的方式就是仔細去了解妳在健康生活方式上已經具備哪些正面的特質，然後去強化那些特質。這是神經科學和正向心理學的基本概念。

可以想像，當妳得知自己所有的賀爾蒙值都過低，包括雌激素、黃體素、皮質醇、甲狀腺、維生素 D，妳可能會覺得要勇往直前當個賀爾蒙戰士實在太困難了。然而當妳制定適度且清晰的目標後，就有可能創造出持續性的改變。

至於哪些適度目標是效果最好的，我們有嚴謹的科學為依據。讓我來分享幾項和體重管理有關的建議，因為飲食和賀爾蒙平衡有極大的關係，想要維持減重效果和賀爾蒙平衡，以下是幾個經證實有效的目標：

- 模塊化。把一個較大的目標（「我想減二十磅＼九公斤」）分成較小的具體目標（「我要在接下來的六週內，每週減去○‧五～一磅＼○‧二～○‧五公斤」）。
- 模仿妳曾祖父母輩的飲食習慣。我們的曾祖父母當年吃的都是全天然的食物，因為那個年代沒有包裝食品和假奶油，也沒有麥當勞。試試看學他們的飲食方式。我的外曾祖母早餐都吃粥配莓果，午餐和晚餐

則吃精瘦蛋白質和很多蔬菜。她每天晚上都吃一大盤沙拉，而且不喝酒。她也不吃加工食品。如果我們都學祖先那種吃法，大家都能受益。

- 不吃白色食物，包括精緻碳水化合物、糖、代糖、麵粉，以及麥麩。
- 認真追蹤妳的飲食，每一口都記錄下來。
- 改吃熱量密度低的食物，例如蘋果和芹菜，而非高蛋白高脂肪、含糖，以及熱量密度高的食物，像是冰淇淋。
- 必要時用諮商或輔導來幫助妳加強問責，了解妳飲食問題的根本原因，並且獲得情緒上的支持。
- 少坐多動，每天走一萬步。相信我，制定每天走一萬步的目標有助於增加每天的體能活動，即使妳並沒有真的走到一萬步。

【選擇妳的心態：故步自封或不斷成長？】

如卡蘿・迪威克博士（Carol Dweck, PhD），史丹佛教授兼《心態》（Mindset）一書的作者所言，讓我們成功的因素不僅只是能力和天分，還有我們是否能以正確的心態來邁向目標。根據迪威克博士所述，「固定式」的心態較受限，著重於妳是否會成功或失敗，並且擔憂他人的眼光。舉例來說，當我們說「我沒有運動神經」或「我的數學不好」這種話的時候，所使用的就是固定式的心態。固定式心態相信事情永遠會像現在這樣。迪威克表示，「成長式」心態則是適應性強，渴望接受挑戰並且充分參與，明白自己的天分、性格、內心世界，以及技能都是可以培養的。若妳具備成長式的心態，妳就會說「我今晚雖然沒有拒絕那塊蛋糕，但下次我一定會一整天喝更多水來彌補」這樣的話。這種心態也是我們試圖讓孩子培養的（「我知道這次數學考試你沒考好，但下次我們可以制定新的讀書計畫，你就會看到自己能進步多少」），如果我們把它運用在自己身上，也會表現得更好。一般而言，我的患者兩種都有，但擁有成長心態才能帶來長遠的改變。

成功並持久改變背後的科學原理

改變很難，但並不是什麼艱深的學問。我們知道有些改變，尤其是妳怎麼吃和怎麼動，比報名每個月去按摩或是和好麻吉去喝下午茶要困難得多。了解行為改變的科學對於妳的賀爾蒙療癒是很有幫助的，不只是一開始運用加特弗萊德療法來進行療癒，還有日後維持的後續性療癒。妳的目標就是培養新習慣，來支持妳的賀爾蒙療癒。

最佳預測行為改變成功的因素，和我們如何維持改變息息相關。那些因罪惡感、恐懼、懊惱，或是想要「修正」錯誤或弱點而產生的改變，經常都會導致負面而且適得其反的循環，因為我們會嘗試然後失敗，並且一直被那些失敗捆綁。賓州大學教授馬丁・薩利格曼（Martin Seligman）把這種現象稱為「習得的無助感」，意思是一個人習慣性地表現出無助，並且無法對能夠帶來改善的機會做出回應。和對壓力的感知相似，這是一種認定結果無可避免會失控的狀況。

我觀察到那些有習得無助感的女性患者，都更難達到賀爾蒙療癒的目標。請誠實回答這個問題：妳是否有習得無助感這種傾向？妳是否感到自己缺乏改變飲食、運動，以及其他健康習慣的力量？相對地，那些明白重整生活方式所帶來的正面後果的女性，例如戒掉糖和麵粉，以及一週會去健走好幾天的女性，都能更快達到賀爾蒙療癒的目標並且維持下去。在我診所中最成功的女性患者也明白，掌握信念是內在的力量，她們知道自己可以改變，並且培養希望和問責的責任感，來達成她們在健康方面的目標。

我並不是說每位女性都需要吃無麥麩飲食，每天早上靜思冥想，或是去跑馬拉松。或許妳的第一步是戒掉吃披薩、洋芋片，以及薯條。剛開始很困難，然後妳會慢慢發展出一個新身分，做一個不吃薯條的人。習慣就是這樣養成的，運動也一樣。或許妳早上起床後會在家進行高強度間歇訓練，一週四天，每次十五分鐘。前幾天妳會全身痠痛，然後妳會注意到白天精神變好了，妳不再感覺那麼生氣和緊繃，妳更常大笑或微笑。不知不覺中，妳就會開始宣揚高強度間歇訓練的好處；這就是習慣的力量。

如何養成新習慣

記者查爾斯・杜希格（Charles Duhigg），暢銷書《習慣的力量》（The Power of Habit）的作者，詳述了養成新習慣背後的神經科學原理。三大重點建議如下：

1. 提示

如果我們想要養成新習慣，就需要先找到一個提示，示意我們是時候仰賴這種新習慣了。舉例來說，過了很糟的一天，過去的妳可能會回到家，點外賣的中國菜，然後倒一杯葡萄酒。想要養成新習慣，妳可以挑選同樣的提示（在過了很糟的一天之後回到家），但選擇用一種新的行為來替代（我會選擇去全食超市買我最愛吃的沙拉，然後在晚餐後去健走三十分鐘）。但願，這兩種新行為所帶來的立即獎勵會是相同的（能夠幫助我忘掉很糟的一天），但在過程中，妳會用一種更有助於平衡賀爾蒙的新習慣取而代之，來面對那些不愉快的日子。

2. 核心習慣

妳是否注意到，當妳改變某些習慣時，它們會像滾雪球般帶出更多正面的習慣，而且經常不需要刻意努力？這就像是一個神聖的金字塔型投資計畫。很多人都發現運動或每天早上整理床鋪就是有這種效應的核心習慣。妳一旦開始運動，就會對自己感覺更良好，也會更有精力，因此，妳就更不需要在午餐後靠假能量來提振精神，例如糖和巧克力，而那也能讓妳避免在午後感到昏昏欲睡，而迫切需要咖啡因來撐到晚上，進而幫助妳在夜晚能夠更容易入睡。不知道是什麼原因，整理床鋪似乎是一種核心習慣，能夠讓人更有組織力，能善加控制自己的人生。重點就是定義屬於妳自己的核心習慣，哪些習慣會對妳的生活產生一連串正面影響？以這些習慣為目標，先從它們開始做起，尤其是妳發覺自己在賀爾蒙療癒的道路上又故態復萌的時候，這一連串的正面影響就是幫助妳鞏固進展的方法。

3. 彷彿法

是的，這是每一種戒癮計畫中的口號，而我知道這聽起來有點虛偽，但嚴謹的科學證實這確實是有用的。妳必須相信自己真的能夠改變。換句話說，妳可以遵照本書中我所提出的所有建議，讓身體恢復完美的賀爾蒙平衡，但如果妳不相信自己能夠維持賀爾蒙療癒成果的話，妳就無法做到！假設妳因為去參加吃到飽的遊輪假期而拋棄自己的飲食計畫，當妳回

到家踩在體重計上的時候，妳尖叫出聲，告訴自己：「我就知道會這樣，我根本不可能維持減重成果，我注定一輩子要當個不快樂的胖子。」在妳不相信自己能夠改變的那一刻，就已經注定了失敗的命運。妳應該要覺得度假只是偶一為之，然後重新步上正軌。這可能是這整本書中最難執行的一點，但是非常重要；請對自己有信心，賀爾蒙平衡是絕對可以找到而且維持的！

改變的階段

我們不是可以改寫自己的程式來達到目標的機器人，成功的改變是分好幾個階段發生的，維持改變也一樣。至於時間長短以及多麼成功又是另一個問題了，取決的因素如下：

- 妳每天投入的程度
- 改變的痛苦是否超越維持現狀的痛苦
- 驅使妳的動力
- 妳的步調
- 妳與目標的距離
- 妳如何以最佳方式維持這股氣勢
- 持續的支援和問責

持續改良中的方案

持續改良聽起來很累人，但其實不然。還記得我那個火箭科學家朋友，總是會把問題拆成易於處理的模塊嗎？拿皮質醇為例。當妳長期處於壓力狀態下，除了皮質醇之外，其他一些對妳的活力、精力貯藏以及情緒等等有影響的賀爾蒙都可能會出現過低的現象。或許壓力再次讓妳的賀爾蒙失調了，就像艾琳所經歷的。持續的壓力可能會讓賀爾蒙失去活力，像是雌激素和睪

丸素，以及神經傳導物質去甲腎上腺素、腎上腺素、多巴胺，和血清素。

　　妳不需要把家產都捐贈出去，搬去寺廟修行，只要邁出第一步讓自己的皮質醇恢復平衡就可以了。如果妳還沒有這樣做，妳可以從下方的一項或多項建議開始著手：

- 每天兩次，花個五分鐘深呼吸或靜思冥想。
- 提早三十分鐘起床到戶外去走走。
- 找出生活中前三大壓力源，看看自己能做什麼短期的改變。掌握信念的控制點在哪裡？什麼樣的深刻領悟能夠減少壓力？
- 盡可能騎自行車或搭大眾交通工具去上班，而不要開車。
- 帶計步器在身上鼓勵自己每天走更遠。
- 每週一兩天把孩子送去安親班，讓自己有一些空閒的時間，或許可以去咖啡廳看書或是和好麻吉見面（照料和結盟）。
- 在日記中面對並表達自己的感受，或是能夠向某人傾訴更好，而不是壓抑這些情感。

　　最後，當妳的皮質醇稍微穩定下來之後，努力為自己的健康規劃一個更深入、更長久的願景。妳還能長期做些什麼來維持妳的皮質醇值？與其自己一個人靜思冥想，或許妳可以加入一個當地的靜思冥想團體。或者和我一樣，成為一位瑜珈老師。我們教學的同時也是在學習。多年來，我一直為情緒性過食的問題所苦，直到我找到幾個戒癮計畫，包括匿名戒饞會和食物成癮者協會，我在那裡學到不再強求，和自我意志妥協（大多數的東方靈修傳統宗旨），並且和天地間一股至高無上的存在力量培養出更深的聯繫。那對我是管用的，雖然不見得對每個人都管用，但它幫助我達到並維持賀爾蒙療癒成果。

　　轉型的關鍵是現在就開始，一步步慢慢往前進。如果妳把目標分解成小塊而且不讓自己感到不堪重負無法招架，改變是絕對有可能做到的。專家們對於習慣要花多久時間養成各持己見，但已經證實的事實是，當妳一而再再

而三地重複一個行為，最終它就會變成妳日常生活中的一個習慣。所以，為何不從現在開始，花幾週的時間養成會讓你感覺更好而且能夠長久受益的習慣呢？

維持賀爾蒙長久健康的四大階段

就像所有邁向成功的道路，每一個步驟都是過程的一部分。當妳全身的細胞都感覺活力十足時，妳就會受到鼓舞想要繼續保持下去。有時候，就像艾琳的例子一樣，生活會讓妳倒退幾步，如果遇到這種情況，不要苛責自己，這是難免的！訣竅是要能盡快辨識出問題所在，然後再次回到賀爾蒙平衡之路上。

【 第一階段：辨識出最好的自己，以及妳的強處和弱點 】

找出哪些賀爾蒙是妳需要取得平衡的，以及如何以最佳方式做到。

1. 清楚自己的基準線

第一次做評量表會讓妳知道妳需要平衡哪些賀爾蒙，把妳所有回答「是」的題目都記下來，想要保持在正軌上，請每隔一段時間就重新做一次評量表，即使妳感覺很好。妳是否改變了一些回答？經過一段時間之後，妳改善的比例是多少？我都用電子試算表（Google 文件）來記錄我的評量表答案，這份文件同時也是一份免費的健康儀表板。

2. 知道自己的強處

無論妳是在維持賀爾蒙平衡還是回到正軌，妳都必須善用妳的強處，而非強調自己的弱點。哪些長處最能幫助妳進步？哪些在過去管用，哪些又是不管用的？著重在正面要比拘囿在負面來得有效。把妳的強處寫下來，將紙條夾在妳的日記中或是記錄在手機上，心情不好的日子就拿出來提醒自己。

3. 探索自己的缺點

　　哪些事物是過去曾經拖累妳，或是現在可能拖累妳的？哪些行為或人際關係對妳在健康方面的改善可能造成障礙？將妳的挑戰和缺點列出來，做成一張健康的資產負債表，好讓妳能夠在問題出現時加以辨認。妳對自己在社交和心理方面的缺失越了解，就越能夠策略性地避免被這些缺點拉離正軌。某些朋友有助於妳的正向行為，正如每個星期天和我一起跑步的那些好麻吉。

4. 慶祝成功

　　當妳該做的都做了，而且也把重要的賀爾蒙韻律維持得很漂亮，別忘了停下腳步，鼓勵自己一下。和那些為妳打氣的朋友們分享，朋友在改變的道路上有可能是最重要的支持者。請自己喝杯康普茶，買下在櫥窗中看到的那條項鍊犒賞自己，或是陶醉於知道自己能身體力行的成就感中。

增強擴大：以力量為基礎的改變手法

　　想知道如何運用正向心理學在重新找回並維持賀爾蒙平衡的道路上嗎？去年，我開始發覺，而且經常是很尷尬地發覺，自己沒有扮演好媽媽的角色。因為太忙而且外務太多，以至於無法按照我想要的方式來養育我的孩子。如往常一樣，當我意識到這個痛苦的事實後，我設計了一個實驗，我決心要找出自己專屬的強處，然後運用在為母之道上。

　　我透過心理學家馬丁・薩利格曼的網站「真實的快樂」所提供的一份評量表，辨識出我自己的強處。薩利格曼教授是正面心理學之父，他是一位強調我們可以做對什麼，而非哪裡會出錯的學者。他的評量表顯示我最大的強處就是創造力、對學習的熱愛、欣賞美的事物、好奇心，以及希望。我需要利用這些我專屬的強處，例如，若我想要成為一位足智多謀而且快樂的母親，我不該像個魔鬼教官一樣對孩子發號施令，而是用一些能夠善用我的創造力、對學習的熱愛，以及欣賞力的方法來和他們溝通聯繫。

我的強處中並沒有「耐心」這一點。我過去刻意努力的方法（那在我接受醫療訓練的年代非常奏效）對於想要當個有耐心又脾氣溫順的媽並不管用，相信我，我真的試過很多次了。與其每天晚上激動地誓言要更寬容，現在我會安排和孩子一起從事一些活動，例如去健行或是用天然染料做手工藝，這不但是我們可以一起做的事，而且也能善用我的強處。當我覺得靈感來的時候，運用我對學習的熱愛和對美麗事物的欣賞，能讓我以更平靜的心情和更泰然自若的態度去扮演母親的角色，因為我是快樂的！而當媽媽快樂時，每個人都會感到快樂。

　　同樣地，當我善用我對學習的熱愛和好奇心去了解酒精如何危害我的皮質醇和雌激素，就能強化我想要改變的決心，以便能夠修復我在賀爾蒙方面的弱點。妳的強處是什麼？列一張清單，問妳的朋友，並且回答薩利格曼教授網站上的評量表。結果可能會出乎妳的意料之外。妳可以增強妳現有的長處，讓妳在生活中的其他層面有所成長。

【第二階段：持續追蹤】

　　小心不要退回到了原點，持續進行評估和調整，選擇那些最能夠幫助妳緊盯目標的方法，試著把平衡的健康狀態放在第一優先。

- 盤點妳的賀爾蒙。根據妳有多少個賀爾蒙失調，以及它們的嚴重程度，試著每個月或每季做一次評量表來進行盤點。
- 培養問責制
- 找一位夥伴和妳一起執行並且追蹤賀爾蒙療癒過程。每次做評量表時都互相比較答案，分享妳們的成功，以及嘗試過哪些方法但是不管用。
- 選擇本書作為讀書會的讀物，並從 http://thrhormonecurebook.com 網站下載我的指南。
- 將妳的進展公諸於世。證據顯示透過社群分享能夠提高催產素，

也就是愛和情感聯繫的賀爾蒙。請去 http://www.facebook.com/ GottfriedCenter 按讚，我每天都會貼關於賀爾蒙數據資料、女性健康，以及更年期前期女性的生活。

- 運動是必要的。制定一個計畫讓運動變成習慣，就像刷牙一樣。去執行，然後追蹤妳的進展。

- 注意妳的靜思冥想。如果妳也開始進行沉思練習，注意它對妳的賀爾蒙以及妳的一天帶來什麼影響。每當妳太忙而想要放棄那幾分鐘的練習時，想想它所帶來的影響。

- 探索那些能帶給妳啟發的事物。把那些激勵妳勇往直前的事都記下來，然後放手去做！

【第三階段：糾正行為】

研究顯示我們很少用直線式的移動方式從一個階段進展到另一個階段。整合式的手法有空間可以容納人性弱點，也就是比較實際的觀點，大多數人在改變方面，都是往前走兩步向後退一步。當妳受到鼓舞時，妳很少會重新墮落回到起點，就算真的發生了，那也是作為借鏡的絕佳機會，讓妳學習什麼不管用，然後在下一回的改變過程中加以調整修正。

1. 原諒自己

大多數人都絕對不會用那種和自己說話的方式跟朋友說話。我們都過度嚴格律己。接受這個事實，沒有人是完美的，包括妳，試著記住這一點。

2. 事先規劃

有時候我們會覺得好像進展順利，結果又失敗了！出遠門、生病、工作需求、孩子，還有好多事都可能會跑出來阻撓，事實上，這些都是必然會發生的。所以準備好面對這些干擾：在妳車內的置物箱或大皮包內多放一點魚油或聖潔莓營養補充品（根據妳個別的賀爾蒙問題而定）。當妳參加行程滿

檔的會議時，擠出時間去踩踩跑步機。妳花時間照顧自己，就是給自己的身體發送最強而有力的訊息。

3. 彈性變通

乍聽之下，這和上一點可能自相矛盾，但其實這和態度有關。當意料之外的障礙出現時，盡可能靜下心來不要慌張，讓自己熟練地應付上下起伏的神經系統，我甚至想建議妳乾脆一笑置之，並且對自己有信心，妳一定可以再回到正軌的。

【第四階段：為持續的支持奠定基礎】

確保其他人能幫助妳繼續延續妳的氣勢。

1. 讓醫師助妳一臂之力

和妳的醫師約時間，告訴對方妳在做什麼、改變什麼，以及執行什麼。這樣做不但能夠讓醫師知道妳最新的健康資訊，而且恕我大膽說一句，或許對方還能學到些什麼。如果妳的醫師猶豫不決，不想為妳做妳想做的檢查的話，把這本書拿給他看。如果那樣還行不通，請翻到附錄 D，參考如何找到一位願意接受整合或功能醫療的醫師。

2. 教育妳的親朋好友

讓妳的配偶、孩子，以及最要好的朋友知道妳在做什麼，以及為什麼妳這樣做。如此一來，妳的孩子就不會在妳靜思冥想的時候打擾妳，或是抱怨妳的營養補充品多到沒有位置讓他們放維生素軟糖，反而會成為妳在健康路上的盟友。雖然聽起來很離奇，但這確實有可能發生。至於妳的配偶或情人，經驗告訴我，對方一定會很高興妳變得更精力充沛、不再有那麼多瘋狂的情緒起伏，而且想要更多性愛。

　　妳可以透過我的網站、電子報、經常舉辦的線上研討會，以及線上課程和我保持聯繫。這是我們共同努力的目標，不只是在妳閱讀這本書的期間，還有長遠的未來。我的工作就是要告訴妳這個改善健康的機會，幫助妳更好地對待自己的身體。

　　我的外曾祖母在五十年前就已經了解，食物是妳傳達給身體的資訊，而非安撫情緒的靈丹妙藥，而且絕對不只是提供熱量而已。妳可以選擇像我的外曾祖母茉德一樣，吃天然的食物並且避開糖類、定期且有計畫地運動、學習如何透過瑜珈或另一種沉思練習按下「暫停」鍵，以及食用經實證有效的營養補充品，我相信這些都是關鍵的預防措施，能夠減少深受賀爾蒙動盪的風險。妳可以選擇更有自主能力的方法來管理壓力，而非扮演受害者的角色。妳可以選擇採用加特弗萊德療程，去改變妳飲食、活動、思考，以及補充營養的方式。

我對妳的願景

　　我相信我的外曾祖母茉德會對我幫助女性建立的目標感到驕傲。茉德是我的第一個榜樣。她讓我看到一條充滿尊嚴的健康道路，甚至一直到她九十幾歲。當其他人飽受憂鬱和病痛所苦時，她卻依然在啃食蔬菜伸展筋骨。當其他人過度飲酒時，她卻在啜飲加了檸檬的熱水。當其他人的身體變胖而且久坐不動時，她卻在追求小鮮肉。

　　以下就是我為妳制定的目標：

- 找到一家有求必應並且尊重妳的偏好、需求，以及價值觀的醫療護理機構。
- 認真看待妳的症狀和擔憂。
- 找到疾病的根本原因，而非只是治標不治本。
- 透過運動、吃天然的食物、管理妳的壓力，並且用自然的方法平衡妳

的賀爾蒙。

- 變得和霹靂嬌娃一樣堅忍不拔、勇猛剛烈，以及聰明過人（妳自己選想要哪一樣），不到最後關頭絕不輕言放棄。

我對妳的願景是讓妳感覺從裡到外耀眼、充實，和滿足。我希望妳能夠擁有賀爾蒙平衡的人生而感到幸福，充滿妳與生俱來應有的膽識、專注，以及愉快。平衡的新生活就從一句簡單的口號開始：制定目標、追蹤過程、獲取心得。

在本書中，我們檢視了大量的科學，包括探討了隨機雙盲試驗、一般人不熟悉的大腦構造、血清素運送基因、端粒、表觀遺傳學、鮮為人知的內分泌腺、沉思練習，以及偶爾會發生的那些尷尬的婦女隱疾。妳已經閱讀過我經證實能夠矯正賀爾蒙問題的方法，請先從修正生活方式開始，然後循序漸進地運用各種營養補充品、草藥，以及生物同質性賀爾蒙。在最後，我要把重點重新拉回對健康最重要的關鍵：那就是妳個人的全面賀爾蒙療癒。妳現在已經知道該如何找回賀爾蒙平衡，在這最後一個章節中，我們也探討了該如何遵從（成功改變背後的科學）以及如何善用正向心理學和好的習慣來改善健康。

在我三十多歲，感到痛苦且壓力破表的時候，我很訝異主流醫學居然無法為我解答。我在自己的診所中，看到無數的女性都有相同的症狀，想要獲得幫助，但卻無法找到她們最需要的。那些主流醫學院畢業的醫師是不會學到這些的。這不是醫師的錯，我們只是從來沒有被教過要用這種方式來調理健康。我個人則是透過自己的健康以及賀爾蒙方面的困擾，再加上我為女性患者看診的經歷，才找出如何應付壓力的祕訣，而那也改變了一切。終究，妳擁有無比的力量能夠改變妳的賀爾蒙、重新找回妳的身體，並且讓霹靂嬌娃為妳效勞而非和妳作對。妳明白根本原因分析的重要性，並且清楚地知道妳從評量表中得知的根本原因；妳知道如何抗拒不健康飲食和久坐不動的誘惑；妳擁有所需的資訊來幫助妳維護賀爾蒙平衡。遵循我外曾祖母的忠告：

找到內在解決之道，而非仰賴外在的處方藥物。我最大的希望就是本書中的資訊能夠提供一個無藥藍圖，系統性地帶領妳提升健康和活力，當妳達到這個目標之後，就更能夠充分發揮潛力。

後記

「所有的真理都必須歷經三個階段：

第一，受到譏笑。

第二，受到強烈反對。

第三，不證自明地被接受。」

——叔本華（Arthur Schopenhauer）

我四十歲那年，有了一個頓悟：女性的賀爾蒙平衡在上一個世紀完全被剝奪了。

這個竊取行為是逐步發生的，而且很低調。在二○○二年之前，合成賀爾蒙不只是受推薦，而且是以傳教般的方式介紹給深信不疑的美國女性，大多數嬰兒潮時代出生的女性都可以作證這一點。食品工業改變了我們的廚房，我們不再在家中儲放青花菜和放牧雞蛋，而是相信食用包裝和速成食品是健康的。糖的食用也大幅增加。我們暴露在數百種毒性化學物質中，其中許多都是內分泌干擾物。我們久坐，這會減緩新陳代謝並加速老化。肥胖成了流行病，而失敗的健康醫療體系有百分之七十的花費都用在可預防的疾病上。我們更常在塞車的公路上通勤，呼吸不健康的空氣。這些潛伏在賀爾蒙失調背後的危害因素影響的不只是女性，還有男性和孩童。比起過去，我們因為電子產品和腎上腺失調，而變得壓力更大也更緊繃。

對我而言，更痛苦的是，明知道有經證實有效的解決之道，就像加特弗萊德療程中系統化的重新設計生活方式，不僅極為有效而且有大量的科學為基礎，卻依然未廣受主流醫學所接受。

我在十年前還有另一個頓悟：美國醫師沒有被教導如何辨識並矯正女性

苦難的根本原因，也就是賀爾蒙失調這種流行病。

　　我在一九八九年進入醫學院就讀之後，得知有多少未經控制的醫學實驗被拿來用在美國女性身上，令我感到震驚不已。當時，賀爾蒙失調療法似乎只是製藥公司拿來當作商業經營的手段，而大多數的醫師也都盲目地聽信了。雖然當初我學到的是開立合成雌激素和黃體素，通常是倍美安（Prempro），來治療女性更年期前期和更年期的症狀，但我發現並沒有證據支持這種療法。根據我的經驗，過多的壓力是三十五歲以上女性賀爾蒙失調的主因。腎上腺和皮質醇的作用對其他內分泌器官像是卵巢和甲狀腺會產生深遠的連鎖反應，然而似乎很少有主流醫學的醫護人員重視女性的壓力反應這個問題。

　　有一些經證實有效的方法可以預防和治療因壓力和皮質醇產生的賀爾蒙失調，主要是藉由干擾甲狀腺和卵巢之間的交互作用。我先前也說過，長期壓力會影響糖性腎上腺皮質素調節，這是由下視丘、腦下垂體，以及腎上腺所控制的，而矯正腎上腺及其控制系統是最花時間的。如我的朋友，「踏實生活」（The Well-Grounded Life）網路社群的創辦人麗莎‧拜恩（Lisa Byrne）所說：「這是一個過程，而不是一個處方箋。」

　　多年來，我一直為如何以天然方式和最佳證據來治癒我自己的賀爾蒙問題所苦，然後我將我精心設計的療程帶給我服務的患者。身為一位婦科醫師、老師、妻子、母親、科學家，以及瑜珈老師，我花了很多年的時間構思、綜合，以及測試一個能夠治療賀爾蒙問題的整體方案。將我多年來在促進神經內分泌方面的學習、研究，以及執著帶給女性，並且幫助她們再次感受到平衡，是我畢生的使命。

　　妳可以選擇過充滿活力的生活，加入這場賀爾蒙療癒的革命。欲了解更多資訊以及查詢妳當地的聚會日程表，請上網 http://thehormonecurebook.com/revolution。

第三部

附錄與Q&A

附錄 A：為妳失調的賀爾蒙量身訂做的加特弗萊德療程

處方	劑量	附註
皮質醇過高		
維生素 B5 （泛硫乙胺）	每天 500 毫克	風險低。最佳證據顯示適合膽固醇高和有心臟疾病的人士
維生素 C	每次 1,000 毫克，一天三次（每日總攝取量為 3,000 毫克）	風險低，但可能會導致軟便。
磷脂絲胺酸 （PS）	每天 400 ～ 800 毫克	降低皮質醇和改善壓力大時的心情。
魚油或磷蝦油 （Omega-3）	每天 1,000 ～ 4,000 毫克	增加淨體重。
茶胺酸 （y- 谷氨酸基）	每天 250 ～ 400 毫克	減少焦慮和其他壓力的生物指標（血液和唾液檢驗），例如唾液免疫球蛋白 A（SlgA，一種在腸胃道中的壓力指標）。
左旋離胺酸搭配左旋精胺酸	兩者皆每天 2.64 公克	兩種的組合能降低唾液中的皮質醇值以及減少焦慮。
左旋酪胺酸	每天 1,000 毫克	改善對壓力的反應及改善記憶力。
亞洲人參 （又稱高麗參）	每天 200 ～ 400 毫克	改善生活品質；減少疲勞和壓力；改善免疫功能；有助於降低血糖；以及改善認知、記憶力，和平靜心情。
韓國紅參	每天 250 ～ 500 毫克	減少更年期症狀和大幅降低皮質醇對去氫皮質酮（DHEA）的比率。
睡茄 （印度人參）	每天兩次，每次 300 毫克	減少焦慮。
紅景天	每天兩次，每次 200 毫克	降低壓力引起的疲勞、改善精神表現和專注力、降低皮質醇和減少憂鬱症。
皮質醇過低		
綜合維生素 B1, B6, 和 C	每天攝取 600 ～ 1,000 毫克的維生素 C，外加優質的維生素 B 群	透過靜脈注射可以恢復皮質醇分泌和晝夜節律，但使用口服攝取風險較低。
甘草根萃取	600 毫克，含 25%（150 毫克）的甘草酸	小心服用；可能會改變胎兒的下視丘腦垂體腎上腺功能，過高劑量可能導致高血壓；服用甘草時，請務必檢查血壓。

生物同質性皮質醇愛膚克（Isocort），一種支援腎上腺的 Bezwecken 類藥物	一～兩顆，每天最多三次，一天不要超過六顆，隨餐服用	在嘗試過第四章中的加特弗萊德療程第一步和第二步之後使用。
黃體素過低		
維生素 C	每天 750 毫克	非常安全，雖然建議攝取量是每天 75 ～ 90 毫克。
聖潔莓，有膠囊或液態酊劑可供選擇	每天 500 ～ 1,000 毫克	非常安全，很少出現不良反應。
輔助生育配方（聖潔莓配方）	每天三顆	獨家配方，因此不提供聖潔莓劑量資訊。
Agnolyt（聖潔莓配方）	每 100 公克含水的酒精溶液中，含有 9 公克 1:5 的酊劑	很少出現不良反應。
褐藻（一種海藻）	在一項研究中的使用劑量為每天 700 ～ 1,400 毫克	很少出現不良反應，但可能會造成自體免疫甲狀腺炎惡化，因為它含碘。
番紅花	每天兩次，每次 15 毫克	對憂鬱症、經痛，以及經前症候群都是一種安全的選擇。
鈣、鎂，和維生素 B6	• 碳酸鈣或檸檬酸鈣，每天兩次，每次口服 600 毫克 • 每天 200 毫克的鎂 • 每天 50 ～ 100 毫克的維生素 B6	維生素 B6 超過建議攝取量可能會引發神經毒性。由於近年來對營養補充品的爭議，理想上最好從食物中補充鈣質。
聖約翰草	每天三次，每次 300 毫克	緩解經前症候群的症狀。
雌激素過多		
二吲哚甲烷（DIM）	每天 200 毫克的膠囊或藥錠	有助於保護性雌激素的分泌，並減少壞雌激素。
海苔（翅藻是一種褐色的海藻）	每天 5 公克	大幅降低雌激素值。
白藜蘆醇	建議只從食物攝取，例如葡萄和藍莓，但不是葡萄酒	同時也是一種抗氧化物。
薑黃	• 撒一茶匙的有機薑黃在午餐或晚餐上 • 營養補充品：Intergrative Therapeutics 公司的 Curcumax Pro 是一天兩次，每次一錠餐後食用；或 Pure Encapsulations 公司的 CurcumaSorb 是 250 毫克的膠囊，每天最多六次，用餐之間食用	能對抗癌細胞上的雌激素增生效果。

蛇麻	• Intergrative Therapeutics 公司的 Revitalizing Sleep Formula 含有 30 毫克的蛇麻草 • Intergrative Therapeutics 公司的 AM/PM Perimenopausal Formula，它的夜間配方含有 100 毫克的蛇麻草 • Tori Hudson 的 Sleepblend 以及 Julian Whitaker 的 Restful Night Essentials 都是含有蛇麻草的助眠配方	蛇麻能有效能對抗乳房、大腸，以及卵巢的癌細胞；然而，蛇麻營養補充品是不受美國食品藥物管理局規範的。
褪黑激素	0.5 ～ 3 毫克，夜間補充	維持身體的晝夜節律，並可能預防乳癌。理想上，盡量在晚上減少光線，讓自己在早晨接觸光線，而非仰賴營養補充品。
雌激素過低		
維生素 E	每天 50 ～ 400 IU，食用至少四週	增加陰道壁的血液供給和改善更年期症狀，進而減少熱潮紅和其他與雌激素過低有關的症狀。
氧化鎂	每天攝取 400 毫克氧化鎂長達四週，如果熱潮紅症狀持續的話，則增加到 800 毫克	更高的劑量可能會導致軟便，所以每天如果要攝取 400 毫克以上，請向醫師諮詢。
瑪卡	每天 2,000 毫克	提高更年期女性的雌二醇，並且對失眠、憂鬱症、記憶力、專注力、精力、熱潮紅、陰道乾澀有幫助，同時能改善身體質量指數及骨質密度。
粉葛（PL）或野葛	像茶葉般沖泡飲用	治療更年期症狀的傳統中藥。
大黃		減少熱潮紅。
聖約翰草	每天三次，每次 300 毫克	如果妳在服用抗憂鬱症藥物，請向妳的醫師諮詢。
黑升麻	• 每天 40 ～ 80 毫克 • 每天服用一～四錠 2.5 毫克的黑升麻異丙醇萃取長達六個月	在極少數的情況下，更高劑量可能會造成肝臟損害（徵兆包括噁心、嘔吐、尿液顏色深，以及黃疸），因此妳應該先和醫師討論，同時只服用有助緩解症狀的最低劑量。
紅參	每天 6 公克	改善有更年期後症狀如疲勞、失眠，以及憂鬱症女性的皮質醇對脫氫異雄固酮比率，以及她們的生活品質。

亞洲人參 （高麗參）	每天 200 毫克的口服藥丸	已知能改善更年期後女性的心情和促進整體健康。
蛇麻	每天 100 毫克	最好把蛇麻草當作是一種過渡期的治療方式，也就是在其他更長久的療法發揮功效之前使用。
纈草根萃取	介於 300 ～ 600 毫克之間，通常是藥丸的形式，或是 2 ～ 3 公克的乾燥草本纈草根，浸泡在熱水中 10 ～ 15 分鐘，在睡前 30 分鐘～ 2 小時之間飲用	食用纈草根時請勿飲用酒精，因為理論上這可能會讓酒精的毒性變得更強。包括偏頭痛、暈眩，以及腸胃道失調方面的副作用都十分罕見。
雄激素過多		
鋅	最好從食物中攝取鋅，像是四季豆、芝麻和南瓜子	在性發育、月經和排卵方面扮演相當重要的角色。
Omega-3	良好的 omega-3 來源包括野生阿拉斯加鮭魚以及含汞量和其他毒素含量較低的 omega-3 營養補充品	血液中 omega-3 較多的女性不但血液中的雄激素較低，膽固醇的狀況也較佳，因此，罹患心血管疾病的風險也較低，那是雄激素過多的風險之一。
毗啶甲酸鉻	每天 200 ～ 1,000 mcg	如果妳有胰島素阻抗的話，鉻是一種安全、值得一試的營養補充品。
肌醇：手性肌醇（DCI）或肌肉肌醇（MI）	• 手性肌醇（DCI）：每天兩次，每次 600 毫克，或每天兩次，每次 0.6 公克 • 肌肉肌醇（MI）：每天兩次，每次 2 公克	肌醇是一種天然存在的 B 群維生素，能改善胰島素敏感性。
維生素 D	每天 2,000 IU	我建議根據妳的驗血報告結果來決定每天是否攝取 2,000 IU。
肉桂	每天半茶匙	肉桂也能降血壓，有助於矯正異常的膽固醇值，甚至還能增加淨體重。
鋸棕櫚	每天 160 毫克的膠囊	作用就像抗雄激素。
天癸	劑量根據配方而異	天癸含有十一種草藥成分。
甲狀腺低下		
銅，來自食物以及含銅綜合維生素	建議攝取含有 2 毫克銅的綜合維生素	肉類、禽類，和蛋是飲食中攝取銅的最佳來源。
鋅	每天最多 50 毫克	鋅必須和適量的銅一起補充，因為補充過量的鋅可能會干擾銅的吸收，例如 20 毫克的鋅搭配 2 毫克的銅。

硒	每天 200 mcg（許多綜合維生素都含有建議攝取量）	並沒有證據顯示健康的人補充硒能有益健康，只有在妳缺硒或有抗甲狀腺抗體的時候才能補充硒。
維生素 A	每日建議攝取量為 5,000 IU	每天攝取超過 10,000 IU 可能會導致中毒，出現像是夜盲症、噁心、煩躁易怒、視線模糊，以及脫髮等症狀。但如果是從食物中攝取維生素 A 並不會造成中毒。
鐵	建議每天補充 50 ～ 100 毫克的元素鐵，並且利用血清鐵蛋白謹慎監控妳的狀況；也可從食物中攝取鐵質，例如綠葉類蔬菜和草飼牛肉	鐵過多會造成肝臟方面的問題。許多女性都發現補充鐵質會導致便祕和糞便變黑變硬。
維生素 D	可以從陽光和營養補充品，以及飲食中攝取。劑量依血清值而異，一般劑量為每天 2,000 IU	最佳的食物來源是肝以及含汞量低的魚類，例如鯡魚、沙丁魚，以及鱈魚。

ACTH（賀爾蒙促腎上腺皮質激素）：一種從大腦中的腦下垂體前葉所分泌的賀爾蒙。血液中測量出來的賀爾蒙促腎上腺皮質激素值能有助於偵測、診斷，並且監控和體內皮質醇過多或不足有關的病症。請參見附錄 C。

Addison's Disease（愛迪生症）：一種因腎上腺賀爾蒙分泌不足而引起的疾病，會導致皮質醇分泌下降和腎上腺衰竭。

Adrenal dysregulation（腎上腺失調）：指的是那種在不知不覺潛伏進入妳的生活，劫持妳的下視丘腦垂體腎上腺（HPA）軸的警覺狀態。在長期壓力下，下視丘腦垂體腎上腺軸可能造成長期皮質醇值升高，因而導致體重過重、高血壓，以及糖尿病或糖尿病前期。長期下來，皮質醇分泌無法跟上需求，就可能導致長期疲勞症候群、纖維肌痛、焦慮、失眠、憂鬱症等等。

Agnolyt：公認是最佳的聖潔莓萃取物之一，這是一種能改善經前症候群的草藥。

Allostasis（身體調適）：身體回應壓力源以便重新取得體內平衡的過程。

Amygdala（杏仁核）：大腦中的顳葉部分，是主掌警覺、擔憂和恐懼的中心。它的作用是評估和威脅相關的刺激，在恐懼制約的過程中是不可或缺的。

Anabolic hormones（蛋白同化賀爾蒙）：這些賀爾蒙，例如睪丸素和去氫皮質酮，它們的作用是構建身體。這些賀爾蒙會影響肌肉生長；有時也被稱為同化類固醇。

Androgen（雄激素）：這種類別的性賀爾蒙會藉由和細胞上的雄激素受體結合而刺激雄性特徵。女性的雄激素值雖然遠低於男性，卻對雄激素值極為敏感，需要適當的量來促進活力、自信，以及維持淨體重。卵巢過度分泌雄激素是一種當女性的卵巢製造過多睪丸素時的病症，而且和多囊性卵巢症候群有關。這種病症可能會讓女性出現雄性特徵，例如長出長毛、痤瘡，有時還會脫髮。

Anovulation（無排卵）：卵巢缺乏卵子生成，進而導致雌激素過多。

Anti-thyroglobulin（抗甲狀腺球蛋白）：一種對抗甲狀腺球蛋白的抗體，它是甲狀腺中製造甲狀腺賀爾蒙不可或缺的重要蛋白質。

Apoptosis（細胞凋亡）：程序性的細胞死亡；這在調節細胞生長和區隔方面是必要的。

Armour（甲狀腺粉）：甲狀腺機能低下的人，也就是患有甲狀腺機低下症者，通常可以因甲狀腺替代療法而受惠。甲狀腺機能低下的症狀很多，但最主要的三項是體重增加、疲勞，以及情緒變化像是輕微憂鬱症。有些人使用天然甲狀腺粉，例如 Armour 或 Nature-Throid（兩者皆和人類甲狀腺賀爾蒙屬生物同質性），在慢性症狀方面會出現顯著的改善，雖然多種傳統和替代療法都無法改善這些症狀。

Ashwagandha（睡茄、印度人參）：一種受歡迎的阿育吠陀草藥，經常使用在治療壓力、緊張、疲勞、疼痛、皮膚疾病、糖尿病、腸胃道疾病、類風濕性關節炎，以及癲癇的配方中。印度人參也經常被使用在一般補品中，用來提神、改善健康，和促進長壽。

Ayuveda（阿育吠陀）：古印度的醫學體系，是以食物、活動（例如瑜珈和靜思冥想）以及草本為基礎。這個梵文字的意思是「長生之術」。

B vitamins（維生素 B 群）：由微生物天然形成的維生素，存在於某些食物中，包括肉類、魚類、海鮮，以及肝臟。維生素 B 群可用來治療貧血和憂鬱症，預防子宮頸癌、提振心情、增加能量，以及維持生育能力。

Bioidentical hormones（**生物同質性賀爾蒙**）：那些想要更天然賀爾蒙療法的人都聚焦在生物同質性賀爾蒙上，也就是和女性身體自行製造的賀爾蒙在分子結構上完全相同的賀爾蒙。這些賀爾蒙並不是以這種形式天然存在的，而是從番薯和大豆中萃取製造或合成的植物化學物質。

Biomarkers（**生物指標**）：在血液、其他體液，或組織中的生理分子，為一個正常或異常過程，或是一個病症或疾病的徵兆。生物指標可能被用來觀察身體對疾病或病症的治療反應如何。

Botanicals（**草本**）：草本是一種植物或植物部位，具有醫藥或療癒作用、風味，或氣味的價值。草本製成用來維持或改善健康的產品稱為草藥產品、草本產品，或植物性藥品。

Burnout（**疲勞過度**）：一種長期壓力狀態，特徵為疲勞、頭痛、睡眠干擾、疼痛、注意力不集中、感到無動於衷或無意義，以及職業倦怠。

Catabolic dominance（**分解代謝過盛**）：活生物體內複雜分子分解為簡單分子的現象，通常會導致能量的釋放。

Catabolic hormones（**分解代謝賀爾蒙**）：這些賀爾蒙分解組織的目的是釋放能量。

Chasteberry tree（**聖潔莓樹**）：一種緩解經期不順、更年期症狀、經前症候群（PMS）、女性不孕、預防黃體素不足患者流產、控制產後出血、協助胎盤排出、增加乳汁分泌，以及治療乳房纖維囊腫的草藥。

Chronic fatigue syndrome（**慢性疲勞症候群**）：一種嚴重而且複雜的失調症，其定義為無法藉由休息改善的極度疲勞，而且會因為活動而惡化。症狀可能包括虛弱、肌肉疼痛、睡眠問題，以及記憶力和專注力受損，也可能會導致日常活動的參與力降低。

Chronic stress response（**慢性壓力反應**）：這種反應是由壓力反應系統長期啟動所引起的（以及之後過度暴露在皮質醇和其他壓力賀爾蒙當中，可能會干擾體內所有的過程），會增加罹患多種健康問題的風險。

Circadian rhythms（**晝夜節律**）：在大約二十四小時循環中身體、心理，以及行為的改變，主要是生物體對環境中光線和黑暗的反應。大多數的生物都有，包括動物、植物，以及許多微生物。

Clomiphene citrate（**可洛米分，又名 Clomid**）：一種處方受孕藥，能增加排卵的數量。主要開立給那些無法定期排卵的女性。

Computerized axial tomography（**電腦斷層掃描，CAT 或 CT**）：這種掃描結合一連串不同角度的 X 光影像，來生成體內骨骼和軟組織的斷層面影像。

Congenital adrenal hyperplasia（**先天性腎上腺增生症**）：一種遺傳性的罕見病症，會讓患者製造過多皮質醇或其中一性賀爾蒙，因為身體缺乏酵素來製造正常量的其他賀爾蒙。

Cortisol（**皮質醇**）：一種由腎上腺分泌的類固醇賀爾蒙。它對骨骼、循環系統、免疫系統、神經系統、壓力反應，以及脂肪、碳水化合物，和蛋白質的代謝都很重要。請參見附錄 C。

Cortisol awakening response（**皮質醇覺醒反應，CAR**）：一早起床後立即測量的唾液皮質醇採樣。這種反應在檢測下視丘腦垂體腎上腺皮質活動方面是相當可靠的標記。

DHEA（**去氫皮質酮**）：一種雄激素，和睪丸素一樣，用來治療四十多歲患有輕微憂鬱症的女性。也能用來治療男性不舉，以及某些賀爾蒙值過低的健康男性和女性，以改善整體健康和性慾，同時也能減緩或逆轉老化、改善老年人的思考力、減少更年期症狀，和減緩阿茲海默症的惡化。請參見附錄 C。

Diabetes（糖尿病）：高血糖，這是身體無法將糖轉換到脂肪、肝臟，以及肌肉細胞儲存為能量的病症。因為胰臟無法製造足夠的胰島素，或細胞無法正常對胰島素產生回應。

Di-indolemethane（二吲哚甲烷，DIM）：一種來自十字花科蔬菜的萃取物，能夠提高壞雌激素的代謝。

Diurnal cycle（晝夜循環）：一種人人熟悉的每日週期。

Dopamine（多巴胺）：一種神經傳導物質，有助於控制大腦的獎勵和歡愉中心，也有助於調節活動和情緒反應，能讓我們不只是看到獎勵，並且能採取行動去獲得獎勵。

Double-blind trials（雙盲試驗）：一種研究人員和病患都不知道他們拿到什麼藥的藥物試驗。電腦會給每位病患一個代碼，而代碼被分配到治療小組中，因此病患和醫師都不知道用在治療中的是藥物還是安慰劑。

Eczema（異位性皮膚炎，Atopic dermatitis）：一種長期的皮膚病症，會產生脫屑和發癢的皮疹。

Endogenous（內生）：由體內的因素所造成，從生物體中的狀況所衍生出來的。

Endometriosis（子宮內膜異位症）：一種女性的健康病症，這是子宮內膜的細胞在身體其他部位增生的病症，可能導致疼痛、不規則出血，以及懷孕問題（不孕）。

Epidemiologist（流行病學家）：調查並敘述疾病原因和如何擴散，以及發展出預防或控制方法的科學家。他們的工作是負責回應疾病爆發，決定其原因，然後協助控制疫情。

Epigenetics（表觀遺傳學）：指的是基因表現如何在不更改 DNA 測序的情況下被改造，例如添加分子在 DNA 中，以及更改一個基因如何和細胞核中的重要詮釋分子之間的互動。

Epigenomics（表觀基因組學）：指的是針對影響基因組外在因素的研究，而基因組是個人整套完整的 DNA，也就是基因表現的表觀遺傳效應。

Epinephrine（腎上腺素）：一種在腎上腺內核心中製造神經傳導物質的賀爾蒙，有助於專注和解決問題。它會製造葡萄糖和脂肪酸，能在遇到壓力或危險，需要大量警覺或力量時，作為身體的燃料。

Estradiol（雌二醇）：這是依然有月經來潮的女性最常製造的雌激素，負責子宮、乳房發育、輸卵管，以及陰部的發育，並且和女性身體脂肪的分布有關。請參見附錄 C。

Fibromyalgia（纖維肌痛）：一種常見的症候群，患者長期全身疼痛，以及在關節、肌肉、肌腱，以及其他軟性組織部位出現痠痛。纖維肌痛同時也會造成疲勞、睡眠問題、頭痛、憂鬱症，以及焦慮。

Follicle-stimulating hormone（濾泡激素，FSH）：濾泡激素會和黃體促素一同作用，刺激卵巢釋放卵子。它是由下視丘和腦下垂體所控制的。請參見附錄 C。

Free T3（游離三碘甲狀腺原氨酸，Free triiodothyronine）：游離 T3（fT3）檢測是用來評估甲狀腺功能的。主要的檢測目的是幫助診斷甲狀腺功能亢進症，也可能用來幫助監控已患有甲狀腺失調人士的狀態。

Free T4（游離甲狀腺素，Free thyroxine）：游離 T4（fT4）檢測能夠更準確地反映甲狀腺賀爾蒙功能，並有助於診斷女性不孕。

Gastroesophageal reflux disease（胃食道逆流）：一種胃中的內容物從胃部逆流到食道的病症。這種症狀可能會引發食道不適，導致胃灼熱和其他症狀。

Genome（基因組）：一整套完整的個人基因密碼。

Glandular therapy（腺體療法）：一種替代療癒師用來治療賀爾蒙問題的技巧，但缺乏隨

機試驗數據資料。一般而言，傳統的動機都是使用富含該種營養素的類似動物腺體，來維護患者虛弱的腺體。

Glucocorticoids（**糖性腎上腺皮質素**）：在腎上腺的外部（皮質）製造，用來調節葡萄糖的代謝，在化學上被歸類為類固醇。皮質醇是主要天然產生的糖性腎上腺皮質素。

Hawthorne effect（**霍桑效應**）：一種在行為研究中，受試者因為被觀察而改變他們表現的現象。

Hippocampus（**海馬體**）：大腦中主要負責記憶形成和儲存的部位，位於大腦皮層的前部。這是大腦中主要負責記憶的區塊，有相當多的皮質醇受體。

Homeostasis（**體內平衡**）：在改變期間於一個生理環境中維持穩定。

Human chorionic gonadotropin（**人類絨毛膜性腺激素**，hCG）：一種孕期賀爾蒙，由形成胎盤的細胞所製造，含有 hCG 的藥物經常被用在生育力治療上。

Hyperarousal（**過度反應**）：「壓力過大」的科學名詞，指的是身體的警覺系統從未關閉的現象。

Hypercortisolism（**高皮質醇症**）：又稱為庫欣症候群（Cushing's syndrome）的高皮質醇症是一種身體暴露在含量過高的賀爾蒙皮質醇當中而失調的病症。如果妳服用過多皮質醇或其他類固醇賀爾蒙前驅物質也可能發生。

Hyperplasia（**增生**）：正常組織或器官中細胞量增加的情況。增生可能是一種異常或癌前病變的徵兆，尤其是子宮內膜的異常增生。腎上腺增生也可能會因為回應慢性壓力和下視丘腦垂體腎上腺（HPA）軸的過度活躍而發生。

Hypervigilance（**過度警覺**）：異常過度反應，對刺激的回應，以及在環境中尋找威脅的症狀。

Hypocortisolism（**低皮質醇症**）：又稱為皮質醇過低，低皮質醇症是腎上腺無法製造正常值的主要壓力賀爾蒙，皮質醇的病症。

Hypoglycemia（**低血糖**）：血糖（葡萄糖）過低，導致令妳感覺良好的神經傳導物質消耗殆盡的病症。

Hypopituitarism（**腦下垂體功能不足**）：腦下垂體無法正常製造部分或所有的賀爾蒙，包括控制卵巢、甲狀腺，以及腎上腺的賀爾蒙，原因諸如頭部受傷、腦部手術、放射線、中風，或是席漢氏症候群（Sheehan's Syndrome）。

Hypothalamic-pituitary-adrenal（HPA）axis（**下視丘腦垂體腎上腺軸**）：一種藉由大腦信號觸發賀爾蒙釋放來因應壓力的回饋環路。由於它的作用，HPA 軸有時也被稱為壓力電路。

Hypothalamus（**下視丘**）：大腦中製造賀爾蒙來控制體溫、飢餓、心情、性慾、睡眠的區塊，同時也控制許多腺體釋放賀爾蒙，尤其是腦下垂體。

Hypothyroidism（**甲狀腺機能低下症**）：一種甲狀腺不夠活躍的病症，特徵為疲勞、體重增加，以及情緒問題。

IFN（**干擾素**）：一種免疫功能的指標。

Isocort（**愛膚克**）：一種植物型態的皮質醇營養補充品。用來治療衰竭的腎上腺。

Kanchanar guggulu：一種用來治療甲狀腺，但未獲最佳證據（隨機試驗）支持的物質。

Leptin（**瘦體素**）：一種控制飢餓、新陳代謝，以及將食物用作燃料或脂肪的賀爾蒙。請參見附錄 C。

Limbic system（**邊緣系統**）：大腦中負責情緒方面功能的部位。

Luteal phase（**黃體期**）：月經週期的後半段。

Luteinizing hormone（**黃體促素，LH**）：和濾泡激素一同作用，刺激卵巢釋放卵子。LH 是由下視丘和腦下垂體控制的。請參見附錄 C。

Maca（**瑪卡，Lepidium meyenii**）：生長在祕魯的安地斯山高原，瑪卡用於治療女性賀爾蒙失調、月經不順、促進生育、月經症狀、性無能，以及催情劑。

Magnetic resonance imaging（**磁振造影，MRI**）：用於診斷器官、組織，和骨骼的健康問題。掃描儀使用強烈的磁場和無線電波來呈現身體內的精細影像。

Mastalgia（**乳腺痛**）：乳房疼痛，一般分為週期性和非週期性。

Mastodynia（**乳房痛**）：女性乳房部位的疼痛。

Melatonin（**褪黑激素**）：一種由大腦中的松果體所分泌的賀爾蒙，有助於調節其他賀爾蒙，並維持身體的晝夜節律。褪黑激素也有助於控制女性生殖賀爾蒙的時機和釋放。請參見附錄 C。

Neuroplasticity（**神經可塑性**）：大腦在一生中藉由形成新的神經連結來改變、延展，以及學習的能力。神經可塑性讓大腦中的神經細胞得以因應新情況或環境中的改變而進行調整。

Neurotransmitters（**神經傳導物質**）：血清素和去甲腎上腺素這類化學物質，是用來進行大腦細胞之間溝通的。改善這些化學物質的平衡似乎能有助於大腦細胞傳送和接收訊息，進而可能改善心情。

Norepinephrine（**去甲腎上腺素**）：一種在腎上腺內在核心製造的神經傳導物質，有助於專注力和解決問題。它在神經系統中具有神經調節的作用，在血液中則是一種賀爾蒙。

Osteopenia（**骨質缺乏症**）：用於形容密度不如正常骨骼，但尚未像骨質疏鬆症一般嚴重的骨骼。患有骨質缺乏症的人有罹患骨質疏鬆症的風險。

Osteoporosis（**骨質疏鬆症**）：一種骨質密度減少，變得比一般骨骼更脆弱，因此容易骨折，即使只是輕微創傷的病症。這種疾病經常會影響髖部、脊椎，以及手腕的骨骼。

Oxytocin（**催產素**）：愛和情感結合的賀爾蒙，有助於緩衝壓力。它也是一種大腦中的神經傳導物質。請參見附錄 C。

Perimenopause（**更年期前期**）：又稱為更年期過渡期，也就是女性身體從較規律的排卵和月經週期，邁向永遠無法生育，也就是更年期的自然轉換過渡階段。

Phosphatidylserine（**磷脂絲胺酸**）：一種脂肪酸，經證實能降低皮質醇值。磷脂絲胺酸也頗受到重視，因其可能有助於治療阿茲海默症及其他記憶方面的病症。

Pituitary（**腦下垂體**）：大腦中控制賀爾蒙的腺體，例如雌激素、黃體素、甲狀腺，以及催產素。

Polycystic ovary syndrome（**多囊性卵巢症候群，PCOS**）：一種女性的性賀爾蒙失調的病症。這種賀爾蒙失調可能導致月經週期的改變、皮膚變化、受孕困難，以及其他問題。

Pranayama（**呼吸法**）：瑜珈中的呼吸技巧，據稱能促進身體和心理方面的表現。

Pregnenolone（**孕烯醇酮**）：賀爾蒙之母（請參見第二章的圖表二）及其他性賀爾蒙的前驅物質。它能保持記憶力和視力敏銳，遠離焦慮。用途包括減緩或逆轉老化、治療關節炎、憂鬱症、子宮內膜異位症、疲勞、乳房纖維囊腫、增進記憶、更年期、經前症候群（PMS），以及壓力。請參見附錄 C。

Premarin（普力馬林）：一種結合幾種雌激素的合成萃取物，又稱為「複合性馬雌激素」，是從馬尿中提煉出來的。

Prempro（倍美安）：一種常用的賀爾蒙補充療法藥丸，含有萃取自馬尿的雌激素，而且是賀爾蒙黃體素的合成近親（結合普力馬林和普維拉錠）。

Progesterone（黃體素）：這種賀爾蒙從卵巢中釋放，可以被轉化成其他賀爾蒙，像是腎上腺中的皮質醇。黃體素過低會導致焦慮、夜間盜汗、失眠，以及經期不規則。請參見附錄 C。

Prometrium：一種含有生物同質性、微粉化黃體素的藥物。

Puberty（青春期）：當女性開始能夠生育的生命階段。

Relora（厚樸和黃柏）：一種草藥的組合，經證實能降低夜間皮質醇和減少由壓力引起的暴食，但僅限於過重和肥胖的女性。Relora 也能減少停經前期女性的焦慮。

Reverse T3（反轉總三碘甲狀腺素，Reverse triiodothyronine）：一種和甲狀腺所分泌的賀爾蒙，三碘甲狀腺原氨酸具有相同的分子公式，但結構公式不同的分子。它具有三碘分子，而且是從甲狀腺素中萃取出來的。

Rhodiola（紅景天）：用於提升精力、元氣、力量，以及心智容量，同時有助於身體適應並抵抗肢體、化學，以及環境的壓力。

Secondary adrenal insufficiency（繼發性腎上腺功能不足）：這種不足是發生在當腦下垂體無法分泌足夠的促腎上腺皮質激素（ACTH）來刺激腎上腺製造皮質醇的時候。

Serotonin（血清素）：一種存在於大腦、腸道組織，以及血小板中的化學物質。屬於神經傳導物質；當濃度改變時，可能導致幾種情緒方面的失調。

Sex hormone binding globulin（性腺賀爾蒙結合球蛋白，SHBG）：一種結合游離睪丸素的蛋白質，可能會產生生物惰性。當妳服用口服賀爾蒙像是雌激素藥丸或避孕藥時，SHBG 就會升高，而那可能會降低性慾，並持續在外陰部和陰道造成不適。對多囊性卵巢症候群患者而言，SHBG 過低可能導致游離睪丸素值過高，因而長出長毛和痤瘡。

Taurine（牛磺酸）：一種支持神經發育並有助於調節血液中水分和礦物質鹽的胺基酸。牛磺酸也具有抗氧化作用。

Telomeres（端粒）：染色體的護套，近年來被認為是一種新的生理老化生物指標；端粒是保護染色體末端及確保染色體穩定不可或缺的特定結構。

Thyroid（甲狀腺）：一種維持代謝平衡、帶給妳精力、舒適的溫暖，以及讓體重獲得控制的腺體。請參見附錄 C。

Thyroid antibodies（甲狀腺抗體）：血液中存在甲狀腺抗體可能意味著甲狀腺疾病的原因是自體免疫失調。

Titer（滴定量）：一種溶液中物質的量或濃度的測量。滴定量通常是指患者血液中的抗體數量。

Transdermal estrogen（經皮膚吸收的雌激素）：一種處方賀爾蒙貼片或乳霜，經證實能改善心情和性慾。

Tryptophan（色胺酸）：一種嬰兒正常成長和成年人氮平衡所需的胺基酸。這是一種必需胺基酸，代表身體無法自行製造，必須從飲食中攝取。

TSH（促甲狀腺激素，thyroid-stimulating hormone）：一種由大腦基部的腦下垂體所分泌，用來回應來自下視丘信號的賀爾蒙。它會告訴甲狀腺製造並釋放賀爾蒙甲狀腺素

（T4）和三碘甲狀腺原氨酸（T3）。

Tyrosine（**酪胺酸**）：一種會因為壓力而耗盡的重要神經傳導物質前驅物質的胺基酸，例如去甲腎上腺素和多巴胺。

Vagus nerve（**迷走神經**）：源自於腦幹的神經，供應神經纖維到肺部、心臟、食道，以及消化道。

Vivelle dot：一種生物同質性的雌激素貼片。

賀爾蒙	作用	附註
促腎上腺皮質激素（ACTH）	測量血液中的促腎上腺皮質激素值有助於偵測、診斷，以及監控和體內皮質醇過多或過少有關的病症。	從大腦中的腦下垂體前葉釋放。
脂聯素	調整妳燃燒脂肪的方式。	由脂肪細胞分泌。
醛固酮	控制血液和尿液中的電解質值，調節體液積聚以及血壓。	腎上腺功能失調、第三階段衰竭的患者可能會偏低，這和皮質醇過低有關，因為醛固酮和皮質醇是由腎上腺的同一個部位製造的，也就是外層或皮層。
性激素孕酮代謝產物	鎮定或中和壓力。	黃體素之女（衍生物或代謝產物）。
皮質醇	主要的壓力賀爾蒙；主掌血糖、血壓，以及免疫功能；糖性腎上腺皮質素家族的一員。	在大多數的情況下，無論壓力大與否，都是由腎上腺所分泌的。
去氫皮質酮（DHEA）和脫氫異雄固酮（DHEAS，硫化版本）	影響心情和性慾，需要時可以轉化成睪丸素；雄激素家族的成員。	過多 DHEA 常會造成更年期女性的憂鬱症和痤瘡。
二丁基羥甲苯（DHT）	可能導致毛囊縮小；效力比睪丸素強大三倍；雄激素家族的成員。	睪丸素可以被轉化為二丁基羥甲苯（DHT）。DHT 是造成雄性禿的主因（雖然男女都可能發生）。
雌二醇	負責子宮、乳房發育、輸卵管，以及陰部的發育；和女性身體脂肪的分布有關；雌激素家族的一員。	依然有月經來潮的女性最常製造的雌激素。
雌三醇	懷孕時的主要雌激素。	治療外陰、陰道乾澀的外用藥。
雌激素	調節月經；增厚子宮內壁為懷孕做準備；讓女性保持潤滑，從關節到陰道。	雌激素家族是主要由卵巢所製造的性類固醇賀爾蒙，目的是促進女性特徵，例如乳房發育和月經來潮。
雌酮	生育年齡女性體內的三種雌激素賀爾蒙當中量最少的一種；更年期後女性體內的主要雌激素。	
濾泡激素（FSH）	和黃體促素一同作用，兩者皆負責刺激卵巢釋放卵子。	由下視丘和腦下垂體控制。

胰島素	將血糖輸送到細胞中作為燃料並囤積脂肪。	長期胰島素過高會提高雌激素，以及雌酮，特別是會增加細胞對胰島素的阻抗。
瘦體素	調節食欲和脂聯素，後者能調整身體燃燒脂肪的方式。	
黃體促素（LH）	和濾泡激素一同作用，兩者皆負責刺激卵巢釋放卵子。	由下視丘和腦下垂體控制。
褪黑激素	調節我們的醒睡週期。	有助於控制女性生殖賀爾蒙的時機和釋放。
催產素	是一種賀爾蒙，也是神經傳導物質，這種大腦化學物質能在神經之間傳送資訊。有些人把催產素稱為「愛的賀爾蒙」，因為男性和女性在性高潮時，血液中的催產素都會升高。	催產素也會在子宮頸擴張時釋放，以便助產，而當女性的乳頭受到刺激時，則會促進泌乳並增進母親和嬰兒之間的情感。
孕烯醇酮	在性賀爾蒙體系中較鮮為人知，它負責維持記憶的流暢，並且讓視覺保持鮮明多彩。	孕烯醇酮是賀爾蒙之「母」（又稱「激素元」），其他賀爾蒙都是從它製造出來的。
黃體素	藉由幫助調節子宮內壁（例如避免子宮內壁過度增厚）、情緒和睡眠來抗衡雌激素。	由腎上腺製造的性賀爾蒙之一。
睪丸素	主掌活力和自信的賀爾蒙，而分泌過多則是導致美國女性不孕的主因。同時也和性慾有關；製造過少會導致男性和女性的性慾過低。	性賀爾蒙，也是一種雄激素。雖然它經常被認為是男性賀爾蒙，但女性的體內其實也需要一些睪丸素。男性和女性的不同之處是睪丸素的量（男性會製造較高的量）。
甲狀腺	影響新陳代謝和精力、體重、心情。	甲狀腺賀爾蒙對於賀爾蒙路徑的順利運作是不可或缺的。妳需要足量的甲狀腺賀爾蒙才能從膽固醇中製造孕烯醇酮，然後製造黃體素。
維生素 D	從膽固醇合成以及暴露在陽光下而來的賀爾蒙。它也可以從食物中攝取，但不能算是一種必需維生素，因為所有的哺乳動物只要暴露在陽光下就能產生。它是維生素，也是賀爾蒙。	存在於蛋和魚之中。也會被添加在其他食物中，例如牛奶，同時還有營養補充品的形式。

對於那些火藥味十足或是難以啟齒的交談，我個人非常認同禮儀腳本的使用。腳本讓我知道如何起頭，這是其他人巧妙構思出來的內容，在某些情況下可能非常受用。舉例來說，一位妳認識但不太熟的人告訴妳，她剛被診斷出罹患了乳癌。這時候妳說：「這是大事。」然後停頓下來。當個聽眾，聽聽她有什麼話要說，不要匆促地去告訴她妳自己和癌症擦肩而過的經歷，或是妳如何照顧妳罹患轉移性乳癌的母親，或是妳了解她們的感受。只要簡單地說：「這是大事。」在附錄 D，我將分享一些我的患者覺得和其他醫療照護者之間的有用對話腳本。

在診所經常有女性告訴我，當醫師對賀爾蒙症狀不重視，或是拒絕合理要求進行的檢驗時，想要堅定自己的立場很困難。

我明白主流醫師的怨言，我也是從同樣的醫療體系出來的。受了那麼多年的教育，終於有了自己的診所，當然會希望有一點權威。醫師會提出一些明智的建議，希望能夠改變他人的人生，並且建立充滿關愛的長期關係。但一整天下來，在那些七十分鐘的看診時間裡，雖然美國醫師給了建議也訂了規矩，但通常沒有太多對話和合作的餘地。

以下就是一位具有合作精神而且不會用家長命令的方式來對待患者的醫師應有的特質：

- 是個好聽眾，不會匆促地插話表達意見。
- 對最新的文獻有所了解。問他們是否知道第九章中關於正常促甲狀腺激素的最新甲狀腺指導方針。
- 了解細微差別。他們是否聆聽了妳的症狀、聽進去妳的敘述，然後考慮了妳的化驗報告？不合作的醫師都只願意看化驗報告治療。
- 自尊心不過強。妳的建議是否讓他們產生戒心？在一開始看診的時候，當妳禮貌地告知妳注意到他們沒有在妳面前洗手時，他們是否有點惱羞成怒？

- 肯花時間探討妳的擔憂，或者當妳終於鼓起勇氣提及妳的性慾或煩躁易怒的心情時，他們的手已經放在門把上了？

以下就是一些我建議可以用來當開場白的腳本：

- 「我剛讀了一本書，是關於如何修復賀爾蒙失調的，而且我學到很多。我也順道帶了一本過來，如果您感興趣的話可以參考。我知道我們今天沒有太多時間，但我希望能夠在下次回診時討論一下，看看我的問題出在哪裡。您願意在下次跟我討論嗎？」（我就是這樣第一次接觸了烏茲・萊斯醫師的書，《自然賀爾蒙平衡》（Natural Hormone Balance）。真的有用！）

- 「我讀了很多關於賀爾蒙的書籍和文章，因為我想當個有意識的消費者。我在一本由專攻賀爾蒙的醫師所寫的書中讀到，除了那些基本檢查之外，我們應該把目光放得更遠，才能真正了解確切的原因。由於我現在有＿＿＿＿＿（列舉妳的症狀），不知道您是否願意幫我驗血檢查一下。」

- 「我在讀一本書，關於賀爾蒙失調和＿＿＿＿＿（自行填入：皮質醇、雌激素、睪丸素、黃體素、胰島素、瘦體素、維生素 D、甲狀腺）之間的關聯。我有＿＿＿＿＿（自行填入：皮質醇過高、雌激素過高或過低）方面的三種症狀。您願意替我驗血檢查一下嗎？」

- 如果妳的醫師拒絕替妳驗血，請堅持妳的立場，表現得禮貌但堅決。「這些參考資料顯示＿＿＿＿＿之間是有關聯的。我真的很想驗血檢查一下找出真正的原因。」或「您可以解釋給我聽為什麼不需要檢查嗎？我這裡有十七項參考資料，都記載著皮質醇過高和高血壓、空腹血糖值過高、疲勞以及腹部脂肪有關聯，所以我真的很希望能夠檢查一下。」然後停頓下來。

- 如果妳的醫師接下來說：「我不相信腎上腺疲勞。」或「妳為什麼不試試這種抗憂鬱症藥？」之類的話，妳也可以建議他閱讀我在 http://

thehormonecurebook.com/practitioners 網頁上為醫療護理人員所整理的引證。

如果妳的醫師依然拒絕，或許妳可以問對方能否為妳轉診到一位願意驗血檢查的醫師，或者，妳也可以考慮從下列網站中找到一位整合醫療醫師：

- 亞利桑那大學整合醫學中心的獎學金研究生畢業生：http://integrativemedicine.arizona.edu/alumni.html
- 功能醫學學院的成員：http://www.functionalmedicine.org/practitioner_search.aspx?id=117
- 美國先進醫學大學的成員：http://www.acamnet.org（請在網頁下方使用「Physician ＋ Link」來搜尋妳家附近的醫師）

以下是我經常合作的化驗所。請注意，我偏好使用驗血的方式來檢查大多數的賀爾蒙，但唾液和尿液檢查通常也是可靠的。至於皮質醇檢查，我偏好晝夜（四個時間點）的皮質醇檢查。

- Canary Club 是一個擁有許多寶貴資源的非營利社區，由廣受尊崇的賀爾蒙專家理查・薛姆斯醫師（Richard Shames, MD）及其團隊所領導。可以免費加入會員，而且他們的價格非常優惠，通常都比我能夠提供的價格或是妳從其他化驗所問到的價格還要低：http://www.canaryclub.org。
- Genova Diagnostics，http://www.gdx.net，有幾種檢查是我認為對闡明賀爾蒙問題很有幫助的，包括「完整賀爾蒙」（Complete Hormones）以及「雌激基因組套餐」（Estro-Genomic Profile）。我也在他們的「NutrEval」檢查中發現很多對我的患者有幫助的資訊。
- Mymedlab.com 能夠進行本書中所提及的許多項血液檢查，也提供「個人健康紀錄」並且協助妳解讀。
- ZRT Laboratory 是唾液檢查的先驅。我喜歡他們的甲狀腺和維生素 D 的血斑檢查。如果妳的醫師拒絕檢查妳的游離 T3 的話，這家是很好的選擇：http://www.zrtlab.com。

有很多女性來看診的時候，會私下請我替她們規劃一份計畫。這是一份我多年來從不同資料來源蒐集而來的基本飲食計畫。我認為它不但滋補而且很容易配合個人情況調整，就像瑜珈姿勢一樣。最重要的是，這個飲食計畫能平衡賀爾蒙、降低發炎，以及減少胰島素阻抗的風險。

其中一個減少體內發炎和降低皮質醇的關鍵方法就是移除最常見的食物過敏原，如《777 瘦身法：戒除 7 大食物，7 天內減去 7 磅》（The Virgin Diet）的作者 JJ・維京（JJ Virgin）所述。她建議戒除七大罪魁禍首，包括麥麩、大豆、糖，以及乳製品。

其中的要旨就是從基本計畫中進行校正規劃。如果這樣的食物量讓妳的體重減輕的話，可以在早餐多加一盎司（二十八公克），或是晚餐多加三盎司（八十五公克）的全穀類。所有的食物最好都是有機而且是當季的。欲了解更多資訊和食譜，請上網 http://thehormonecurebook.com。

早餐 [a]

- ✓ 1 盎司（28 公克）無麥麩燕麥或藜麥片，秤重然後煮熟
- ✓ 4 ~ 6 盎司（113 ~ 170 公克）低升糖水果，例如莓果
- ✓ 8 盎司（227 公克）優格或 2 個蛋或蛋白質粉冰沙（1 份）[b]
- ✓ 1 ~ 3 大匙的亞麻籽粉或泡開的奇亞籽（根據排便功能可添加更多）

午餐

- ✓ 4 盎司（113 公克）的精瘦蛋白質（有機雞肉、草飼牛肉、含汞量低的魚、羊肉）或 6 盎司（170 公克）的豆腐、天貝，或豆類 [c]
- ✓ 6 盎司（170 公克）煮熟的蔬菜（如果妳的目標是減重的話，最好選用低升糖的食材，然後用清蒸的）
- ✓ 1 份水果（1 個蘋果、1 根香蕉，或 6 盎司〔170 公克〕低升糖的水果：根據妳的體重、體重目標、睡眠，以及雌激素症狀，可以每週

1 ～ 2 次以一杯 5 盎司〔142 公克〕的葡萄酒取代）

晚餐

- ✓ 4 盎司（113 公克）的精瘦蛋白質（有機雞肉、草飼牛肉、含汞量低的魚、羊肉）
- ✓ 6 盎司（170 公克）的豆腐、天貝，或豆類
- ✓ 6 盎司（170 公克）煮熟的蔬菜（如果妳的目標是減重的話，最好是選低升糖的食材，然後用清蒸的）
- ✓ 8 盎司（227 公克）的沙拉（最好是 2 盎司〔57 公克〕的萵苣，剩餘的生菜妳可以自行選擇，包括小蘿蔔、紫甘藍、黃瓜、胡蘿蔔、菊苣，以及茴香）
- ✓ 2 大匙的沙拉醬（但其中不能含糖；也就是成分中不能有糖），搭配沙拉享用

備註

a. 我強烈建議那些患有經前症候群的女性在早餐時喝低升糖的冰沙，特別是在月經來潮前的 7 ～ 10 天，因為它含有藥用纖維。

b. 也可以食用 6 盎司（170 公克）的優格外加 2 盎司（57 公克）的奶精或牛奶參在咖啡或早晨飲料中。其他的替代選擇包括 4 盎司（113 公克）的精瘦肉類蛋白質、6 盎司（170 公克）的植物蛋白質，或 1 盎司（28 公克）的堅果搭配 4 盎司（113 公克）的優格。

c. 男性可以比女性多攝取 2 盎司（57 公克）的蛋白質。

請注意，化驗所可能會根據常態分布而有不同的數據。請向妳的醫師諮詢最適合妳的化驗所，或上網 http://thehormonecurebook.com/practitioners/ 找到一位願意與妳合作的醫師。

賀爾蒙檢查	單位	傳統參考範圍（針對女性）	理想範圍（針對女性）
丙胺酸轉胺酶（ALT，一種肝酵素）	U/L	7～35 U/L	0～19
皮質醇（血清）	µg/dL	7～28 早上，2～18 下午	理想值：早上 10～15，下午 6～10
皮質醇（血斑，例如 ZRT/Canary Club）	µg/dL	8.5～19.8（早上），3.3～8.5（傍晚／夜晚），根據 ZRT 化驗所數據資料（其他化驗所可能不同）	同
皮質醇早上（唾液）	ng/mL	3.7～9.5	同
皮質醇夜晚（唾液）	ng/mL	0.4～1.0	同
皮質醇中午（唾液）	ng/mL	1.2～3.0	同
皮質醇傍晚（唾液）	ng/mL	0.6～1.9	同
脫氫異雄固酮（DHEAS，血清）	µg/dL	65～380	正常範圍的上半：大約 200～380
脫氫異雄固酮（DHEAS，血斑）	µg/dL	40～290（依年齡而異）	正常範圍的上半：大約 165～290
脫氫異雄固酮（DHEAS，唾液）	ng/ml	2～23（依年齡而異）	30 歲以下：6.4～18.6 ng/ml 31～45 歲：3.9～11.4 ng/ml 46～60 歲：2.7～8 ng/ml 61～75 歲：2～6 ng/ml 口服 DHEA 者（5～10 毫克，最後一次服用的 12～24 小時後測量）：2.8～8.6 ng/ml 外用 DHEA 者（5 毫克）：3～8 ng/ml

雌二醇（血清）	pg/ml	停經前期：因經期時間而異。一般停經前期為 15 ～ 350 pg/ml。更年期後且未服用賀爾蒙則 < 32	第 3 天：< 80； 第 14 天：150 ～ 350；更年期後大約 50 以維護骨骼強健
雌二醇（血斑）	pg/ml	43 ～ 180 停經前 - 黃體期或 ERT	20 多歲的女性在第 14 天的雌二醇正常範圍是 350 pg/ml，更年期後則少於 32
雌二醇（唾液）	pg/ml	1.3 ～ 3.3 停經前期（黃體期，通常是第 21 ～ 23 天）	停經前期，我認為唾液中雌二醇值 1.3 ～ 1.7 是理想的
	pg/ml	0.5 ～ 1.7 pg/ml 更年期後	在更年期後，我認為唾液中雌二醇值 1.0 ～ 1.7 是理想的
空腹血糖值	mg/dl	60 ～ 99	70 ～ 86
游離 T3（血斑）	pg/ml	2.5 ～ 6.5	正常範圍的上半（因化驗所而異），ZRT 是 4.5 ～ 6.5
游離 T4（血斑）	ng/dL	0.7 ～ 2.5	正常範圍的上半（因化驗所而異），ZRT 是 1.45 ～ 2.5
濾泡激素（血斑）	U/L	0.6 ～ 8.0 停經前～黃體期	第 3 天：< 10，但高於 10 的女性依然能受孕
高密度脂蛋白（HDL）	mg/dL	40 mg/dL 或更高	> 55
糖化血色素	%	< 6%	< 5%
高敏感度 C 反應蛋白（血斑）	mg/L	< 3	< 0.5
類胰島素生長因子（血斑）	ng/ml	100 ～ 300（依年齡而異）	正常範圍的上半（例如 200 ～ 300），依年齡而異
胰島素（血斑）	mIU/ml（μIU/mL）	1 ～ 15 μIU/ml	2-6 μIU/ml
低密度脂蛋白膽固醇	mg/dl	< 130 mg/dL	我是根據分子大小評估的，最好減少小密度的 LDL 分子量
黃體素（血清）	ng/ml	黃體期：8 ～ 33	黃體期（第 21 ～ 23 天）：15 ～ 33
黃體素（血斑）	ng/ml	3.3 ～ 22.5 停經前 - 黃體期或 PgRT	黃體期（第 21 ～ 23 天）：15 ～ 23

黃體素（唾液）	pg/ml	75 ～ 270 停經前期（黃體期）；12 ～ 100 更年期後或濾泡期（排卵前）	依年齡而異，請和妳的醫師討論
比率：Pg/E2（血斑）	pg/ml	100 ～ 500	正常範圍的上半：300 ～ 500
比率：Pg/E2（唾液）		100 ～ 500，E2 為 1.3 ～ 3.3	正常範圍的上半：300 ～ 500
血清鐵蛋白	ng/ml 或 mcg/L	每毫升 11 ～ 307 微毫克（標準單位）或每公升 11 ～ 307 微克（國際單位）	70 ～ 90，尤其是有脫髮狀況
游離睪丸素（血清）	pg/ml	0 ～ 2.2	正常範圍的上半：1.1 ～ 2.2
睪丸素（血斑）	ng/dl	20 ～ 130 停經前 - 黃體期或 TRT	75 ～ 130
睪丸素（唾液）	pg/ml	16 ～ 55（依年齡而異）	正常範圍的上半：36 ～ 55
TPO（血斑）	IU/ml	0 ～ 150（70 ～ 150 算處於臨界狀態）	< 70
三酸甘油酯（血斑）	mg/dL	< 150	< 50
促甲狀腺激素（血斑）	uU/ml	0.5 ～ 3.0	正常範圍見仁見智，但證據偏向 0.3 ～ 2.5 mIU/L。對於依然有症狀或被診斷出患有自體免疫甲狀腺炎的女性，我認為理想值應該為 0.1 ～ 2.0。最好能夠知道妳過去曾經感覺良好和平衡時的基線促甲狀腺激素值
維生素 D、25-OH、D2	ng/ml	< 4，如果沒有補充的話（< 10 nmol/L）	同
維生素 D、25-OH、D3	ng/ml	32 ～ 100 ng/ml（80 ～ 250 nmol/L）	75 ～ 90
維生素 D、25-OH、總含量	ng/ml	32 ～ 100	75 ～ 90

這是興奮刺激又令人疲憊不堪的；這是令人抓狂又奇妙美好的；這是妳的全世界。是的，我們該來吐槽一下關於懷孕的二三事，以及它如何強迫女性去面對極限和發揮最大的力量。我保證我不會像探討《婦女問題研究》那樣囉嗦，但我想要區分妳身體的賀爾蒙火箭燃料這方面的事實和迷思，也就是所謂的生育條件。

首先，讓我們把枯燥無味的東西講完。現代醫學幫助了數以百萬計的男女受孕，通常是使用昂貴而且精密複雜的技術，例如生育藥物和人工受孕（IVF）。但還有很多天然的方法能夠提高妳的生育力，只是很少在醫師診所中討論。我推薦的這些方法都是專門針對賀爾蒙交互作用的複雜系統，這種交互作用在幫助妳受孕、生下健康足月的孩子、產後在家休養，以及親餵這些方面，都扮演舉足輕重的角色。我經常被問及關於女性生活的各個層面，從壓力在孕前所扮演的角色到女性在懷孕或哺乳期間營養補充品的安全性。我希望附錄 H 能回答妳大多數的疑問。

生育能力和受孕

當妳從拚命想要避孕轉變到努力懷孕、享受懷孕過程，以及進入為人母的優雅和混亂，這在思想上真的是三百六十度的大轉變。我自己就經歷過兩次，讓我告訴妳，賀爾蒙的變化對許多女性來說真是又狠又猛。好消息是，懷孕是治癒經前症候群最有效的方法。壞消息是，我們的文化不公平地把太多垃圾思想往孕婦身上倒，從生育選擇的政治立場到關於體重和飲食選擇的批判。老實說，我在懷孕時的賀爾蒙讓我看到什麼都想吃，而定期公開我的體重所帶來的羞辱感就足以讓我的皮質醇飆高了。那種感覺就好像是妳被公然定下了虐待兒童的罪名──而且宣判者是醫療助理──完全根據妳的體重是否在接受標準之內。

然而也有許多女性發現自己很難受孕，而那帶來的內心痛苦是難以想像

的。多年來妳對自己身體的信任感突然受到質疑，而大多數的女性都得在半夜和週末閱讀像是讀醫學院那樣的文獻，研究她們有哪些選擇方案。雖然試管嬰兒和其他高科技的生育協助很常見，但我相信如果能夠在去看診之前先評估一下某些棘手問題會很有幫助，包括壓力賀爾蒙，尤其是皮質醇，以及它如何讓其他賀爾蒙失調。

壓力

努力懷孕的壓力在大多數女性的一生中多少都會碰到，或許是時機到了，或許是父母在催說想要抱孫子，或是覺得再不生就來不及了，或者妳只是迫不及待地想要個寶寶（即使時機不對）。然而，這種生孩子的壓力其實是社會在我們身上開的殘酷玩笑，因為壓力正是對生育能力損害最大的因素之一。

任何想要懷孕的人都需要好好了解一下壓力（以及皮質醇這種主要的壓力賀爾蒙），好讓皮質醇保持在最佳狀況，不太高也不太低。為什麼呢？皮質醇過高會阻斷黃體素受體。黃體素在生育下一代方面是不可或缺的；健康的黃體素值不僅能夠改善生育能力，同時也能讓黃體素和其受體之間的分子性愛升級，而那是懷孕期間和產後覺得感激和喜悅所需的。黃體素會幫住妳在懷孕期間讓妳和寶寶感到更輕鬆、快樂，以及健康。

托利・哈德遜醫師（Dr. Tori Hudson）建議想要提高生育能力並降低壓力的女性食用紅景天。它不僅能促進甲狀腺功能，研究也顯示它能改善卵子成熟。紅景天同時也能降低皮質醇值和增加血清素。[1] 女性的血清素只有男性的一半，所以我們在這方面通常需要幫助，這也是我從同事兼好友丹尼爾・埃蒙醫師（Dr. Daniel Amen）那裡學到的。[2] 紅景天甚至還有助於促進運動員的表現。最近一項隨機試驗顯示，運動員在食用紅景天後，比食用安慰劑的那一組在騎自行車方面的表現更快、更有衝勁，而且更有效率。[3]

女性越來越晚生孩子。我認為這是好事，因為這代表大多數人都去上大學和拚事業，但年過四十才受孕也會帶來一些健康方面的隱憂，包括某些遺傳性疾病風險會增加。我在這方面的用詞特別小心，希望能夠用友善的口氣，來告訴妳這些風險。

- 從妳準備懷孕的前三個月開始，請在每天的綜合維生素中補充 L- 甲基葉酸（L-methyfolate）。葉酸（維生素 B9）經證實能減少懷孕時貧血，並且預防胎兒神經管發育缺陷。許多女性，尤其是在美國，都需要 L- 甲基葉酸這種活性較強的葉酸，來預防懷孕期間的一些問題。
- 如果這是妳的第一胎，妳可以考慮為自己和伴侶進行基因檢測。欲了解更多請上網 http://thehormonecurebook.com/genetics。
- 考慮檢查卵子品質，即第三天的雌二醇和濾泡激素（FSH）。理想上，最好濾泡激素小於十，雌二醇小於八十。當濾泡激素大於十的時候，女性依然可能受孕，但機率較小。
- 小心有些臨床醫師會做排卵藥刺激試驗（Clomid Challenge Test），可洛米分（Clomid）是一種合成的雌激素阻斷物質。

如果妳嘗試懷孕的時間少於六個月，那叫做生育力低下，而非不孕。但如果妳已經超過三十五歲，努力嘗試受孕超過六個月，就會被診斷為不孕。如果妳是生育力低下，雌二醇和濾泡激素值可以預測出重要的根本原因，幫助妳決定下一步該怎麼做。

許多女性都很期待「一人吃、兩人補」，但事實上，營養和飲食調整應該要從確認懷孕之前就開始了。在受孕之前，食用能夠讓賀爾蒙平衡升級的飲食，不但可行，而且我非常推薦妳這麼做。適當的飲食和營養補充品能降

低身體發炎、平衡賀爾蒙，並改善懷孕的機會。以下就是我對懷孕前飲食的四大準則：

1. 多攝取 omega-3，無論是選擇吃魚（含汞量低，而且一定要是野生的，絕對不要養殖的）、富含 omega-3 的蛋、核桃，或高品質的 omega-3 營養補充品。

2. 補充甲基化的葉酸（又稱為 L-甲基葉酸）。富含葉酸的食物包括深綠色的葉菜、蘆筍、青花菜、柑橘（柳橙、檸檬），以及豆類。白腰豆經證實能有助減緩碳水化合物的代謝，這對全身的新陳代謝系統是很有利的。

3. 少吃高升糖指數的碳水化合物和麥麩產品，披薩、糕點，以及加工食品都會降低妳受孕的機會。很多女性都有無法消化麥麩的問題，或是對麥麩產生自體免疫反應，而食用麥麩可能會影響生育能力和月經。目前尚不知有多少女性受麥麩問題影響，但還是謹慎為上。

4. 盡可能多吃有機、當地、當季的農產品。我建議每天吃一磅（○·五公斤）的蔬菜。蔬菜不但能改善新陳代謝，也能改善胰島素敏感性和更健康的黃體素受體。

其他原則包括減少咖啡因和酒精的攝取（兩者皆會提高皮質醇），並且以每天攝取三十五～四十五公克的纖維為目標。[4]美國女性平均每天只攝取十四公克的纖維（想要測量妳的基線纖維攝取，請上網 http://sparkpeople.com）。

女性在懷孕期間會出現嚴重腹脹，而其中一個原因就是女性的大腸比男性多出十英呎（三公尺），而且不像男性的大腸長得像馬蹄鐵，我們的腸道更像「六旗樂園」（Six Flag）的雲霄飛車。想了解更多這方面的資訊，請閱讀喬治城腸胃病學家羅蘋·庫特坎（Robynne Chutkan）的新書《身體的問題，腸知道》（Gutbliss）。[5]

懷孕也經常會造成便祕，而妳需要每天慢慢增加不超過五公克的纖維攝取，才能在孕前和懷孕期間避免不適。

營養補充品

關於懷孕和哺乳期女性可用的藥物以及營養補充品，我花了整整九年的時間學醫，才能夠分辨什麼是安全的，什麼是不安全的，哪些是已知的，哪些是未知的，因此我強烈建議妳去找妳的婦產科醫師看診時，要先做足功課並且帶著問題過去。仍有許多藥物和營養補充品缺乏足夠的數據資料，以至於無法證明在懷孕及哺乳期間是安全有效的。

研究顯示補充綜合維生素能降低排卵性不孕症以及先天缺陷的機率。[6]我建議至少在妳準備懷孕前的三個月，開始每天補充孕婦維生素。有些研究顯示維生素 D 過低可能導致受孕不易，所以如果妳體內的維生素 D 太少的話，建議補充一下。[7]

一項史丹佛大學醫學院的研究顯示，對於黃體素過低的女性，補充聖潔莓能讓生育力增高。在治療六個月後，服用聖潔莓的女性中有百分之三十二都懷孕了，而服用安慰劑組的只有百分之十懷孕。[8]補充聖潔莓能提高黃體素和生育力，美國草藥產品協會也推薦在孕期補充聖潔莓以避免流產。雖然其他研究顯示在孕期中補充的風險很低，[9]我也不能嚴格規定妳不要繼續在懷孕時補充，這個決定最好是由妳和自己的醫師一起討論，但我的標準比較高，我建議一旦懷孕後就停止服用。

GMO 基改食品

在我看來，GMO 應該是「Get Me Out!」（把我救出去）的縮寫才對。隨著越來越多關於食用 GMO（基改食品）的長期影響的數據資料浮出水面，我也越來越想警告我的患者要吃百分之百有機的食品。基改作物經證實和自閉症、腸漏症、氣喘、過敏，以及生殖問題有關。[10]

史黛芬妮・賽奈芙（Stephanie Seneff）對草甘膦，也就是 Roundup 牌除

草劑以及幾乎所有基改作物中的活性成分，所造成的影響進行了研究，發現「草甘膦對腸道微生物群的不良影響……顯然可以解釋在現代工業化世界中普遍存在的許多疾病和病症。」[11]

不含基改食品的飲食絕對是妳可以做到的。對許多人而言，由於有機農產品的價格高昂，因而養成了購買基改食品的習慣，但我強烈建議妳重新考慮。長期下來，購買有機食品的益處遠超過基改食品可能帶來的醫療花費和痛苦。在全國各地，有越來越多的農夫市場定期出來擺攤，而且價格是可以負擔的！在很多都會區也有「社區支持農業」（CSA）的農產品送貨到府的服務。我還鼓勵人們嘗試種植自己的食物，即使是窗臺上的香草花園，也能讓家中的食材多一種健康、無毒的選擇。

塑化劑和雙酚A

塑化劑（使用在塑膠製品中的化合物）和雙酚A，也是必須不惜一切避開的化學化合物。塑膠產品中的某些化學物質所帶來的風險，尤其在生殖健康方面，都是來自於它們對賀爾蒙的影響。塑化劑是環境賀爾蒙，而我把它們視為「有毒性的偽雌激素」或「假雌激素」。塑化劑是真正的冒牌貨，因為它的構造和雌激素如此相似，我們的身體很容易就吸收了這些有毒物質，但又無法像正常賀爾蒙那樣處理，導致生育能力下降和內分泌受到干擾。

大多數針對塑化劑的研究及其對生育的影響都是在男性身上進行的。[12]然而，最近針對塑化劑和環境賀爾蒙如何影響女性生育能力所進行的研究顯示，它也會干擾雌激素，即對女性生育力和生殖週期至關重要的賀爾蒙。在科學上，塑化劑已知和子宮內膜異位症、不孕，以及過敏率的增加有關。[13]在一項研究中，研究人員發現，體內塑化劑量最高的女性和體內塑化劑量最低的女性相比，植入胚胎的失敗機率多了一倍，從塑化劑量最高的女性體內取出的卵子較少，且出現劑量反應，即隨著塑化劑量越高，卵子產量和胚胎植入成功率則會下降。[14]

以下就是妳可以減少接觸塑化劑的方法：

- 小心任何品名中有芳香字眼的產品。減少使用有香味的個人護理產品，包括嬰兒用品和空氣清新劑。

- 在購買塑膠類產品時，請記住這點：「一，二，五：可以保命。」回收代碼三跟四的塑膠產品更可能含有內分泌干擾素 BPA 或塑化劑。

- 絕對不要使用塑膠盒加熱食物。

- 避免購買用塑膠包裝的食物，尤其是肉類和乳酪，因為容易發生化學淋濾。

- 認真做功課。如果妳在成分欄看到 DPB、DEHP、BzBP、或 DMP 等任何的塑化劑，請選其他的產品。

- 使用奈米過濾系統的飲用水是降低接觸 DEHP 的最佳方式。DEHP 是一種存在於水管中的塑化劑。使用碳過濾器也總比什麼都沒有的好，但可能還是會讓微量的 DEHP 穿過。

- 保護妳孩子的安全，閱讀成分標籤，並且小心在二〇〇九年之前製造的塑膠玩具或產品，因為在那一年才通過法案禁止在兒童商品中使用塑化劑。[15]

- 吃有機食物，較少含傳統農業中使用的殺蟲劑和汙水汙泥中所含的塑化劑。

運動

　　除了維持健康飲食和補充營養之外，為妳孕期中的每一階段找到合適的運動計畫也很重要。運動能有助於避免妊娠糖尿病、改善心情、精力、肌肉張力，以及睡眠品質。[16] 以下就是基本原則：

- 如果妳現在活動量不大，請和妳的醫師一同為剩下的孕期規劃出一套循序漸進、安全的運動計畫。

- 美國婦產科醫學會（ACOG）建議每天進行三十分鐘的適度運動。我也同意，但我可能會根據妳孕前的體能狀況和孕期中的身體狀況來做調整。一般來說，運動會讓妳感覺更好，而且能讓寶寶更強壯、更健

康。當然，任何特殊的建議都請向妳的醫師諮詢。過去的規矩是懷孕期間運動，每分鐘心跳率不要超過一百四，但這一點近年來已經推翻了，改為用「說話測試」的方法，也就是最好在運動中還能夠說三～五個字組成的句子。以每週運動四～五天為目標，並且仔細聆聽身體傳達給妳的訊息。

- 我知道這一點說出來可能很侮辱人，因為是常識，但我還是要提一下：避免參加團體性的運動，或是在高海拔的地方運動，還有不要去淺水或滑雪等等。
- 由於懷孕期間所釋放的賀爾蒙會讓關節變得較鬆，背部或骨盆出現疼痛的風險可能較高，而且比較容易重心不穩或摔倒。
- 步行、游泳、騎自行車，以及有氧運動都是適合的活動。
- 在第四個月後避免仰臥的運動，因為脹大的子宮可能會壓迫到腔靜脈（妳身體內最大的血管）造成血液循環變差。

從懷孕中期開始，妳必須避免從事躺著做的運動，理論上是因為子宮可能會壓迫到腔靜脈，而腔靜脈是負責運送血液到心臟獲得氧氣的。雖然這種「不能平躺」的規定並沒有得到確鑿的證明，但在知道更多之前，最好還是遵從比較保險。

在懷孕的過程中，最好的判斷辦法就是聆聽妳的身體。如果任何地方感到疼痛，如果妳無法用過去那樣的速度或程度從事一些活動，或者妳懷疑自己太勞累了，那就放輕鬆。是的，這是理智的聲音。有任何擔憂都請告訴妳的婦產科醫師，並隨著妳孕期的進展和症狀的改變，縮短簡化妳的運動。

如果妳出現以下任何症狀，請停止運動並且去看婦產科醫師：

- 陰道出血
- 暈眩
- 頭痛
- 胸痛

- 肌肉虛弱
- 小腿疼痛或腫脹
- 早產
- 胎兒活動減少
- 羊水滲漏

適用於懷孕和產後女性的加特弗萊德療程

任何推薦給懷孕和產後女性的東西，都必須有更高的安全標準，而想要讓一種營養補充品被歸類為對懷孕女性「安全」的安全試驗做起來非常昂貴。對於適合哺乳女性的加特弗萊德療程，我建議 omega-3，並且在妳逐漸增加運動量的同時，繼續補充高效綜合維生素。

【懷孕】

妳一旦懷孕後，請堅持採用我先前所推薦的孕前飲食，並確保妳攝取大量的營養素、精瘦蛋白質，以及健康脂肪。還有足夠的慢碳水化合物（低升糖的碳水化合物），像是地瓜和藜麥。

在懷孕期間，我強烈建議妳去上瑜珈。這對妳和寶寶都有很多益處，而且最新證據顯示，瑜珈有助於預防高風險的併發症，例如高血壓（包括懷孕引起的高血壓和妊娠毒血症）、妊娠糖尿病，以及宮內生長受限，這是一種可能會讓妳的寶寶無法如常發育的問題。瑜珈也經證實有助於促進寶寶健康，包括在體重和愛普格評分（Apgar score，新生兒健康評估）方面。[17]

至於藥物方面，藥品的級別分為 A、B、C，或 X。例如 Benadryl（一種抗過敏的抗組織胺藥物）是「B」級藥物，意思是它「或許是安全的」。一般而言，在「天然藥物」方面，我建議妳查閱「天然藥物資料庫」（Natural Medicine Database，http://naturaldatabase.therapeuticresearch.com）。遺憾的是，大多數的營養補充品，例如磷脂絲胺酸和紅景天，都標示有這樣的警告：可靠資料不足，避免使用。

但事實上，在懷孕和哺乳期間的安全方面，並不是非黑即白，最好用常識來判斷。對於那些懷孕而且會孕吐的女性，大多數的醫師都會推薦 Unisom（俗稱孕婦安眠藥），然而它的標籤上也說不應該在懷孕期間使用。這就是一個很好的例子，顯示了推薦療法給女性是多麼令人困惑的一件事。美國婦產科醫學會表示，「攝取維生素 B6 或維生素 B6 加多西拉敏（doxylamine）是安全而且有效的，應該用來作為第一線的治療」，這是根據一致的科學證據而來的。事實上，三千三百萬位女性都曾安全地食用過，但瓶身標示上卻不建議。這顯示了對懷孕和產後女性的標準更高，而我也無法武斷地說某一種營養補充品是否安全。在食用任何一種營養補充品、無須處方箋的藥物，和／或處方藥物之前，最好和妳的醫師討論。

　　我建議妳去找一位和妳的價值觀相同，讓妳能夠坦白溝通的醫師，然後妳就可以仰賴對方的建議，知道什麼對妳是最安全而且最有效的。

【產後】

　　產後這個階段可以說是另一種更年期狀態。妳帶著飆高的賀爾蒙歷經生產這個過程，尤其是雌激素和黃體素，但在產下胎兒之後，賀爾蒙就會跌到谷底。

　　我建議繼續維持妳在孕前和孕期中的飲食和生活方式，等通過產後六週體檢，妳就可以逼自己運動得更勤一點。如果懷孕或產後的媽媽覺得自己「怪怪的」，我依然建議進行賀爾蒙檢查。產後憂鬱症經常是賀爾蒙引起的，而妳需要確保妳的賀爾蒙霹靂嬌娃處於最佳狀態（請參見附錄 G）。事實上，和我合作的一位心理醫師都會開立雌激素貼片作為第一線的治療方式。當新手媽咪難就難在睡眠不足，光是缺乏睡眠就有可能讓人陷入哀傷，甚至得憂鬱症。如果妳有情緒方面的問題，我強烈建議妳去找專業醫師幫忙。

　　因為營養補充的領域中地雷很多，而且關於品質安全方面的數據也不太充足，我鼓勵新手媽咪多注意用食物來攝取營養的食療法。此外，壓力大的

女性和女性朋友在一起最開心了，所以我強烈建議剛為人母的女性去上產後瑜珈課，或是產後瘦身訓練營。我也推薦懷孕和哺乳的女性使用精油，下方還列有其他的減壓技巧：

- 瑜珈、吟唱，以及其他形式的正念思考
- 針灸
- 心數技巧，例如心靈 GPS 和內心平衡（請參見第四章）
- 戒除咖啡因和酒精
- 按摩
- 黑巧克力

　　雖然有些女性在哺乳期間很快就會減去懷孕增加的體重，但也有些人（例如我）要等到不哺乳之後才會瘦下來。科學尚未準確研究出這種差異的確切原因，但在妳的代謝設定點中有大約兩百多種基因，而決定妳是否有較多「節儉」基因的賀爾蒙，也就是讓妳能夠撐過饑荒的基因，是十分複雜的。這些賀爾蒙包括甲狀腺、瘦體素、胰島素、皮質醇，以及睪丸素。我猜那些很快就能瘦下來的女性應該是「瘦身」基因多於「節儉」基因。一般來說，大多數人的節儉基因數量是瘦身基因的一百倍，這就足以構成差異了。妳可以在下方的網頁學到更多有關基因型以及最適合妳 DNA 的飲食計畫：http://thehormonecurebook.com/genetics。採用低碳水、高纖維，以及以蔬菜為主的飲食，搭配適量的運動和平衡賀爾蒙的營養補充品，就能讓新陳代謝保持在健康速度運作。

Q&A

Q1. 我的賀爾蒙整個大亂,一切似乎都感覺不對勁,我不只有一個賀爾蒙失調。我很喜歡妳的書,但我應該從何著手呢?

A: 最好從根本原因著手。妳可以翻到本書第一章或是上網 www.thehormonecurebook.com/quiz 完成評量表,來找出妳多項賀爾蒙失調的根本原因。我設計的小測驗將會替妳解碼身體傳送的訊息。請先從困擾妳最久、症狀最多的問題開始。

　　如果妳依然不確定該從何下手,那麼我可以告訴妳:所有的指標都指向皮質醇。如果皮質醇是妳的問題之一,那麼就先從那裡開始,進行加特弗萊德療程的第一步。每天食用四百毫克的磷脂絲胺酸和四千毫克的 omega-3、戒除咖啡因,並且下載「心靈 GPS」或「iPromise」APP(妳可以在 http://www.thehormonecurebook.com/destress 找到),適用於 iPhone 或 iPad,每天練習七分鐘。

　　一旦妳的賀爾蒙恢復正常後,我建議妳每年至少二~四次進行自我評估,以確保妳保持在平衡狀態。光是衡量妳的進展就足以讓妳有所進步,因為妳關心自己的身體和需求。妳可以用我的評量表或至化驗所檢查,讓數字來幫助妳監控,也可以兩種方法都使用。

如果妳在某些賀爾蒙問題上有三種或以上的症狀，或是在我的網上小測驗中特別標示出來的賀爾蒙問題，那麼我建議妳進行化驗所檢查，包含甲狀腺，以及黃體素對雌激素的比率。我也建議較年輕的女性在二十多歲或三十多歲的時候做一次基線檢查，三十五歲或以上的女性則定期用化驗所檢驗報告來追蹤症狀。

有些賀爾蒙變數較多，例如皮質醇，而其他的賀爾蒙相對而言則比較穩定，例如甲狀腺（包含 TSH，也就是促甲狀腺激素、游離 T3、游離 T4，以及反轉 T3）。理想上，最好找一位當地的醫師來做這些檢查（請參見附錄 D），但如果妳的醫師拒絕妳的請求或是想要更多資訊，妳有以下幾種選擇：

- 從我親自訓練的三百多位聰明又有合作意願的賀爾蒙療癒法醫師當中挑選一位。請上網 www.thehormonecurebook.com/practitioners/。即使妳以前已經瀏覽過網頁，請再瀏覽一次，因為我們一直在增加新的醫師名單。我們每年提供兩次訓練課程，也經常更新網頁。
- 如果妳的醫師持相反意見、不相信，或是想知道更多科學佐證，請給對方一本我的書！由於本書的空間有限，我們把一份完整的參考資料清單都列在 http://thehormonecurebook.com/practitioners/ 上供妳的醫師（和妳）閱讀。
- 如果妳感到困惑或有困難，請找醫師尋求專業建議。

Q2. 我有皮質醇過高和過低的問題，妳可以提供我一份清楚的規劃告訴我該怎麼做嗎？

A: 如果妳有皮質醇過高和過低的問題，請不要讓自己壓力過大，我可以教妳該怎麼做。學習管理妳的壓力反應，稍微改變妳的飲食，然後從事適當的運動，就能讓妳找回賀爾蒙平衡。

女性同時經歷皮質醇過高和過低的症狀其實並不罕見，但這卻是一

大危險信號，告訴妳需要把管理皮質醇當作生死攸關的大事，因為確實如此！

以下是我的三步驟行動計畫：

- 先從生活方式改變開始：瑜珈、靜思冥想，或是其他自我觀察和改善感知壓力的方式。即使可怕的情況發生，妳的目標應該是處理和面對問題，而不要讓它控制妳的身心。同時，戒除咖啡和酒精，因為它們會對腎上腺造成負擔，而妳可憐又可愛的腎上腺需要喘一口氣。戒除這兩種妳的最愛是回歸健康皮質醇運作的重要關鍵，因為咖啡因和酒精會掠奪妳恢復性睡眠的機會。然後妳可以攝取我在前面的問答中所提及的營養補充品：磷脂絲胺酸（每天四百毫克）和 omega-3（每天四千毫克）。最後，吃一小塊黑巧克力、來一次性高潮，早上再打電話給我。
- 如果妳在四週後情況沒有改善，就可以開始進行針對性的草藥療法。我只推薦那些在效用方面有大量科學證據支持的營養補充品。在皮質醇方面，人參和紅景天經證實能有助於緩解壓力引起的疲勞。[1] 當妳在同一天中出現皮質醇過高和過低的情況時，我建議食用印度人參。
- 生物同質性賀爾蒙：如果生活方式的改變和草藥療法都無法幫助妳恢復，那麼妳就該去找醫師商談，看看是否需要使用低劑量的去氫皮質酮（DHEA）治療。這一定要在醫師的指示下服用。

若妳有皮質醇過高和過低的症狀，原因一般是長期皮質醇過高（或是其他一些創傷性事件或病症）耗盡了腎上腺，造成皮質醇下降。這表示妳每天都受到皮質醇過高和過低的影響。如果妳有低皮質醇症的症狀，例如疲勞、筋疲力盡、低血壓、無元氣，代表妳經常處於壓力狀態，無法製造足夠的皮質醇來應對。這不但不是什麼好事，還可能

導致嚴重的健康問題，例如憂鬱症、記憶問題、體重增加、纖維肌痛、快速老化、骨質流失，甚至創傷後壓力症候群（PTSD）。盡快恢復妳的皮質醇平衡是至關重要的，而妳也會立刻感覺到效果。

Q3. 我的子宮已經切除了，還需要賀爾蒙平衡嗎？

A: 是的，而且我特別建議妳閱讀關於皮質醇、雌激素過低、甲狀腺低下，以及多個賀爾蒙失調的章節。

　　如果卵巢在子宮切除的同時也被切除了，那麼黃體素和雌激素的天然來源就不存在了，身體也會立刻進入提早停經的狀態。卵巢賀爾蒙在保護心臟、大腦、骨骼，以及乳房方面扮演十分重要的角色。[2] 事實上，即使還保有卵巢，在子宮切除後卵巢賀爾蒙分泌下降也是很常見的，進而造成提早停經。如果能保持賀爾蒙處於平衡狀態，就能在精力、腦力，以及性慾方面帶來很大的助益。

Q4. 更年期後的女性呢？我們不是應該跟賀爾蒙無關了嗎？為什麼還會有一些賀爾蒙失調的症狀呢？加特弗萊德療程依然有助於矯正這些症狀，像是記憶方面的問題嗎？

A: 即使妳已經經歷過更年期，還是可以改善賀爾蒙失調狀態，尤其是皮質醇和雌激素。和更年期及更年期後有關的賀爾蒙失調症狀包括疲勞、失眠、腦霧、性慾低落，以及憂鬱症；受這些症狀所苦的女性通常在壓力和焦慮方面的問題也較大。[3] 運用加特弗萊德療程來維持賀爾蒙平衡能讓新陳代謝保持暢通、性慾旺盛，而妳的整體狀況即使在更年期過後也會十分美好。

　　把白葡萄酒放下吧！飲用酒精會提高皮質醇並減緩脂肪燃燒。對於更年期後的女性而言，每天飲用一或兩份的酒精會提高雌酮和脫氫異雄固酮（DHEAS），而這是另一種能被轉換為雌激素的賀爾蒙。[4] 過多的雌激素可能增加妳罹患乳癌的風險。在惡性循環下，更年期後的多

餘脂肪也有可能會從睪丸素中生成更多雌激素，這是一種叫做芳香化作用的過程。[5]

至於記憶方面，腦源性神經滋養因子（BDNF）是一種大腦化學物質，能促進神經細胞的生長和神經可塑性，尤其是大腦中那些與學習、長期記憶，以及高階思考相關的部位。BDNF值是由BDNF基因所控制的，雌激素能提高BDNF，運動也可以。而皮質醇則會降低BDNF的生成。讓雌激素保持在健康值，並控制好皮質醇，就能讓妳頭腦靈活、心思敏捷。還有一個必須善加管理妳的壓力反應的重要原因：大量研究顯示，長期皮質醇過高會限制血液送往大腦。這對於腦部功能會有負面影響，也會降低妳的情緒智商，並加速和年齡有關的認知功能問題。

黃體素、雌激素，和血清睪丸素（主掌自信和活力的賀爾蒙）也都會在更年期後衰退；這些重要的賀爾蒙是負責讓妳思緒敏銳、樂觀，以及平靜的。我建議使用最低劑量的生物同質性賀爾蒙，但如果妳認為妳需要賀爾蒙補充療法的話，請先向醫師諮詢。其他更年期後可能出現的嚴重健康問題，包括胰島素阻抗、多囊性卵巢症候群，以及糖尿病，都是可以用加特弗萊德療程治療的。[6] 無論妳的生日蛋糕上插了幾根蠟燭，讓妳的賀爾蒙保持平衡，是保持身材苗條、性感，和瀟灑性格的重要因素。

Q5. 我想要找一位像妳這樣的醫師一起合作，我可以在哪裡找到？

A: 妳可以在 http://thehormonecurebook.com/practitioners/ 的網頁上找到一份接受過賀爾蒙療癒法和加特弗萊德療程訓練的醫師名單。如果在妳住的地區沒有這樣的醫師或教練，請洽詢提供線上諮詢的醫師。

Q6. 我為什麼會同時雌激素過高和過低？我想知道該遵循哪一個療程。

A: 雌激素失調通常會出現雌激素過高和過低的症狀，雖然這樣說聽起來

很像是我神智不清（還有雌激素失調），但老實說，同時有兩種症狀是有可能的。原因在於，雌激素過多的症狀和黃體素有關，但雌激素過低的症狀則單純只是和妳的基線有關（就是在妳二十幾歲和三十幾歲做的檢驗結果）。所以妳可能會雌激素過低，表示妳會性慾低落、陰道乾澀、無動於衷，還有像鬆餅一樣扁塌的乳房，但由於黃體素值過低，妳可能依然會有雌激素過多的症狀（囊性乳房脹痛、子宮抹片檢查異常、減重困難等）。

如果妳不確定自己究竟有什麼問題，妳可以進行臨床檢查。

雌激素過高的狀況比雌激素過低常見，而許多症狀都是很難區分的。雌激素過高會抑制甲狀腺活動，進而可能導致甲狀腺低下的徵兆，其中一些，包括疲勞，和雌激素過低的症狀很像，所以容易產生混淆。雌激素過多也可能減少性高潮的品質或次數，因為它會降低睪丸素值，同時也會降低性慾。

妳一旦知道自己是雌激素過高或過低之後（無論是透過化驗所檢查還是從深入的自我評估找出問題的根本原因），妳都可以用加特弗萊德療程來進行治療。

蛇麻能夠緩解雌激素過高和過低的症狀。啤酒中有蛇麻，但也有草藥類的，我建議每天攝取一百毫克。我推薦的另一種營養補充品是二吲哚甲烷（DIM），因為它能減少壞雌激素的生成，並增加好雌激素的分泌。瑪卡，無論是膠囊還是液態，經證實能改善性慾並降低焦慮和憂鬱症，這些都是雌激素過低的症狀。[7]

Q7. 妳的療程也適用於男性嗎？

A: 加特弗萊德療程（找出根本原因、先藉由生活方式的改變進行治療，接著是草藥，然後才是生物同質性賀爾蒙）男性也可以使用，但本書中的建議和治療策略是針對女性的。專門探討男性賀爾蒙的書（或APP）很快就會問世了，敬請拭目以待！

與此同時，在 http://thehormonecurebook.com/men 的網頁上有關於維持男性賀爾蒙平衡的寶貴資訊。其中還有我最近和幾位男性健康專家進行的訪談，包括亞伯・詹姆斯（Abel James，Youtube 健身網路紅人 Fat Burning Man 的主持人）和強尼・波頓博士（Dr. Jonny Bowden）。上那裡去挖寶吧！

Q8. 哪些食物能夠促進血清素分泌，也就是有助於我的情緒、睡眠，和食慾的大腦化學物質？

A: 血清素是令人感覺良好的神經傳導物質，如果妳想透過飲食促進血清素的分泌，我推薦含有大量有機蔬菜的高纖飲食，是全心全意對待妳賀爾蒙的最佳方式。

　　妳可以先從戒斷每日的糖、精緻碳水化合物，以及咖啡因開始，來改善血清素問題。所有這些食物都只是會讓妳在短期內感覺良好，它們能快速為妳提供能量，但很快地血清素值也會下降。因此，最好每天食用一磅（〇・五公斤）的蔬菜，並且考慮每天攝取魚油和維生素B6 的營養補充品，兩者都是健康神經傳導物質的前驅物質。富含纖維和營養的飲食不僅對血清素有幫助，同時也能促進妳耗盡的腎上腺、胰島素敏感度，以及妳的皮質醇值回復平衡。

　　營養補充品 5-HTP 也經證實能改善血清素值；5-HTP 的好處是它只需要短期補充，之後血清素值就會保持在理想值。在我的線上商店中可以找到一項高品質的產品：http://thehormonecurebook.com/store。

　　妳也可以考慮諮詢功能心理醫師來提高妳的血清素值。我最喜歡的醫師是海拉・凱絲醫師（Dr. Hyla Cass）。如果妳上 http://thehormonecurebook.com 就能免費獲得我和凱絲醫師所錄製的一段關於如何在慢慢戒掉抗憂鬱症藥物的同時使用 5-HTP 的方法，但由於可能會有血清素症候群的風險（血清素過多），我會建議妳在一位知識淵博的醫師監督之下進行。同時也必須考慮妳的甲基化，因為妳可能會

甲基化不足，或許需要補充更多甲基物質（甜菜鹼、鎂等等）。

Q9. 我不知道該請醫師為我做什麼檢查或是找什麼樣的化驗所。

A: 我的建議是和妳的醫師攜手合作，或是在我的網頁上找一位新醫師
（再次提供網址：http://thehormonecurebook.com/practitioners/）。想
要自行檢測的人可以從我在附錄 E 中推薦的化驗所裡挑選一家，很
多地方都會讓妳自行選擇想要做的賀爾蒙檢查。除了列在附錄中的
那幾家之外，我又增添了幾家新的化驗所，完整清單請上網：http://
thehormonecurebook.com/labs/。

Q10. 我是乳癌倖存者，我如何能夠安全地採用加特弗萊德療程呢？

A: 加特弗萊德療程對於想要改善賀爾蒙平衡、重新找回活力，以及建立
防癌生活方式的乳癌倖存者而言，是非常好的資源。

患有乳癌的女性經常面對甲狀腺機能低下、維生素 D 過低，以及
精力方面的問題，這些都可以安全解決，甚至是那些目前在使用像是
泰莫西芬（tamoxifen）或芳香酶抑制劑治療賀爾蒙失調的人士。檢查
妳的甲狀腺功能和維生素 D，然後用我書中所建議治療這些特殊問題
的療程來進行治療，是絕對安全的。

使用芳香酶抑制劑的女性通常會關節疼痛，而我喜歡用葡萄
糖胺、omega-3，以及其他抗炎的策略來治療。妳可以在 http://
thehormonecurebook.com/breasthealth 找到我對如何降低乳癌引起的發炎
所做的建議，以及更多關於癌症和賀爾蒙平衡方面的資訊，同時還有
我和乳癌外科醫師兼倡導者，蘇珊・勒芙醫師（Dr. Susan Love）的訪
談。一些常困擾癌症倖存者的問題如下：

【雌激素代謝】

為了維持健康的雌激素平衡，身體必須分解、轉化，以及排除自然

產生的雌激素組成成分。健康、平衡良好的身體會以二開頭的形式來代謝雌激素：2- 羥雌二醇或 2- 羥雌素酮。那些已經或很可能罹患乳癌和子宮內膜癌的女性則經證實都會製造過多的 16-α- 羥雌素酮。

　　有幾種因素可能會干擾正常雌激素新陳代謝，造成妳分泌或累積過多「不太好」的雌激素，或是雌激素相較於黃體素的比例過高。這些因素包括老化的卵巢、反覆無常的皮質醇值、暴露在環境賀爾蒙中，以及營養因素像是脂肪、纖維，和酒精攝取。

　　檢查妳的二／十六比率，這是一種針對好雌激素和壞雌激素對比的測量。妳是否製造更多保護性的好雌激素，還是製造更多會提高罹患乳癌風險的壞雌激素？數據資料顯示二／十六比率是測量罹患乳癌風險的關鍵指標，因此最好定期檢查（大約每三～六個月）。[8]

【防癌飲食計畫】

　　這份防癌飲食計畫很簡單，方法如下：

- 食用百分之百的有機農產品，並且每天以攝取七份水果蔬菜為目標。新鮮、當地的農產品中所含的抗氧化物對預防基因突變很有幫助。如果七份目前對妳來說有困難，那麼妳也可以先訂購綠色粉末類的產品來補充營養。
- 戒除酒精。一項研究顯示每週三份酒精會增加罹患乳癌的風險。
- 戒糖。事實上，請對所有的白色食物說「不」！白色麵粉、糖，以及簡單型碳水化合物，像是白飯，都是屬於不好的食物。
- 服用薑黃來減少發炎，並且用南瓜子、柿子、綠花椰菜、海苔，以及康普茶來抑制胃酸。

　　此外，還有許多飲食法，例如維多莉亞‧梅茲醫師（Dr. Victoria Maizes）出版的《適合乳癌女性的健康飲食》（Healthy Diet for Women with Breast Cancer）。梅茲醫師是安德魯‧威爾醫師（Dr. Andrew

Weil）在亞利桑那大學整合醫學中心的同事。她的營養療程獲得高度評價，而且 Google 就可以搜尋得到。

【陰道乾澀】

當妳的女性花園乾涸時，性愛就不好玩了，而性高潮所帶來的健康益處實在不容輕言放棄。幸虧，有很多天然、證實有效的方法可以讓你重新找回潤滑美妙的性生活。

陰道乾澀和雌激素過低有關，每天攝取五十～四百 IU 的維生素 E 或許是本書列舉的療法中最古老的一種。根據一項研究顯示，補充維生素 E 經證實能增加陰道壁的血液供給和改善更年期症狀。妳需要攝取四週的維生素 E 才能感受到效果。

瑪卡是另一種神奇的草藥，有助於改善多種和賀爾蒙失調有關的問題，而其中一種便是陰道乾澀。無論性慾健康與否，有些女性的陰道壁依然乾澀，若妳想要體驗飄飄欲仙的性愛，當然不希望碰到這種情況。每天添加瑪卡這種粉狀補充品在妳的冰沙中，就可以增添潤滑度。大多數的健康食品商店或網路上都可以買到。

Q11. 我該怎麼做才能夠重振我的性慾，並再次感到潤滑？

A: 性慾是由雌激素值來決定的，當它過低的時候，妳可能寧可上臉書也不想做愛。幸虧，我有很多方法能夠幫助妳提振性慾。第一步就是平衡賀爾蒙。性賀爾蒙（雌激素、黃體素、睪丸素）很容易被另一種更強勢的賀爾蒙（像是皮質醇或甲狀腺）干擾。

抗憂鬱症藥物和避孕藥都可能會降低性慾，如果妳是因為嚴重疾病而服用這些藥物，請務必和醫師討論，不要自行停藥。但如果妳服用的原因是不太嚴重的病症（例如痤瘡），妳或許可以看看是否有其他方案，並且誠實地和妳的醫師討論。

靜思冥想經證實能改善性慾，尤其是性高潮靜思冥想；妳可以在

http://thehormonecurebook.com/sexy 找到關於這方面的性感策略。

如前所述，陰道乾澀是可以克服的（如果會痛妳又怎麼會想要做愛），例如用維生素 E 營養補充品或是瑪卡（可以改善性慾和陰道潤滑）。如果其他策略無法將性慾提高到妳想要的程度，妳或許可以向醫師諮詢關於經皮吸收的雌激素療法。

睪丸素過低（是的，即使是女性）也可能會讓性慾低落。以下就是治療睪丸素過低的加特弗萊德療程：

【第一步】

營養補充品和生活方式的小改變（妳需要和醫師討論才能決定這些是否在哺乳期是安全的）：

- 鋅（大白菜四毫克、牡蠣七十四毫克）
- 發芽的穀物
- 運動：高強度間歇式訓練，如果妳沒有在哺乳的話，可以考慮間歇性斷食
- L- 卡尼丁（L-carnitine）每天一千五～兩千毫克
- 維生素 D（數據資料好壞參半，但試試無妨，而且就像第九章討論過的，還對甲狀腺有幫助）。

【第二步】

我檢視過那些號稱可以提高睪丸素的草藥，但沒有發現足夠的數據資料，所以無法推薦。

【第三步】

可以考慮嘗試無須處方箋就能買到的去氫皮質酮（DHEA）。我通常會從每天二～五毫克開始，而且必須十分謹慎，不能讓數值超出生理範圍，因此脫氫異雄固酮和睪丸素值都必須追蹤。男性服用的量是

二十五～五十毫克，但那對大多數女性而言都太多了。過多的脫氫異雄固酮會導致脫髮、皮膚油膩、頭髮油膩，以及面皰，所以請務必謹慎，雖然這是無須處方箋就可以買到的。如果以上方法在六～八週之後依然無效，請向生物同質性領域的專家諮詢，如何提高妳體內的睪丸素。使用睪丸素超過六個月會帶來許多目前尚不可知的風險，因此在使用相關策略時請務必謹慎。我發現上述的方法百分之九十～九十五都能有效提高睪丸素。在服用睪丸素和／或脫氫異雄固酮之前的應知風險，請上網 http://thehormonecurebook.com/sexy。

Q12. 我已經服用抗憂鬱症藥物多年，但我認為我的一些問題可能是賀爾蒙失調引起的。妳對想要停止服用抗憂鬱症藥物的人有何建議？

A: 許多醫師都會開立抗憂鬱症藥物和避孕藥來治療賀爾蒙失調，雖然這些問題都是可以用天然方式解決的。如果妳想停止服用抗憂鬱症藥物，妳必須和一位值得信任的醫師緊密合作，確保這樣做是安全的，而且理由也是適當的。由於不良反應很多，如果是輕微至中度的憂鬱症，抗憂鬱症藥物其實比安慰劑還糟糕。別誤會我的意思，我並不是說人類在不久的將來就不需要抗憂鬱症藥物了，我只是認為它們被濫用了。

妳該做的第一步就是找出痛點。妳的抗憂鬱症藥物解決了哪些症狀，而那些症狀是賀爾蒙引起的嗎？請妳的醫師檢查妳的賀爾蒙值，看看哪些失調了。下一步就是找到一種安全、健康的方法來減少妳的抗憂鬱症藥物用量，並且開始搭配賀爾蒙療癒法中的治療策略。

如果妳到 http://thehormonecurebook.com/happy 註冊，就會收到幾段關於如何提高妳的設定點的專家訪談，並且免費獲得我和海拉·凱絲醫師所錄製的一段關於如何在慢慢戒掉抗憂鬱症藥物的同時使用5-HTP 的方法，但我建議妳在一位知識淵博的醫師監督下進行，因為這有引發血清素症候群的風險，可能危及生命。妳可能也會面臨憂鬱

症更加嚴重的風險,而抗憂鬱症處方藥物對於罹患重度憂鬱症的人是有幫助的。

　　我最近也接受了《O 雜誌》(O Magazine)的專訪,內容相當有意思,是關於女性服用低劑量的抗憂鬱症藥物;許多女性都表示低劑量確實對她們很有幫助。如果妳服用的是低劑量,那麼和妳狀況一樣的大有人在,因為許多女性都發現服用低劑量,例如一半或四分之一,對她們是有用的。這沒有什麼好丟臉的。我主張女性勇敢地去找到最適合自己的方法,同時對此感到驕傲!

Q13. 哪三種血液檢查是最重要的?

A: 首先,恭喜妳著手管理自己的健康了。以下是我會推薦給患者的前三大檢查:

- 驗血。請妳的醫師替妳進行:
  - ✓ 完整代謝檢查
  - ✓ VAP 膽固醇檢查(深入檢查,包括亞型的低密度脂蛋白和高密度脂蛋白外加脂蛋白〔a〕、VLDL)
  - ✓ 鐵蛋白
  - ✓ 甲狀腺檢查:促甲狀腺激素、游離 T3、反轉 T3
  - ✓ 皮質醇
  - ✓ 脫氫異雄固酮
  - ✓ 如果體重過重,則外加瘦體素、胰島素、IGF-1(生長賀爾蒙)檢查
  - ✓ 如果不孕,則外加游離睪丸素、生物利用睪丸素和總膽固醇值、第 21-23 天的黃體素、空腹胰島素、瘦體素,以及葡萄糖檢查
- Omega-6/Omega-3 比率。如果妳在更年期前期出現注意力不足過動症的新症狀,請檢查妳的 omega-6/omega-3 比率。Omega-3 是經

證實最有效的營養補充品之一，然而很多人都沒有攝取到應攝取的量。妳可以在以下網址找到如何在家自行檢測的資訊：http://thehormonecurebook.com/labs/。

- 完整賀爾蒙檢查。如果妳的醫師比較開明，妳可以試看看我最喜歡的一種賀爾蒙檢查，就是完整賀爾蒙檢查。它會告訴妳關於妳的腎上腺的一切，包括短期和長期的腎上腺健康，以及妳的雌激素代謝狀況，也就是說，妳是否有罹患乳癌的風險，以及是否能夠改變？

如果妳的醫師不願意替妳做這些檢查，妳依然可以上網至 http://thehormonecurebook.com/labs/，找到一些可以自行訂購在家進行測試的方法，並向合作意願較高的醫師諮詢。

Q14. 我似乎無法調節我的體溫，不是凍得半死就是汗流浹背，妳有什麼建議？

A: 體溫過低通常和甲狀腺機能低下有關，更確切地說，是游離 T3（甲狀腺賀爾蒙的活躍版）。T3 在體內的量雖然不多，但很重要，它在促進減重、溫暖四肢，以及愉悅心情方面扮演著不可或缺的角色。如果妳的游離 T3 過低，可能是以下幾個原因造成的：

- 橋本氏症（甲狀腺炎）
- 更年期前期
- 環境毒素
- 壓力
- 遺傳
- 麥麩敏感或乳糜瀉
- 維生素 D 不足
- 癌症治療

- 甲狀腺腫素（存在於大豆、小米、青花菜，和抱子甘藍中的成分）

　　檢查甲狀腺很簡單，而且不貴。只要有能夠測出較低的體溫，也就是介於華氏九十六～九十九度（攝氏三十五・五～三十七・二度）之間的「基礎體溫溫度計」。正常體溫是介於九十七・八～九十八・二度（攝氏三十六・五～三十六・七度）之間，但體溫可能變化很大。儘管如此，如果妳在早晨的基礎體溫持續低於九十七・八度（攝氏三十六・五度），就更加證明了妳甲狀腺功能低下。[9]

　　黃體素過低也是因素之一。黃體素具有「產熱」功能，它能讓體溫升高並促進新陳代謝。如果妳出現熱潮紅，那可能是更年期前期或更年期的症狀，這時候妳或許可以考慮補充維生素 E、氧化鎂、瑪卡，或大黃。

Q15. 如果我想要生孩子，加強生育力的最佳方法是什麼？

A: 如果妳想要生孩子，有很多方法可以提高妳的生育力。

　　第一步，不用多說，就是平衡妳的賀爾蒙。用本書開頭的評量表來看看妳應該先解決哪些賀爾蒙問題。壓力、甲狀腺低下，還有和雌激素及黃體素有關的性賀爾蒙問題都應該要解決，才能確保最佳生育力。

　　多囊性卵巢症候群（PCOS）是讓女性難以懷孕的頭號原因。多囊性卵巢症候群影響了百分之二十的女性，而且可能會阻斷每月排卵因而干預受孕。如果妳想懷孕，我建議請妳的醫師替妳驗血，檢查妳在第二十一天的空腹胰島素、葡萄糖、黃體素，以及瘦體素。這能夠釐清妳是否有胰島素阻抗，因為那是多囊性卵巢症候群的關鍵指標。[10] 在妳選擇人工受孕之前，或許可以先藉由一些特別針對想懷孕女性設計的生活方式和食物方面的小改變，來改善妳的受孕機率。

亞利桑那大學整合醫學中心的醫師也出了幾本關於生育力的好書。我尤其推薦《整合女性健康》（Intergrative Women's Health）中探討皮質醇和生育力的章節。我同時也推薦維多莉亞‧梅茲醫師所撰寫關於生育力的書：《多子多孫》（Be Fruitful）。

Q16. 我開始脫髮了，該怎麼辦？

A: 百分之三十的女性在三十歲左右就已經出現嚴重的脫髮現象；到了五十歲時，統計數字更是攀升到百分之五十。這是會讓女性失去自信和理智的重大問題。

　　嚴重脫髮經常是甲狀腺低下的早期警示，尤其妳的頭髮變得稀疏、粗糙以及脆弱的話。另一種導致女性脫髮的原因是睪丸素過多；雄性禿通常都是這種原因引起的。好消息是，一旦妳的賀爾蒙恢復平衡，脫髮的問題往往就會停止甚至能夠逆轉。

　　我的建議是先嘗試一些解決脫髮根本原因的療法，並且請醫師替妳做我推薦的血液檢驗，包括：

- 全套血球計數（測量妳是否貧血以及免疫系統是否正常運作）
- 鐵蛋白（能夠以最高的敏感度檢測妳體內所儲存的鐵質）
- 促甲狀腺激素（TSH）、三碘甲狀腺原氨酸（T3），如果可以的話，外加反轉總三碘甲狀腺素（reverse T3）
- 皮質醇
- 空腹胰島素和葡萄糖
- 睪丸素（對於脫髮的女性，我建議檢查總睪丸素和游離睪丸素）
- 抗核抗體（能告訴妳脫髮是否和自身免疫病症有關）

　　治療策略包括每天一千毫克的月見草油，它能抑制睪丸素轉化成二氫睪固酮，同時也是良好的必需脂肪酸來源，甲狀腺機能低下症的症狀和缺乏必需脂肪酸的症狀其實很相似。

妳也可以藉由飲食來改善脫髮，有研究顯示，百分之九十有頭髮稀疏問題的女性都缺乏鐵質和胺基酸離胺酸。離胺酸能幫助運送鐵質，而鐵質是許多代謝過程不可或缺的。[11]妳可以食用富含蛋白質的食物來攝取離胺酸，例如肉類和禽類、大豆、蛋、乳酪（尤其是帕瑪森），以及一些魚類（鱈魚、沙丁魚）。穀類含有少量的離胺酸，但豆類的含量則很多；因此，兩者兼具的飲食，像是印度咖哩豆泥（Dal）配米飯、豆子和米飯配墨西哥餅、油炸鷹嘴豆餅和鷹嘴豆泥配中東口袋麵包，都是讓妳攝取完整蛋白質同時又能保有一頭秀髮的好方法。

Q17. 我很難保持入睡，妳有什麼建議嗎？

A: 輾轉難眠的夜晚、時好時壞的晝夜節律，以及難以入睡都是賀爾蒙失調的經典徵兆，而在我的患者當中有百分之八十的人都缺乏好的睡眠品質。我有兩個建議：找到一個對妳有效的天然策略（詳情請見下方），不要仰賴安眠藥。因為安眠藥只能讓妳每晚平均增加二十分鐘的睡眠時間，而且還會引發許多健康問題，我認為它們應該永遠被禁止在藥局販售。

　　皮質醇過高和黃體素過低經常會影響睡眠，因此遵照加特弗萊德療程來治療這些問題很可能就是妳失眠苦惱的解決之道。如果妳需要更多幫助，以下是我的建議，能夠幫助妳一週七天夜夜好眠：

- 制定科技產品的宵禁：電視、手機、電腦，以及平板螢幕的藍光都會讓大腦困惑，誤以為現在還是「白天」。
- 從飲食中剔除酒精和咖啡因。酒精或許能夠幫助妳更快入睡，但它會劫持妳半夜的睡眠品質。咖啡因，即使是上床之前八小時攝取，依然有可能會干擾睡眠。
- 讓臥室保持黑暗、陰涼，而且舒適，把它布置成妳的「睡眠聖地」。
- 考慮食用纈草根萃取的藥丸或茶。一項針對更年期女性所進行的

試驗顯示，食用五三〇毫克的纈草根萃取[12] 能改善百分之三十受
試者的睡眠。

致謝

希拉蕊·柯林頓曾說過一句名言:「傾全村之力才能撫育一個孩子。」而我要補充的是,在更年期前期,想做大多數的事都需要傾全村之力。我花了很多年的時間才學習到她的真理,而現在我對這句話的理解是:尋求協助,在妳需要之前建立好妳的人脈網絡。

首先,我要感謝的是這本書真正的功臣:我親愛的患者和客戶,包括在我位於柏克萊的整合醫療診所以及「啟動任務」(Mission Ignition)線上教學和指導方案的患者。這本書是因妳們而生,我只是托住嬰兒的助產士罷了。感謝妳們與我分享妳們的故事,其中許多故事都收錄在本書中(當然,名字改了,也沒有識別身分的資料)。我很感激妳們的合作和信任,讓我為妳們服務。妳們給了我無比珍貴的禮物:妳們喚醒了我內心深處的療癒者,一個活力與創造力的泉源。當我幫助患者時,我的皮質醇會表現得更聽話,而我也感覺更精神抖擻、平衡,蓄勢待發要完成我的使命。

深深感謝我的父母,亞伯特和瑪莉·薩爾(Albert and Mary Szal),感謝你們無條件的愛和支持,尤其是我用愛嘔心瀝血寫書的這十八個月。我很感激你們永不止息的愛和支持。媽,妳幫我編輯和照顧我的女兒(還有我)是無價的。

我對我的姊妹充滿無比的敬意:安娜·艾斯特林(Anna Esterline)和賈斯汀娜·薩爾(Justine Szal)。謝謝妳們在我需要冷靜、想要跳舞,或是分享一杯雞尾酒的時候給了我永恆的愛、安慰的話語、誠實的意見。特別感謝妳們在我寫作的時候帶我的女兒去購物中心。媽媽開心,大家就會跟著開心!

接下來,感謝和我一起成長的朋友、變革促進者、創新革命家們:ForrestYoga.com 的安娜·佛瑞斯特(Ana Forrest);PRsecrets.com 的蘇珊·哈洛(Susan Harrow);SuccessReboot.com 的喬安娜·伊菲爾德博士(Johanna

Ilfeld, PhD）；DrJenniferLanda.com 的珍妮佛‧蘭達醫師（Jennifer Landa, MD）；DanielleLaporte.com 的丹妮爾‧拉波特；DrLepine.com 的塔德‧勒派醫師（Todd Lepine, MD）；AlexisNeely.com 的亞莉西絲‧妮莉（Alexis Neely）；Thyroid-info.com 的瑪莉‧薛蒙（Mary Shomon）；以及我所認識最聰明的營養師，JJVirgin.com 的 JJ‧維京（JJ Virgin）。

感謝所有介紹這本書、訪問我、在社交媒體上分享這分愛、在部落格宣傳活動中介紹我、加入這場革命、成為賀爾蒙療癒信奉者，並且讓這場對話得以前進的諸位慷慨人士。讓我們持續對話，為那些有需要而且不服老的女性提供更多解決之道。同時也非常感謝我們革命性的賀爾蒙療癒法醫師，如果你是醫師、教練、營養師，或是其他對抗療法或替代醫療服務提供者，請上網 http://www.saragottfried.com/practitioners/ 了解更多詳情。

感謝無數在我的教育過程中、心靈探索過程，以及撰寫本書期間幫助過我的人。我很感激我的良師益友，他們教我如何使用重要但未被充分利用的工具，像是流行病學和批判性思考，並善用證據以保護女性的安全。感謝艾倫‧希莉醫師（Ellen Seely, MD），我在布萊根婦女醫院（Brigham and Women's Hospital）進行內分泌學研究期間，她給予我無比的支持與鼓勵。深深感謝莎拉‧基爾派屈克醫師／博士（Sarah Kilpatrick MD/PhD），她現在是洛杉磯雪松西奈山醫療中心（Cedars-Sinai Medical Center）的婦產科主任，感謝妳總是如此嚴謹，並且在我於婦產科實習期間當我的臨床權威、良師益友，以及研究顧問。妳教會我如何設定最高目標來服務女性。我也要特別感謝啟發我的加州大學舊金山分校女性情緒和賀爾蒙診所的露安‧布里桑汀醫師（Louann Brizendine, MD）。我由衷感謝克莉絲蒂‧諾索普醫師（Christiane Northrup, MD），她早在數十年前就提倡了這場關於賀爾蒙的新運動。我們再同意不過，內在的盡善盡美是最強而有力的表觀影響。基爾派屈克醫師、布里桑汀醫師和諾索普醫師是我在研究女性身體奧妙的道路上帶給我最大影響的人，她們教我如何融會貫通，以及打造原始的概念模型。

我還要衷心感謝許多花費心思閱讀這本書並且鼓勵我的讀者，包括我的

母親，瑪莉・麗兒・薩爾（Mary Lil Szal），以及許多親愛的朋友和同事，包括凱薩琳・托普醫師（Dr. Kathleen Toup, M.D.）；瑪莎・儂利醫師（Marsha Nunley, MD）；蕾貝佳・埃里亞醫師（Rebecca Elia, MD）；喬安娜・伊菲爾德博士（Johanna Ilfeld, PhD）；凱瑟琳・歐蘇利文（Kathrin O'Sullivan）；蘇珊・哈洛（Susan Harrow）；艾蜜莉・克隆巴赫醫師（Emily Cronbach, MD）；妮可・戴當（Nicole Daedone）；艾米・弗萊契（Amy Fleischer）；琳達・艾爾儂（Linda Arnone）；瑪雅・葛羅畢克（Marya Globig）；艾莉森・海吉（Allison Hagey）；妮哈・桑萬醫師（Neha Sangwan, MD）；蓓蒂・莎柏格醫師（Betty Suh-Burgmann）；諾莉・哈德遜（Nori Hudson）；娜塔莉・貝拉米勒醫師（Nathalie Bera-Miller, MD）；當然，還有我的丈夫大衛・加特弗來德（David Gottfried，他也可以算得上是一位「榮譽」醫師了）。感謝你們花費了時間和大量的腦力閱讀這些文字，也感謝你們寶貴的意見。熬夜整理每個章節的是我親愛的丈夫，雖然他是個男人，但他真的懂這些。

這本書的出版也少不了要感謝我的經紀人凱薩琳・「凱蒂」・寇爾斯（Katherine "Kitty" Cowles）長期以來的支持。我們一拍即合。透過凱蒂，我認識了 Scribner 出版社的惠特妮・佛里克（Whitney Frick），也就是我優異的編輯，和她的合作過程每一步都充滿了無限的喜悅。同時也要感謝我在灣區的編輯團隊：伊蓮・胡克（Elaine Hooker）、諾拉・艾賽克斯（Nora Issacs）、黛博拉・伯斯汀（Deborah Burstyn），以及潘・梵希爾柏（Pam Feinsilber），妳們是驅使我勇往直前的力量。特別感謝南西・席勒・威爾森（Nancy Siller Wilson）的優秀插圖、設計，以及發人深省的建議。

向我強大的支持團隊獻上愛和感激。特別感謝萊絲莉・莫菲（Leslie Murphy）幫我持家並接我女兒放學，感謝珍妮佛・賽利格曼（Jennifer Seligman）準備營養午餐並將一切整理得有條有序，還有我優秀的助理，凱瑞・梅辛（Cary Masin）、瑞雪・傑考維茲（Rachel Jurkowicz），以及里歐拉・薛查（Liora Shachar）。

感謝我的好麻吉們，帶給我療癒、歡笑，以及源源不絕的催產素，謝

謝妳們。感謝喬·伊菲爾德，我們每週的慢跑之約幫助我保持神智清醒，同時充滿鼓舞和啟發。妳每週都聽我一一詳述本書的細節，卻依然堅守在我身邊，提供明智的建議、歡笑，以及我迫切需要的指導。不僅如此，每次只要我開口，妳就會大方地伸出援手，即使當妳自己也因為三個孩子和繁忙的教練事業而自顧不暇，妳真是一個很棒的朋友。

萊絲莉·羅賓斯（Leslye Robbins），妳讓我保持歡笑同時婚姻美滿，妳的深刻見解總是讓我五體投地。茱莉亞·希爾·漢拉罕醫師（Julia Hill Hanrahan, MD），妳是我的第一個也是最要好的醫師朋友。梅莉·洛索夫斯基醫師（Meryl Rosofsky），妳啟發了我的膽識和好奇心，儘管妳也是主流醫學出身。艾瑞亞·契查（Ariella Chezar），自從妳搬回柏克夏爾之後，我一直很妳，在用自然方式療癒女性身體，以及用更健康的替代方式達到神經賀爾蒙平衡的想法上，妳帶給我的影響比任何一位醫師或任何一本書都要深遠。好姊妹，在那些瘋狂的年代，妳陪伴在我左右，敦促我和妳一起散步，用不同的角度去思考傳統的健康模式框架。我週六早晨的健走團隊，尤其是萊絲莉·羅賓斯、瑞雪·英吉爾（Rachel Engel）、蘇·柏格特（Sue Proctor）、珍妮佛·潘尼許（Jennifer Panish），以及漢娜·羅特曼（Hana Rotman），謝謝妳們堅定不移的支持、絕妙的育兒和馴夫忠告，還有最暖心的歡迎我加入學校社區。我很榮幸能夠與妳們一起成長（而且是以優化神經賀爾蒙的方式），在每個星期六和妳們一起健走，抱怨生活中的大小事！

我同時要感謝我的舅舅，查克·托布納（Chuck Teubner），在我職業生涯中一直給我支持與熱誠的鼓勵。每當我需要你的時候你都會在，從第一次的醫學院面試，到現在。我也要謝謝琳達舅媽持續的支持和對我的影響，以及那充滿熱情的行銷魔力。你們兩位都太讚了，我愛你們。

最後我要血清素滿滿地向我人生中最早的三位良師益友致意，他們灌輸給我對學習的熱愛、永恆的樂觀，以及為自己著想的快樂：媽、外公，還有茉德。我很幸運有如此基因強大的家族。

我的外公，哈洛·C·托布納將軍（General Harold C. Teubner），早在

一九六〇年代就會運動、伸展，還有攝取營養補充品——和茉德（他的母親）一樣——而那時這種事根本還不流行。他比提摩西·費里斯（Timothy Ferriss）早了好幾十年開始讚揚生活方式管理的優點，並且建議我讀科學，因為他攻讀的航太工程專業，帶給他很大的滿足感。我的阿姨，翠西亞·克里斯普（Tricia Crisp）描述得很恰當，她說我外公有一種罕見的能力，可以讓每個人都覺得自己是他最寵愛的一個，雖然他從不在他的四個孩子和眾多孫子中偏心。他在九十三歲那年安詳地在睡夢中逝世，就在我二〇一二年完成這本書的時候。雖然他很長壽，但我和家人依然很失落。我希望自己能夠繼承他重要的衣缽，而我也很感恩我的每一個細胞中都有他的DNA。外公是邱吉爾口中所說的那種男子漢：「我們在夜晚能夠安然入睡，是因為有勇猛的人隨時準備和那些會傷害我們的人決戰。」

我深深感激我的外曾祖母，莉莉安·托布納·迪耶茲（Lilian Teubner Dietz），又名「茉德」（Mud），她在我內心深處烙印了一種用嶄新的角度看待健康和長壽的方式，並且介紹瑜珈給我，那是我接觸過最能促進非凡生活的方式。茉德鼓勵我，夢想要遠大，不要總是走規矩的路。

我要對我特別的女兒們說，謝謝妳們在我撰寫第一本書的漫長期間充滿耐心，我知道在過去的十八個月裡，這本書對妳們而言就像另一個兄弟姊妹一樣占據了我的時間。我錯過了很多次校外教學、忘了準備午餐，而且參加排球、足球，和壘球賽的次數也是寥寥無幾（甚至更少），然而妳們容忍了我那幾乎可以算是忽視的注意力。謝謝妳們的愛、誠實的抗議（我尤其鼓勵妳們抗議），讓身為妳們母親的我時時自省。妳們讓我更有朝氣地成長，扮演母親和照顧者的角色，並且幫助我在自我意識、見解，以及偶爾激進的內在中得以伸展。

最重要的是，我要表彰我的真愛、夢中情人，以及人生伴侶，大衛·加特弗萊德。你是我人生中最重要的影響力，十多年來始終如一。無論是實質上還是精神上，你的所作所為讓我的夢想成真，你不厭其煩地和我聊關於賀爾蒙的事，把我的書推薦給你的編輯和出版商、幫助我更換職業跑道，並且

替我的創造力鋪路讓我綻放，謝謝你那無價的禮物。我知道上千份期刊文獻在家中扔得到處都是，並不是你理想中家的樣子，但你依然選擇在雜亂之中看到真正的我，內心深處的我。你永不止息地實踐你的價值觀，這一點不僅啟發了我，也指引了我。你是一位療癒師、天才，以及薩滿（shaman），而我很幸運能夠和你一同走在婚姻的神聖道路上。你的心思、深度，和永恆不變的愛深深地滋養著我，讓我感到踏實。最後，我必須補充一句：我依然認為你是全世界最性感的男人。

參考資料

第四章：皮質醇過高或過低

1 McEwan BS. 〈壓力還是壓力破表：差別在哪裡？〉（Stressed or stressed out: what is the difference?）《精神病學和神經科學期刊》Journal of Psychiatry amd Nuroscience 30 (5) (2005): 315-18.

2 Tamres LK, Janicki D, Helgeson VS. 〈兩性在因應行為方面的差異：一項統合分析回顧以及對相對因應的檢視〉（Sex Differences in Coping Behavior: A Meta-Analytic Review and an Examination of Relative Coping.）《個性和社交心理學回顧》Personality and Social Psychology Review 6 (2002): 2-30. doi: 10.1207/S15327957PSR0601_1.

3 Ross CE, Mirowsky J, Goldsteen K. 〈家庭對健康的影響：十年回顧〉（The impact of the family on health: the decade in review.）《婚姻和家庭期刊》Journal of Marriage amd Family 52 (1990): 1059-78; Cutrona CE, Russel DW, Gardner KA. Kayser K, Bodenmann G, Revenson TA 等人編輯的〈社交支援的關係強化模式〉（The relationship enhancement model of social support.）〈應付壓力的伴侶：針對雙方應對的新趨勢觀點〉（Couples Coping with Stress: Emerging Perspectives on Dyadic Coping.）《美國心理協會》American Psychological Association (2005): 73-95.

4 Unden AL, Orth-Gomer K, Elofsson S. 〈工作場所的支援對心血管的效應：針對男性和女性所進行的二十四小時心電監控〉（Cardiovascular effects of social support in the workplace: twenty-four-hour ECG monitoring of men and women.）《身心醫學》Psychosomatic Medicine 53 (1) (1991): 50-60.

5 Slatcher RB, Robles TF, Repetti RL, Fellows MD. 〈育有稚齡兒童的父母的瞬間工作擔憂、婚姻真相，以及唾液中的皮質醇〉（Momentary work worries, marital disclosure, and salivary cortisol among parents of young children.）《身心醫學》Psychosomatic Medicine 72 (9) (2010): 887-96.

6 Klumb P, Hoppmann C, Staats M. 〈工作時數會影響配偶的皮質醇分泌：變好和變壞〉（Work hours affect spouse's cortisol secretion: for better and for worse.）《身心醫學》Psychosomatic Medicine 68 (2006): 742-46.

7 Saxbe DE, Repetti RL, Graesch AP. 〈花在做家事和休閒方面的時間：與父母下班後生理恢復之間的關聯〉（Time spent in housework and leisure: links with parents' physiological recovery from work.）《家庭心理學期刊》Journal of Family Psychology 25 (2) (2011): 271-81.

8 Hyman M. 《六星期大腦健康計畫》The Ultramind Solution. 紐約：Scribner 出版社，2009.

9 Woods NF, Mitchell ES, Smith-DiJulio K. 〈更年期過渡時期和更年期後初期的皮質醇值：針對西雅圖中年女性健康研究的觀察〉（Cortisol Levels During the Menopausal Transition and Early Postmenopause: Observations from the Seattle Midlife Women's Health Study.）《更年期》Menopause 16 (4) (2009): 708-18. doi: 10.1097/gme.0b013e318198d6b2.

10 Laughlin GA, Barrett-Connor E. 〈腎上腺賀爾蒙值進階老化影響的兩性差異：蘭丘‧伯納多研究〉（Sexual Dimorphism in the Influence of Advanced Aging on Adrenal Hormone Levels: The Rancho Bernardo Study.）《臨床內分泌學和新陳代謝期刊》Journal of Clinical Endocrinology & Metabolism 85 (10) (2000): 3561-68.

11 Pace-Schott EF, Spencer RM. 〈在睡眠的認知功能方面與年齡相關的變化〉（Age-related changes in the cohnitive function of sleep.）《大腦研究進展》Progress Brain Research 191 (2011): 75-89.

12 Stone AA, Schwartz JE, Broderick JE, Deaton A. 〈美國心理健康的年齡分布簡介〉（A snapshot of the age distribution of psychological well-being in the United States.）《美國國家科學學院會議記錄》 Proceedings of the National Academy of Sciences of the United States of America 107 (22) (2010): 9985-90. Epub 2010 年 5 月 17 日。

13 Nieman LK, Biller BM, Findling JW, et al. 〈庫欣症候群的診斷：一份內分泌協會臨床實踐指南〉（The diagnosis of Cushing's syndrome: an Endocrine Society Clinical Practice Guideline.）《臨床內分泌學和新陳代謝期刊》Journal of Clinical Endocrinology & Metabolism 93 (5) (2008): 1526-40.

14 Tsagarakis S, Vassiliadi D, Thalassinos N. 〈內源性亞臨床高皮質醇症：診斷上的不確定性以及臨床上的意義〉（Endogenous subclinical hypercortisolism: diagnostic uncertainties and clinical implications.）《內分泌調查期刊》Journal of Endocrinological Investigation 29 (5) (2006): 471-82.

15 Gold SM, Dziobek I, Rogers K, et al. 〈高血壓和下視丘腦垂體腎上腺軸過度活躍對前葉完整性的影響〉（Hypertension and hypothalamo-pituitary-adrenal axis hyperactivity affect frontal lobe integrity.）《臨床內分泌學和新陳代謝期刊》Journal of Clinical Endocrinology & Metabolism 90 (6) (2005): 3262-67.

16 Wolfram M, Bellingrath S, Kudielka BM. 〈女性月經週期當中的皮質醇覺醒反應（CAR）〉（The cortisol awakening response (CAR) across the female menstrual cycle.）《精神神經內分泌學》Psychoneuroendocrinology 36 (6) (2011): 905-12.

17 Portner M. 〈性高潮的心理狀態：性歡愉在神經方面的根源〉（The Orgasmic Mind: The Neurological Roots of Sexual Pleasure.）《科學美國人心智雜誌》Scientific American Mind 19 (2008): 66-71.

18 Epel ES, Blackburn EH, Lin J, et al. 〈因應生活中壓力而導致的加速端粒縮短〉（Accelerated telomere shortening in response to life stress.）《美國國家科學學院會議記錄》 Proceedings of the National Academy of Sciences of the United States of America 101 (49) (2004): 17312-15.

19 Epel E, Daubenmier J, Moskowwitz JT, et al. 〈靜思冥想能夠減緩細胞老化的速度嗎？認知壓力、正念，以及端粒〉（Can meditation slow rate of cellular aging? Cognitive stress, mindfulness, and telomeres.）《紐約科學學院年報》Annals of New York Academy of Sciences 1172 (2009): 34-53; Jacobs TL, Epel ES, Lin J, et al. 〈密集靜思冥想訓練、免疫細胞端酶活動，以及心理中介變數〉（Intensive meditation training, immune cell telomerase activity, and psychological mediators.）《精神神經內分泌學》Psychoneuroendocrinology 36 (5) (2011): 664-81. PMID: 21035949.

20 Banderet LE, Lieberman HR. 〈使用酪胺酸，一種神經傳導物質的前驅物質來進行治療，能減少人類的環境壓力〉（Treatment with tyrosine, a neurotransmitter precursor, reduces environmental stress in humans.）《大腦研究公報》Brain Research Bulletin 22 (4) (1989): 759-62.

21 Jacobs GD. 《失眠，晚安！》Say Good Night to Insomnia. 紐約，Holt Paperbacks 出版社，2009 年。

22 Norager CB, Jensen MB, Weimann A, Madsen MR. 〈咖啡因攝取和體能工作對七十五歲市民的代謝效應：一份隨機、雙盲、安慰劑對照組的交叉研究〉（Metabolic effects of caffeine ingestion and physical work in 75-year-old citizens. A randomized, double-blind, placebo-controlled, cross-over study.）《臨床內分泌學》（牛津）Clinical Endocrinology (Oxford) 65 (2) (2006): 223-28；Mackenzie T, Comi R, Sluss P, Keisari R, et al. 〈咖啡因的代謝和賀爾蒙效應：隨機、雙盲、安慰劑對照組的交叉試驗〉（Metabolic and hormonal effects of caffeine: randomized, double-blind, placebo-controlled, crossover trial.）《新陳代謝》Metabolism 56

(12) (2007): 1694-98.

23 Bjorntorp P, Rosmond R. 〈肥胖和皮質醇〉（Obesity and Cortisol.）《營養》Nutrition 16 (2000): 924-36. doi: 10.1016/S0899-9007(00)00422-6；Daubenmier J, Kristeller J, Hecht FM, et al. 〈壓力暴食的正念調解以降低過重和肥胖女性的皮質醇及腹部脂肪：一份探索性的隨機對照組研究〉（Mindfulness Intervention for Stress Eating to Reduce Cortisol and Abdominal Fat among Overweight and Obese Women: An Exploratory Randomized Controlled Study.）《肥胖期刊》Journal of Obesity (2011): 651936.

24 Jankovic D, Wolf P, Anderwald CH, et al. 〈病態肥胖患者的內分泌失調患病率以及胃繞道減重手術對內分泌和新陳代謝參數的效應〉（Prevalence of Endocrine Disorders in Morbidly Obese Patients and the Effects of Bariatric Surgery on Endocrine and Metabolic Parameters.）《肥胖手術》Obesity Surgery 22 (1) (2011): 62-69.

25 Langenecker SA, Weisenbach SL, Giordani B, et al. 〈慢性皮質醇增生對情感處理的影響〉（Impact of chronic hypercortisolemia on affective processing.）《神經藥理學》Neuropharmacology 62 (1) (2012): 217-25.

26 Gold PW, Goodwin FK, Chrousos GP. 〈憂鬱症的臨床和生物化學表現，與壓力的神經生物學之間的關係〉（Clinical and biochemical manifestations of depression. Relation to the neurobiology of stress.）《新英格蘭醫學期刊》New England Journal of Medicine 319 (7) (1988): 413-20; Barden N, Reul JM, Holsboer F. 〈抗憂鬱症藥物是否能透過下視丘腦垂體腎上皮質系統的活動來穩定情緒？〉（Do antidepressants stabilize mood through actions on the hypothalamic-pituitary-adrenocortical system?）《神經科學趨勢》Trends in Neurosciences 18 (1) (1995): 6-11; Holsboer F. 〈憂鬱症的皮質類固醇受體假設〉（The corticosteroid receptor hypothesis of depression.）《神經精神藥理學》Neuropsychopharmacology 23 (5) (2000): 477-501；Pariante CM, Miller AH. 〈重度憂鬱症中的糖性腎上腺皮質素受體：與病理生理學和治療之間的關聯〉（Glucocorticoid receptors in major depression: relevance to pathophysiology and treatment.）《生理精神病學》Biological Psychiatry 49 (5) (2001): 291-404；Irwin MR, Miller AH. 〈憂鬱失調和免疫：20 年來的進展與發現〉（Depressive disorders and immunity: 20 years of progress and discovery.）《大腦行為和免疫》Brain Behavior and Immunity 21 (4) (2007): 374-83；McGirr A, Diacony G, Berlim MT, et al. 〈有自殺風險人士在交感神經系統、下視丘腦垂體腎上腺軸和執行功能方面的失調〉（Dysregulation of the sympathetic nervous system, hypothalamic-pituitary-adrenal axis and executive function in individuals at risj for suicide.）《精神病學和神經科學期刊》Journal of Psychiatry and Neurosciences 35 (6) (2010): 399-408；Howland RH. 〈使用內分泌賀爾蒙治療憂鬱症〉（Use of endocrine hormones for treating depression.）《心理社會看護和精神健康服務》Psychosocial Nursing and Mental Health Service 48 (12) (2010): 13-16.

27 Doecke JD, Laws SM, Faux NG, et al. 〈用血液蛋白生物指標來診斷阿茲海默症〉（Blood-Based Protein Biomarkers for Diagnosis of Alzheimer's Disease.）《神經學檔案》Archives of Neurology (2012 年 7 月 16 日): 1-8. doi: 10.1001/archneurol.2012.1282.

28 Gold SM, Dziobek I, Rogers K, et al. 〈高血壓和下視丘腦垂體腎上腺軸過度活躍對前葉完整性的影響〉（Hypertension and hypothalamo-pituitary-adrenal axis hyperactivity affect frontal lobe integrity.）《臨床內分泌學和新陳代謝期刊》Journal of Clinical Endocrinology & Metabolism 90 (6) (2005): 3262-67；Heesen C, Mohr DC, Huitinga I, et al. 〈多發性硬化症的壓力調節：當前的問題和概念〉（Stress regulation in multiple sclerosis: current issues and concepts.）《多發性硬化症》Multiple Sclerosis 13 (2) (2007): 143-48；Ysrraelit MC, Gaitan MI, Lopez AS, Correale J. 〈多發性硬化症患者的受損下視丘腦垂體腎上腺軸活動〉（Impaired hypothalamic-pituitary-adrenal axis activity in patients with multiple sclerosis.）《神經學》Neurology 71 (24) (2008): 1948-54；Kern S, Schultheiss T, Schneider H, et al. 〈多發性硬化症初期的晝夜節

律皮質醇、憂鬱症狀和神經受損〉（Circadian cortisol, depressive symptoms and neurological impairment in early multiple sclerosis.）《精神神經內分泌學》Psychoneuroendocrinology 36 (10) (2011): 1505-12.

29 Ebrecht M, Hextall J, Kirtlet LG, et al. 〈感知壓力和皮質醇值能預測健康成年男性的傷口癒合速度〉（Perceived stress and cortisol levels predict speed of wound healing in healthy make adults.）《精神神經內分泌學》Psychoneuroendocrinology《精神神經內分泌學》Psychoneuroendocrinology 29 (6) (2004): 798-809.

30 Milutinovic DV, Macut D, Bozic I, et al. 〈患有多囊性卵巢症候群女性的下視丘腦垂體腎上腺軸過度敏感和糖性腎上腺皮質素受體表現與功能〉（Hypothalamic-pituitary-adrenal axis hypersensitivity and gludocorticoid receptor expression and function in women with polycystic ovarian syndrome.）《實驗和臨床內分泌學與糖尿病》Experimental and Clinical Endocrinology and Diabetes 119 (10) (2011): 636-43.

31 Vgontzas AN, Bixler EO, Lin HM, et al. 〈長期失眠和下視丘腦垂體腎上腺軸被活化有關：臨床上的意義〉（Chronic insomnia is associated with nyctohemeral activation of the hypothalamic-pituitary-adrenal axis: clinical implications.）《臨床內分泌學和新陳代謝期刊》Journal of Clinical Endocrinology & Metabolism 86 (8) (2001): 3787-94；Rodenbeck A, Huether G, Ruther E, Hajak G. 〈重度長期原發性失眠患者在傍晚和夜間皮質醇分泌及睡眠參數之間的交互作用〉（Interactions between evening and nocturnal cortisol secretion and sleep parameters in patients with severe chronic primary insomnia.）《神經科學通訊》Neuroscience Letters 324 (2) (2002):159-63.

32 Greendale GA, Unger JB, Rowe JW, Secman TE. 〈健康老年人的皮質醇排泄和骨折之間的關係：來自麥克阿瑟研究 - 麥克的研究結果〉（The relation between cortisol excretion and fractures in healthy older people: results from the MacArthur studies-Mac）《美國老年病學會期刊》Journal of the American Geriatrics Society 47 (7) (1999): 799-803；Morelli V, Eller-Vainicher C, Salcuni AS, et al. 〈有和沒有亞臨床高皮質醇症的腎上腺偶發瘤患者發生新的脊椎骨折的風險：一項多中心縱向研究〉（Risk of new vertebral fractures in patients with adrenal incidentaloma with and without subclinical hypercortisolism: a multicenter longitudinal study.）《骨骼和礦物質研究期刊》Journal of Bone and Mineral Research 26 (8) (2011): 1816-21. doi: 10.1002/jbmr.398.

33 Bjornsdottir S, Saaf M, Bensing S, et al. 〈愛迪生症的髖部骨折風險：一項以人口為基礎的世代研究〉（Risk of hip fracture in Addison's disease: a population-based cohort study.）《內科醫學期刊》Journal of Internal Medicine 270 (2) (2011): 187-95. doi: 10.1111/j.1365-2796.2011.02352.x.

34 Juster RP, Sindi S, Marin MF, et al. 〈臨床身體調適負荷指數和健康工作人士的疲勞過度症狀及低皮質醇血症有關〉（A clinical allostatic load index is associated with burnout symptoms and hypocortisolemic profiles in healthy workers.）《精神神經內分泌學》Psychoneuroendocrinology 36 (6) (2011): 797-805.

35 Izawa S, Saito K, Shirotsuki K, et al. 〈長期壓力對唾液皮質醇和脫氫異雄固醇的效應：一項為期兩週的教學實習〉（Effects of prolonged salivary cortisol and dehydroepiandrosterone: a study of a two-week teaching practice.）《精神神經內分泌學》Psychoneuroendocrinology 37 (6) (2012): 852-58.

36 Fournier JC, DeRubeis RJ, Hollon SD, et al. 〈抗憂鬱症藥物的效應和憂鬱症的嚴重程度：一項關於患者統合分析〉（Antidepressant drug effects and depression severity: a patient-level meta-analysis.）《美國醫學協會期刊》Journal of American Medical Association 303 (1) (2010): 47-53.

37 Meloun M, Hill M, Vcelakova-Havlikova H. 〈減少健康人士在年齡關係的多項式迴歸和孕烯醇酮硫酸鹽血清值的性差異的線性重合效應〉（Minimizing the effects of multicollinearity in the polynomial regression regression of age relationships and sex differences in serum levels of pregnenolone sulfate in healthy

subjects.）《臨床化學和檢驗醫學》Clinical Chemistry and Laboratory Medicine 47 (4) (2009): 464-70.

38 Martin FP, Rezzi S, Pere-Trepat E, et al. 〈非寄生研究對象食用黑巧克力對精力、腸道微生物，以及和壓力相關的新陳代謝之代謝效應〉（Metabolic effects of dark chocolate consumption on energy, gut microbiota, and stress-related metabolism in free-living subjects.）《蛋白質組研究期刊》Journal of Proteome Research 8 (12) (2009): 5568-79.

39 Valimaki MJ, Harkonen M, Eriksson CJ, Ylikahri RH. 〈急性乙醇醉酒的男性體內的性賀爾蒙和腎上皮質類固醇〉（Sex hormones and adrenocortical steroids in men acutely intoxicated with ethanol.）《酒精》Alcohol 1 (1) (1984): 89-93.

40 Kiefer E, Jahn H, Otte C, Naber D, Wiedemann K. 〈下視丘腦垂體腎上皮質軸活動：藥理學上的反渴望治療目標？〉（Hypothalamic-pituitary-adrenocortocal axis activity: a target of pharmacological anticraving treatment?）《生物精神病學》Biology Psychiatry 60 (1) (2006): 74-76.

41 Freedman ND, Park Y, Abnet CC, et al. 〈飲用咖啡和總死亡及原因別死亡之間的關係〉（Association of Coffee Drinking with Total and Cause-Specific Mortality.）《新英格蘭醫學期刊》New England Journal of Medicine 366 (2012): 1891-1904.

42 Rapaport MH, Schettler P, Bresee, C. 〈針對單一一次瑞典式按摩對正常人士的下視丘腦垂體腎上腺和免疫功能影響的初步研究〉（A preliminary Study of the Effects of a Single Session of Swedish Massage on Hypothalamic-Pituitary-Adrenal and Immune Function in Normal Individuals.）《替代和輔助醫療期刊》Journal of Alternative and Complementary Medicine 16 (10) (2010): 1079-88. doi: 10.1089/acm.2009.0634.

43 Khalsa DS, Amen D, Hanks C, et al. 〈腦血流量在吟唱靜思冥想時的變化〉（Cerebral blood flow changes during chanting meditation.）《核子醫學通訊》Nuclear Medicine Communications 30 (12) (2009): 956-61；Kalyani BG, Venkatasubramanian G, Arasappa R, et al. 〈神經血液動力學和吟唱『嗡』有關聯：一項功能核磁共振成像的前導研究〉（Neurohemodynamic correlates of 'OM' chanting: a pilot functional magnetic resonance imaging study.）《瑜珈國際期刊》International Journal of Yoga 4 (1) (2011): 3-6.

44 Painovich JM, Shufelt CL, Azziz R, et al. 〈一項針對傳統針灸對熱潮紅和更年期的機裡路徑所進行的隨機、單盲、安慰劑對照組的前導試驗〉（A pilot randomized, single-blind, placebo-controlled trial of traditional acupuncture for vasomotor symptoms and mechanistic pathways of menopause.）《更年期》Menopause 19 (1) (2011): 54-61.

45 Gerra G, Avanzini P, Zaimovic A, et al. 〈正常人類攻擊行為及其因素的神經傳導物質和內分泌調節〉（Neurotransmitter and endocrine modulation of aggressive behavior and its components in normal humans.）《大腦行為研究》Behavioral Brain Research 81 (1-2) (1996): 19-24；Harris AH, Luskin F, Norman SB, et al. 〈團體寬恕調解對寬恕、感知壓力，以及特定性憤怒的效應〉（Effects of a group forgiveness intervention on forgiveness, perceived stress, and trait-anger.）《臨床心理學期刊》Journal of Clinical Psychology 62 (6) (2006): 715-33.

46 Tibbits D, Ellis G, Piramelli C, et al. 〈透過寬恕訓練來降低高血壓〉（Hypertension reduction through forgiveness training.）《關顧輔導和諮商期刊》Journal of Pastoral Care and Counseling 60 (1-2) (2006): 27-34.

47 Toussaint L. 〈寬恕的生理關聯：根本上和社會經濟上多樣化的社區居民採樣結果〉（Physiological correlates of forgiveness: findings from a radically and socio-economically diverse sample of community residents.）於 2003 年寬恕的科學研究成果研討會上所發表的摘要（http://forgiving.org/comference_

archive/conference_2.htm accessed 12/28/11 ）

48 Blank J. 《人類性慾：百科全書》（Human Sexuality: An Encyclopedia）中的〈玩具：情趣玩具〉VL Bullough 和 B Bullough 等人編輯。紐約：Garland 出版社，1994 年；Komisaruk BR, Beyer-Flores C, Whipple B. 《性高潮的科學》The Science of Orgasm. 巴爾地摩：約翰霍普金斯大學出版社，2006 年。

49 Tull ES, Sheu YT, Butler C, Cornelious K. 〈高度和低度內化種族歧視的女性在感知壓力、因應行為和皮質醇分泌之間的關係〉（Relationships between perceived stress, coping behavior and cortisol secretion in women with high and low levels of internalized racism.）《國家醫學協會期刊》Journal of the National Medical Association 97 (2) (2005):206-12.

50 Onuki M, Suzawa A. 〈泛硫乙胺對腎上腺皮質功能的效應 2：使用泛硫乙胺在類固醇賀爾蒙治療上的臨床經驗〉（Effect of pantethine on the function of the adrenal cortex. 2. Clinical experience using pantethine in cases under steroid hormone treatment.）《賀爾蒙到臨床的臨床內分泌學》Horumon to Rinsho Clinical Endocrinology 18 (11) (1970): 937-40 [日文文章]

51 Gromova EG, Sviridova SP, Kushlinskii NE, et al. 〈患有肺癌的手術患者使用最佳劑量的抗壞血酸在神經內分泌狀態指數方面的調節〉（Regulation of the indices of neuroendocrine status in surgical patients with lung cancer using optimal doses of ascorbic acid.）Anesteziologiia Reanimatologiia 5 (1990): 71-74 [俄文文章]；Liakakos D, Doulas NL, Ikkos D, et al. 〈抗壞血酸（維生素 C）對孩童在腎上腺刺激之後的皮質醇分泌所造成的抑制作用〉（Inhibitory effect of ascorbic acid (vitamin C) on cortisol secretion following adrenal stimulation in children.）《臨床化學學報：國際臨床化學期刊》Clinica Chimica Acta: International Journal of Clinical Chemistry 65 (1975): 251-55.

52 Liakakos D, Doulas NL, Ikkos D, et al. 〈抗壞血酸（維生素 C）對孩童在腎上腺刺激之後的皮質醇分泌所造成的抑制作用〉（Inhibitory effect of ascorbic acid (vitamin C) on cortisol secretion following adrenal stimulation in children.）《臨床化學學報：國際臨床化學期刊》Clinica Chimica Acta: International Journal of Clinical Chemistry 65 (1975): 251-55. 〈抗壞血酸（維生素 C）對孩童在腎上腺刺激之後的皮質醇分泌所造成的抑制作用〉（Inhibitory effect of ascorbic acid (vitamin C) on cortisol secretion following adrenal stimulation in children.）《臨床化學學報：國際臨床化學期刊》Clinica Chimica Acta: International Journal of Clinical Chemistry 65 (1975): 251-55.

53 Peters EM, Anderson R, Nieman DC, et al. 〈在高級馬拉松賽後補充維生素 C 會減少循環皮質醇、腎上腺素和抗炎多胜肽的增加〉（Vitamin C supplementation attenuates the increase in circulating cortisol, adrenaline and anti-inflammatory polypeptides following ultramarathon running.）《體育醫學國際期刊》International Journal of Sports Medicine 22 (7) (2001): 537-43.

54 Monteleone P, Beinat L, Tanzillo C, et al. 〈磷脂絲胺酸對人類身體壓力的神經內分泌回應所產生的效應〉（Effects of phosphatidylserine on the neuroendocrine response to physical stress in humans.）《神經內分泌學》Neuroendocrinology 52 (3) (1990):243-48；Monteleone P, Maj M, Beinat L, et al. 〈在健康男性身上長期施用磷脂絲胺酸來鈍化由壓力引起的下視丘腦垂體腎上腺軸活化〉（Blunting by chronic phosphatidylserine administration of the stress-induced activation of the hypothalamo-pituitary-adrenal axis in healthy men.）《歐洲期刊》European Journal of Clinical Pharmacology 42 (1992): 385-88.

55 Benton D, Donohoe RT, Sillance B, Nabb S. 〈在面對急性壓力源時補充磷脂絲胺酸對情緒和心跳率的影響〉（The influence of phosphatidylserine supplementation on mood and heart rate when faced with an acute stressor.）《營養神經科學》Nutritional Neuroscience 4 (3) (2001):169-78.

56 Noreen EE, Sass MJ, Crowe ML, et al. 〈補充魚油對健康成年人的靜態代謝率、身體組成，以及唾液皮質醇的效應〉（Effects of supplemental fish oil on resting metabolic rate, body composition, and salivary cortisol in healthy adults.）《國際體育營養協會期刊》Journal of the International Society of Sports Nutrition 7 (31) (2010): 1-7.

57 Delarue J, Matzinger O, Binnert C, et al. 〈魚油能預防健康男性因心理壓力引起的腎上腺活化〉（Fish oil prevents the adrenal activation elicited by mental stress in healthy men.）《糖尿病和新陳代謝》Diabetes and Metabolism 29 (3) (2003): 289-95.

58 Kimura K, Ozeki M, Juneja LR, Ohira H. 〈L- 茶胺酸能降低心理和生理的壓力反應〉（L-Theanine reduces psychological and physiological stress responses.）《生理心理學》Biological Psychology 74 (1) (2007): 39-45.

59 Miodownik C, Maayan R, Ratner Y, et al. 〈來自大腦的神經營養因子的血清值和皮質醇對脫氫異雄固醇硫酸的克分子比與思覺失調症和情感思覺失調症患者在提高抗精神病療法上對 L- 茶胺酸的臨床反應有關〉（Serum levels of brain-derived neurotrophic factor and cortisol to sulfate of dehydroepiandrosterone molar ratior associated with clinical response to L-theanine as augmentation of antipsychotic therapy in schizophrenia and schizoaffective disorder patients.）《臨床神經藥理學》Clinical Neuropharmacology 34 (4) (2011): 155-60.

60 Smriga M, Ando T, Akutsu M, et al. 〈使用 L- 離胺酸和 L- 精胺酸口服治療能降低健康人類的焦慮和基礎皮質醇〉（Oral treatment with L-lysine and L-arginine reduces anxiety and basal cortisol levels in healthy humans.）《生物醫學研究》Biomedical Research 28 (2) (2007):85-90.

61 Banderet LE, Lieberman HR. 〈使用酪胺酸，一種神經傳導物質的前驅物質來進行治療，能減少人類的環境壓力〉（Treatment with tyrosine, a neurotransmitter precursor, reduces environmental stress in humans.）《大腦研究公報》Brain Research Bulletin 22 (4) (1989): 759-62.

62 Thomas JR, Lockwood PA, Singh A, Deuster PA. 〈酪胺酸能改善多任務處理環境中的工作記憶〉（Tyrosine improves working memory in a multitasking environment.）《藥理學、生物化學和行為》Pharmacology, Biochemistry and Behavior 64 (3) (1999): 495-500.

63 Hanson R, Mendius R. 《像佛陀一樣快樂：愛和智慧的大腦奧祕》Buddha's Brain: The Practical Neoroscience of Happiness, Love, and Wisdom. 加州奧克蘭：New Harbinger 出版社，2009 年。

64 Martarelli D, Cocchioni M, Scuri S, Pompei P. 〈橫膈膜呼吸法能降低由運動所引起的氧化壓力〉（Diaphragmatic Breathing Reduces Exercise-induced Oxidative Stress.）《證據導向的輔助和替代醫療》Evidence-Based Complementary amd Alternative Medicine 49 (1) (2009): 122-27.

65 Benson H. 《放鬆反應》The Relaxation Response. 紐約：Harper Collins 出版社，1975 年。

66 Pawlow LA, Jones GE. 〈縮短漸進式的肌肉放鬆對唾液皮質醇和唾液免疫球蛋白 A 的影響〉（The impact of abbreviated progressive muscle relaxation on salivary cortisol and salivary immunoglobulin A (SIgA).）《應用心理生理和生物回饋》Applied Psychophysiological and Biofeedback 30 (4) (2005): 375-87.

67 Gopal A, Mondal S, Gandhi A, et al. 〈整合瑜珈練習對體檢壓力的免疫反應所造成的影響：一份初步研究〉（Effect of integrated yoga practices on immune responses in examination stress: a preliminary study.）《國際瑜珈期刊》International Journal of Yoga 4 (1) (2011): 26-32.

68 Smith JA, Greer T, Sheets T, Watson S. 〈除了運動，瑜珈還有其他好處嗎？〉（Is there more to yoga than exercise?）《健康和醫學的替代療法》Alternative Therapies in Health and Medicine 17 (3) (2011): 22-29.

69 Banasik J, Williams H, Haberman M, et al. 〈艾揚格瑜珈練習對乳癌倖存者在疲勞和晝夜唾液皮質醇濃度方面的效應〉（Effect of Iyenfar yoga practice on fatigue and diurnal salivary cortisol concentration in

breast cancer survivors.）《美國執業護士學院期刊》Journal of American Academy of Nurse Practitioners 23 (3) (2011): 135-42. doi: 10.1111/j.1745-7599.2010.00573.x；Bijlani RL, Vempati RP, Yadav RK, et al. 〈以瑜珈為基礎的簡潔全面生活方式教育課程能減少罹患心血管疾病和糖尿病的風險因素〉（A brief but comprehensive lifestyle education program based on yoga reduces risk factors for cardiovascular disease and diabetes mellitus.）《替代和輔助醫療期刊》Journal of Alternative and Complimentary Medicine 11 (2) (2005): 267-74.

70 Nidich SI, Rainforth MV, Haaga DA, Hagelin J, et al. 〈一項針對超覺靜思冥想課程對年輕成年人在血壓、心理困擾，以及應對方面效應的隨機對照組試驗〉（A randomized controlled trail on effects of the Transcendental Meditation program on blood pressure, psychological distress, and coping in young adults.）《美國高血壓期刊》American Journal of Hypertension 22 (12) (2009): 1326-31；Schneider R, Nidich S, Kotchen JM, et al. 〈摘要 1177：減壓對患有冠心病的非裔美國人在臨床事件方面的影響：一項隨機對照組試驗〉（Abstract 1177: Effects of Stress Reduction on Clinical Events in African Americans with Coronary Heart Disease: A Randomized Controlled Trial.）《美國心臟協會》American Heart Association, Inc. 120 (2009): S461；Campbell TS, Labelle LE, Bacon SL, et al. 〈正念減壓療法（MBSR）對罹癌女性的注意力、沉思和靜態血壓所帶來的影響：一項等待名單對照組的研究〉（Impact of mindfulness-based stress reduction (MBSR) on attention, rumination and resting blood pressure in women with cancer: a waitlist-controlled study.）《行為醫學期刊》Journal of Behavioral Medicine 35 (3) (2011): 262-71.

71 Kabat-Zinn J. 《當下，繁花盛開》Wherever You Go, There You Are:Mindfulness Meditation in Everyday Life. 紐約：Hyperion 出版社，1999 年。

72 Holzel BK, Carmody J, Evans KC, et al. 〈減壓和杏仁核結構變化的關聯〉（Stress reduction correlates with structural changes in the amygdala.）《社會、認知和情感神經科學》Social, Cognitive and Affective Neuroscience 5 (1) (2010): 11-17.

73 West J, Otte C, Geher K, et al. 〈哈達瑜珈和非洲舞蹈對感知壓力、情緒，以及唾液皮質醇的效應〉（Effects of Hatha yoga and African dance on perceived stress, affect, and salivary cortisol.）《行為醫學年報》Annals of Behavioral Medicine 28 (2) (2004): 114-18；Matousek RH, Dobkin PL, Pruessner J. 〈皮質醇是改善正念減壓的指標〉（Cortisol as a marker for improvement in mindfulness-based stress reduction.）《輔助療法的臨床實踐》Complimentary Therapies in Clinical Practice 16 (2010):13-19；Smith JA, Greer T, Sheets T, Watson S. 〈除了運動，瑜珈還有其他好處嗎？〉（Is there more to yoga than exercise?）《健康和醫學的替代療法》Alternative Therapies in Health and Medicine 17 (3) (2011): 22-29；Winbush NY, Gross CR, Kreitzer MJ. 〈正念減壓對睡眠障礙的效應：系統性回顧〉（The effects of mindfulness-based stress reduction on sleep disturbance: a systematic review.）《探索》（紐約）Explore (NY) 3 (6) (2007): 585-91；Bohlmeijer E, Prenger R, Taal E, Cuijpers P. 〈正念減壓療法對患有慢性疾病成年人的心理健康所帶來的效應：統合分析〉（The effects of mindfulness-based stress reduction therapy on mental health of adults with a chronic medical disease: a meta-analysis.）《身心研究期刊》Journal of Psychosomatic Research 68 (2010): 539-44.

74 Daubenmier J, Kristeller J, Hecht FM, et al. 〈壓力暴食的正念調解以降低過重和肥胖女性的皮質醇及腹部脂肪：一份探索性的隨機對照組研究〉（Mindfulness Intervention for Stress Eating to Reduce Cortisol and Abdominal Fat among Overweight and Obese Women: An Exploratory Randomized Controlled Study.）《肥胖期刊》Journal of Obesity (2011): 651936.

75 Upadhyay Dhungel K, Malhotra V, Sarkar D, Prajapati R. 〈交替鼻孔呼吸練習對心肺功能的效應〉（Effect of alternate nostril breathing exercise on cardiorespiratory functions.）《尼泊爾醫科大學期刊》Nepal Medical College Journal 10 (1) (2008): 25-27；Telles S, Raghuraj P, Maharana S, Nagendra HR. 〈三種瑜珈呼吸技巧對字母刪除任務表現所帶來的立即效應〉（Immediate effect of three yoga breathing techniques on performance on a letter-cancellation task.）《感知和運動技能》Perceptual and Motor Skills 104 (3 Pt 2) (2007): 1289-96.

76 Shannahoff-Khalsa DS. 〈選擇性單方面自主活化作用：在精神病學方面的意義〉（Selective Unilateral Autonomic Activation: Implications for Psychiatry.）CNS Spectrums 12 (8) (2007): 625-34.

77 Caso Marasco A, Vargas Ruiz R, Salas Villagomez A, Bogona Infante C. 〈綜合維生素複合物添加人參的雙盲研究〉（Double-blind study of a multivitamin complex supplemented with ginseng extract.）《實驗和臨床研究下的藥物》Drugs under Experimental and Clinical Research 2 (1996): 323-29.

78 Garay Lillo J, Garcia JC, Cabeza Mouricios G, et al. 〈一項針對成年患者食用福馬康的長期多中心研究〉（Long-term multicenter study with Pharmaton Complex in adult patients.）Geriatrika 8 (6) (1992): 69-74；Scaglione F, Weiser K, Alessandria M. 〈標準人參萃取物 G115* 對慢性支氣管炎患者的效應：一項未使用盲法、隨機、比較前導研究〉（Effects of the standardized ginseng extract G115* in patients with chronic bronchitis: a nonblinded, randomized, comparative pilot study.）《臨床藥物調查》[紐西蘭] Clinical Drug Investigation [New Zealand] 21 (2001): 41-45.

79 Reay JL, Scholey AB, Kennedy DO. 〈高麗參（G115）能改善健康年輕成年人的某些工作記憶表現和對平靜的主觀評價〉（Panax ginseng (G115) improves aspects of working memory performance and subjective ratings of calmness in healthy young adults.）《人類精神藥理學》Human Psychopharmacology 25 (6) (2010): 462-71.

80 Ernst E. 〈常用草藥療法的風險效益概況：銀杏、聖約翰草、人參、紫錐菊、鋸棕櫚，以及醉椒〉（The risk-benefit profile of commonly used herbal therapies: Gingko, St. John's Wort, Ginseng, Echinacea, Saw Palmetto, and Kava.）《內科醫學年報》Annals of Internal Medicine 136 (1) (2002): 42-53.

81 Tode T, Kikuchi Y, Hirata J, et al. 〈韓國紅參對重度更年期症候群患者在心理功能方面的效應〉（Effect of Korean red ginseng on psychological functions in patients with severe climacteric syndromes.）《國際婦產科期刊》International Journal of Gynaecology and Obstetrics 67 (3) (1999): 169-74.

82 Cooley K, Szczurko O, Perri D, et al. 〈用自然療法治療焦慮：一項隨機對照組試驗 ISRCTN78958974〉（Naturopathic care for anxiety: a randomized controlled trial ISRCTN78958974.）《公共科學圖書館：綜合》PLoS ONE 4 (8) (2009): e6628.

83 Olsson EM, von Scheele B, Panossian AG. 〈一項針對使用紅景天根部標準萃取物 SHR-5 治療受試對象壓力疲勞的隨機、雙盲、安慰劑對照組、平行組研究〉（A dandomized, double-blind, placebo-controlled, parallel-group study of the standardized extract SHR-5 of the root of Rhodiola rosea in the treatment of subjects with stress-related fatigue.）《藥用植物》Planta Medica 75 (2) (2009): 105-12.

84 Zhang ZJ, Tong Y, Zou J, et al. 〈使用紅景天和銀杏的膳食營養補充組合能增進健康志願受試者的耐力表現〉（Dietary supplement with a combination of Rhodiola crenulate and Gingko biloba enhances the endurance performance in healthy volunteers.）《整合醫學中文期刊》Chinese Journal of Integral Medicine 15 (3) (2009): 177-83.

85 Dwyer AV, Whitten DL, Hawrelak JA. 〈使用聖約翰草之外的草藥來治療憂鬱症：系統性回顧〉（Herbal medicines, other than St. John's Wort, in the treatment of depression: a systematic review.）《替代醫學回顧》

Alternative Medicine Review 16 (16) (2011): 40-49.

86 Howland RH. 〈使用內分泌賀爾蒙來治療憂鬱症〉（Use of endocrine hormones for treating depression.）《心理社會看護和精神健康服務期刊》Journal of Psychosocial Nursing and Mental Health Service 48 (12) (2010): 13-16.

87 Stangle B, Hirshman E, Verbalis J. 〈施用去氫皮質酮（DHEA）能提高更年期後女性的視覺空間表現〉（Administration of dehydroepiandrosterone (DHEA) enhances visual-spatial performance in postmenopausal women.）《行為神經科學》Behavioral Neuroscience 125 (5) (2011): 742-52.

88 Wolkowitz OM, Reus VI, Keebler A, et al. 〈使用脫氫異雄固酮治療重度憂鬱症的雙盲治療〉（Double-blind treatment of major depression with dehydroepiandrosterone.）《美國精神病學期刊》American Journal of Psychiatry 156 (4) (1999): 646-49；Schmidt PJ, Daly RC, Bloch M, et al. 〈用脫氫異雄固酮單一療法治療中年人的重大和輕微憂鬱症〉（Dehydroepiandrosterone monotherapy in midlife-onset major and minor depression.）《普通精神病學檔案》Archives of General Psychiatry 62 (2) (2005): 154-62.

89 West J, Otte C, Geher K, et al. 〈哈達瑜珈和非洲舞蹈對感知壓力、情緒，以及唾液皮質醇的效應〉（Effects of Hatha yoga and African dance on perceived stress, affect, and salivary cortisol.）《行為醫學年報》Annals of Behavioral Medicine 28 (2) (2004): 114-18.

90 Shelygina NM, Spivak Ria, Zaretskii MM, et al. 〈維生素 C、B1，和 B6 對動脈粥狀硬化性心臟病患者的腎上腺皮質的糖性腎上腺皮質素功能的晝夜週期性影響〉（Influence of vitamins C, B1, and B6 on the diurnal periodicity of the glucocorticoid function of the adrenal cortex in patients with atherosclerotic cardiosclerosis.）Voprosy Pitaniia 2 (1975): 25-29 [俄文文章]

91 Epstein MT, Espiner EA, Donald RA, et al. 〈甘草能提高男性尿液中的皮質醇〉（Licorice raises urinary cortisol in men.）《臨床內分泌學和新陳代謝期刊》Journal of Clinical Endocrinology and Metabolism 47 (2) (1978): 397-400.

92 Raikkonen K, Seckl JR, Heinonen K, et al. 〈母親產前食用甘草會改變孩子的下視丘腦垂體腎上皮質軸功能〉（Maternal prenatal licorice consumption alters hypothalamic-pituitary-adrenocortical axis function in children.）《精神神經內分泌學》Psychoneuroendocrinology 35 (10) (2010): 1587-93.

93 Methlie P, Husebye EE, Hustad S, et al. 〈葡萄柚汁和甘草能提高愛迪生症患者的皮質醇可利用度〉（Grapefruit juice and licorice increase cortisol availability in patients with Addison's disease.）《歐洲內分泌學期刊》European Journal of Endocrinology 165 (5) (2011): 761-69.

第五章：黃體素過低憂鬱

1 Brizendine L. 《女性大腦》The Female Brain. 紐約：Broadway Books 出版社，2006 年。

2 Nillni YI, Toufexix DJ, Rohan KJ. 〈焦慮敏感、月經週期，以及恐慌症：公認的神經內分泌和心理交互作用〉（Anxiety sensitivity, the menstrual cycle, and panic disorder:a putative neuroendocrine and psychological interaction.）《臨床心理學和回顧》Clinical Psychology & Review 31 (7) (2011): 1183-91.

3 Rapkin AJ, Akopians AL. 〈經前症候群和經前煩躁不安的病理生理學〉（Pathophysiology of premenstrual syndrome and premenstrual dysphoric disorder.）《國際更年期期刊》Menopause International 18 (2) (2012): 52-59.

4 2012 年 6 月 5 日和經前症候群專家安德莉亞・拉普金醫師（Dr. Andrea Rapkin）的私下交流。加州大學洛杉磯分校醫學院婦產科學系的大衛・吉分（David Geffen）。

5　Branch DW, Gibson M, Silver RM. 〈臨床實踐：反覆流產〉（Clinical practice. Recurrent miscarriage.）《新英格蘭醫學期刊》New England Journal of Medicine 363 (18) (2010): 1740-47.

6　De Souza MJ. 〈運動員的月經紊亂：針對黃體期缺陷的探討〉（Menstrual disturbance in athletes: a focus on luteal phase defects.）《體育和運動的醫學和科學》Medicine and Science in Sports and Exercise 35 (9) (2003): 1553-63.

7　Santoro N, Crawford SL, Lasley WL. 〈女性在更年期過渡期間黃體功能下降的相關因素〉（Factors related to declining luteal function in women during the menopausal transition.）《臨床內分泌學和新陳代謝期刊》Journal of Clinical Endocrinology and Metabolism 93 (5) (2008): 1711-21.

8　Cauley JA. 〈雌二醇血清和睪丸素濃度升高與罹患乳癌風險增加有關，骨質疏鬆骨折研究團體研究〉（Elevated serum estradiol and testosterone concentrations are associated with a high risk for breast cancer. Study of Osteoporotic Fractures Research Group.）《內科醫學年報》Annals of Internal Medicine 130 (4 Pt 1) (1999): 270-77；Farhat GN, Cummings SR, Chlebowski RT, et al. 〈性賀爾蒙值和雌激素受體陰性以及雌激素受體陽性乳癌的風險〉（Sex hormone levels and risks of estrogen receptor-negative and estrogen receptor-positive breast cancers.）《國家癌症機構期刊》Journal of National Cancer Institute 103 (7) (2011): 562-70.

9　He C, Kraft P, Chen C. 〈全基因組關聯研究顯示與初潮年齡和自然更年期年齡相關的軌跡〉（Genome-wide association studies identify loci associated with age at menarche and age at natural menopause.）《自然基因學》Nature Genetics 41 (6) (2009): 724-28.

10　Giudice LC. 〈臨床實踐：子宮內膜異位症〉（Clinical practice: Endometroisis.）《新英格蘭醫學期刊》New England Journal of Medicine 362 (25) (2010): 2389-98.

11　Zhang YW, Ji H, Han ML, et al. 〈子宮內膜異位症患者的黃體期功能〉（Luteal function in patients with endometriosis.）《北京聯合醫科大學中國醫學科學學院會議記錄》Proceedings of the Chinese Academy of Medical Sciences Peking Union Medical College 4 (2) (1989): 96-101.

12　Bulun SE, Cheng YH, Pavone ME, et al. 〈子宮內膜異位症的雌激素 β 受體、雌激素 α 受體，以及黃體素阻抗〉（Estrogen receptor-beta, estrogen receptor-alpha, and progesterone resistance in endometriosis.）《生殖醫學研討會》Seminars in Reproductive Medicine 28 (1) (2010): 36-43.

13　Bulun SE, Cheng TH, Yin P, et al. 〈子宮內膜異位症的黃體素阻抗：和無法代謝雌二醇之間的關係〉（Progesterone resistance in endometriosis: link to failure to metabolize estradiol.）《分子和細胞內分泌學》Molecular and Cellular Endocrinology 248 (1-2) (2006): 94-103.

14　Gorchev G, Maleeva A. 〈患有翻典型增生和子宮內膜癌患者的血清 E2 和黃體素值〉（Serum E2 and progesterone levels in patients with atypical hyperplasia and endometrial carcinoma.）Akusherstvo i Ginekologiia 32 (2) (`993): 23-24 [保加利亞文文章]；Modan B, Ron E, Lerner-Geva L, et al. 〈一群不孕女性當中的癌症發生率〉（Cancer incidence in a cohort of infertile women.）《美國流行病學期刊》American Journal of Epidemiology 147 (1998): 1038-42.

15　Freeman EW, Purdy RH, Coutifaris C, et al. 〈黃體素的抗焦慮代謝產物：在對健康女性志願者施以口服黃體素後所測量與情緒和表現的關係〉（Anxiolytic metabolites of progesterone: correlation with mood and performance measures following oral progesterone administration to healthy female volunteers.）《神經內分泌學》Neuroendocrinology 58 (4) (1993): 478-84.

16　Andreen L, Sundstrom-Poromaa I, Bixo M, et al. 〈別孕烯醇酮濃度和情緒：使用口服黃體素治療的更年期後女性的雙重關聯〉（Allopregnanolone concentration and mood: a bimodal association in postmenopausal women treated with oral progesterone.）《精神藥理學》Psychopharmacology 187 (2) (2006): 209-21.

17 〈國際醫藥服務有限公司〉（IMS Health），於 2012 年 3 月 24 日上網搜尋資料，http://www.imshealth.
com，有關睡眠的數據最早引用於 http://well.blogs.nytimes.com/2012/03/12/new-worries-about-sleeping-
pills/，IMS 數據資料是獨家的，並未發表於同行評審的期刊中。

18 Kripke DF, Langer RD, Kline LE. 〈催眠藥與死亡或癌症之間的關聯：一項對比世代研究〉（Hypnotics'
association with mortality or cancer: a matched cohort study.）《英國醫學雜誌期刊》British Medical Journal
Open 2 (1) (2012): e000850.

19 Caufriez A, Leproult R, L'Hermite-Baleriaux M, et al. 〈黃體素能預防睡眠干擾和調節更年期後女性的生長
激素、促甲狀腺激素，以及褪黑激素分泌〉（progesterone prevents sleep disturbances and modulates GH,
TSH, and melatonin secretion in postmenopausal women.）《臨床內分泌學和新陳代謝期刊》Journal of
Clinical Endocrinology and Metabolism 96 (4) (2011): E614-23.

20 Henmi H, Endo T, Kitajima Y, et al. 〈補充抗壞血酸對有黃體期缺陷患者的血清黃體素值的效應〉
（Effects of ascorbic acid supplementation on serum progesterone levels in patients with a luteal phase defect.）
《生育力和不孕症》Fertility and Sterility 80 (2) (2003): 459-61.

21 Brown SL, Fredrickson BL, Wirth MM, et al. 〈社交親密能提高人類的唾液黃體素值〉（Social Closeness
Increases Salivary Progesterone in Humans.）《賀爾蒙和行為》Hormones and Behavior 56 (1) (2009): 108-11.

22 Rossignol AM. 〈含咖啡因的飲料和年輕女性的經前症候群〉（Caffeine-containing beverages and
premenstrual syndrome in young women.）《美國公共衛生期刊》American Journal of Public Health 75
(1985): 1335-37；Rossignol AM, Zhang J, Chen Y, Xiang Z. 〈中華人民共和國中的茶和經前症候群〉（Tea
and premenstrual syndrome in the People's Republic of China.）《美國公共衛生期刊》American Journal of
Public Health 79 (1989): 66-67.

23 Gold EB, Bair Y, Block G, et al. 〈在多樣化的社區採樣當中飲食和生活方式因素與經前症狀的關係：全
國各地的女性健康研究（SWAN）〉（Diet and lifestyle factors associated with premenstrual symptoms in a
radically diverse community sample: Study of Women's Health Across the Nation (SWAN).）《女性健康期刊》
Journal of Women's Health 16 (5) (2007): 641-56.

24 Li CI, Chlebowski RT, Freiberg M, et al. 〈酒精飲用和按亞型分類的更年期後乳癌風險：一份女性健康
倡導的觀察研究〉（Alcohol consumption and risk of postmenolausal breast cancer by subtype: the woman's
health initiative observational study.）《全國癌症機構期刊》Journal of the National Cancer Institute 102 (18)
(2010): 1422-31；Chen WY, Rosner B, Hankinson SE, et al. 〈在成年生活中適度飲用酒精、飲酒模式，
以及乳癌風險〉（Moderate alcohol consumption during adult life, drinking patterns, and breast cancer risk.）
《美國醫學協會期刊》Journal of the American Medical Association 306 (17) (2011): 1884-90.

25 Bergmann MM, Schutze M, Steffen A, et al. 〈在一項大型歐洲群組研究當中針對腹部和一般肥胖的衡量
與終身飲酒之間的關係〉（The association of lifetime alcohol use with measures of abdominal and general
adiposity in a large-scale European cohort.）《歐洲臨床營養學期刊》European Journal of Clinical Nutrition
65 (10) (2011): 1079-87. doi: 10.1038/3jcn.2011.70.

26 Brown DJ. 〈穗花牡荊的臨床專題論文〉（Vitex-agnus-castus clinical monograph.）《自然醫學的季度回
顧》Quarterly Review of Natural Medicine (1994): 111-21.

27 Wuttke W, Jarry H, Christoffel V, et al. 〈聖潔莓樹（穗花牡荊）：藥理學和臨床適用情況〉（Chasteberry
tree (Vitex-agnus-castus)：pharmacology and clinical indications.）《植物醫學》Phytomedicine 10 (4) (2003):

348-57；天然藥物資料庫。於 7/1/12 搜尋，網址為 http://naturaldatabase.therapeuticresearch.com

28 Blumenthal M, Gruenwald J, Hall T, Risters RS. 《德國草藥管理委員會完整專論：草藥療癒指南》The Complete German E Commission monograph: therapeutic guide to herbal medicine. 波士頓：整合醫學通訊（1998），108；Halaska M, Beles P, Gorkow C, Sieder C. 〈使用含有穗花牡荊萃取物的療方來治療週期性乳房疼痛：一項安慰劑對照組雙盲研究的結果〉（Treatment of cyclical mastalgia with a solution containing a Vitex-agnus-castus extract: results of a placebo-controlled double-blind study.）《乳房》Breast 8 (4) (1999): 175-81.

29 Westphal LM, Polan ML, Trant, AS. 〈針對 Fertilityblend 所進行的雙盲、安慰劑控制組的研究：一種促進女性生育力的營養補充品〉（Double-blind, placebo-controlled study of Fertilityblend: a nutritional supplement for improving fertility in women.）《臨床和實驗婦產科》Clinical and Experimental Obstetrics amd Gynecology 33 (4) (2006): 205-8.

30 Turner S, Mills S. 〈一項針對經前症候群的草藥療法所進行的雙盲臨床試驗：個案研究〉（A double-blind clinical trial on a herbal remedy for premenstrual syndrome: a case study.）《醫學上的輔助療法》Complementary Therapies in Medicine 1 (1993): 73-77；Lauritzen CH, Reuter HD, Repges RM, et al. 〈使用穗花牡荊治療經前緊張症候群的治療，與吡哆醇對比的對照組、雙盲研究〉（Treatment of premenstrual tension syndrome with Vitex-agnus-castus. Controlled, double-blind study versus pyridoxine.）《植物醫學》Phytomedicine 4 (1997): 183-89；Schellenberg R. 〈使用淡紫花牡荊果實萃取物治療經前緊張症候群：前瞻性、隨機、安慰劑對照組研究〉（Treatment for the premenstrual syndrome with agnus castus fruit extract: prospective, randomized, placebo-controlled study.）《英國醫學期刊》British Medical Journal 322 (2001): 134-37；Westphal LM, Polan ML, Trant, AS. 〈針對 Fertilityblend 所進行的雙盲、安慰劑控制組的研究：一種促進女性生育力的營養補充品〉（Double-blind, placebo-controlled study of Fertilityblend: a nutritional supplement for improving fertility in women.）《臨床和實驗婦產科》Clinical and Experimental Obstetrics amd Gynecology 33 (4) (2006): 205-8；Zamani M, Neghab N, Torabian S. 〈穗花牡荊對經前症候群患者的療癒效果〉（Therapeutic effect of Vitex-agnus-castus in patients with premenstrual syndrome.）《伊朗醫學學報》Acta Medica Iranica 50 (2) (2012): 101-6.

31 Westphal LM, Polan ML, Trant, AS. 〈針對 Fertilityblend 所進行的雙盲、安慰劑控制組的研究：一種促進女性生育力的營養補充品〉（Double-blind, placebo-controlled study of Fertilityblend: a nutritional supplement for improving fertility in women.）《臨床和實驗婦產科》Clinical and Experimental Obstetrics amd Gynecology 33 (4) (2006): 205-8；Loch EG, Selle H, Boblitz N. 〈使用含有穗花牡荊的植物藥劑配方治療經前症候群〉（Treatment of premenstrual syndrome with a phytopharmaceutical formulation containing Vitex-agnus-castus.）《女性健康和性別醫學期刊》Journal of Women's Health & Gender-Based Medicine 9 (3) (2000): 315-20.

32 Skibola CF. 〈墨角藻，一種可食用的棕色海藻，在三位停經前期女性的月經週期長度和賀爾蒙狀態方面的效應：案例報告〉（The effect of Fucus vesiculosus, an edible brown seaweed, upon menstrual cycle length and hormonal status in three pre-menopausal women: a case report.）《BMC 輔助和替代醫療》BMC Complementary and Alternative Medicine 4 (2004):10.

33 Nahid K, Fariborz M, Ataolah G, Solokian S. 〈一種伊朗的草藥對原發性經痛的效應：一項臨床對照組試驗〉（助產術和女性健康期刊）Journal of Midwifery & Women's Health 54 (2009): 401-4；Agha-Hosseini M, Kashani L, Aleyaseen A, et al. 〈使用番紅花治療經前症候群：一項雙盲、隨機和安慰劑對照組的試驗〉（Crocus sativus L. (saffron) in the treatment of premenstrual syndrome: a double-blind, randomized and

placebo-controlled trial.）《BJOG：國際產科與婦科期刊》BJOG: An International Journal of Obstetrics and Gynecology 115 (2008): 515-19.

34 Dwyer AV, Whitten DL, Hawrelak JA. 〉〈使用聖約翰草之外的草藥來治療憂鬱症：系統性回顧〉（Herbal medicines, other than St. John's Wort, in the treatment of depression: a systematic review.）《替代醫學回顧》Alternative Medicine Review 16 (16) (2011): 40-49.

35 Komesaroff PA, Black CV, Cable V, Sudhir K. 〈野生山藥萃取物對健康更年期女性在更年期症狀、脂質和性賀爾蒙方面的效應〉《更年期》Climacteric 4 (2001): 144-50.

36 Leonetti HB, Longo S, Anasti JN. 〈用經皮膚吸收的黃體素乳霜治療熱潮紅和更年期後的骨質流失〉《婦產科》Obstetrics and Gynecology 94 (1999): 225-28.

37 Wren BG, Champion SM, Willetts K, et al. 〈經皮膚吸收的黃體素及其對更年期後女性的熱潮紅、血脂值、骨骼代謝指標、情緒，以及生活品質的效應〉《更年期》Menopause 10 (1) (2003): 13-18.

38 Benster B, Carey A, Wadsworth F, et al. 〈一項評估 Progestelle 品牌的黃體素乳霜對更年期後女性效用的雙盲安慰劑對照組研究〉《國際更年期期刊》Menopause International 15 (2) (2009): 63-69.

39 更年期雌激素／黃體素干預研究寫作小組（PEPI Writing Group）。〈雌激素或雌激素／黃體素療程對更年期後女性在心臟疾病風險因素方面的效應，更年期雌激素／黃體素干預（PEPI）研究，PEPI 研究的寫作小組〉《美國醫學協會期刊》Journal of the American Medical Association 273 (3) (1995): 199-208.

40 Fournier A, Berrino F, Clavel-Chapelon F. 〈不同的賀爾蒙補充療法在罹患乳癌風險方面各有不同：來自 E3N 世代研究的結果〉（Unequal risks for breast cancer associated with different hormone replacement therapies: results from the E3N cohort study.）《乳癌研究和治療》Breast Cancer Research and Treatment 107 (1) (2008): 103-11.《乳癌研究和治療》Breast Cancer Research and Treatment 107 (2) (2008): 307-8 中的勘誤。

41 Pullon SR, Reinken JA, Sparrow MJ. 〈威靈頓女性的經前症候群治療〉（Treatment of premenstrual symptoms in Wellington women.）《紐西蘭醫學期刊》New Zealand Medical Journal 102 (862) (1989): 72-74.

42 Thys-Jacobs S. 〈微量營養素和經前症候群：關於鈣質的案例〉（Micronutrients and the premenstrual syndrome: the case for calcium.）《美國營養大學期刊》Journal of the American College of Nutrition 19 (2000): 220-27.

43 Walker AF, De Souza MC, Vickers MF, et al. 〈補充鎂能緩和經前的水腫症狀〉（Magnesium supplementation alleviates premenstrual symptoms of fluid retention.）《女性健康期刊》Journal of Women's Health 7 (9) (1998): 1157-65；Wyatt KM, Dimmock PW, Jones PW, Shaughn O'Brien PM. 〈維生素 B6 在治療經前症候群方面的功效：系統性回顧〉（Efficacy of vitamin B6 in the treatment of premenstrual syndrome: systematic review.）《英國醫學期刊》British Medical Journal 318 (7195) (1999): 1375-81.

44 De Souza MC, Walker AF, Robinson PA, Bolland K. 〈每日補充 200 毫克的鎂外加 50 毫克的維生素 B6 長達一個月以緩解和焦慮相關的經前症狀所產生的協同作用：一項隨機、雙盲的交叉研究〉（A synergistic effect of a daily supplement for 1 month of 200 mg magnesium plus 50 mg vitamin B6 for the relief of anxiety-related premenstrual symptoms: a randomized, double-blind, crossover study.）《女性健康和性別醫學期刊》Journal of Women's Health and Gender-Based Medicine 9 (2) (2000): 131-39.

45 Chocano-Bedoya PO, Manson JE, Hankinson SE, et al. 〈攝取膳食維生素 B 和偶發性的經前症候群〉（Dietary B vitamin intake and incident premenstrual syndrome.）《美國臨床營養期刊》American Journal of Clinical Nutrition 93 (5) (2011): 1080-86；Bertone-Johnson ER, Chocano-Bedoya PO, Zagarins SE, et al.

〈大學年齡人口中對膳食維生素 D 的攝取、25- 羥基維生素 D3 值和經前症候群〉（Dietary vitamin D intake, 25-hydroxyvitamin D3 levels and premenstrual syndrome in a college-aged population.）《類固醇生物化學和分子生物期刊》Journal of Steroid Biochemistry and Molecular Biology 121 (1-2) (2010): 434-37.

46 Abraham GE. 〈經前緊張症候群病因的營養因素〉（Nutritional factors in the etiology of premenstrual tension syndrome.）《生殖醫學期刊》Journal of Reproductive Medicine 28 (1983): 446-64.

47 Kim SY, Park HJ, Lee H, Lee H. 〈用針灸治療經前症候群：隨機對照組試驗的系統性回顧和統合分析〉（Acupuncture for premenstrual syndrome: a systematic review amd meta-analysis of randomized controlled trials.）《BJOG：國際產科與婦科期刊》BJOG: An International Journal of Obstetrics and Gynecology 118 (8) (2011): 899-915. doi: 10.1111/j.1471-0528.2011.02994.x.

48 Stoddard JL, Dent CW, Shames I, Bernstein L. 〈運動鍛鍊對經前困擾及卵巢類固醇賀爾蒙的效應〉（Exercise training effects on premenstrual distress and ovarian steroid hormones.）《歐洲應用生理學期刊》European Journal of Applied Physiology 99 (1) (2007): 27-37.

49 Van Zak DB. 〈經前和經前情感症候群的生物回饋治療〉（Biofeedback treatments for premenstrual and premenstrual affective syndromes.）《身心醫學國際期刊》International Journal of Psychosomatics 41 (1-4) (1994): 53-60.

50 Yarir M, Kreitler S, Brzezinski A, et al. 〈順勢療法對經前症候群女性的效應：一項前導研究〉（Effects of homeopathic treatment in women with premenstrual syndrome: a pilot study.）《英國順勢療法期刊》British Homeopathic Journal 90 (3) (2001): 148-53.

51 Lam RW, Carter D, Misri S, et al. 〈光療對女性黃體期晚期煩躁不安的對照組研究〉（A controlled study of light therapy in women with late luteal phase dysphoric disorder.）《精神病學研究》Psychiatry Research (1999) 86 (3): 185-92.

52 Canning S, Waterman M, Orsi N, et al. 〈聖約翰草在治療經前症候群方面的功效：一項隨機、雙盲、安慰劑對照組試驗〉（The efficacy of Hypericum perforatum (St. John's wort) for the treatment of premenstrual syndrome: a randomized, double-blind, placebo-controlled trial.）《CNS 藥物》CNS Drugs 24 (3) (2010): 207-25. doi: 10.2165/11530120-000000000-00000.

53 Van Die MD, Bone KM, Burger HG, et al. 〈結合聖約翰草和穗花牡荊治療更年期前期晚期女性類似經前症候群症狀的效應：一項子群體分析的研究結果〉（Effects of a combination of Hypericum perforatum and Vitex agnus-castus on PMS-like symptoms in late-peromenopausal women: findings from a subpopulation analysis.）《替代和輔助醫療期刊》Journal of Alternative and Complementary Medicine 15 (9) (2009): 1045-48.

54 Linde K, Ramirez G, Mulrow CD, et al. 〈使用聖約翰草治療憂鬱症：隨機臨床試驗的概觀和統合分析〉（St. John's wort for depression: an overview and meta-analysis of randomized clinical trials.）《英國醫學期刊》British Medical Journal (7052) (1996): 253-58.

55 Ford O, Lethaby A, Roberts H, Mol BW. 〈使用黃體素治療經前症候群〉（Progesterone for premenstrual syndrome.）《考科藍系統性文獻回顧資料庫》Cochrane Database of Systematic Reviews 14 (3) (2012): CD003415.

第六章：雌激素過多

1 Quinlan MG, Duncan A, Loiselle C, et al. 〈在母鼠身上，潛在抑制是受到動情週期階段的影響〉（Latent

inhibition is affected by phase of estrous cycle in female rats.）《大腦和認知》Brain and Cognition, 2010. doi: 10.1016/j.bandc.2010.08.003.

2 Schneider J, Kinne D, Fracchia A, et al. 〈乳癌女性的雌二醇異常氧化代謝〉（Abnormal oxidative metabolism of estradiol in women with breast cancer.）《國家科學學院會議記錄》Proceedings of the National Academy of Sciences 79 (1982): 3047-51；Fishman J, Schneider J, Hershcope RJ, Bradlow HL. 〈乳癌和子宮內膜癌女性的雌激素 16-α-羥雌素酮活動增加〉（Increased estrogen 16 alpha-hydroxylase activity in women with breast and endometrial cancer.）《類固醇生物化學期刊》Journal of Steroid Biochemistry 20 (4B) (1984): 1077-81；Zumoff B. 〈乳癌女性的賀爾蒙概況〉（Hormonal profile in women with breast cancer.）《北美婦產科診所》Obstetrics and Gynecology Clinics of North America 21 (4) (1994): 751-72；Cauley JA, Zmuda JM, Danielson ME, et al. 〈雌激素代謝物和較年長女性罹患乳癌的風險〉（Estrogen metabolites and the risk of breast cancer in older women.）《流行病學》Epidemiology 14 (6) (2003): 740-44；Kabat GC, O'Leary ES, Gammon MD, et al. 〈雌激素代謝和乳癌〉《流行病學》Epidemiology 17 (1) (2006): 80-88；Im A, Vogel VG, Ahrendt G, et al. 〈乳癌高風險群女性的尿液雌激素代謝產物〉（Urinary estrogen metabolites in women at high risk for breast cancer.）《癌病變》Carcinogenesis 30 (9) (2009): 1532-35；Fishman J, Schneider J, Hershcope RJ, Bradlow HL. 〈乳癌和子宮內膜癌女性的雌激素 16-α-羥雌素酮活動增加〉（Increased estrogen 16 alpha-hydroxylase activity in women with breast and endometrial cancer.）《類固醇生物化學期刊》Journal of Steroid Biochemistry 20 (4B) (1984): 1077-81；Eliassen AH, Spiegelman D, Xu X, et al. 〈停經前期女性的尿液雌激素和雌激素代謝產物及罹患乳癌的後續風險〉（Urinary estrogens and estrogen metabolites and subsequent risk of breast cancer among premenopausal women.）《癌症研究》Cancer Research 72 (3) (2012): 696-706.

3 Sepkovic DW, Bradlow HL. 〈雌激素羥基化：好處與壞處〉（Estrogen hydroxylation: the good and the bad.）《紐約科學學院年報》Annals of the New York Academy of Sciences 1155 (2009): 57-67.

4 Seifert-Klauss V, Laakmann J, Rattenhuber J, et al. 〈更年期前期的骨骼代謝、骨質密度和雌激素值：一項長達兩年的前瞻性研究〉（Bone metabolism, bone density and estrogen levels in perimenopause: a prospective 2-year study.）Zentralbl Gynakol 127 (3) (2005): 132-39 [德文文章]

5 Kalleinen N, Polo-Kantola P, Irjala K, et al. 〈停經前期和更年期後女性的生長激素、泌乳素，以及皮質醇的 24 小時血清值：結合雌激素和黃體素治療的效應〉（24-hour serum levels of growth hormone, prolactin, and cortisol in pre- and postmenopausal women: the effect of combined estrogen and progestin treatment.）《臨床內分泌學和新陳代謝期刊》Journal of Clinical Endocrinology and Metabolism 93 (5) (2008): 1655-61.

6 Jamieson DJ, Terrel ML, Aguocha NN, et al. 〈飲食中接觸到溴化阻燃劑和子宮頸抹片檢查結果異常〉（Dietary exposure to brominated flame retardants and abnormal Pap test results.）《女性健康期刊》Journal of Women's Health (9) (2011): 1269-78.

7 Komori S, Ito Y, Nakamura Y, et al. 〈一位長期使用含有雌激素化妝乳霜者導致了乳癌及子宮內膜增生〉（A long-term user of cosmetic cream containing estrogen developed breast cancer and endometrial hyperplasia.）《更年期》Menopause 15 (6) (2008): 1191-92.

8 Massart F, Parrino R, Seppia P, et al. 〈環境雌激素干擾素如何引發早熟青春期？〉（How do environmental estrogen disruptors induce precocious puberty?）Minerva Pediatrica 58 (3) (2006): 247-54；Schoeters G, Den Hond E, Dhooge W, et al. 〈內分泌干擾素和青春期發育異常〉（Endocrine disruptors and abnormalities of pubertal development.）《基礎和臨床藥理學及毒物學》Basic and Clinical Pharmacology and Toxicology

102 (2) (2008): 168-75；Roy JR, Chakraborty S, Chakraborty TR. 〈類似雌激素的內分泌干擾化學物質對人類青春期的影響：回顧〉《醫學科學監測》Medical Science Monitor 15 (6) (2009): RA137-45；Ozen S, Darcan S. 〈環境內分泌干擾素對青春期發育的影響〉（Effects of environmental endocrine disruptors on pubertal development.）《兒科內分泌學臨床研究期刊》Journal of Clinical Research in Pediatric Endocrinology 3 (1) (2011): 1-6.

9 McLachlan JA, Simpson E, Martin M. 〈內分泌干擾素和女性生殖健康〉（Endocrine disruptors amd female reproductive health.）《最佳實踐與研究：臨床內分泌學和新陳代謝》Best Practice and Research: Clinical Endocrinology and Metabolism 20 (1) (2006): 73-75.

10 環境工作組織（Environmental Working Group）。〈雙酚A: 罐頭食品中的有毒塑膠化學物質〉(2007). http://www.ewe.org/reports/bisphenola

11 Calafat AM, Ye X, Wong LY, et al. 〈美國人口在雙酚 A 和對特辛基苯酚方面的接觸：2003-2004〉（Exposure of the U.S. population to bisphenol A and 4-tertiary-octylphenol: 2003-2004.）《環境健康觀點》Environmental Health Perspectives 116 (1) (2008): 39.

12 Lang IA, Galloway TS, Scarlett A, et al. 〈成年人尿液雙酚 A 濃度和疾病和化驗結果異常之間的關係〉（Association of urinary bisphenol A concentration with medical disorders and laboratory abnormalities in adults.）《美國醫學協會期刊》Journal of the American Medical Association 300 (11) (2008): 1303-10.

13 Clayton EM, Todd M, Dowd JB, et al. 〈雙酚 A 和三氯沙對美國人口在免疫參數方面的影響，全國健康與營養體檢調查，2003-2006〉（The impact of bisphenol A and triclosan on immune parameters in the U.S. population, NHANES 2003-2006.）《環境健康觀點》Environmental Health Perspectives 119 (3) (2011): 390-96.

14 Peretz J, Gupta RK, Singh J, et al. 〈雙酚 A 會阻礙卵泡成長、抑制類固醇生成，以及調降雌二醇生合成路徑中的限速酵素〉（Bisphenol A impairs follicle growth, inhibits steroidogenesis, and downregulates rate-limiting enzymes in the estradiol biosynthesis pathway.）《毒物學科學》Toxicological Sciences 119 (1) (2010): 684-87.

15 Bolli A, Bulzomi P, Galluzzo P, et al. 〈雙酚 A 會阻礙雌二醇引發對抗 DLD-1 大腸癌細胞生長的保護效應〉（Bisphenol A impairs estradiol-induced protective effects against DLD-1 colon cancer cell growth.）《國際生物化學和分子生物生命工會》International Union of Biochemistry and Molecular Biology Life 62 (9) (2010): 684-87.

16 Neel BA, Sargis RM. 〈進展的反論：新陳代謝的環境干擾和糖尿病的流行〉（The paradox of progress: environmental disruption of metabolism and the diabetes epidemic.）《糖尿病》Diabetes 60 (7) (2011): 1838-48.

17 Zoeller RT. 〈環境化學物質對甲狀腺的影響：對象和後果〉（Environmental chemicals impacting the thyroid: targets amd consequences.）《甲狀腺》Thyroid 17 (9) (2007): 9811-17.

18 Jurewicz J, Hanke W. 〈接觸磷苯二甲酸酯：生殖後果和孩童健康。一項流行病學研究的回顧〉（Exposure to phthalates: Reproductive outcome and children health. A review of epidemiological studies.）《職業醫學和環境健康國際期刊》International Journal of Occupational Medicine and Environmental Health 24 (2) (2011): 115-41.

19 lovekamp-Swan T, Davis BJ. 〈女性生殖系統中的磷苯二甲酸酯毒性機制〉（Mechanism of phthalate ester toxicity in the female reproductive system.）《環境健康觀點》Environmental Health Perspectives 111 (2)

(2003): 139-45.

20 Junger A. 《潔淨：恢復身體自癒能力的創新計畫》Clean: The Revolutionary Program to Restore the Body's Natural Ability to Heal Itself. 紐約：HarperOne 出版社，2009 年。

21 Freeman EW, Sammel MD, Lin H, Gracia CR. 〈在過渡至更年期的肥胖和生殖賀爾蒙值〉（Obesity and reproductive hormone levels in the transition to menopause.）《更年期》Menopause 17 (4) (2010): 718-26.

22 Ibid.

23 Grodin JM, Siiteri PK, MacDonald PC. 〈更年期後女性的雌激素生成來源〉（Sources of estrogen production in postmenopausal women.）《臨床內分泌學和新陳代謝期刊》Journal of Clinical Endocrinology and Metabolism 36 (2) (1973): 207-14.

24 Key TJ, Pike MC. 〈『無競爭』的雌激素和子宮內膜有絲分裂率之間的劑量效應關係：它在解釋和預測子宮內膜癌風險方面所扮演的重要角色〉（The dose-effect relationship between 'unopposed' oestrogens and endometrial mitotic rate: its central role in explaining and predicting endometrial cancer risk.）《英國癌症期刊》British Journal of Cancer 57 (1988): 205-12.

25 Chang SC, Lacey JV Jr, Brinton LA, et al. 〈美國國家衛生研究院針對退休人口所進行的飲食與健康研究中根據更年期所使用的賀爾蒙種類分類的終身體重史和子宮內膜癌風險〉（Lifetime weight history and endometrial cancer risk by type of menopausal hormone use in the NIH-AAPR diet and health study.）《癌症流行病學：生物指標和預防》Cancer Epidemiology: Biomarkers and Prevention 16 (4) (2007): 723-30.

26 Miller PE, Lesko SM, Muscat JE, et al. 〈飲食模式和大腸直腸腺瘤及癌症風險：流行病學證據的回顧〉（Dietary patterns and colorectal adenoma and cancer risk: a review of the epidemiological evidence.）《營養和癌症》Nutrition and Cancer 62 (4) (2010): 413-24.

27 Aldercreutz H, Pulkkinen MO, Hamalainin EK, Korpela JT. 〈針對腸道細菌在合成與天然類固醇賀爾蒙代謝方面扮演的角色所進行的研究〉（Studies on the role of intestinal bacteria in metabolism of synthetic and natural steroid hormones.）《類固醇生物化學期刊》Journal of Steroid Biochemistry 20 (1) (1984) 20: 217-29；Winter J, Bokkenheuser VD. 〈天然和合成性賀爾蒙在腸肝循環之下的細菌代謝〉（Bacterial metabolism of natural and synthetic sex hormones undergoing enterohepatic circulation.）《類固醇生物化學期刊》Journal of Steroid Biochemistry 27 (4-6) (1987): 1145-49；Orme ML, Back DJ. 〈影響口服避孕類固醇腸肝循環的因素〉（Factors affecting the enterohepatic circulation of oral contraceptive steroids.）《美國婦產科期刊》American Journal of Obstetrics and Gynecology 163 (6 Pt 2) (1990):2146-52.

28 Dorgan J, Baer D, Albert P. et al. 〈更年期後女性的血清賀爾蒙和酒精與乳癌的關係〉（Serum hormones and the alcohol-breast cancer association in postmenopausal women.）《全國癌症機構期刊》Journal of the National Cancer Institute 93 (2001): 710-15；Mahabir S, Baer DJ, Johnson LL, et al. 〈在一項對照組餵食研究中更年期後女性適度補充酒精對雌酮硫酸鹽和脫氫異雄固酮的影響〉（The effects of moderate alcohol supplementation on estrone sulfate and DHEAS in postmenopausal women in a controlled feeding study.）《營養期刊》Nutrition Journal 3 (11) (2004).

29 Muneyyirci-Delale O, Nacharaju VL, Altura BM, Altura BT. 〈性類固醇賀爾蒙能在女性的整個月經週期當中調節血清離子態鎂離子和鈣的值〉（Sex steroid hormones modulate serum ionized magnesium and calcium levels throughout the menstrual cycles in women.）《生育力和不孕症》Fertility and Sterility 69 (5) (1998): 958-62；Muneyyirci-Delale O, Nacharaju VL, Dalloul M, et al. 〈更年期後女性的血清離子態鎂離子和鈣：雌激素和離子態鎂離子的反比關係〉《生育力和不孕症》Fertility and Sterility 71 (5) (1999): 869-72.

30 Hightower JM, Moore D. 〈高端魚類消費者的汞含量〉（Mercury levels in high-end consumers of fish.）《環境健康觀點》Environmental Health Perspectives 111 (4) (2003): 604-8.

31 Ibid.

32 Zhang X, Wang Y, Zhao Y, Chen X. 〈針對氯化汞類似雌激素效應的實驗性研究〉（Experimental study on the estrogen-like effect of mercuric chloride.）《生物金屬》Biometals 21 (2) (2007): 143-50.

33 Key TJ. 〈停經前期和更年期後女性的內源性雌激素和乳癌風險〉（Endogenous oestrogens and breast cancer risk in premenopausal and postmenopausal women.）《類固醇》Steroids 76 (8) (2011): 812-15.

34 Key TJ. 〈血清雌二醇和乳癌風險〉（Serum oestradiol and breast cancer risk.）《內分泌相關癌症》Endocrine-Related Cancer 6 (2) (1999): 175-80.

35 Eliassen AH, Missmer SA, Tworoger SS, et al. 〈停經前期女性的內源性類固醇賀爾蒙濃度和乳癌風險〉（Endogenous steroid hormone concentrations and risk of breast cancer among premenopausal women.）《全國癌症機構期刊》Journal of the National Cancer Institute 98 (19) (2006): 1406-15.

36 Key TJ. 〈停經前期和更年期後女性的內源性雌激素和乳癌風險〉（Endogenous oestrogens and breast cancer risk in premenopausal and postmenopausal women.）《類固醇》Steroids 76 (8) (2011): 812-15.

37 Cummings SR, Tice JA, Bauer S, et al. 〈更年期後女性的乳癌預防：預估和降低風險的方法〉（Prevention of breast cancer in postmenopausal women: approaches to estimating and reducing risk.）《全國癌症機構期刊》Journal of the National Cancer Institute 103 (7) (2011): 562-70.

38 Farhat GN, Cummings SR, Chlebowski RT, et al. 〈性賀爾蒙值和雌激素受體陰性以及雌激素受體陽性乳癌的風險〉（Sex hormone levels and risks of estrogen receptor-negative and estrogen receptor-positive breast cancers.）《國家癌症機構期刊》Journal of National Cancer Institute 103 (7) (2011): 562-70.

39 Cummings SR, Tice JA, Bauer S, et al. 〈更年期後女性的乳癌預防：預估和降低風險的方法〉（Prevention of breast cancer in postmenopausal women: approaches to estimating and reducing risk.）《全國癌症機構期刊》Journal of the National Cancer Institute 101 (6) (2009): 384-98.

40 使用下方的連結尋找最新的準則：http://www.guideline.gov/content.aspx?id=15429

41 下方連結能提供更多關於美國預防服務工作小組的資訊：http://ahrq.gov/clinic/uspstfix.htm

42 Schousboe JT, Kerlikowske K, Loh A, Cummings SR. 〈用乳房密度和其他風險因素來區分的個人化乳房X光攝影來診斷乳癌：對健康益處和成本效益的分析〉（Personalizing mammography by breast density and other risk factors for breast cancer: analysis of health benefits and cost-effectiveness.）《內科醫學年報》Annals of Internal Medicine 155 (1) (2011): 10-20.

43 Shepherd JA, Kerlikowske K, Ma L, et al. 〈乳房X光攝影密度的大小和乳癌風險〉（Volume of mammographic density and risk of breast cancer.）《癌症流行病學、生物指標和預防》Cancer Epidemiology, Biomarkers and Prevention 20 (7) (2011): 1473-82.

44 Nagata C, Kabuto M, Shimizu H. 〈停經前期的日本女性在咖啡、綠茶，以及咖啡因攝取和雌二醇的血清濃度以及性腺賀爾蒙結合球蛋白之間的關係〉（Association of coffee, green tea, and caffeine intakes with serum concentrations of estradiol and sex hormone-binding globulin in premenopausal Japanese women.）《營養和癌症》Nutrition and Cancer 30 (1) (1998): 21-24；Schliep KC, Schisterman EF, Mumford SL, et al. 〈在生物循環研究中停經前期女性的含咖啡因飲料攝取與生殖賀爾蒙〉（Caffeinatd beverage intake and reproductive hormones among premenopausal women in the BioCycle Study.）《美國臨床營養期刊》American Journal of Clinical Nutrition 95 (2) (2012): 488-97.

45 Alexander DD, Morimoto LM, Mink PJ, Cushing CA. 〈食用紅肉和加工肉品與乳癌的回顧及統合分析〉（A review and meta-analysis of red and processed meat consumption and breast cancer.）《營養研究回顧》Nutrition Research Reviews 23 (2) (2010): 349-65.

46 Brinkman MT, Baglietto L, Krishnan K, et al. 〈食用動物產品、它們的營養成分和更年期後循環類固醇賀爾蒙濃度〉（Consumption of animal products, their nutritional components and postmenopausal circulating steroid hormone concentrations.）《歐洲臨床營養期刊》European Journal of Clinical Mutrition 64 (2) (2010): 176-83.

47 Ibid.

48 Aubertin-Leheudre M, Hamalainen E, Adlercreutz H. 〈有或沒有乳癌的更年期後女性的飲食和賀爾蒙值〉（Diets and hormonal levels in postmenolausal women with or without breast cancer.）《營養和癌症》Nutrition and Cancer 63 (4) (2011): 514-24；Aubertin-Leheudre M, Gorbach S, Woods M, et al. 〈美國的健康停經前期女性的脂肪/纖維攝取和性質爾蒙〉（Fat/fiber intakes and sex hormones in healthy premenopausal women in USA.）《類固醇生物化學和分子生物期刊》Journal of Steroid Biochemistry and Molecular Biology 112 (1-3) (2008): 32-39；Bagga D, Ashley JM, Geffrey SP, et al. 〈極低脂、高纖飲食對血清賀爾蒙和月經功能的效應，在預防乳癌方面可能的影響〉（Effects of a very low fat, high fiber diet on serum hormones and menstrual function. Implications for breast cancer prevention.）《癌症》Cancer 76 (12) (1995): 2491-96；Gaskins AJ, Mumford SL, Zhang C, et al., 生物循環研究小組。〈每日攝取纖維對生殖系統的效應：生物循環研究〉（Effect of daily fiber intake on reproductive function: the BioCycle Study.）《美國臨床營養期刊》American Journal of Clinical Nutrition 90 (4) (2009): 1061-69；Gann PH, Chatterton RT, Gapstur SM, et al. 〈低脂/高纖飲食對停經前期女性的性賀爾蒙值和月經週期的影響：一項為期 12 個月的隨機試驗（飲食和賀爾蒙研究）〉（The effects of a low-fat/high-fiber diet on sex hormone levels and menstrual cycling in premenopausal women:a 12-month randomized trial (the Diet and Hormone Study).）《癌症》Cancer 98 (9) (2003): 1870-79；Goldin BR, Woods MN, Spiegelman DL, et al. 〈更年期前期女性在飲食控制狀況下膳食脂肪和纖維對血清雌激素濃度的效應〉（The effect of dietary fat and fiber on serum estrogen concentrations in premenopausal women under controlled dietary conditions.）《癌症》Cancer 74 (suppl. 3) (1994):1125-31；Kaneda N, Nagata C, Kabuto M, Shimizu H. 〈停經前期的日本女性脂肪和纖維攝取和血清雌激素濃度的關係〉（Fat and fiber intakes in relation to serum estrogen concentrations in premenopausal Japanese women. ）《營養和癌症》Nutrition and Cancer 27 (3) (1997): 279-83；Rose DP, Goldman M, Connoly JM, Strong LE. 〈高纖飲食能降低停經前期女性的雌激素濃度〉（High-fiber diet reduces serum estrogen concentrations in premenopausal women.）《美國臨床營養期刊》American Journal of Clinical Nutrition 54 (3) (1991): 520-25；Woods MN, Barnett JB, Spiegelman D, et al. 〈停經前期的非裔美國女性在飲食改變期間的賀爾蒙值〉（Hormone levels during dietary changes in premenopausal African-American women.）《全國癌症機構期刊》Journal of the National Cancer Institute 88 (19) (1996): 1369-74；Wu AH, Pike MC, Stram DO. 〈統合分析：膳食脂肪攝取、血清雌激素值，和乳癌風險〉（Meta-analysis:dietary fat intake, serum estrogen levels, and the risk of breast cancer.）《全國癌症機構期刊》Journal of the National Cancer Institute 91 (6) (1999): 529-34.

49 Ganji V, Kuo J. 〈對洋車前子纖維的血清脂質反應：更年期前和更年期後高膽固醇血症女性的差異〉（Serum lipid responses to psyllium fiber: differences between pre- and post-menolausal, hypercholesterolemic women.）《營養期刊》Nutritional Journal 7 (22) (2012). doi: 10.1186/1475-2891-7-22；Vega-Lopez S, Vidal-

Quintanar RL, Fernandez ML. 〈性和賀爾蒙狀態會影響對洋車前子的血漿脂質反應〉（Sex and hormonal status influence plasma lipid responses to psyllium.）《美國臨床營養期刊》American Journal of Clinical Nutrition 74 (4) (2001): 435-41.

50 Cummings SR, Tice JA, Bauer S, et al. 〈更年期後女性的乳癌預防：預估和降低風險的方法〉（Prevention of breast cancer in postmenopausal women: approaches to estimating and reducing risk.）《全國癌症機構期刊》Journal of the National Cancer Institute 101 (6) (2009): 384-98.

51 Ibid.

52 Del Priore G, Gudipudi DK, Montemarano N, et al. 〈口服二吲 甲烷（DIM）：非手術治療子宮頸表皮化性不良的先導評估〉（Oral diindolylmethane (DIM): pilot evaluation of a nonsurgical treatment for cervical dysplasia.）《婦科腫瘤學》Gynecologic Oncology 116 (3) (2010): 464-67.

53 Kall MA, Vang O, Clausen J. 〈食用青花菜對人類活體藥物代謝酵素的效應：對咖啡因、雌酮和氯若沙宗代謝的評估〉（Effects of dietary broccoli on human in vivo drug metabolizing enzymes: evaluation of caffeine, oestrone and chlorzoxazone metabolism.）《癌病變》Carcinogenesis 17 (4) (1996): 793-99.

54 Fowke JH, Longcope C, Hebert JR. 〈食用十字花科蔬菜能改變健康更年期後女性的雌激素代謝〉（Brassica vegetable consumption shifts estrogen metabolism in healthy postmenopausal women.）《癌症流行病學：生物指標和預防》Cancer Epidemiology: Biomarkers and Prevention 9 (8) (2000): 773-79.

55 Reed GA, Sunega JM, Sullivan DK, et al. 〈健康受試者使用提高吸收率的3,3'- 二吲 甲烷的單一劑量藥物代理動力學和耐受性〉（Single-dose pharmacokinetics and tolerability of absorption-enhanced 3,3-diindolylmethane in healthy subjects.）《癌症流行病學：生物指標和預防》Cancer Epidemiology: Biomarkers and Prevention 《癌症流行病學：生物指標和預防》Cancer Epidemiology: Biomarkers and Prevention 17 (10) (2008): 2619-24.

56 Bradlow HL. 回顧。〈吲 -3- 甲醇用於乳癌和前列腺癌中防護化學損傷〉（Indole-3-carbinol as a chemoprotective agent in breast and prostate cancer.）《活體》In Vivo 22 (4) (2008): 441-45.

57 Teas J, Hurley TG, Herbert JR, et al. 〈膳食海苔能改變健康更年期後女性的雌激素和植物雌激素代謝〉（Dietary seaweed modifies estrogen and phyroestrogen metabolism in healthy postmenopausal women.）《營養期刊》Journal of Nutrition 139 (5) (2009): 939-44.

58 Zahid M, Saeed M, Beseler C, et al. 〈白藜蘆醇和 N- 乙烯半胱胺酸能阻斷 MCF-10F 細胞的癌症起始步驟〉（Resveratrol and N-acetylcysteine block cancer-initiating step in MCF-10F cells.）《自由基生物學和醫學》Free Radical Biology and Medicine 50 (1) (2011): 78-85.

59 Dubey RK, Jackson EK, Gillespie DG, et al. 〈白藜蘆醇，一種紅酒的成分，能阻斷雌二醇對人類女性冠狀動脈平滑肌的抗有絲分裂效應〉（Resveratrol, a red wine constituent, blocks the antimitogenic effects of estradiol on human female coronary artery smooth muscle cells.）《臨床分泌學和新陳代謝》Journal of Clinical Endocrinology and Metabolism 95 (9) (2010): E9-17.

60 Singh M, Singh N. 〈薑黃素能對抗雌二醇的增生效應，並導致子宮頸癌細胞的細胞凋亡〉（Curcumin counteracts the proliferative effect of estradiol and induces apoptosis in cervical cancer cells.）《分子和細胞生物化學》Molecular and Cellular Biochemistry 347 (1-2) (2011): 1-11.

61 Monteiro R, Faria A, Azevedo I, Calhau C. 〈藉由芳香酶抑制蛇麻草類黃酮所產生的乳癌細胞生存調變〉（Modulation of breast cancer cell survival by aromatase inhibiting hop (Humulus lupulus L.) flavonoids.）《類固醇生物化學和分子生物學期刊》Journal of Steroid Biochemistry and Molecular Biology 105 (1-5) (2007): 124-30.

62 Pawlikowski M, Kolomecka M, Wojtczak A, Karasek M. 〈為期六個月的褪黑激素治療對年老女性的睡眠品質和雌二醇、皮質醇、脫氫異雄固酮，以及類胰島素成長因子的血清濃度所產生的效應〉（Effects of six months melatonin treatment on sleep quality and serum concentrations of estradiol, cortisol, dehydroepiandrosterone sulfate, and somatomedin C in elderly women.）《神經科學通訊》Neuroscience Letters 23 (Supplement 1) (2002):17-19；Grant SG, Melan MA, Latimer JJ, Witt-Enderby PA. 〈褪黑激素和乳癌：細胞機制、臨床研究和未來展望〉（Metatonin and breast cancer:cellular mechanisms, clinical studies and future perspectives.）《分子醫學專家回顧》Expert Reviews in Molecular Medicine 11 (2009): e5.

63 Tinelli A, Vergara D, Martignago R, et al. 〈子宮內膜癌的賀爾蒙癌病變和社會生理發展因素：一項臨床回顧〉（Hormonal carcinogenesis amd socio-biological development factors in endometrial cancer: a clinical review.）Acta Obstetricia et Gynecologica Scandinavica 87 (11) (2008): 1101-13.

第七章：雌激素過低

1 Gao Q, Mezei G, Nie Y, et al. 〈在肥胖動物身上，厭食雌激素會模仿瘦體素在重寫黑皮質素細胞以及 Stat3 信號方面的效應〉（Anorectic estrogen mimics leption's effect on the rewriting of melanocortin cells and Stat3 signaling in obese animals.）《自然醫學》Nature Medicine (1) (2007): 89-94；Hirschberg AL. 〈女性的性賀爾蒙、食慾和飲食行為〉（Sex hormones, appetite and eating behaviour in women.）Maturita 71 (3) (2012): 248 56.

2 Harsh V, Meltzer-Brody S, Rubinow DR, Schmidt PJ. 〈生殖老化、性類固醇，以及情緒失調〉（Reproductive aging, sex steroids, and mood disorders.）《哈佛精神病學回顧》Harvard Review of Psychiatry 17 (2) (2009): 87-102.

3 Freedman RR, Woodward S. 〈更年期熱潮紅的行為治療：動態監測評估〉（Behavioral treatment of menopausal hot flashes: evaluation by ambulatory monitoring.）《美國婦產科期刊》American Journal of Obstetric Gyncology 167 (1992): 436-39.

4 Winther K, Rein E, Hedman C. 〈Femal, 一種由花粉萃取物所製成的草藥，能降低更年期女性的熱潮紅並改善生活品質：一項隨機、安慰劑對照組、平行組研究〉（Femal, an herbal remedy made by pollen extracts, reduces hot flashes amd improves quality of life in menopausal women: a randomized, placebo-controlled, parallel study.）《更年期》Climacteric 8 (2) (2005): 162-70.

5 Burger H. 〈更年期過渡：內分泌學〉（The menopausal transition: Endocrinology.）《性醫學期刊》Journal of Sexual Medicine 5 (10) (2008): 2266-73.

6 Broer SL, Eijkemans MJ, Scheffer GJ, et al. 〈抗穆勒氏賀爾蒙能預測更年期：針對正常排卵女性所進行的一項長期追蹤研究〉（Anti-Mullerian Hormone Predicts Menopause: A Long-Term Follow-Up Study in Normoovulatory Women.）《臨床內分泌學和新陳代謝期刊》Journal of Clinical Endocrinology and Metabolism 96 (8) (2011): 2532-39.

7 Eliassen AH, Ziegler RG, Rosner B. 〈停經前期女性十五種尿液雌激素和雌激素代謝產物在 2 到 3 年期間的再生力〉（Reproducibility of fifteen urinary estrogens and estrogen metabolites over a 2- to 3-year period in premenopausal women.）《癌症流行病學、生物指標和預防》Cancer Epidemiology, Biomarkers & Prevention 18 (11) (2009): 2860-68.

8 Karelis AD, Fex A, Filion ME. 〈停經前期和更年期後的雜食和素食女性性賀爾蒙和代謝概況之比較〉（Comparison of sex hormonal and metabolic profiles between omnivores and vegetarians in pre- and post-menopausal women.）《英國營養期刊》British Journal of Nutrition 104 (2) (2010): 222-26；Dos Santos Silva

I, Mangtani P, McCormack V, et al. 〈終身茹素和乳癌風險：一項針對居住在英格蘭的南亞移民女性所進行的以人口為基礎的病例對照研究〉（Lifelong vegetarianism and risk of breast cancer: a population-based case-control study among South Asian migrant women living in England.）《癌症國際期刊》International Journal of Cancer 99 (2) (2002): 238-44.

9 Hirayama T. 〈特別參考飲食所扮演的角色之乳癌流行病學〉（Epidemiology of breast cancer with special reference to the role of diet.）《預防醫學》Preventative Medicine (2) (1978): 173-95；Iwasaki M, Tsugane S. 〈乳癌的風險因素：來自日本研究的流行病學證據〉《癌症科學》Cancer Science 102 (9) (2011): 1607-14. doi: 10.1111/j.1349-7006.2011.01996.x.

10 Iwasaki M, Tsugane S. 〈乳癌的風險因素：來自日本研究的流行病學證據〉《癌症科學》Cancer Science 102 (9) (2011): 1607-14. doi: 10.1111/j.1349-7006.2011.01996.x.

11 O'Donnell E, Goodman JM, Harvey PJ. 〈臨床回顧：卵巢干擾的心血管後果：針對體能活躍女性功能性下視丘無月經症的探討〉（Clinical review: cardiovascular consequences of ovarian disruption: a focus on functional hypothalamic amenorrhea in physically active women.）《臨床內分泌學和新陳代謝期刊》Journal of Clinical Endocirnology and Metabolism (12) (2011): 3638-48.

12 Pellicano R, Astegiano M, Bruno M. 〈女性和乳糜瀉：與無法解釋的不孕之間的關係〉（Women and celiac disease: association with unexplained infertility.）Minerva Medica 98 (3) (2007): 217-19；Martinelli D, Fortunato F, Tafuri S. 〈罹患乳糜瀉的義大利女性之生殖生活失調，一項病例對照研究〉（Reproductive life disorders in Italian celiac women. A case-control study.）《BMC 腸胃病學》BMC Gastroenterology 10 (2010): 89；Soni S, Badawy SZ. 〈乳糜瀉與其對人類生殖所造成的影響：回顧〉（Celiac disease and its effect on human reproduction: a review.）《生殖醫學期刊》Journal of Reproductive Medicine 55 (1-2) (2010): 3-8.

13 Martinelli D, Fortunato F, Tafuri S. 〈罹患乳糜瀉的義大利女性之生殖生活失調，一項病例對照研究〉（Reproductive life disorders in Italian celiac women. A case-control study.）《BMC 腸胃病學》BMC Gastroenterology 10 (2010): 89；Soni S, Badawy SZ. 〈乳糜瀉與其對人類生殖所造成的影響：回顧〉（Celiac disease and its effect on human reproduction: a review.）《生殖醫學期刊》Journal of Reproductive Medicine 55 (1-2) (2010): 3-8.

14 Bykova S, Sabel'nikova E, Parfenov A, et al. 〈乳糜瀉女性的生殖失調，病因療法的功效〉（Reproductive disorders in women with celiac disease. Effect of the etiotropic therapy.）《實驗與臨床腸胃病學》Experimental and Clinical Gastroenterology 3 (2011): 12-18 [俄文文章]；Pradhan M, Manisha, Singh R, Dhingra S. 〈乳糜瀉為原發性無月經症的罕見原因：案例報告〉（Celiac disease as a rare cause of primary amenorrhea: a case report.）《生殖醫學期刊》Journal of Reproductive Medicine 52 (5) (2007): 453-55；Feuerstain J. 〈一位薛格連氏症候群患者使用去過敏原飲食療程因而逆轉卵巢早衰〉（Reversal of premature ovarian failure in a patient with Ajogren syndrome using an elimination diet protocol.）《替代和輔助醫學期刊》Journal of Alternative amd Complementary Medicine 16 (7) (2010): 807-9.

15 Armstrong D, Don-Wauchope AC, Verdu EF. 〈臨床實踐中對麥麩相關失調症的檢查：血清學在管理麥麩敏感方面所扮演的角色〉（Testing for gluten-related disorders in clincail practice: the role of serology in managing the spectrum of gluten sensitivity.）《加拿大腸胃病學期刊》Canadian Journal of Gastroenterology 25 (4) (2011):193-97.

16 Kotsopoulos J, Eliassen AH, Missmer SA, et al. 〈停經前期和更年期後女性在咖啡因攝取和血漿性賀

爾蒙濃度之間的關係〉（Relationship between caffeine intake and plasma sex hormone concentrations in premenopausal and postmenopausal women.）《癌症》Cancer 115 (12) (2009): 2765-74.

17 Nagata C, Shimizu H, Takami R, et al. 〈日本女性熱潮紅和其他更年期症狀與食用大豆產品之間的關係〉（Hot flashes and other menopausal symptoms in relation to sou product intake in Japanese women.）《更年期》Climacteric 2 (1) (1999): 6-12；Wu AH, Stanczyk FZ, Seow A, et al. 〈新加坡華裔更年期後女性食用大豆和其他生活方式對血清雌激素值的決定因素〉（Soy intake and other lifestyle determinants of serum estrogen levels among postmenopausal Chinese women in Singapore.）《癌症流行病學：生物指標和預防》Cancer Epidemiology:Biomarkers and Prevention 11 (9) (2002): 844-51；Zhang X, Shu XO, Li H, et al. 〈關於更年期後女性食用大豆食品和骨折風險的前瞻性世代研究〉（Prospective cohort study of soy food consumption and risk of bone fracture among postmenopausal women.）《內科醫學檔案》Archives of Internal Medicine 165 (16) (2005): 1890-95.

18 Hooper L, Ryder JJ, Kurzer MS. 〈大豆蛋白質和異黃酮對停經前期和更年期後女性循環賀爾蒙濃度的效應：一項系統性回顧和統合分析〉（Effects of soy protein and isoflavones on circulating hormone concentrations in pre- and post-menopausal women: a systematic review and meta-analysis.）《人類生殖進展》Human Reproduction Update 15 (4) (2009): 423-40.

19 Lethaby AE, Brown J, Marjoribanks, J, et al. 〈使用植物雌激素治療熱潮紅更年期症狀〉（Phytoestrogens for vasomotor menopausal symptoms.）《考科藍系統性文獻回顧資料庫》Cochrane Database of Systematic Reviews 17 (4) (2007): CD001395；Nelson HD, Vesco KK, Haney E, et al. 〈使用非賀爾蒙療法治療更年期熱潮紅：系統性回顧和統合分析〉（Nonhormonal therapies for menopausal hot flashes: systematic review and meta-analysis.）《美國醫學協會期刊》Journal of the American Medical Association 295 (17) (2006): 2057-71；Pitkin J. 〈使用替代和輔助療法治療更年期〉（Alternative and complementary therapies for the menopause.）《國際更年期期刊》Menopause International (1) (2012): 20-27；Taku K, Melby MK, Kronenberg F, et al. 〈萃取或合成大豆異黃酮能減少更年期熱潮紅頻率和嚴重程度：系統回顧和統合分析〉（Extracted or synthetic soybean isoflavones reduce menopausal hot flash frequency and severity: systematic review and meta-analysis.）《更年期》Climacteric 15 (2) (2012): 115-24；Trock BJ, Hilakivi-Clarke L, Clarke R. 〈大豆攝取和乳癌風險的統合分析〉（Meta-analysis of soy intake and breast cancer risk.）《全國癌症機構期刊》Journal of the National Cancer Institute 98 (7) (2006): 459-71；Villaseca P. 〈使用非雌激素傳統和植物化學治療熱潮紅症狀：實踐須知〉（Non-estrogen conventional and phytochemical treatments for vasomotor symptoms: what needs to be known for practice.）《更年期》Climacteric 15 (2) (2012): 115-24.

20 Hooper L, Ryder JJ, Kurzer MS. 〈大豆蛋白質和異黃酮對停經前期和更年期後女性循環賀爾蒙濃度的效應：一項系統性回顧和統合分析〉（Effects of soy protein and isoflavones on circulating hormone concentrations in pre- and post-menopausal women: a systematic review and meta-analysis.）《人類生殖進展》Human Reproduction Update 15 (4) (2009): 423-40.

21 Pruthi SL, Thompson PJ, Novotny, DL, et al. 〈關於使用亞麻籽進行熱潮紅管理的先導性評估〉（Pilot evaluation of flaxseed for the management of hot flashes.）《整合腫瘤學協會期刊》Journal for the Society of Integrative Oncology 5 (3) (2007): 106-12.

22 van Anders SM, Brotto L, Farrell J, Yule M. 〈健康停經前期女性在生理和主觀性反應、性慾，以及唾液類固醇賀爾蒙之間的關聯〉（Associations among physiological and subjective sexual response, sexual desire, and salivary steroid hormones in healthy premenopausal women.）《性醫學期刊》Journal of Sexual Medicine 6 (3)

(2009): 739-51.

23 於 2012 年 5 月 18 日與 OneTaste.us 創辦人 Nicole Daedone 的私下交流。

24 Azizi H, Feng Liu Y, Du L, Hua Wang C, et al. 〈更年期相關症狀：傳統中醫和賀爾蒙療法之比較〉（Menopausal-related Symptoms: Traditional Chinese Medicine vs Hormone Therapy.）《健康和醫療的替代療法》Alternative Therapies in Health and Medicine 17 (4) (2011): 48-53.

25 Sunay D, Ozdiken M, Arslan H, et al. 〈針灸對更年期後症狀和生殖賀爾蒙的效應：一項假對照臨床試驗〉（The effect of acupuncture on postmenopausal symptoms and reproductive hormones: a sham controlled clinical trial.）《醫學針灸》Acunpuncture in Medicine 29 (1) (2011): 27-31.

26 Auerbach L, Rajus J, Bauer C, et al. 〈石榴籽油用於女性的更年期症狀：一項前瞻性、隨機、安慰劑對照組雙盲試驗〉（Pomegranate seed oil in women with menopausal symptoms: a prospective randomized, placebo-controlled, double-blinded trial.）《更年期》Manopause 19 (4) (2012): 426-32.

27 Park H, Parker GL, Boardman CH, et al. 〈一項針對攝取鎂來減少乳癌患者熱潮紅的先導性第二階段試驗〉（A pilot phase II trial of magnesium supplements to reduce menopausal hot flashes in breast cancer patients.）《癌症支持照護》Supportive Care in Cancer 19 (6) (2011): 859-63.

28 Meissner H, Kapczynski W, Mscisz A, et al. 〈使用膠狀瑪卡治療初期更年期後女性：一項先導性研究〉（Use of a gelatinized maca (Lepidium peruvianum) in early-postmenopausal women: a pilot study.）《生物醫學科學國際期刊》International Journal of Biomedical Science I (1) (2005): 33-45；Meissner H, et al. 〈預膠化有機瑪卡的賀爾蒙平衡效應：（III）初期更年期後女性在一項雙盲、隨機、交叉結構門診研究中對瑪卡的臨床反應〉（Hormone-balancing effect of pre-gelatinized organic maca (Lepidium peruvianum Chacon): (III) Clinical responses of early-postmenopausal women to maca in double-blind, randomized, crossover configuration, outpatient study.）《生物醫學科學國際期刊》International Journal of Biomedical Science 2 (4) (2006): 375-94.

29 Brooks NA, Wilcox G, Walker KZ, et al. 〈瑪卡對更年期後女性心理症狀的有益效應以及對性功能障礙的衡量與雌激素或雄激素含量無關〉（Beneficial effects of Lepidium meyenii (maca) on psychological symptoms and measures of suxual dysfunction in postmenopausal women are not related to estrogen or androgen content.）《更年期》Menopause 15 (6) (2008): 1157-62.

30 Dording CM, Fisher L, Papakostas G, et al. 〈一項針對使用瑪卡根管理選擇性血清素再吸收抑制劑引起的性功能障礙的雙盲、隨機、先導性的藥效與劑量關係試驗研究〉（A double-blind, randomized, pilot dose-finding study of maca root (L. meyenii) for the management of SSRI-induced sexual dysfunction.）《CNS 神經科學和療法》CNS Neuroscience and Therapeutics 14 (3) (2008): 182-91.

31 Weaver CM, Martin BR, Jackson GS, et al. 〈更年期後女性使用（41）Ca 法在植物雌激素補充品和雌二醇或利塞磷酸鈉的抗骨吸收效應方面的比較〉（Antiresorptive effects of phytoestrogen supplements compared with estradiol or risedronate in postmenopausal women using (41)Ca methodology.）《臨床內分泌學和新陳代謝期刊》Journal of Clinical Endocrinology and Metabolism 94 (10) (2009): 3798-805；Okamura S, Sawada Y, Satoh T, et al. 〈野葛根植物雌激素或許是藉由啟動雌激素受體亞型來改善更年期後女性的血脂異常〉（Pueraria mirifica phytoestrogens improve dyslipidemia in postmenopausal women probably by activating estrogen receptor subtypes.）《東北實驗醫學期刊》Tohoku Journal of Experimental Medicine 216 (4) (2008): 341-51.

32 Heger M, Ventskovskiy BM, Borzenko I, et al. 〈一種特殊的大黃（ERr 731）萃取物對有更年期不適的更年期前期女性所產生的療效和安全性：一項為期 12 週的隨機、雙盲、安慰劑對照組試驗〉（Efficacy

and safety of a special extract of Rhuem rhaponticum (ERr 731) in perimenopausal women with climacteric complaints: a 12-week randomized, double-blind, placebo-controlled trial.）《更年期》Menopause 13 (5): 744-59；Kaszkin-Bettag M, Ventskovskiy BM, Solskyy S, et al. 〈ERr 731 對有更年期症狀的更年期前期女性在療效方面的證實〉（Confirmation of efficacy of ERr 731 in perimenopausal women with menopausal symptoms.）《健康和醫學的替代療法》Alternative Therapies in Health and Medicine 15 (1) (2009): 24-34.

33 Abdali K, Khajehei M, Tabatabaee HR. 〈聖約翰草對停經前期、更年期前期以及更年期後女性熱潮紅的嚴重程度、頻率，以及持續時間的效應：一項隨機、雙盲、安慰劑對照組研究〉（Effect of St. John's wort on severity, frequency, and duration of hot flashes in premenopausal, perimenopausal and postmenopausal women: a randomized, double-blind, placebo-controlled study.）《更年期》Menopause 17 (2) (2010): 326-31.

34 Grube B, Walper A, Wheatley D. 〈聖約翰草萃取物：對心理方面的更年期症狀的療效〉（St. John's Wort extract: efficacy for menopausal symptoms of psychological origin.）《治療進展》Advances in Therapy 16 (4) (1999): 177-86.

35 Uebelhack R, Blohmer JU, Graubaum HJ, et al. 〈使用黑升麻和聖約翰草治療更年期不適：一項隨機試驗〉（Black cohosh and St. John's wort for climacteric complaints: a randomized trial.）《婦產科》Obstetrics and Gynecology 107 (2 Pt 1) (2006): 247-55.

36 Rostock M, Fischer J, Mumm A, et al. 〈黑升麻用於有更年期不適並接受泰莫西芬治療的乳癌患者：一項前瞻性的觀察研究〉（Black cohosh (Cimicifuga racemosa) in tamoxifen-treated breast cancer patients with climacteric complaints: a prospective observational study.）《更年期內分泌學》Gynecological Endocrinology 27 (10) (2011): 844-48.

37 Kim SY, Seo SK, Choi YM, et al. 〈補充紅參對更年期後女性的更年期症狀和心血管風險因素的效應：一項雙盲隨機對照組試驗〉（Effects of red ginseng supplementation on menopausal symptoms and cardiovascular risk factors in postmenopausal women: a double-blind randomized controlled trial.）《更年期》Menopause 19 (4) (2012): 461-66.

38 Tode T, Kikuchi Y, Hirata J, et al. 〈韓國紅參對嚴重更年期患者症候群的心理功能之效應〉（Effect of Korean red ginseng on psychological functions in patients with severe climacteric syndromes.）《婦產科國際期刊》International Journal of Gynaecology and Obstetrics 67 (3) (1999): 169-74.

39 Wiklund L, Mattsson L, Lindgren R, Limoni C. 〈標準人參對有症狀的更年期後女性在生活品質和生理參數方面的效應：一項雙盲、安慰劑對照組試驗〉（Effects of a standardized ginseng on the quality of life amd physiological parameters in symptomatic postmenopausal women: a double-blind, placebo-controlled trial.）《臨床藥理學研究國際期刊》International Journal of Clinical Pharmacology Research 19 (3) (1999): 89-99.

40 Rister R, Klein S, Riggins C. 《德國草藥管理委員會完整專論：草藥療癒指南》The Complete German E Commission monograph: therapeutic guide to herbal medicine.（德州奧斯丁：美國植物委員會，1998 年）

41 Taavoni S, Ekbatani N, Kashaniyan M, Haghani H. 〈纈草根對更年期後女性睡眠品質的效應：一項隨機安慰劑對照組臨床試驗〉（Effect of valerian on sleep quality in postmenopausal women:a randomized placebo-controlled clinical trial.）《更年期》Menopause 18 (9) (2011): 951-55.

42 Kuhlmann J, berger W, Podzuweit H, Schmidt U. 〈纈草根治療對『志願受試者的反應時間、警覺和集中力』方面的影響〉（The influence of valerian treatment on‘reaction time, alertness and concentration' in volunteers.）《藥理精神病學》Pharmapsychiatry 32 (1999): 235-41.

43 Taavoni S, Ekbatani N, Kashaniyan M, Haghani H. 〈纈草根對更年期後女性睡眠品質的效應：一項隨機安慰劑對照組臨床試驗〉（Effect of valerian on sleep quality in postmenopausal women:a randomized placebo-

controlled clinical trial.）《更年期》Menopause 18 (9) (2011): 951-55.

44 Hirata JD, Swiersz LM, Zell B. 〈當歸對更年期後的女性是否具有雌激素般的效應？一項雙盲、安慰劑對照組試驗〉（Does dong quai have estrogenic effects in postmenopausal women? A double-blind, placebo-controlled trial.）《生育力和不孕症》Fertility and Sterility 68 (1997): 981-86.

45 Zhu DP. 〈當歸〉（Dong guai.）《美國中醫期刊》American Journal of Chinese Medicine 15 (3-4) (1987):117-25；Zava DT, Dollbaum CM, Blen M. 〈食物、草藥和香料的雌激素和黃體素生物活性〉（Estrogen and progestin bioactivity of foods, hersb, and spices.）《實驗生物學和醫學學會會議記錄》Proceedings of the Society for Experimental Biology and Medicine 217 (3) (1998): 369-78；Amato P, Christophe S, Mellon PL. 〈一般常用於治療更年期症狀草藥的雌激素活動〉（Estrogenic activity of herbs commonly used as remedies for menopausal symptoms.）《更年期》Menopause 9 (2002): 145-50.

46 Baber RJ, Templeman C, Morton T, et al. 〈類黃酮補充品對女性更年期症狀的隨機安慰劑對照組試驗〉（Randomized placebo-controlled trial of isoflavone supplement on menopausal symptoms in women.）《更年期》Climacteric 2 (2) (1999): 85-92；Tice JA, Ettinger B, Ensrud K. 〈植物雌激素補充品用於治療熱潮紅：異黃酮三葉草萃取物（ICE）研究：一項隨機對照組試驗〉（Phytoestrogen supplements for the treatment of hot flashes: the Isoflavone Clover Extract (ICE) Study: a randomized controlled trial.）《美國醫學協會期刊》Journal of the American Medical Association 290 (2) (2003): 207-14；Knight DC, Howes JB, Eden JA. 〈Promensil，一種異黃酮萃取物，對更年期症狀的效應〉（The effect of Promensil, an isoflavone extract, on menopausal symptoms.）《更年期》Climacteric (2) (1999): 79-84.

47 Cosgrove L, Shi L, Creasy DE, et al. 〈抗憂鬱症藥物和乳癌與卵巢癌風險：針對文獻和研究人員與業界財務關係的回顧〉（Antidepressants and breast and ovarian cancer risk: a review of the literature and researchers' financial associations with industry.）《公共科學圖書館：綜合》PLoS ONE 6 (4) (2011): e18120.

48 Lindheim SR, Legro RS, Bernstein L, et al. 〈停經前期和更年期後女性的行為壓力反應及雌激素影響〉（Behaviorial stress responses in premenopausal and postmenopausal women and the effects of estrogen.）《美國婦產科期刊》American Journal of Obstetrics and Gynecology 167 (6) (1992): 1831-36.

49 Lokuge S, Frey BN, Foster JA, et al. 〈女性憂鬱症：脆弱時期以及關於雌激素和血清素之間關係的新見解〉（Depression in women: windows of vulnerability and new insights into the link between estrogen and serotonin.）《臨床精神病學期刊》Journal of Clinical Psychiatry 72 (11) (2011): e1563-69.

50 Soars CN, Almeida OP, Jeffe H, Cohen LS. 〈雌二醇用於治療更年期前期女性憂鬱症的療效：一項雙盲、隨機、安慰劑對照組試驗〉（Efficacy of estradiol for the treatment of depressive disorders in perimenopausal women: a double-blind, randomized, placebo-controlled trial.）《一般精神病學檔案》Archives of General Psychiatry 58 (6) (2001): 529-34.

51 Rossouw JE, Anderson GL, Prentice RL, et al.; 婦女健康機構調查人員寫作小組。〈雌激素加黃體素用於健康更年期後女性的風險與益處：來自婦女健康機構隨機對照組試驗的主要結果〉（Risks and benefits of estrogen plus progestin in healthy postmenopausal women: principal results from the Women's Health Initiative randomized controlled trial.）《美國醫療協會期刊》Journal of the American Medical Association 288 (3) (2002): 321-33.

52 Gorney C. 〈雌激素的兩難困境〉（The Estrogen Dilemma.）《紐約時報雜誌》New York Times Magazine，2010 年 4 月 14 日。http://www.nytimes.com/2010/04/18/

53 Somers S. 《不老的神話：關於生物同質性賀爾蒙的真相》Ageless: The Naked Truth About Bioidentical Hormones. 紐約：Crown Publishers 出版社，2006 年。

54 Yong M, Atkinson C, Newton KM.〈停經前期女性的內源性性賀爾蒙值和乳腺及骨質密度之間的關係〉（Associations between endogenous sex hormone levels and mammographic and bone densities in premenopausal women.）《癌症原因控制》Cancer Causes Control 20 (7) (2009): 1039-53.

55 Huang Y, Malone KE, Cushing-Haugen KL, et al.〈更年期症狀更年期後乳癌之間的關係〉（Relationship between menopausal symptoms and risk of postmenopausal breast cancer.）《癌症流行病學生物指標和預防》Cancer Epidemiology Biomarkers & Prevention 20 (2) (2011): 379-88.

56 Szmuilowicz ED, Manson JE, Rossouw JE, et al.〈更年期後女性的熱潮紅症狀和心血管疾病的發生〉（Vasomotor symptoms and cardiovascular events in postmenopausal women.）《更年期》Menopause 18 (6) (2011): 603-10.

57 Files JA, Ko MG, Pruthi S.〈生物同質性賀爾蒙療法〉（Bioidentical Hormone Therapy.）《梅約診所會議記錄》Mayo Clinic Proceedings 86 (7) (2011): 673-80.

第八章：雄激素過多

1 March WA, Moore VM, Wilson KJ, et al.〈多囊性卵巢症候群在截然不同診斷標準下所評估的社區採樣中的普遍性〉（The prevalence of polycystic ovary syndrome in a community sample assessed under contrasting diagnostic criteria.）《人類生殖》Human Reproduction 25 (2010): 544-51. doi: 10.1093/humrep/dep399.

2 Dabbs JM Jr, Hangrove MF.〈女性囚犯的年齡、睪丸素，和行為〉（Age, testosterone, and behavior among female prison inmates.）《身心醫學》Psychosomatic Medicine 59 (5) (1997): 477-80.

3 Bromberger JT, Schott LL, Kravitz HM, et al.〈生殖賀爾蒙和憂鬱症狀在更年期轉型當中的縱向改變：來自全國各地的女性健康研究結果〉（Longitudinal change in reproductive hormones and depressive symptoms across the menopausal transition:results from the Study of Women's Health Across the Nation (SWAN).）《一般精神病學檔案》Archives of General Psychiatry 67 (6) (2010): 598-607.

4 Sapienza P, Zingales L, Maestripieri D.〈財務風險趨避和職業選擇的兩性差異受到睪丸素的影響〉（Gender differences in financial risk aversion and career choices are affected by testosterone.）《美國國家科學學院會議記錄》 Proceedings of the National Academy of Sciences of the United States of America 106 (36) (2009): 15268-73.

5 Morrison MF, Freeman EW, Lin H, Sammel MD.〈更高的脫氫異雄固酮（去氫皮質酮硫酸鹽）值和更年期轉型期間的憂鬱症狀有關：來自 PENN 卵巢老化研究的結果〉（Higher DHEA-S (Dehydroepiandrosterone sulfate) levels are associated with depressive symptoms: results from the PENN Ovarian Aging Study.）《女性心理健康檔案》Archives of Women's Mental Health 14 (5) (2011): 375-82. doi: 10.1007/s00737-011 -0231-5；Chen MJ, Chen CD, Yang JH, et al.〈高血清脫氫異雄固酮和表型痤瘡有關，並且能減少患有多囊性卵巢症候群女性的腹部肥胖風險〉（High serum Dehydroepiandrosterone sulfate is associated with phenotypic acne and a reduced risk of abdominal obesity in women with polycystic ovary syndrome.）《人類生殖》Human Reproduction 26 (1) (2011): 227-34；Villareal DT, Holloszy JO.〈去氫皮質酮對年長女性和男性的腹部脂肪及胰島素行為的效應：一項隨機對照組試驗〉（Effect of DHEA on abdominal fat and insulin action in elderly women and men: a randomized controlled trial.）《美國醫學協會期刊》Journal of the American Medical Association 292 (18) (2004): 2243-48.

6 Panjari M, Davis SR.〈使用陰道去氫皮質酮治療更年期相關的退化：證據檢視〉（Vaginal DHEA to treat menopausal-related atrophy: a review of the evidence.）Maturitas 70 (1) (2011): 22-25.

7 Camacho-Martinez FM.〈女性脫髮〉（Hair loss in women.）《皮膚醫學和手術研討會》Seminars in

Cutaneous Medicine and Surgery 28 (1) (2009): 19-32.

8 Legro RS. 〈多囊性卵巢症候群的胰島素阻抗：不使用基因型來治療表型〉（Insulin resistance in polucystic ovary syndrome: treating a phenotype without a genotype.）《分子和細胞內分泌學》Molecular and Cellular Endocrinology 145 (1-2) (1998):103-10.

9 Wild RA, Carmina E, Diamanti-Kandarakis E, et al. 〈患有多囊性卵巢症候群的女性在心血管疾病風險和預防方面的評估：一份由雄激素過多和多囊性卵巢症候群協會所發表的共識聲明〉（Assessment of cardiovascular risk and prevention of cardiovascular disease in women with the polycystic ovary syndrome: a consensus statement by the Androgen Excess and Polycystic Ovary Syndrome (AE-PCOS) Society.）《臨床內分泌學和新陳代謝期刊》Journal of Clinical Endocrinology and Metabolism 95 (5) (2010): 2038-49.

10 Boudarene M, Legros JJ, Timsit-Berthier M. 〈對壓力反應的研究：焦慮、皮質醇和脫氫異雄固酮所扮演的角色〉（Study of the stress response: role of anxiety, cortisol and DHEAs.）《腦》Encephale 28 (2) (2002): 139-46 [法文文章]

11 Rosenfield RL, Bordini B. 〈顯示肥胖和雄激素對青春期到成年的促性腺激素分泌具有獨立案對立效應的證據〉（Evidence that obesity and androgens have independent and opposing effects on gonadotropin production from puberty to maturity.）《大腦研究》Brain Research 1364 (2010): 186-97.

12 Huang A, Brennan K, Azziz R. 〈根據全國健康機構 1990 年的標準，多囊性卵巢症候群患者普遍被診斷出雄激素過多症〉（Prevalence of hyperandrogenemia in the polycystic ovary syndrome diagnosed by the National Institutues of Health 1990 criteria.）《生育力和不孕症》Fertility and Sterility 93 (6) (2010): 1938-41；Azziz R, Sanchez LA, Knochenhauer ES, et al. 〈女性的雄激素過多問題：連續超過 1,000 例患者的經驗〉（Androgen excess in women: experience with over 1,000 consecutive patients.）《臨床內分泌學和新陳代謝期刊》Journal of Clinical Endocrinology and Metabolism 89 (2) (2004): 453-62.

13 Yildiz BO. 〈雄激素過多症的診斷：臨床標準〉（Diagnosis of hyperandrogenism:clinical criteria.）《最佳實踐和研究：臨床內分泌學和新陳代謝》Clinical Endocrinology and Metabolism 20 (2) (2006): 167-76.

14 Sathyapalan T, Atkin SL. 〈多囊性卵巢症候群中的發炎媒介和肥胖的關係〉（Mediators of inflammation in polycystic ovary syndrome in relation to adiposity.）《發炎媒介》Mediators of Inflammation 758656 (2010)；Escobar-Morreale HF, Luque-Ramirez M, Gonzalez F. 〈多囊性卵巢症候群中的循環發炎指標：系統性回顧和統合分析〉（Circulating inflammatory markers in polycystic ovary syndrome: a systematic review and metaanalysis.）《生育力和不孕症》Fertility and Sterility 95 (3) (2011): 1048-58. el-2；Repaci A, Gambineri A, Pasquali R. 〈低度發炎反應在多囊性卵巢症候群中所扮演的角色〉（The role of low-grade inflammation in the polycystic ovary syndrome.）《分子和細胞內分泌學》Molecular and Cellular Endocrinology 335 (1) (2011): 30-41.

15 Lambrinoudaki I. 〈患有多囊性卵巢症候群的更年期後女性之心血管風險〉（Cardiovascular risk in postmenopausal women with the polycystic ovary syndrome.）Maturitas 68 (1) (2011): 13-16.

16 Puurunen J, Piltonen T, Morin-Papunen L, et al. 〈患有多囊性卵巢症候群的女性在更年期後不利的賀爾蒙、代謝，和發炎變化依然持續發生〉（Unfavorable hormonal, metabolic, and inflammatory alterations persist after menopause in women with PCOS.）《臨床內分泌學和新陳代謝期刊》Journal of Clinical Endocrinology and Metabolism 96 (6) (2011): 1827-34.

17 de Franca Neto AH, Rogatto S, Do Amorim MM, et al. 〈多囊性卵巢症候群的腫瘤後患〉（Oncological repuecussions of polycystic ovary syndrome.）《婦科內分泌學》Gynecological Endocrinology 26 (10)

(2010): 708-11；Hardiman P, Pillay OS, Atiomo A. 〈多囊性卵巢症候群和子宮內膜癌〉（Polycystic ovary syndrome and endometrial carcinoma.）《刺絡針期刊》Lancet 361 (2003): 1810-12. Erratum in Lancet 362 (9389) (2003): 1082.

18 Barry JA, Hardiman PJ, Saxby BK, Kuczmierczyk A. 〈患有多囊性卵巢症候群的女性與生育力低的對照組相比的睪丸素和情緒功能失調問題〉（Testosterone and mood dysfunction in women with polycystic ovarian syndrome compared to subfertile controls.）《身心婦產科期刊》Journal of Psychosomatic Obstetrics and Gynaecology 32 (2) (2011): 104-11；Himelein MJ, Thatcher SS. 〈多囊性卵巢症候群和心理健康：回顧〉（Polycystic ovary syndrome and mental health: a review.）《婦產科調查》Obstetrical and Gynecological Survey 61 (11) (2006): 723-32；Pastore LM, Patrie JT, Morris WL, et al. 〈多囊性卵巢症候群女性當中的憂鬱症症狀和對身體的不滿意〉（Depression symptoms and body dissatisfaction association among polycystic ovary syndrome women.）《身心研究期刊》Journal of Psychosomatic Research 71 (4) (2011): 270-76.

19 Livadas S, Chaskou S, Kandaraki AA, et al. 〈焦慮和患有多囊性卵巢症候群女性的賀爾蒙及代謝概況有關〉（Anxiety is associated with hormonal and metabolic profile in women with polycystic ovary syndrome.）《臨床內分泌學》（牛津）Clinical Endocrinology (Oxford) 75 (5) (2011): 698-703. doi: 10.1111/j.1365-2265.2011.04122.x.

20 Schwimmer JB, Khorram O, chiu V, Schwimmer WB. 〈患有多囊性卵巢症候群女性的異常胺基轉移酶活性〉（Abnormal aminotransferase activity in women with polycystic ovary syndrome.）《生育力和不孕症》Fertility and Sterility 83 (2005): 494-97；Economou F, Xyrafis X, Livadas S, et al. 〈在過重／肥胖女性身上，但非正常體重女性身上，多囊性卵巢症候群與對照組相比和過高的肝酵素有關〉（In overweight/obese but not in normal-weight women, polycystic ovary syndrome is associated with elevated liver enzymes compared to controls.）《賀爾蒙》（雅典）Hormones (Athens) 8 (3) (2009): 199-206.

21 Sheehan MT. 〈多囊性卵巢症候群：診斷和管理〉（Polycystic ovarian syndrome: diagnosis and management.）《臨床醫學與研究》Clinical Medicine and Research 2 (1) (2004): 13-27.

22 Lass N, Kleber M, Winkle K, et al. 〈生活方式調解措施對肥胖青春期女孩的多囊性卵巢症候群、代謝症候群，以及內膜中膜厚度等特徵的影響〉（Effect of Lifestyle Intervention on Features of Polycystic Ovarian Syndrome, Metabolic Syndrome, and Intima-Media Thickness in Obese Adolescent Girls.）《臨床內分泌學和新陳代謝期刊》Journal of Clinical Endocrinology and Metabolism 96 (11) (2011): 3533-40.

23 Smith RN, Mann NJ, Braue A, et al. 〈高蛋白質、低升糖負荷飲食和傳統的高升糖負荷飲食對與尋常性痤瘡有關的生物化學參數所產生的效應：一項隨機、研究者屏蔽的對照組試驗〉（The effect of a high-protein, low glycemic-load diet versus a conventional, high-glycemic-load diet on biochemical parameters associated with acne vulgaris: a randomized, investigator-masked, controlled trial.）《美國皮膚科學院期刊》Journal of the American Academy of Dermotology 57 (2) (2007): 247-56；Smith R, Mann N, Makelainen H, et al. 〈決定低升糖負荷飲食對痤瘡賀爾蒙指標的短期效應的先導性研究：一項非隨機、平行組、對照組餵食試驗〉（A pilot study to determine the short-term effects of a low glycemic load diet on hormonal markers of acne: a nonrandomized, parallel, controlled feeding trial.）《分子營養和食物研究》Molecular Nutrition and Food Research 52 (6) (2008): 718-26.

24 Marsh K, Brand-Miller J. 〈患有多囊性卵巢症候群女性的最佳飲食？〉（The optimal diet for women with polycystic ovary syndrome?）《英國營養期刊》British Journal of Nutrition 94 (2) (2005): 154-65.

25 Simopoulos AP. 〈omega 6/omega-3 必需脂肪酸比率的重要性〉（The importance of the ratio of omega 6/

omega-3 essential fatty acids.）《生物醫學和藥物治療》Biomedicine and Pharmacotherapy 56 (8) (2002): 365-79.

26 Phelan N, O'Connor A, Kyaw Tun T, et al. 〈患有多囊性卵巢症候群的年輕女性在多元不飽和脂肪酸的賀爾蒙和代謝方面的影響：來自橫斷面分析和隨機、安慰劑對照組交叉試驗的結果〉（Hormonal and metabolic effects of polyunsaturated fatty acids in young women with polycystic ovary syndrome:results from a cross-sectional analysis and a randomized, placebo-controlled, crossover trial.）《美國臨床營養期刊》American Journal of Clinical Nutrition 93 (3) (2011): 652-62.

27 Nidhi R, Padmalatha V, Nagarathna R, Ram A. 〈瑜珈課程對患有多囊性卵巢症候群的青春期女孩在葡萄糖代謝和血脂值方面的影響〉（Effect of a yoga program on glucose metabolism and blood lipid levels in adolescent girls with polycystic ovary syndrome.）《婦產科國際期刊》International Journal of Gynaecology and Obstetrics 24 (4) (2012): 223-27.

28 Anderson RA. 〈肉桂中的鉻和多酚能改善胰島素敏感性〉（Chromium and polyphenols from cinnamon improve insulin sensitivity.）《營養協會會議記錄》Proceedings of the Nutrition Society 67 (1) (2008): 48-53.

29 無作者列表。〈科學回顧：鉻在胰島素阻抗中所扮演的角色〉（A scientific review: the role of chromium in insulin resistance.）《糖尿病教育者》The Diabetes Educator (2004): Supplement 2-14.

30 Nordio M, Proietti E. 〈和單純補充肌醇相比，結合肌醇和手性肌醇的療法能降低患有多囊性卵巢症候群的過重患者罹患代謝症候群的風險〉（The combined therapy with myo-inositol and D-chiro-inositol reduces the risk of metabolic disease in PCOS overweight patients compared to myo-inositol supplementation alone.）《醫學和藥理科學歐洲回顧》European Review for Medical and Pharmacological Sciences 16 (5) (2012): 575-81.

31 Nestler JE, Jakubowicz DJ, Reamer P, et al. 〈手性肌醇在多囊性卵巢症候群中的排卵和代謝效應〉（Ovulatory and metabolic effects of D-chiro-inositol in the polycystic ovary syndrome.）《新英格蘭醫學期刊》New England Journal of Medicine 340 (17) (1999): 1314-20.

32 Iuorno MJ, Jakubowicz DJ, Baillargeon JP, et al. 〈手性肌醇對患有多囊性卵巢症候群的苗條女性的效應〉（Effects of d-chiro-inositol in lean women with the polycystic ovary syndrome.）《內分泌實踐》Endocrine Practice 8 (6) (2002): 417-23.

33 Li HW, Bereton RE, Anderson RA, et al. 〈多囊性卵巢症候群患者常見維生素 D 攝取不足並且和代謝風險因素有關〉（Vitamin D deficiency is common and associated with metabolic risk factors in patients with polycystic ovary syndrome.）《代謝》Metabolism 60 (10) (2011): 1475-81.

34 Stener-Victorin E, Waldenstrom U, Tagnfors U, et al. 〈電針療法對多囊性卵巢症候群女性無排卵的效應〉（Effects of electro-acupuncture on anovulation in women with polycystic ovary syndrome.）Acta Obstetricia et Gynecologica Scandinavica 79 (3) (2000): 180-88.

35 Diamanti-Kandarakis E, Piperi C, Spin J, et al. 〈多囊性卵巢症候群：環境和基因因素的影響〉（Polycystic ovary syndrome: the influence of environmental and genetic factors.）《賀爾蒙》（雅典）Hormones (Athens) 5 (1) (2006): 17-34；Kandaraki E, Chatzigeorgiou A, Livdas S, et al. 〈內分泌干擾素和多囊性卵巢症候群（PCOS）：患有多囊性卵巢症候群女性體內過高的雙酚 A 血清值〉（Endocrine disruptors and polycystic ovary syndrome (PCOS): elevated serum levels of bisphenol A in women with PCOS.）《臨床內分泌學和代謝期刊》Journal of Clinical Endocrinology and Metabolism 96 (3) (2011): E480-84.

36 Zhang J, Li T, Zhou L, et al. 〈使用中藥治療患有多囊性卵巢症候群的生育力低下女性〉（Chinese herbal medicine for subfertile women with polycystic ovarian syndrome.）《營養協會會議記錄》Proceedings of the

Nutrition Society 67 (1) (2008): 48-53.

37 Anderson RA. 〈肉桂中的鉻和多酚能改善胰島素敏感性〉（Chromium and polyphenols from cinnamon improve insulin sensitivity.）《營養協會會議記錄》Proceedings of the Nutrition Society 67 (1) (2008): 48-53.

38 Ziegenfuss TN, Hofheins JE, Mendel RW, et al. 〈水溶性肉桂萃取物對糖尿病前期的男性和女性代謝症候群的身體組成和特徵之效應〉（Effects of a water-soluble cinnamon extract on body composition and features of the metabolic syndrome in pre-diabetic men and women.）《國際體育營養協會期刊》Journal of the International Society of Sports Nutrition 3 (2006): 45-53.

39 Kuek S, Wang WJ, Gui SQ. 〈專利中藥天癸膠囊對多囊性卵巢症群患者的療效：一項隨機對照組試驗〉（Efficacy of Chinese patent medicine Tian Gui Capsule in patients with polycystic ovary syndrome: a randomized controlled trial.）《中西醫結合學報》Zhong Xi Yi Jie He Xue Bao (Journal of Chinese Integrative Medicine) 9 (9) (2011): 965-72.

第九章：甲狀腺低下

1 Kritz-Silverstein D, Schultz ST, Palinska LA, et al. 〈促甲狀腺激素值和認知功能及憂鬱情緒之間的關聯：蘭丘・伯納多研究〉（The association of thyroid stimulating hormone levels with cognitive function and depressed mood: the Rancho Bernardo study.）《營養健康和老化期刊》Journal of Nutrition Health and Aging 13 (4) (2009): 317-21.

2 Gold MS, Pottash AL, Exten I. 〈甲狀腺機能低下症和憂鬱症，來自完整甲狀腺功能評估的證據〉（Hypothyroidism and depression. Evidence from complete thyroid function evaluation.）《美國醫療協會期刊》Journal of the American Medical Association 245 (19) (1981): 1919-22; Hickie I, Bennett B, Mitchell P, et al. 〈患有慢性和治療阻抗憂鬱症患者的臨床和亞臨床甲狀腺機能低下症〉（Clinical and subclinical hypothyroidism in patients with chronic and treatment-resistant depression.）《澳洲和紐西蘭精神病學期刊》Australian and New Zealand Journal of Psychiatry 30 (2) (1996): 246-52.

3 Canaris GJ, Manowitz NR, Mayor G, Ridgway EC. 〈科羅拉多甲狀腺疾病流行情況研究〉（The Colorado Thyroid Disease Prevalence Study.）《內科醫學檔案》Archives of Internal Medicine 160 (2000): 526-34；Empson M, Flood V, Ma G, et al. 〈年長澳洲人口當中甲狀腺疾病的流行情況〉（Prevalence of thyroid disease in an older Australiam population.）《國際醫學期刊》International Medical Journal 37 (7) (2007): 448-55.

4 〈牛津身體指南：甲狀腺〉（Oxford Companion to the Body: thyroid gland.）於 2012 年上網參考 http://www.answers.com/topic/thyroid-1. http://www.netplaces.com/thyroid-disease/hypothyroidism/blood-tests.htm

5 Shifren JL, Desindes S, McIlwain M, et al. 〈一項比較口服和經皮膚吸收雌激素療法對自然歷經更年期的女性之血清雄激素、甲狀腺賀爾蒙，和腎上腺賀爾蒙影響的隨機、開放標籤、交叉研究〉（A randomized, open-label, crossover study comparing the effects of oral versus transdermal estrogen therapy on serum androgens, thyroid hormones, and adrenal hormones in naturally menopausal women.）《更年期》Menopause 14 (6) (2007): 985-94.

6 Van den Beld AW, Visser TJ, Feelders RA, et al. 〈年長男性的甲狀腺賀爾蒙濃度、疾病、身體功能，以及死亡率〉（Thyroid hormone ceoncentrations, disease, physical function, and mortality in elderly men.）《臨床內分泌學和新陳代謝期刊》Journal of Clinical Endocrinology and Metabolism 90 (12) (2005): 6403-9.

7 Parle J, Roberts L, Wilson S, et al. 〈一項針對甲狀腺素補充對居住在社區中患有亞臨床甲狀腺機能低下症的年長受試對象之認知功能效應的隨機對照組試驗：伯明罕年長者甲狀腺研究〉（A randomized

controlled trial of the effect of thyroxine replacement on cognitive function in community-living elderly subjects with subclinical hypothyroidism: the Birmingham Elderly Thyroid study.）《臨床內分泌學和新陳代謝期刊》 Journal of Clinical Endocrinology and Metabolism 95 (8) (2010): 3623-32；Pollock MA, Sturrock A, Marshall K, et al. 〈甲狀腺素治療用於有甲狀腺機能低下症症狀但甲狀腺功能檢查結果在參考範圍中的患者：隨機雙盲安慰劑對照組交叉試驗〉（Thyroxine treatment in patients with symptoms of hypothyroidism but thyroid function tests within the reference range: randomized double blind placebo controlled crossover trial.）《英國醫學期刊》British Medical Journal 323 (7318) (2001): 891-95；Surks MI, Ortiz E, Daniels GH, et al. 〈亞臨床甲狀腺疾病：診斷和管理的科學回顧和指南〉（Subclinical thyroid disease: scientific review and guidelines for diagnosis and management.）《美國醫學協會期刊》Journal of the American Medical Association 291 (2) (2004): 228-38；Villar HC, Saconato H, Valente O, Atallah AN. 〈使用甲狀腺功能補充治療亞臨床甲狀腺機能低下症〉（Thyroid hormone replacement for subclinical hypothyroidism.）《考科藍系統性文獻回顧資料庫》 Cochrane Database of Systematic Reviews 3 (2007): CD003419.

8　Cai Y, Ren Y, Shi J. 〈亞臨床甲狀腺功能不良患者的血壓值：橫斷面數據的統合分析〉（Blood pressure levels in patients with subclinical thyroid dysfunction: a meta-analysis of cross-sectional data.）《高血壓研究》 Hypertension Research 34 (10) (2011): 1098-105. doi: 10.1038/hr.2011.91；Magri F, Buonocore M, Camera A, et al. 〈使用 L- 甲狀腺素之後對甲狀腺機能低下症的內表皮神經纖維密度的改善〉（Improvement of intra-epidermal nerve fiber density in hypothyroidism after L-thyroxine therapy.）《臨床內分泌學》（牛津） Clinical Endocrinology (Oxford) (2010), doi: 10.1111/j.1365-2265.2012.04447.x；Razvi S, Weaver JU, Butler TJ, Pearce SH. 〈使用左旋甲狀腺素治療亞臨床甲狀腺機能低下症、致命及非致命新血管疾病發生，以及死亡率〉（Levothyroxine Treatment of Subclinical Hypothyroidism, Fatal and Nonfatal Cardiovascular Events, and Mortality.）《內科醫學檔案》Archives of Internal Medicine 172 (10) (2012): 811-17；Reid SM, Middle ton P, Cossich MC, Crowther CA. 〈對孕期中的臨床和亞臨床甲狀腺機能低下症的調解〉（Interventions for clinical and subclinical hypothyroidism in pregnancy.）《考科藍系統性文獻回顧資料庫》 Cochrane Database of Systematic Reviews 7 (2010): CD007752；Van den Boogaard E, Vissenberg R, Land JA, et al. 〈在受孕前和懷孕早期（亞）臨床甲狀腺功能失調和甲狀腺自體免疫力的意義：系統性回顧〉（Significance of (sub)clinical thyroid dysfunction and thyroid autoimmunity before conception and in early pregnancy: a systematic review.）《人類生殖進展》Human Reproduction Update 17 (5) (2011): 605-19；Villar HC, Saconato H, Valente O, Atallah AN. 〈使用甲狀腺功能補充治療亞臨床甲狀腺機能低下症〉（Thyroid hormone replacement for subclinical hypothyroidism.）《考科藍系統性文獻回顧資料庫》 Cochrane Database of Systematic Reviews 3 (2007): CD003419.

9　Wartofsky L, Dickey RA. 〈關於更窄的促甲狀腺激素參考範圍的證據是具信服力的〉（The evidence for a narrower thyrotropin reference range is compelling.）《臨床內分泌學和新陳代謝期刊》Journal of Clinical Endocrinology and Metabolism 90 (9) (2005): 5483-88.

10　Brent GA. 〈臨床實踐：葛瑞夫茲氏病〉（Clinical practice. Graves' disease.）《新英格蘭醫學期刊》New England Journal of Medicine 358 (24) (2008): 2594-605.

11　Pearce EN, Farwell AP, Braverman LE. 〈甲狀腺炎〉《新英格蘭醫學期刊》New England Journal of Medicine 348 (2003): 2646-55.

12　Tan ZS, Beiser A, Vasan RS, et al. 〈甲狀腺功能和阿茲海默症的風險：佛雷明罕研究〉（Thyroid Function and the Risk of Alzheimer Disease: The Framingham Study.）《內科醫學檔案》Archives of Internal Medicine

168 (14) (2008): 1514-20.

13 Hak AE, Pols HA, Visser TJ, et al. 〈亞臨床甲狀腺機能低下症對年長女性的動脈粥狀硬化和心肌梗塞是獨立的風險因素：鹿特丹研究〉（Subclinical hypothyroidism is an independent risk factor for atherosclerosis and myocardial infarction in elderly women: the Rotterdam Study.）《內科醫學年報》Annals of Internal Medicine 168 (14) (2008): 1514-20.

14 Martins RM, Fonseca RH, Duarte MM, et al. 〈亞臨床甲狀腺機能低下症治療收縮和舒張心臟功能的影響〉（Impact of subclinical hypothyroidism treatment in systolic and diastolic cardiac function.）Arquivos Brasileiros de Endocrinologia e Metabologia 55 (7) (2011):460-67.

15 Diamanti-Kandrakis E, Bourguignon JP, Giudice LC, et al. 〈內分泌干擾化學物質：內分泌協會科學宣言〉（Endocrine-Disrupting Chemicals: An Endocrine Society Scientific Statement.）《內分泌回顧》Endocrine Review 30 (4) (2009): 293-342.

16 Sund-Levander M, Forsberg C, Wahren LK. 〈成年男性和女性的正常口腔、肛門、鼓膜和腋卜體溫：一項系統性文獻回顧〉（Normal oral, rectal, tympanic and axillary body temperature in adult men and women: a systematic literature review.）《斯堪的納維亞照護科學期刊》Scandinavian Journal of Caring Science 16 (2) (2002): 122-28.

17 Marwaha RK, Tandon N, Garg MK, et al. 〈食鹽加碘二十年後的甲狀腺狀態：來自印度全國學童的數據資料〉（Thyroid status two decades after salt iodisation: Country-wide data in school children from India.）《臨床內分泌學》（牛津）Clinical Endocrinology (Oxford) (2011). doi: 10.1111/j.1365-2265.2011.04307.x.

18 Mazzoccoli G, Carughi S, Sperandeo M, et al. 〈神經內分泌和健康人類的下視丘腦垂體甲狀腺軸的相互關聯〉（Neuro-endocrine correlations of hypothalamic-pituitary-thyroid axis in healthy humans.）《生理調節和體內平衡因子期刊》Journal of Biological Regulators and Homeostatic Agents 25 (2) (2011): 249-57.

19 Roelfsema F, Pereira AM, Biermasz BR, et al. 〈庫欣氏症候群患者的促甲狀腺激素分泌減少和不規則與延遲的頂峰時間〉（Diminished and irregular TSH secretion with delayed acrophase in patients with Cushing's syndrome.）《歐洲內分泌學期刊》European Journal of Endocrinology 161 (5) (2009): 695-703.

20 Kivity S, Agmon-Levin N, Zisappl M, et al. 〈維生素 D 和自體免疫甲狀腺疾病〉（Vitamin D and autoimmune thyroid diseases.）《細胞和分子免疫學》Cellular and Molecular Immunology 8 (3) (2011): 243-47；Tamer G, Arik S, Tamer I, Coksert D. 〈橋本氏甲狀腺炎相對的維生素 D 不足〉《甲狀腺》Thyroid 21 (8) (2011): 891-96.

21 Assimakopoulos SF, Papageorgiou I, Charonis A. 〈腸道的緊密接合處：從分子到疾病〉（Enterocytes' tight junctions: from molecules to diseases.）《腸胃道病理生理學世界期刊》World Journal of Gastrointestinal Pathophysiology 2 (6) (2011): 123-37.

22 Metso S, Hyytia-Ilmonen H, Kaukinen K, et al. 〈乳糜瀉患者的無麥麩飲食和自體免疫甲狀腺炎，一項前瞻性的對照組研究〉（Gluten-free siet and autoimmune thyroiditis in patients with celiac disease. A prospective controlled study.）《斯堪的納維亞腸胃道學期刊》Scandinavian Journal of Gastroenterology 47 (1) (2012): 43-48.

23 Ibid.；Sategna-Guidetti C, Volta U, Ciacci C, et al. 〈甲狀腺失調在未經治療的成年乳糜瀉患者當中的患病率以及麥麩戒斷的效應：一項義大利的多中心研究〉（Prevalence of thyroid disorders in untreated adult celiac disease patients and effect of gluten withdrawal: an Italian multicenter study.）《美國腸胃病學期刊》American Journal of Gastroenterology 96 (3) (2001): 751-57.

24 Reid JR, Wheeler SF. 〈甲狀腺功能亢進症：診斷與治療〉（Hyperthyroidism: Diagnosis and Treatment.）

《美國家庭醫師》American Family Physician 72 (4) (2005): 623-30.

25 Rushton DH, Dover R, Sainbury AW, et al. 〈缺乏鐵質在女性健康中未獲得重視〉（Iron deficiency is neglected in women's health.）《英國醫學期刊》British Medical Journal 325 (7373) (2002): 1176.

26 Nishiyama S, Futagoishi-Suginohara Y, Matsukura M, et al. 〈補充鋅能改變缺乏鋅的身障患者甲狀腺賀爾蒙的代謝〉（Zinc supplementation alters thyroid hormone metabolism in disabled patients with zinc deficiency.）《美國營養學院期刊》Journal of the American College of Nutrition 13 (1) (1994): 62-67.

27 Toulis KA, Anastasilakis AD, Tzellos TG, et al. 〈補充硒用於治療橋本氏甲狀腺炎：系統性回顧和統合分析〉（Selenium supplementation in the treatment of Hashimoto's thyroiditis: a systematic review and meta-analysis.）《甲狀腺》Thyroid 20 (10) (2010): 1163-73.

28 Schomburg L. 〈硒、硒蛋白和甲狀腺：健康和生病時的交互作用〉（Selenium, selenoproteins and the thyroid gland: interactions in health and disease.）《自然回顧內分泌學》Nature Reviews Endocrinology 8 (3) (2011): 160-71. doi: 10.1038/nrendo.2011.174.

29 Olivieri O, Girelli D, Azzini M, et al. 〈年長者硒過低的狀態會影響甲狀腺賀爾蒙〉（Low selenium status in the elderly influences thyroid hormones.）《臨床科學》（倫敦）Clinical Science (London) 89 (6) (1995): 637-42；Olivieri O, Girelli D, Stanzial AM, et al. 〈健康受試對象的硒、鋅，以及甲狀腺賀爾蒙：年長者的 T3/T4 過低和硒狀態受損有關〉（Selenium, zinc, and thyroid hormones in healthy subjects: low T3/T4 ratio in the elderly is related to impaired selenium status.）《生物微量元素研究》Biological Trace Element Research 51 (1) (1996): 31-41.

30 Hess SY. 〈常見微量營養素不足對碘和甲狀腺代謝的影響：來自人類研究的證據〉（The impact of common micronutrient deficiencies on iodine and thyroid metabolism: the evidence from human studies.）《最佳實踐和研究：臨床內分泌學和新陳代謝》Best Practice amd Research: Clinical Endocrinology and Metabolism 24 (1) (2010): 117-32.

31 Rushton DH, Dover R, Sainbury AW, et al. 〈缺乏鐵質在女性健康中未獲得重視〉（Iron deficiency is neglected in women's health.）《英國醫學期刊》British Medical Journal 325 (7373) (2002): 1176.

32 〈馬里蘭大學：甲狀腺機能低下症〉（University of Maryland: Hypothyroidism）http://www.umm.edu/altmed/articles/hypothyroidism-00093.htm

33 Bowthorpe J. 《別讓甲狀腺繼續失控：對抗數十年來劣質治療的病患革命》Stop the Thyroid Madness: A Patient Revolution Against Decades of Inferior Treatment（德州弗雷德克里斯堡：Laughing Grape Publishing 出版社，2011 年）；Shomon MJ. 《患有甲狀腺機能低下症一樣能夠過得很好：醫師沒說的那些病患須知》（修訂版）Living Well with Hypothyroidism: What Your Doctor Doesn't Tell You…That You Need to Know (Revised Edition)（紐約：William Morrow Paperbacks 出版社，2005 年）；Shomon MJ. 《甲狀腺飲食革命：管理好你的主要代謝腺體，長期維持減重成果》The Thyroid Diet Revolution: Manage Your Master Gland of Metabolism for Lasting Weight Loss（紐約：William Morrow Paperbacks 出版社，2012 年）

第十章：常見的賀爾蒙失調組合

1 Abdullatif HD, Ashraf AP. 〈在腎上腺不足情況下的可逆轉亞臨床甲狀腺機能低下症〉（Reversible subclinical hypothyroidism in the presences of adrenal insufficiency.）《內分泌學實踐》Endocrine Practice 12 (5) (2006): 572；Doshi SR. 〈相對腎上腺不足所掩飾的甲狀腺機能低下症〉（Relative adrenal insufficiency masquerading hypothyroidism.）《臨床和診斷研究期刊》Journal of Clinical and Diagnostic Research 4 (4)

(2010): 2907-9；Fitzgerald KN. 《整合和功能醫學案例研究》Case Studies in Integrative and Functional Medicine. 喬治亞杜魯斯：Metametrics Institute: 2011；Mathioudakis N, Thapa S, Wand GS, Salvatori R. 〈分泌促腎上腺皮質激素的腦下垂體微腺瘤與其他微腺瘤種類相比，和更高的中樞性甲狀腺機能低下症之發病率有關〉（ACTH-secreting pituitary microadenomas are associated to with a higher prevalence of central hypothyroidism compared to other microadenoma types.）《臨床內分泌學》（牛津）Clinical Endocrinology (Oxford) (2012). doi: 10.1111/j.1365-2265.2012.04442.x；Mazzoccoli G, Garughi S, Sperandeo M, et al. 〈神經內分泌和健康人類的下視丘腦垂體甲狀腺軸的相互關聯〉（Neuro-endocrine correlations of hypothalamic-pituitary-thyroid axis in healthy humans.）《生理調節和體內平衡因子期刊》Journal of Biological Regulators and Homeostatic Agents 25 (2) (2011): 249-57；Roelfsema F, Pereira AM, Biermasz BR, et al. 〈庫欣氏症候群患者的促甲狀腺激素分泌減少和不規則與延遲的頂峰時間〉（Diminished and irregular TSH secretion with delayed acrophase in patients with Cushing's syndrome.）《歐洲內分泌學期刊》European Journal of Endocrinology 161 (5) (2009): 695-703.

2 Mazzoccoli G, Garughi S, Sperandeo M, et al. 〈神經內分泌和健康人類的下視丘腦垂體甲狀腺軸的相互關聯〉（Neuro-endocrine correlations of hypothalamic-pituitary-thyroid axis in healthy humans.）《生理調節和體內平衡因子期刊》Journal of Biological Regulators and Homeostatic Agents 25 (2) (2011): 249-57.

3 Boas M, Feldt-Rasmussen U, Main KM. 〈內分泌干擾化學物質的甲狀腺效應〉（Thyroid effects of endocrine disrupting chemicals.）《分子細胞內分泌學》Molecular Cellular Endocrinology 355 (2) (2012): 240-48；Boas M, Main KM, Feldt-Rasmussen U. 〈環境化學物質和甲狀腺功能：最新資訊〉（Environmental chemicals and thyroid function: an update.）《對內分泌學、糖尿病和肥胖的當前觀點》Current Opinion in Endocrinology, Diabetes and Obesity 16 (5) (2009): 385-91；Patrick L. 〈甲狀腺干擾：機制與對人類健康的臨床意義〉（Thyroid disruption: mechanism and clinical implications in human health.）《替代醫學回顧》Alternative Medicine Review 14 (4) (2009): 326-46；Jugan ML, Levi Y, Blondeau JP. 〈內分泌干擾素和甲狀腺賀爾蒙生理學〉（Endocrine disruptors and thyroid hormone physiology.）《生物化學藥理學》Biochemical Pharmacology 79 (7) (2010): 939-47.

4 Cohen S, Janicki-Deverts D, Doyle WJ, et al. 〈長期壓力、糖性腎上腺皮質素受體阻抗、發炎，以及疾病風險〉（Chronic stress, glucocorticoid receptor resistance, inflammation, and disease risk.）《美國國家科學學院會議記錄》Proceedings of the National Academy of Sciences of the United States of America 109 (16) (2012): 5995-99.

5 Cole SW. 〈白血球體內平衡的社會監管：糖性腎上腺皮質素敏感度所扮演的角色〉（Social regulation of leukocyte homeostasis:the role of glucocorticoid sensitivity.）《大腦行為和免疫》Brain Behavior and Immnuity 22 (7) (2008): 1049-55；Meagher MW, Johnson RR, Good E, Welsh TH. 〈社會壓力會改變一種由病毒引起模式的多發性硬化症的嚴重程度〉（Social stress alters the severity of a virally initiated model of multiple sclerosis.）《心理神經免疫學》第四版 Psychoneuroimmunology 4th ed. Ader R, Felton D, Cohen N 等人編輯。《學術》第二冊 Academic, vol II (2006): 1107-24.

6 Cohen S, Janicki-Deverts D, Doyle WJ, et al. 〈長期壓力、糖性腎上腺皮質素受體阻抗、發炎，以及疾病風險〉（Chronic stress, glucocorticoid receptor resistance, inflammation, and disease risk.）《美國國家科學學院會議記錄》Proceedings of the National Academy of Sciences of the United States of America 109 (16) (2012): 5995-99.

7 Goosens KA, Sapolsky RM. 〈壓力和糖性腎上腺皮質素對正常和病理老化的影響〉（Stress and

Glucocorticoid Contributions to Normal and Pathological Aging.）Riddle DR 編輯。《神經科學前沿系列》Frontiers in Neuroscience 中的《大腦老化：模式、方法，以及機制》Brain Aging: Models, Methods, and Mechanism. 佛羅里達州博卡拉頓：CRC Press 出版社，2007 年：第 13 章。

8 Stone AA, Schwartz JE, Broderick JE, Deaton A. 〈美國心理健康的年齡分布簡介〉（A snapshot of the age distribution of psychological well-being in the United States.）《美國國家科學學院會議記錄》Proceedings of the National Academy of Sciences of the United States of America 107 (22) (2010): 9985-90.

9 Terzidis K, Panoutsopoulos A, Mantzou A, Tourli P, et al. 〈一大早的血漿皮質醇值過低和年長者的甲狀腺自體免疫力有關〉（Lower early morning plasma cortisol levels are associatd with thyroid autoimmunity in the elderly.）《歐洲內分泌學期刊》European Journal of Endocrinology 162 (2) (2010): 307-13.

10 Conley C. 《做自己的情緒總管》Emotional Equations: Simple Truths for Creating Happiness and Success. 紐約：Free Press 出版社，2012 年；Mathioudakis N, Thapa S, Wand GS, Salvatori R. 〈分泌促腎上腺皮質激素的腦下垂體微腺瘤與其他微腺瘤種類相比，和更高的中樞性甲狀腺機能低下症之發病率有關〉（ACTH-secreting pituitary microadenomas are associated to with a higher prevalence of central hypothyroidism compared to other microadenoma types.）《臨床內分泌學》（牛津）Clinical Endocrinology (Oxford) (2012). doi: 10.1111/j.1365-2265.2012.04442.x

11 Abdullatif HD, Ashraf AP. 〈在腎上腺不足情況下的可逆轉亞臨床甲狀腺機能低下症〉（Reversible subclinical hypothyroidism in the presences of adrenal insufficiency.）《內分泌學實踐》Endocrine Practice 12 (5) (2006): 572.

12 Baumgartner A, Hierdra L, Pinna G, et al. 〈老鼠大腦第二型的 5'- 碘甲狀腺胺酸脫碘酶活性對壓力極度敏感〉（Rat brain type II 5'-iodothyronine deiodinase activity is extremely sensitive to stress.）《神經化學期刊》Journal of Neurochemistry 71 (1998): 817-26；Bradley DJ, Towle HC, Young WS. 〈發育中的哺乳動物神經系統中 α 和 β 甲狀腺賀爾蒙受體信使核糖核酸，包括 β 二亞型的第三空間暫時表現〉（3rd Spatial and temporal expression of alpha- and beta-thyroid hormone receptor mRNAs, including the beta 2-subtype, in the developing mammalian nervous system.）《神經科學期刊》Journal of Neuroscience 12 (1992): 2288-302；Puymirat J, Miehe M, Marchand R, et al. 〈甲狀腺賀爾蒙受體在成鼠大腦中的免疫細胞化學定位〉（Immunocytochemical localization of thyroid hormone receptors in the adult rat brain.）《甲狀腺》Thyroid (1991): 173-84.

13 Dluhy RG. 〈甲狀腺毒症中的腎上腺皮質〉（The adrenal cortex in thyrotoxicosis），Braverman L, Utiger R 等人編輯。《華納與英格柏之甲狀腺：基礎和臨床文獻》第九版。Werner and Ingbar's The Thyroid: A Fundamental and Clinical Text, 9th ed. 費城：Lippincott, Williams & Wilkins 出版社，2005 年：602-5.

14 Doshi SR. 〈相對腎上腺不足所掩飾的甲狀腺機能低下症〉（Relative adrenal insufficiency masquerading hypothyroidism.）《臨床和診斷研究期刊》Journal of Clinical and Diagnostic Research 4 (4) (2010): 2907-9；Fitzgerald KN. 《整合和功能醫學案例研究》Case Studies in Integrative and Functional Medicine. 喬治亞杜魯斯：Metametrics Institute: 2011；Mathioudakis N, Thapa S, Wand GS, Salvatori R. 〈分泌促腎上腺皮質激素的腦下垂體微腺瘤與其他微腺瘤種類相比，和更高的中樞性甲狀腺機能低下症之發病率有關〉（ACTH-secreting pituitary microadenomas are associated to with a higher prevalence of central hypothyroidism compared to other microadenoma types.）《臨床內分泌學》（牛津）Clinical Endocrinology (Oxford) (2012). doi: 10.1111/j.1365-2265.2012.04442.x

15 Danhof-Pont MB, van Veen T, Zitman FG. 〈疲勞過度的生物指標：系統性回顧〉（Biomarkers in burnout: a systematic review.）《身心研究期刊》Journal of Psychosomatic Research 70 (6) (2011): 505-24；內分泌學

會 （2010 年），http://www.hormone.org/public/myths_facts.cfm； Nippoldt T. 〈造訪梅約診所：腎上腺疲勞，塔德·尼波特醫師專訪〉（Mayo Clinic office visit. Adrenal fatigue. An interview with Todd Nippoldt, M.D.）《梅約診所女性醫療》Mayo Clinic Women's Healthcare 14 (3) (2010): 6.

16 Lewis G, Wessely S. 〈疲勞的流行病學：疑問多於答案〉《流行病學和社區健康期刊》Journal of Epidemiology and Community Health 46 (2) (1992): 92-97.

17 美國大學健康協會（2011 年），http://www.achancha.org/docs/ACHA-NCHA-II_ReferenceGroup_ExecutivesSummary_Spring2011.pdf.

18 Rabin RC. 〈安眠藥在年輕成年人當中流行程度有上升趨勢〉（Sleeping Pills Rising in Popularity Among Young Adults.）《紐約時報》New York Times, 2009 年 1 月 14 日。http://www.nytimes.com/2009/01/15/health/15sleep.html

19 Leproult R, Van Cauter E. 〈睡眠和睡眠不足在賀爾蒙釋放及新陳代謝方面所扮演的角色〉（Role of sleep and sleep loss in hormonal release and metabolism.）《內分泌發育》Endocrine Development 17 (2010): 11-21；Lovallo WR, Farag NH, Vincent AS. Et al. 〈男性和女性在攝取咖啡因後皮質醇對心理壓力、運動，以及餐點的反應〉（Cortisol responses to mental stress. Exercise, and meals following caffeine intake in men and women.）《藥理學、生物化學和行為》Pharmacology, Biochemistry and Behavior 83 (3) (2006): 441-47.

20 Dean BB, Borenstein JE. 〈一項調查工作生產力和因經前症候群而引起的障礙之間關係的前瞻性評估〉（A prospective assessment investigating the relationship between work productivity and impairment with premenstrual syndrome.）《職業和環境醫學期刊》Journal of Occupational and Environmental Medicine 46 (2004): 649-56；Hourani LL, Yuan H, Bray RM. 〈心理社會和生活方式與軍中女性經前症候群症狀的關聯〉（Psychosocial and lifestyle correlates of premenstrual symptoms among military women.）《女性健康期刊》Journal of Women's Health 13 (2004): 812-21；Tabassum S, Afridi B, Aman Z, et al. 〈經前症候群：年輕大學女孩的發生頻率和嚴重程度〉（Premenstrual syndrome: frequency and severity in young college girls.）《巴基斯坦醫學會期刊》Journal of the Pakistan Medical Association 55 (2005): 546-49.

21 Maruo T, Katayama K, Barnea ER, Mochizuki M. 〈甲狀腺賀爾蒙在引發排卵和黃體功能方面所扮演的角色〉（A role for thyroid hormone in the induction of ovulation and corpus luteum function.）《賀爾蒙研究》Hormone Research 37 Suppl. 1 (1992): 12-18.

22 Leonard JL, Koehrle J. 〈細胞內、脫碘代謝的途徑〉（Intracellular, Pathways of Iodothyronine Metabolism.）Braverman LE, Utiger RD 等人編輯。《華納與英格柏之甲狀腺：基礎和臨床文獻》第九版。Werner and Ingbar's The Thyroid: A Fundamental and Clinical Text, 9th ed. 費城：Lippincott, Williams & Wilkins 出版社，2005 年：119；Stavreus Evers A. 〈女性生殖道中的甲狀腺賀爾蒙和促甲狀腺激素的旁分泌交互作用對女性生育力有影響〉（Paracrine Interactions of Thyroid Hormones and Thyroid Stimulation Hormone in the Female Reproductive Tract Have an Impact on Female Fertility.）《內分泌學前沿系列》（洛桑）Frontiers in Endocrinology (Lausanne) 3 (2012): 50.

23 Hatsuta M, Abe K, Tamura K, et al. 〈甲狀腺機能低下症對成熟母鼠的動情週期和生殖賀爾蒙的效應〉（Effects of hypothyroidism on the estrous cycle and reproductive hormones in mature female rat.）《歐洲藥理學期刊》European Journal of Pharmacology 486 (3) (2004): 343-38；Jahagirdar V, Zoeller TR, Tighe DP, et al. 〈產婦甲狀腺機能低下症會降低鼠胎大腦中皮質小板塊的黃體素受體表現〉（Maternal hypothyroidism decreases progesterone receptor expression in the cortical subplate of fetal rat brain.）《神經內分泌學期刊》Journal of Neuroendocrinology (2012). doi: 10.1111/j.1365-2826.2012.02318.x.

24 Zagrodzki P, Przybylik-Mazurek E. 〈橋本氏症女性患者和健康受試者的硒和賀爾蒙交互作用〉（Selenium

and hormone interactions in female patients with Hashimoto disease and healthy subjects.）《內分泌研究》Endocrine Research 35 (1) (2010): 24-34；Zagrodzki P, Ratajczak R.〈年輕女性的硒狀態、性賀爾蒙，以及甲狀腺功能〉（Selenium status, sex hormones, and thyroid function in young women.）《醫學和生物學微量元素期刊》Journal of Trace Elements in Medicine and Biology 22 (4) (2008): 296-304；Zagrodzki P, Ratajczak R, Wietecha-Posluszny R.〈青春期女孩在月經週期的黃體期之硒狀態、性賀爾蒙，以及甲狀腺功能之間的交互作用〉（The interaction between selenium status, sex hormones, and thyroid metabolism in adolescent girls in the luteal phase of their menstrual cycle.）《生物微量元素研究》Biological Trace Element Research 120 (1-3) (2007): 51-60.

附錄 H

1 Olsson EM, von Scheele B, Panossian AG.〈一項針對使用紅景天根部標準萃取物 shr-5 治療受試對象壓力疲勞的隨機、雙盲、安慰劑對照組、平行組研究〉（A dandomized, double-blind, placebo-controlled, parallel-group study of the standardized extract shr-5 of the root of Rhodiola rosea in the treatment of subjects with stress-related fatigue.）《藥用植物》Planta Medica 75 (2) (2009): 105-12.

2 Amen D.《釋放女性大腦的力量：為大腦充電來促進健康、活力、心情、專注力，以及性生活》Unleash the Power of the Female Brain: Supercharging Yours for Better Health, Energy, Mood, Focus, and Sex.（紐約：Harmony Books 出版社，2013 年）

3 Noreen EE, Buckley JG, Lewis SL, et al.〈急性劑量的紅景天對耐力運動表現的效應〉（The effects of an acute dose of Rhodiola rosea on endurance exercise performance.）《肌力與體能研究期刊》Journal of Strength and Conditioning Research 3（2013 年 3 月 27 日）：839-47.

4 Chavarro JE, Rich-Edwards JW, Rosner BA, et al.〈攝取咖啡因和酒精飲料與排卵失調不孕的關聯〉（Caffeinated and alcoholic beverage intake in relation to ovulatory disorder infertility.）《流行病學》Epidemiology (2009): 374-81.

5 Chutkan R.《身體的問題，腸知道！》Gutbliss: A 10-Day Plan to Ban Bloat, Flush Toxins, and Dump Your Digestive Baggage（紐約：Avery 出版社，2003 年）

6 Chavarro JE, Rich-Edwards JW, Rosner BA, et al.〈使用綜合維生素、攝取維生素 B 群，以及排卵不孕症的風險〉《生育力和不孕症》Fertility and Sterility (2008): 668-76；Wilson RD, Johnson JA, Wyatt P, et al. 加拿大婦產科協會基因委員會與母親風險方案（Genetics Committee of the Society of Obstetricians and hynaecologists of Canada and The Motherrisk Program），〈孕前維生素／葉酸補充 2007：使用葉酸搭配綜合維生素營養補充品用於預防神經管缺陷和其他先天性異常〉（Pre-conceptional vitamin/folic acid supplementation 2007: the use of folic acid in combination with a multivitamin supplement for the prevention of neural tube defects and other congenital anomalies.）《加拿大婦產科期刊》Journal of Obstetrics and Gynaecology Canada (2007): 1003-26.

7 Anagnostis P, Karra S, Goulis DG.〈維生素 D 對人類生殖的影響：敘述性回顧〉（Vitamin D in human reproduction: a narrative review.）《臨床實踐整合期刊》Integrative Journal of Clinical Practice (2013).

8 Westphal LM, Polan ML, Trant AS.〈針對 Fertilityblend 所進行的雙盲、安慰劑控制組的研究：一種促進女性生育力的營養補充品〉（Double-blind, placebo-controlled study of Fertilityblend: a nutritional supplement for improving fertility in women.）《臨床和實驗婦產科》Clinical and Experimental Obstetrics amd Gynecology 33 (4) (2006): 205-8.

9 http://www.ahpa.org; Dugoua JJ, Seely D, Perri D, et al.〈聖潔樹（穗花牡荊）在懷孕和哺乳期間的安全

性和療效〉（Safety and efficacy of chastetree [Vitex-agnus-castus] during pregnancy and lactation.）《加拿大臨床藥理學期刊》Canadian Journal of Clinical Pharmacology 15 (1) (Winter 2008): e74-e79；Daniele C, Thompson Coon J, Pittler MH, et al. 〈穗花牡荊：不良事件系統性回顧〉（Vitex-agnus-castus: a Vitex-agnus-castus systematic review of adverse events.）《藥物安全》Drug Safety 28 (4) (2005): 319-32.

10 Buie T, Winter H, Kushak R. 〈針對自閉症患者腸胃道調查的初步研究解果〉（Preliminary findings in gastrointestinal investigation of autistic patients.）摘要：哈佛大學與麻州綜合醫院（2002 年）；Valicenti-McDermott M, McVicar K, Rapin I, et al. 〈患有自閉症類群障礙的兒童腸胃道症狀的發生頻率以及和自體免疫疾病家族史的關係〉（Frequency of gastrointestinal symptoms in children with autism spectrum disorders amd association with family history of autoimmune disease.）《發展行為和小兒科期刊》Journal of Developmental Behavior & Pediatrics (2006): 128-36；Green M. et al. 〈微生物農藥蘇力菌的公共健康意義：一項流行病學研究，奧瑞岡，1985-86 年〉（Public health implications of the microbial pesticide Bacillus thuringiensis: an epidemiological study, Oregon, 1985-86.）《美國公共健康期刊》American Journal of Public Health 80 (7) (1990): 848-52；http://www.againstthegrainnutrition.com/newsandnotes/2009/04/14/genetically-engineered-corn-may-cause-allergies-infertility-and-disease/#sthash.SHd4fgys.dpuf；Velimirov A, et al. 〈使用轉基因玉米 NK603Xmon810 長期餵食生殖研究中的老鼠之生理效應〉（Biological effects of transgenic maize NK603Xmon810 fed in long-term reproduction studies in mice.）Forschungsberichte der Sektion (2008): http://www.againstthegrainnutrition.com/newsandnotes/2009/04/14/genetically-engineered-corn-may-cause-allergies-infertility-and-disease/#sthash.SHd4fgys.dpuf；Kay VR, Chambers C. Foster WG. 〈磷苯二甲酸二酯對女性的生殖和發育效應〉（Reproductive and developmental effects of phthalate diesters in females.）《毒物學批判性回顧》Critical Review of Toxicology (2013): 200-19.

11 Samsel A, Seneff S. 〈草甘膦對細胞色素 P450 酵素的抑制和腸道微生物組的胺基酸生物合成：現代疾病的途徑〉（Glyphosate's suppression of cytochrome P450 enzymes and amino acid biosynthesis by the gut microbiome: pathways to modern diseases.）《熵》Entropy 15 (4) (2013 年 4 月）：1416-63.

12 Joensen UN, Frederiksen H, Jensen MB, et al. 〈磷苯二甲酸酯的排泄模式和睪丸功能：一項針對 881 位健康丹麥男性的研究〉（Phthalate excretion oattern and testicular function: a study of 881 healthy Danish men.）《環境健康觀點》Environmental Health Perspectives (2012): 1397-403.

13 Cobellis L, Latini D, De Felice C, et al. 〈患有子宮內膜異位症女性體內的鄰苯二甲酸二 (2- 乙基己基) 酯的高血漿濃度〉（High plasma concentrations of di-(2-ethylhexyl)-phthalate in women with endometriosis.）《人類生殖期刊》Journal of Human Reproduction 18 (7) (2003): 1512-15；Mendola P, Messer LC, Rappazzo K. 〈科學認為暴露在環境汙染霧中和成年女性的生育力及對生殖健康的影響有關〉（Science linking environmental contaminant exposures with fertility and reproductive health impacts in the adult female.）《生育力和不孕正期刊》Journal of Fertility and Sterility (2008): e81-e94；Hoppin JA, Jaramillo R, London SJ, et al. 〈美國人口中接觸磷苯二甲酸酯和過敏：來自全國健康與營養體檢調查之結果，2005-2006〉（Phthalate exposure and allergy in the U.S. population: results from NHANES 2005-2006.）《環境健康觀點》Environmental Health Perspectives (2013).

14 Banquis C. 〈磷苯二甲酸酯對卵巢對人工受孕反應的不良反應〉（Adverse effects of phthalates on ovarian response to IVF.）《歐洲人類生殖和胚胎學協會》European Society of Human Reproduction and Embryology (2013).

15 美國消費者產品安全委員會（United States Consumer Product Safety Commission），http://cs.cpsc.gov/ConceptDemo/SearchCPSC.aspx?query=http://cpsc.gov/info/toysafety/phthalates.html&OldURL=true&autodispl

ay=true

16 O'Connor PJ, Poudevigne MS, Cress ME, et al. 〈在孕期中採用經監督的肌力訓練之安全和效力〉（Safety and efficacy of supervised strength training adopted in pregnancy.）《體能活躍健康期刊》Journal of Physical and Active Health (2011): 309-20；Dye TD, Knox KL, Artal R, et al. 〈孕期中的體能活動、肥胖，以及糖尿病〉（Physical activity, obesity, and diabetes in pregnancy.）《美國流行病學期刊》American Journal of Epidemiology (1997): 961-65.

17 Rakhshani A, Nagarathna R, Mhaskar R, et al. 〈瑜珈對高危險妊娠中妊娠併發症的預防所產生的效應：一項隨機對照組試驗〉（The effects of yoga in prevention of pregnancy complications in high-risk pregnancies: a randomized controlled trial.）《預防醫學》Preventive Medicine 55 (4) (2012 年 10 月）：333-40, doi: 10.1016/j.ypmed.2012.07.020, epub 2012 年 8 月 2 日；Deshpande C, Rakshani A, Nagarathna R, et al. 〈瑜珈用於高危險妊娠：一項隨機對照組試驗〉（Yoga for high-risk pregnancy: a randomized controlled trial.）《醫學和健康科學研究年報》Annals of Medical and Health Science Research 3 (3) (2013 年 7 月）：341-44.

Q&A

1 Caso Marasco A, Vargas Ruiz R, Salas Villagomez A, et al. 〈綜合維生素複合物添加人參的雙盲研究〉（Double-blind study of a multivitamin complex supplemented with ginseng extract.）《實驗和臨床研究下的藥物》Drugs under Experimental and Clinical Research 2 (1996): 323-29.

2 Parker WH, Broder MS, Liu Z, et al. 〈良性疾病在進行子宮切除術時保留卵巢〉（Ovarian conservation at the time of hysterectomy for benign disease.）《婦產科》Obstetrics and Gynecology (2005):219-26.

3 Tode T, Kikuchi Y, Hirata J, et al. 〈韓國紅參對重度更年期症候群患者在心理功能方面的效應〉（Effect of Korean red ginseng on psychological functions in patients with severe climacteric syndromes.）《國際婦產科期刊》International Journal of Gynaecology and Obstetrics 67 (3) (1999): 169-74.

4 Dorgan J, Baer D, Albert P. et al. 〈更年期後女性的血清賀爾蒙和酒精與乳癌的關係〉（Serum hormones and the alcohol-breast cancer association in postmenopausal women.）《全國癌症機構期刊》Journal of the National Cancer Institute 93 (2001): 710-15；Mahabir S, Baer DJ, Johnson LL, et al. 〈在一項對照組餵食研究中更年期後女性適度補充酒精對雌酮硫酸鹽和脫氫異雄固酮的影響〉（The effects of moderate alcohol supplementation on estrone sulfate and DHEAS in postmenopausal women in a controlled feeding study.）《營養期刊》Nutrition Journal 3 (11) (2004).

5 Grodin JM, Siiteri PK, MacDonald PC. 〈更年期後女性的雌激素生成來源〉（Sources of estrogen production in postmenopausal women.）《臨床內分泌學和新陳代謝期刊》Journal of Clinical Endocrinology and Metabolism 36 (2) (1973): 207-14.

6 Shah D, Bansal S. 〈多囊性卵巢：更年期後〉（Polycistic ovaries: beyond menopause.）《更年期》Climacteric（2013 年 10 月）

7 Del Priore G, Gudipudi DK, Montemarano N, et al. 〈口服二吲哚甲烷（DIM）：非手術治療子宮頸表皮化性不良的先導評估〉（Oral diindolylmethane (DIM): pilot evaluation of a nonsurgical treatment for cervical dysplasia.）《婦科腫瘤學》Gynecologic Oncology 116 (3) (2010): 464-67；Brooks NA, Wilcox G, Walker KZ, et al. 〈瑪卡對更年期後女性心理症狀的有益效應以及對性功能障礙的衡量與雌激素或雄激素含量無關〉（Beneficial effects of Lepidium meyenii (maca) on psychological symptoms and measures of suxual dysfunction in postmenopausal women are not related to estrogen or androgen content.）《更年期》Menopause

15 (6) (2008): 1157-62.

8　Schneider J, Kinne D, Fracchia A, et al. 〈乳癌女性的雌二醇異常氧化代謝〉（Abnormal oxidative metabolism of estradiol in women with breast cancer.）《國家科學學院會議記錄》Proceedings of the National Academy of Sciences 79 (1982): 3047-51；Fishman J, Schneider J, Hershcope RJ, Bradlow HL. 〈乳癌和子宮內膜癌女性的雌激素 16-α-羥雌素酮活動增加〉（Increased estrogen 16 alpha-hydroxylase activity in women with breast and endometrial cancer.）《類固醇生物化學期刊》Journal of Steroid Biochemistry 20 (4B) (1984): 1077-81；Zumoff B. 〈乳癌女性的賀爾蒙概況〉（Hormonal profile in women with breast cancer.）《北美婦產科診所》Obstetrics and Gynecology Clinics of North America 21 (4) (1994): 751-72；Cauley JA, Zmuda JM, Danielson ME, et al. 〈雌激素代謝產物和較年長女性罹患乳癌的風險〉（Estrogen metabolites and the risk of breast cancer in older women.）《流行病學》Epidemiology 14 (6) (2003): 740-44；Kabat GC, O'Leary ES, Gammon MD, et al. 〈雌激素代謝和乳癌〉《流行病學》Epidemiology 17 (1) (2006): 80-88；Im A, Vogel VG, Ahrendt G, et al. 〈乳癌高風險群女性的尿液雌激素代謝產物〉（Urinary estrogen metabolites in women at high risk for breast cancer.）《癌病變》Carcinogenesis 30 (9) (2009): 1532-35；Fishman J, Schneider J, Hershcope RJ, Bradlow HL. 〈乳癌和子宮內膜癌女性的雌激素 16-α-羥雌素酮活動增加〉（Increased estrogen 16 alpha-hydroxylase activity in women with breast and endometrial cancer.）《類固醇生物化學期刊》Journal of Steroid Biochemistry 20 (4B) (1984): 1077-81；Fliassen AH, Spiegelman D, Xu X, et al. 〈停經前期女性的尿液雌激素和雌激素代謝產物及罹患乳癌的後續風險〉（Urinary estrogens and estrogen metabolites and subsequent risk of breast cancer among premenopausal women.）《癌症研究》Cancer Research 72 (3) (2012): 696-706.

9　Sund-Levander M, Forsberg C, Wahren LK. 〈成年男性和女性的正常口腔、肛門、鼓膜和腋下體溫：一項系統性文獻回顧〉（Normal oral, rectal, tympanic and axillary body temperature in adult men and women: a systematic literature review.）《斯堪的納維亞照護科學期刊》Scandinavian Journal of Caring Science 16 (2) (2002): 122-28.

10　Huang A, Brennan K, Azziz R. 〈根據全國健康機構 1990 年的標準，多囊性卵巢症候群患者普遍被診斷出雄激素過多症〉（Prevalence of hyperandrogenemia in the polycystic ovary syndrome diagnosed by the National Institutues of Health 1990 criteria.）《生育力和不孕症》Fertility and Sterility 93 (6) (2010): 1938-41；Azziz R, Sanchez LA, Knochenhauer ES, et al. 〈女性的雄激素過多問題：連續超過 1,000 例患者的經驗〉（Androgen excess in women: experience with over 1,000 consecutive patients.）《臨床內分泌學和新陳代謝期刊》Journal of Clinical Endocrinology and Metabolism 89 (2) (2004): 453-62.

11　Rushton DH, Dover R, Sainbury AW, et al. 〈缺乏鐵質在女性健康中未獲得重視〉（Iron deficiency is neglected in women's health.）《英國醫學期刊》British Medical Journal 325 (7373) (2002): 1176.

12　Taavoni S, Ekbatani N, Kashaniyan M, Haghani H. 〈纈草根對更年期後女性睡眠品質的效應：一項隨機安慰劑對照組臨床試驗〉（Effect of valerian on sleep quality in postmenopausal women:a randomized placebo-controlled clinical trial.）《更年期》Menopause 18 (9) (2011): 951-55.

● 高寶書版集團
gobooks.com.tw

HD 113
賀爾蒙調理聖經
哈佛醫師的全方位賀爾蒙療癒法，西方醫學✕漢方草藥，告別老化、肥胖、憂鬱，有效平衡身心

作　　者　莎拉・加特弗萊德醫師
譯　　者　蔣慶慧
特約編輯　余純菁
助理編輯　陳柔含
封面設計　林政嘉
內頁排版　賴姵均
企　　劃　鍾惠鈞

發 行 人　朱凱蕾
出　　版　英屬維京群島商高寶國際有限公司台灣分公司
　　　　　Global Group Holdings, Ltd.
地　　址　台北市內湖區洲子街88號3樓
網　　址　gobooks.com.tw
電　　話　（02）27992788
電　　郵　readers@gobooks.com.tw（讀者服務部）
　　　　　pr@gobooks.com.tw（公關諮詢部）
傳　　真　出版部（02）27990909　行銷部（02）27993088
郵政劃撥　19394552
戶　　名　英屬維京群島商高寶國際有限公司台灣分公司
發　　行　英屬維京群島商高寶國際有限公司台灣分公司
初版日期　2019年11月

Complex Chinese Translation copyright © 2019 by Global Group Holdings Ltd.
The Hormone Cure: Reclaim Balance, Sleep and Sex Drive; Lose Weight; Feel Focused, Vital, and
Energized Naturally with the Gottfried Protocol
Original English Language edition Copyright © 2013 by Sara Gottfried, MD
All Rights Reserved.
Published by arrangement with the original publisher, Scribner, a Division of Simon & Schuster, Inc.
through Andrew Nurnberg Associates International Limited.
All Rights Reserved.

國家圖書館出版品預行編目（CIP）資料

賀爾蒙調理聖經：哈佛醫師的全方位賀爾蒙療癒法，西
方醫學✕漢方草藥，告別老化、肥胖、憂鬱，有效平衡
身心 / 莎拉.加特弗萊德著；蔣慶慧譯. -- 初版. -- 臺北市：
高寶國際出版：高寶國際發行, 2019. 11
　　面；　公分. --（HD 113）

譯自：The hormone cure

ISBN 978-986-361-744-0（平裝）

1.激素　2.激素療法　3.婦女健康

399.54　　　　　　　　　　　　　　　108015437